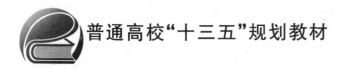

普通高校"十三五"规划教材

嵌入式系统开发与实践

——基于 STM32F10x 系列(第 2 版)

主　编　郑　亮　王　戬　袁健男　张林帅
副主编　张　杰　付　宁　马　旭　张　旭

北京航空航天大学出版社

内 容 简 介

本书从实战角度出发,从基础开始,以设计案例为主线,基于旺宝-红龙103型开发板,结合代码分析,详细介绍了基于Cortex-M3内核的STM32处理器的全部设计过程,包括STM32处理器的基本性能参数、硬件电路设计及针对性很强的整体项目方案的剖析。读者只需要跟着作者的思路,就能完全掌握STM32的开发和设计,可以独立完成项目。本书是再版书,相比第1版,本书对旧版的不足进行了修正。

本书可以作为工程技术人员进行STM32应用设计与开发的参考书,也可以作为高等院校电子信息、通信工程、自动化、电气控制类等专业学生参加全国大学生电子设计竞赛、电子制作、课程设计、毕业设计的教学参考书。

图书在版编目(CIP)数据

嵌入式系统开发与实践:基于 STM32F10x 系列/郑亮等主编. --2 版.--北京 : 北京航空航天大学出版社,2019.1

ISBN 978 - 7 - 5124 - 2928 - 4

Ⅰ. ①嵌… Ⅱ. ①郑… Ⅲ. ①微型计算机—系统开发 Ⅳ.①TP360.21

中国版本图书馆 CIP 数据核字(2019)第 016835 号

嵌入式系统开发与实践——基于 STM32F10x 系列(第 2 版)

主 编 郑 亮 王 戬 袁健男 张林帅
副主编 张 杰 付 宁 马 旭 张 旭
责任编辑 董立娟

*

北京航空航天大学出版社出版发行

北京市海淀区学院路 37 号(邮编 100191) http://www.buaapress.com.cn
发行部电话:(010)82317024 传真:(010)82328026
读者信箱: emsbook@buaacm.com.cn 邮购电话:(010)82316936
涿州市新华印刷有限公司印装 各地书店经销

*

开本:710×1 000 1/16 印张:28 字数:597 千字
2019 年 1 月第 2 版 2021 年 1 月第 2 次印刷 印数:3 001~5 000 册
ISBN 978 - 7 - 5124 - 2928 - 4 定价:79.00 元

第2版前言

本书第1版于2015年出版,得到了嵌入式的爱好者和从事嵌入式教学的高校教师的广泛关注,第2版正式列入"普通高校'十三五'规划教材"。为进一步适应嵌入式电子技术的发展和教学的需求,本书仍然本着"打好硬件基础,精选软件内容,逐步更新,利于实践教学"的原则,在第1版的基础上,根据嵌入式学习的基本方法和教学要求做了如下修订:

➢ 重新优化系统硬件结构、硬件电路图,使读者更加容易理解和掌握。

➢ 优化程序结构,并细化程序注释。

➢ 修改了书中语句不通顺的问题。

➢ 根据国家标准对全书的图形符号进一步订正。

由于嵌入式技术的飞速发展,新理论、新的集成电路、新的工艺层出不穷,日新月异。但对于嵌入式技术来讲,一些基本的理论、寄存器的控制方法与基本的电路实现,在新的体系结构出现之前是不会过时的。也就是说,掌握了一种嵌入式处理器的应用编程技术,以后学习其他型号的复杂处理器编程是大同小异的。所以第2版进行了硬件电路的细化和软件程序的详细注释,结合全面的接口和内部寄存器逻辑的实验,使读者逐步掌握嵌入式系统的整个开发流程。

本书由郑亮、王戳、袁健男、张林帅主编,并负责全书的统稿,张杰、付宁、顾硕鑫、王冲为副主编。具体的编写与修订工作分工如下:郑亮负责第1~20章,王戳负责第21~23章,袁健男负责第24章,张林帅负责第25章,张杰负责第26~28章,付宁负责第29~31章,马旭负责第32章,张旭负责硬件实验焊接与调试工作。在此向所有支持和帮助本教材编写的同仁们一并表示感谢。本书也得到长春理工大学朴燕教授的审阅,使书稿质量得以提高,在此以衷心的感谢。

由于时间仓促,作者水平有限,虽经过几次校订,但错误与不妥处仍可能存在,恳请使用本书的嵌入式爱好者和高校教师、同学批评指正。

相关意见信息以及索要相关原理图、代码等基础资料,请联系作者邮箱 arm9linux@163.com。

郑　亮

2018 年 9 月

第1版前言

当今电子技术发展迅猛,人们熟悉的单核低主频的处理器发展到现在的多核高主频处理器,发展之快令人们叹为观止。在这样的条件下,如何学习一款通用性比较强、性价比比较高、功能强悍的处理器成为电子专业的学生及工程师值得思考的问题。STM32 处理器的出现,以其极高的性价比和丰富的外设给电子爱好者们提供一个新的学习方向。

STM32 芯片的版本比较多,但使用方法大同小异,本书以 STM32F10x 处理器为例,详细讲解 STM32 的开发设计流程,书中涉及的操作方法对 STM32 家族的其他处理器都是适用的。

本书从实战角度出发,从基础开始,以设计案例为主线,基于旺宝-红龙 103 型开发板,结合代码分析,详细介绍了基于 Cortex-M3 内核的 STM32 处理器的全部设计过程,包括 STM32 处理器的基本性能参数、硬件电路设计及针对性很强的整体项目方案的剖析。读者只需要跟着作者的思路,就能完全掌握 STM32 的开发和设计,可以独立完成项目。

如果读者自己有 STM32F103 开发板也可以,只需要联系作者索取本书整套开发板的原理图即可方便调试。

全书首先介绍基础知识,然后按照设计 STM32 处理器的实际流程,详细介绍了如何设计硬件电路、如何根据硬件电路编写程序以实现我们想要的功能。本书结合了作者实际做项目的成功案例,详细列出了硬件电路和全部软件的设计方法和步骤,争取让读者一看即懂,达到理论联系实践的目的。

阅读本书不一定要完全按照章节顺序进行,可以根据实际情况灵活调整。如果读者从未接触过嵌入式系统的设计,建议首先扎实学习基础知识(1～4 章),以便对嵌入式处理器有一个初步的了解。然后阅读后面的深入应用(5～30 章),这部分内容不需要全部记住,但硬件电路必须分析得很清楚,软件的设计流程以及一些程序的初始化、调用等必须很清楚地把握和理解。最后结合项目实践(31、32 章),动手设计自己的嵌入式系统项目,这个阶段遇到问题时可以查阅前面的相关内容。

如果读者已经对嵌入式处理器有了一定的基础和把握,想换一种比较新的处理器来应用,建议直接读 5～30 章。如果读者已经对嵌入式处理器 STM32 有一个很清楚的了解,那么本书可以作为您的中文 datasheet,有了这本书,从而方便您的嵌入式系统的开发。

　　本书由郑亮、王戬、袁健男、张林帅任主编,并负责全书的统稿,张杰、付宁、顾硕金、王冲任副主编。第 1~20 章由郑亮编写,第 21~23 章由郑士海编写,第 23~24 章由袁健男编写,第 25~27 章由张杰编写,第 28 章由张林帅编写,第 29~31 章由付宁编写,第 32 章由顾硕鑫编写,王冲负责程序及硬件相关调试工作。在此向所有支持和帮助本教材编写的同仁们一并表示感谢。

　　由于时间仓促,作者水平有限,书中难免有疏漏或不足之处,恳请读者批评指正,作者邮箱 arm9Linux@163.com。

作　者

2015 年 2 月

目　录

第1章　嵌入式系统概述 ·· 1
　1.1　嵌入式系统简介 ··· 1
　1.2　嵌入式系统微处理器 ·· 4
　1.3　ARM系列嵌入式微处理器 ··· 7
　1.4　嵌入式操作系统 ·· 10
　1.5　本章小结 ·· 14
第2章　STM32F10x微处理器的组成及编程模式 ·························· 15
　2.1　为什么选择STM32F10x微处理器 ·································· 15
　2.2　STM32F10x开发工具介绍 ··· 16
　2.3　MDK在STM32F10x处理器上的使用 ································· 18
　　2.3.1　MDK的安装 ·· 18
　　2.3.2　实例:工程的建立和配置 ···································· 22
　　2.3.3　使用MDK进行STM32的程序开发 ······························ 24
第3章　ARM Cortex-M3基础知识 ······································ 30
　3.1　ARM Cortex-M3寄存器组 ··· 30
　3.2　ARM Cortex-M3指令集 ··· 35
　3.3　ARM Cortex-M3的存储器系统 ····································· 52
　3.4　ARM Cortex-M3使用异常系统 ····································· 62
　3.5　ARM Cortex-M3调试系统 ··· 70
第4章　ARM7应用程序移植到Cortex-M3处理器 ·························· 80
　4.1　应用简介 ·· 80
　4.2　系统性质 ·· 80
　4.3　汇编源程序 ·· 82
　4.4　C源程序 ··· 84
第5章　STM32F10x的开发 ··· 86
　5.1　选择一款Cortex-M3产品 ··· 86
　5.2　Cortex-M3版本0与版本1的区别 ··································· 86
　5.3　开发工具 ·· 88
　5.4　库函数 ··· 89
　5.5　STM32固件库简介 ··· 90
　5.6　红龙开发板简介 ·· 90
　5.7　开发板接口简介 ·· 92
第6章　通用I/O(GPIO) ··· 94
　6.1　概　述 ··· 94
　6.2　可选择的端口功能 ·· 94
　6.3　相关寄存器 ·· 96
　6.4　典型硬件电路设计 ·· 97
　6.5　例程源代码分析 ·· 98
第7章　EXTI中断系统理论与实战 ······································ 110
　7.1　STM32中断系统的简介 ··· 110
　7.2　嵌套向量中断控制器 ·· 114
　7.3　外部中断/事件控制器 ··· 116

7.4 EXTI 寄存器描述 ……………………………………………… 117
  7.5 典型硬件电路设计 ……………………………………………… 120
  7.6 例程源代码分析 ……………………………………………… 121

第 8 章　RTC 实时时钟理论与实战 …………………………………… 133
  8.1 RTC 实时时钟的功能 …………………………………………… 133
  8.2 RTC 相关寄存器介绍 …………………………………………… 134
  8.3 典型硬件电路设计 ……………………………………………… 138
  8.4 例程源代码分析 ……………………………………………… 138

第 9 章　通用定时器 ……………………………………………………… 148
  9.1 概　述 ………………………………………………………… 148
  9.2 时基单元介绍 ………………………………………………… 150
  9.3 相关寄存器介绍 ……………………………………………… 151
  9.4 典型硬件电路设计 …………………………………………… 152
  9.5 例程源代码分析 ……………………………………………… 152

第 10 章　定时器外部脉冲计数 ………………………………………… 162
  10.1 TIMx 外部脉冲计数功能简介 ……………………………… 162
  10.2 典型硬件电路设计 ………………………………………… 163
  10.3 例程源码分析 ……………………………………………… 164

第 11 章　PWM 理论与实战 …………………………………………… 170
  11.1 概　述 ……………………………………………………… 170
  11.2 PWM 输出的工作原理 …………………………………… 170
  11.3 PWM 输出信号的频率和占空比 ………………………… 172
  11.4 相关寄存器 ………………………………………………… 173
  11.5 典型硬件电路设计 ………………………………………… 174
  11.6 例程源代码分析 …………………………………………… 175

第 12 章　通用同步/异步收发器(USART) ………………………… 183
  12.1 概　述 ……………………………………………………… 183
  12.2 USART 操作 ……………………………………………… 186
  12.3 USART 特殊功能寄存器 ………………………………… 186
  12.4 典型硬件电路设计 ………………………………………… 187
  12.5 例程源代码分析 …………………………………………… 188

第 13 章　RS485 通信 …………………………………………………… 196
  13.1 概　述 ……………………………………………………… 196
  13.2 SP3485 芯片简介 ………………………………………… 197
  13.3 典型硬件电路设计 ………………………………………… 198
  13.4 例程源码分析 ……………………………………………… 199

第 14 章　DMA 实验 …………………………………………………… 204
  14.1 概　述 ……………………………………………………… 204
  14.2 DMA 的工作原理及结构 ………………………………… 205
  14.3 相关寄存器简介 …………………………………………… 208
  14.4 典型硬件电路设计 ………………………………………… 209
  14.5 例程源码分析 ……………………………………………… 209

第 15 章　窗口看门狗 …………………………………………………… 219
  15.1 概　述 ……………………………………………………… 219
  15.2 窗口看门狗的工作原理 …………………………………… 220
  15.3 相关寄存器介绍 …………………………………………… 221
  15.4 典型硬件电路设计 ………………………………………… 223
  15.5 例程源码分析 ……………………………………………… 223

第 16 章　ADC 转换 ·· 231

  16.1　ADC 转换原理 ··· 231

  16.2　ADC 控制寄存器介绍 ··· 238

  16.3　典型硬件电路设计 ··· 240

  16.4　例程源代码分析 ··· 240

第 17 章　DAC 实验 ·· 251

  17.1　概　述 ·· 251

  17.2　STM32 DAC 的功能 ·· 252

  17.3　相关寄存器简介 ··· 255

  17.4　典型硬件电路设计 ··· 255

  17.5　例程源码分析 ·· 256

第 18 章　I²C 总线设备 ··· 264

  18.1　概　述 ·· 264

  18.2　I²C 总线工作原理 ··· 266

  18.3　相关寄存器 ··· 269

  18.4　典型硬件电路设计 ··· 271

  18.5　例程源代码分析 ··· 271

第 19 章　CAN 总线 ·· 291

  19.1　概　述 ·· 291

  19.2　STM32 CAN 总线的特点 ··· 294

  19.3　STM32 bxCAN 的功能 ··· 295

  19.4　相关寄存器简介 ··· 298

  19.5　典型硬件电路设计 ··· 298

  19.6　例程源码分析 ·· 299

第 20 章　STM32 的系统时钟 ··· 317

  20.1　STM32 的时钟树 ·· 317

  20.2　系统时钟 ·· 318

  20.3　相关寄存器 ··· 319

  20.4　典型硬件电路设计 ··· 320

  20.5　例程源码分析 ·· 320

第 21 章　FSMC 控制器 ·· 324

  21.1　概　述 ·· 324

  21.2　FSMC 功能描述 ·· 324

  21.3　FSMC 外部设备地址映像 ··· 326

  21.4　FSMC 扩展 SRAM 时序的分析 ·································· 328

  21.5　典型硬件电路设计 ··· 329

  21.6　例程源码分析 ·· 330

第 22 章　NOR Flash 实验 ·· 337

  22.1　概　述 ·· 337

  22.2　FSMC NOR Flash 的配置说明 ··································· 337

  22.3　典型硬件电路设计 ··· 338

  22.4　例程源码分析 ·· 339

第 23 章　NAND Flash 实验 ·· 352

  23.1　概　述 ·· 352

  23.2　NAND Flash 的存储结构 ··· 353

  23.3　典型硬件电路设计 ··· 353

  23.4　例程源码分析 ·· 355

第 24 章　TFT 彩屏 FSMC 驱动 ·· 367

  24.1　概　述 ·· 367

24.2　TFT 彩屏工作原理 ……………………………………………… 367
24.3　TFT 的 FSMC 接口 ……………………………………………… 370
24.4　典型硬件电路设计 ……………………………………………… 372
24.5　例程源码分析 …………………………………………………… 372

第 25 章　SDIO 介绍 ……………………………………………… 374
25.1　概　述 ………………………………………………………… 374
25.2　SDIO 功能介绍 ………………………………………………… 374
25.3　典型硬件电路设计 ……………………………………………… 376
25.4　例程源码分析 …………………………………………………… 377

第 26 章　SD 卡的读取 …………………………………………… 383
26.1　概　述 ………………………………………………………… 383
26.2　SD 卡的结构 …………………………………………………… 384
26.3　典型硬件电路设计 ……………………………………………… 385
26.4　例程源码分析 …………………………………………………… 385

第 27 章　SPI 通信及 FAT32 文件读/写 ………………………… 390
27.1　概　述 ………………………………………………………… 390
27.2　SPI 工作原理 …………………………………………………… 391
27.3　FAT32 简介 …………………………………………………… 393
27.4　典型硬件电路设计 ……………………………………………… 393
27.5　例程源码分析 …………………………………………………… 394

第 28 章　USB 转串口实验 ……………………………………… 396
28.1　概　述 ………………………………………………………… 396
28.2　PL2303 的简介 ………………………………………………… 396
28.3　典型硬件电路设计 ……………………………………………… 397
28.4　例程源码分析 …………………………………………………… 399

第 29 章　USB 通信 ……………………………………………… 403
29.1　USB 通信原理 ………………………………………………… 403
29.2　STM32 的 USB 电路设计 ……………………………………… 405
29.3　例程源代码分析 ………………………………………………… 406

第 30 章　PS2 接口 ……………………………………………… 414
30.1　概　述 ………………………………………………………… 414
30.2　PS2 协议 ……………………………………………………… 414
30.3　典型硬件电路设计 ……………………………………………… 416
30.4　例程源码分析 …………………………………………………… 416

第 31 章　NRF24L01 无线通信 …………………………………… 423
31.1　概　述 ………………………………………………………… 423
31.2　NRF24L01 模块的结构特性 …………………………………… 423
31.3　典型硬件电路设计 ……………………………………………… 424
31.4　例程源码分析 …………………………………………………… 424

第 32 章　红外遥控实验 ………………………………………… 427
32.1　红外遥控简介 …………………………………………………… 427
32.2　红外遥控的工作原理 …………………………………………… 427
32.3　典型硬件电路设计 ……………………………………………… 429
32.4　例程源码分析 …………………………………………………… 430

参考文献 …………………………………………………………… 437

第1章

嵌入式系统概述

1.1 嵌入式系统简介

1. 嵌入式系统的应用举例

嵌入式系统的应用非常广泛,例如:

➢ 家庭中的数字电视、机顶盒、DVD、超级 VCD、视频游戏设备、屏幕电话、智能手机、上网终端、智能防盗系统等。

➢ 办公室中的复印机、打印机、扫描仪、数字化仪、绘图机、键盘等。

➢ 手持设备:MP3、GPRS 手持机、数码相机、数码摄像机、个人数字助理(Personal Digital Assistant,PDA)等。

➢ 军事、航空和航天领域中的设备,如美国的 F16 战斗机、FA－18 战斗机、B－2 隐形轰炸机、爱国者导弹以及 1997 年火星表面登陆的火星探测器等。

➢ 其他领域,如工业控制和仪器仪表、通信、网络、移动计算、机器人、智能玩具等。

总之,在我们能够想到的许多领域和设备中,都使用了大量嵌入式系统。

2. 嵌入式系统定义和组成

(1) 嵌入式系统定义

由美国普林斯顿大学电子工程系教授 Wayne Wolf 编著的《嵌入式计算系统设计原理》一书指出:"不严格地说,它是任意包含一个可编程计算机设备,但是这个设备不是作为通用计算机而设计的。因此,一台个人计算机并不能称为嵌入式计算机系统,但是,一台包含了微处理器的传真机或时钟就可以算是一种嵌入式计算机系统"。一般认为该书中所说的嵌入式计算机系统,就是我们说的嵌入式系统,有的书中也称之为嵌入式计算机系统。也有人把嵌入式系统称为一种用于控制、监视或协助特定机器和设备正常运行的计算机。

目前被国内专业人士普遍认可的嵌入式系统定义是:以应用为中心、以计算机技术为基础的,软、硬件可裁减,适应应用系统对功能、可靠性、成本、体积、功耗等有严格要求的专用计算机系统。可以看出,嵌入式系统的明显特点有:

➢ 是一个专用计算机系统,有微处理器,可编程。

➢ 有明确的应用目的。

➢ 作为机器或设备的组成部分被使用。

(2) 嵌入式系统组成

嵌入式系统典型组成如图 1-1 所示。图中虽然画出了驱动器、传感器和被控对象,但是这部分通常不属于嵌入式系统的组成部分,只是为了表明被控对象与嵌入式计算机系统之间存在着检测和被控制关系。图中嵌入式计算机系统的组成就是通常说的嵌入式系统的组成。针对具体应用所开发的嵌入式系统的组成,并不要求使用图 1-1 中所有的硬件模块或程序,比如简单的嵌入式系统可以不使用操作系统,或者不使用 A/D、D/A 等。

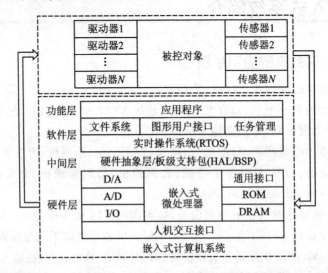

图 1-1 嵌入式系统组成

硬件层除了嵌入式微处理器、ROM 和 DRAM 外,其他的(如人机交互接口、A/D、D/A 等)都随具体应用的不同可以进行增删。另外,图 1-1 中的 ROM 也可以使用 EPROM、EEPROM 或 Flash,DRAM 也可以使用 FP、EDO、SDRAM 等。

中间层处于硬件层与软件层之间,被称为硬件抽象层(Hardware Abstract Layer,HAL)或板级支持包(Board Support Package,BSP),与 PC 的基本输入/输出系统(Basic Input Output Syatem,BIOS)相似。不同的嵌入式微处理器、不同的硬件平台或不同的操作系统,BSP 也不同。

在软件层中,根据具体的应用要求,可以不使用操作系统,如使用 MCS-51 单片机构成的简单系统;对于那些实时性要求并不严格的系统,也可以不使用实时操作系统。软件层中可以有选择性地使用文件系统、图形用户接口或任务管理程序。

功能层由应用层检测的传感器信号计算机计算并通过驱动器实现对被控制对象的控制,根据需要提供友好的人机界面。传感器和驱动器根据具体需求可以有不同的选择。

3. 嵌入式系统特点

嵌入式系统作为一个专用计算机系统，与通用的计算机相比，有以下明显特点，在设计阶段需要给予更多的考虑。

1）与应用密切相关

嵌入式系统作为机器或设备的组成部分，与具体的应用密切相关。嵌入式系统中计算机的硬件与软件在满足具体应用的前提下，应该使系统最为精简，将成本控制在一个适当的范围内。这就要求软、硬件可裁减。

2）实时性

许多嵌入式系统不得不在实时方式下工作，如果在规定的时间内某一请求得不到处理或者处理没有结束，可能会带来严重的后果。实时性要求嵌入式系统必须在规定的时间内正确地完成规定的操作，例如在嵌入式系统应用较为广泛的工业控制中（如对化工车间的控制）对系统的实时性要求非常严格。虽然在某些嵌入式系统中对实时性要求并不严格，但超时也会导致不良结果。

3）复杂的算法

对于不同的应用，嵌入式系统有不同的算法。例如控制汽车发动机的嵌入式系统，必须执行十分复杂的过滤操作，从而达到降低污染和减少油耗的目的。算法的复杂性还体现在程序在解决某一问题时必须考虑运行时间的限制、运行环境以及干扰信号带来的影响等问题。

4）制造成本

制造成本在某些情况下决定了含有嵌入式系统的设备或产品能否在市场上被成功地销售。微处理器、存储器、I/O 设备和嵌入式系统的价格，对制造成本有比较大的影响，因此，在设计阶段应该充分重视对制造成本的控制。

5）功　耗

许多嵌入式系统采用电池供电，因此对功耗有严格的要求。在选择微处理器、存储器和接口芯片时，要充分考虑功耗问题；另外，还要考虑微处理器和操作系统是否支持多种节电方式。

6）开发和调试

必须有相应的开发环境、开发工具和调试工具，才能进行开发和调试。通常在PC 上，运行嵌入式系统开发工具包，输入并编译需要在嵌入式系统中运行的代码，将可执行文件下载到嵌入式系统开发平台（板）上，使其运行并调试。

7）可靠性

嵌入式系统应该能够可靠地运行，比如能长时间正确运行而不死机，能够在规定的温度、湿度环境下运行，有一定的抗干扰能力等。

1.2 嵌入式系统微处理器

1. 嵌入式微处理器分类

嵌入式系统硬件部分的核心是嵌入式微处理器,广义上可以将其分为 4 类,如图 1-2 所示。

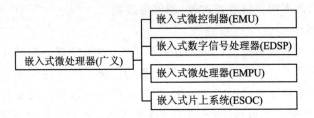

嵌入式微处理器(广义)
- 嵌入式微控制器(EMU)
- 嵌入式数字信号处理器(EDSP)
- 嵌入式微处理器(EMPU)
- 嵌入式片上系统(ESOC)

图 1-2 嵌入式处理器分类

(1) 嵌入式微控制器

嵌入式微控制器(Embedded Microcontroller Unit,EMU),通常也被称为微控制器(Micro ControllerUnit,MCU)或单片机。单片机芯片内通常集成了某些处理器内核、少量的 ROM/RAM 存储器、总线控制逻辑、各种必要的功能模块以及某些外设或外设接口电路。

在单片机的发展过程中,许多著名的厂商(如 Intel、Motorola、Zilog、NEC 等)都生产过不同系列的单片机芯片,尤以 Intel 公司在 1976 年推出的 MCS-48、在 1978 年推出的 MCS-51 和在 1982 年推出的 MCS-96 系列产品最具有代表性。MCS-51 和 MCS-96 系列芯片仍在大量地使用。

MCS-51 系列芯片内处理器内核为 8 位;片内有 128~256 字节的 RAM;除 8031 外,8051 和 8751 片内有 4 KB ROM 或 EPROM;片内有总线控制逻辑、多级中断处理模块、并行和串行接口、多个 16 位定时/计数器等。MCS-96 系列的芯片内处理内核为 16 位,与 MCS-51 相比,存储器容量有所增加,并增加了片内 A/D 转换器等。

单片机在过去的 30 年间得到了广泛的应用,在仪器仪表、自动控制和消费电子等多个领域,占据了低端市场很大的份额。有代表性的产品包括:8051、P51XA、MCS-251、MCS-96/196/296、MC68HC05/11/12/16 等。

(2) 嵌入式数字信号处理器

嵌入式数字信号处理器(Embedded Digital Signal Processor,EDSP)有时也简称为 DSP,是专门用于嵌入式系统的数字信号处理器。嵌入式 DSP 针对普通 DSP 的系统结构和指令系统进行了特殊设计,使其更适合 DSP 算法、编译效率更高、执行速度更快。嵌入式 DSP 有两个发展来源,一是 DSP 处理器经过单片化、EMC(电磁兼容)改造、增加片内外设而成;二是在通用单片机或 SoC(片上系统)中增加 DSP 协处理器。嵌入式 DSP 在数字滤液、FFT、频谱分析等仪器上使用较为广泛。

在嵌入式 DSP 发展过程中,德州仪器(TI)公司推出过许多具有代表性的产品。1992 年 TI 公司推出了第一代处理器 TMS32010,在语音合成和编码器中得到了广泛的应用。之后,TI 公司又陆续推出了 TMS320C10/C20/C30/C40/C50/C80/C2000/C5000/C6000。嵌入式 DSP 中比较有代表性的产品是 TI 公司的 TMS320 系列和 Freescale 公司的 DSP56000 系列。

(3) 嵌入式微处理器

嵌入式微处理器(Embedded Mirco Processor Unit,EMPU),也被称为嵌入式微处理器单元,可以分为以下两类:

1) 通用微处理器

通用微处理器并不是为嵌入式应用而设计的,如 x86 系列中 8086、8088、80186、80286、80386、80486 以及奔腾微处理器,是为通用目的而设计的。可以将这种通用的微处理器、存储器、接口电路和外设、嵌入式操作系统以及应用程序,作为一个专用计算机系统,成为机器或设备的组成部分,完成某种应用目的,实现嵌入式系统的功能。

2) 嵌入式微处理器

这类微处理器是专门为嵌入式应用而设计的,设计阶段已充分考虑了处理器应该对实时多任务有较强的支持能力;处理器结构可扩展,可以满足不同应用需求的嵌入式产品;处理器内部集成了测试逻辑,便于测试;处理器具有低功耗特性等。通常,狭义上讲的嵌入式微处理器就是专门指这种类型的微处理器。典型的嵌入式微处理器产品有 ARM、MIPS、Power PC、68xxx、SC - 400、386EX、GoldFire 等系列产品。

本书讲述的 STM32F10X 嵌入式微处理器,属于 ARM 系列。

(4) 嵌入式片上系统

嵌入式片上系统(Embedded System On Chip,ESOC),简称为 SoC。近年来随着电子设计自动化(EDA)技术的推广和 VLSI 设计的普及,在一个硅片上实现一个复杂的系统已经变成可能,这就是 System On Chip。将各种通用处理器内核作为 SoC 设计公司的标准库,用户只需要定义出整个应用系统,仿真通过后就可以将设计图交给半导体厂家生产样品。这样除个别无法集成的器件外,整个嵌入式系统基本上可以集成到一块或几块芯片中。比较典型的 SoC 产品有 NXP 公司的 Smart x。另外还有一些通用系列,如 Siemens 公司的 TriCore、原 Freescala 公司的 M - Core 和某些 ARM 系列的产品。

2. 主流嵌入式微处理器介绍

嵌入式微处理器由处理器核和不同功能模块组成。微处理器可以设计成具有多种不同功能、满足不同用户对速度、功耗不同需求的多种处理器核,有芯片生产商将这些核和各种不同功能模块(例如 DMAC、中断控制器、LCD 控制器、存储器控制器、A/D 转换器、USB 接口等)集成到同一个微处理器芯片中。有些公司仅仅从事嵌入式微处理器的设计开发,如 ARM 公司;有些公司既从事设计开发,又制造芯片。

(1) ARM

目前,基于 ARM 系列处理器核的处理器占据了 32 位 RISC 处理器 75% 以上的市场份额,是使用最为广泛的微处理器。ARM 是英文 Acorn RISC Machine 的缩写,其中,Acorn 是英国剑桥的一个计算机公司,1985 年开发了第一代 ARM RISC 处理器,在低功耗、低成本和高性能的嵌入式系统应用领域占据领先地位。

ARM 公司是全球领先的 32 位 RISC 微处理器知识产权(Intellectual Property,IP)设计供应商,其通过转让高性能、低成本、低功耗的 RISC 处理器、外围和系统芯片技术给合作伙伴,使他们能够用这些技术生产各具特色的芯片。ARM 公司并不生产芯片,而是通过转让设计许可证,由合作伙伴生产各种型号的微处理器芯片,目前 ARM 的合作伙伴在全世界已超过 100 个,许多著名的半导体公司与 ARM 公司都有着合作关系。

ARM 公司系列产品主要有 ARM7、ARM9E、ARM10E、SecurCore、ARM11 和 Cortex 等。

ARM Cortex 系列是 ARM 公司推出的新一代微处理器的内核,分为 3 个系列,分别是 Cortex - A、Cortex - R、Cortex - M。其中 A 系列用于高端应用处理,比如现在苹果的两大主流产品都是 A 系列的内核,支持指令集为 ARM、Thumb;Thumb2R 系列用于实时系统中,属于中级应用,对于实时场合能够快速响应,满足最苛刻的实时要求。M 系列属于低端应用,但应用较广,是一个 32 位的 MCU,主要用于对成本敏感的产品上。M 系列是同类产品中门数最少、功耗最低、性能最好的,一般国内提到 M 系列的产品都是首推 ST 公司的。本书介绍的嵌入式微处理器就是以 ST 的 Cortex - M 系列为例讲解的。

基于 ARM 核的微处理器芯片在 PDA、智能手机、DVD、手持 GPS、机顶盒、游戏机、数码相机、打印机、终端机等许多产品中得到广泛的应用。ARM 既表示一个公司的名称,也表示这个公司设计的处理器体系结构。

(2) MIPS

MIPS 是 Microprocessor without Interlocked Pipeline Stage 的缩写,意思为内部无互锁流水线微处理器,也是一种处理器的内核标准。MIPS 体系结构具有良好的可扩展性,并且能够满足超低耗功能微处理器的需求。

MIPS 处理器源于 20 世纪 80 年代初,由美国斯坦福大学电机系 Hennessy 教授领导的研究小组研制。MIPS 计算机公司 1984 年成立于硅谷。1992 年,SGI 收购了 MIPS 计算机公司。1988 年 MIPS 脱离了 SGI,成为了 MIPS 技术公司。MIPS 技术公司是一家设计和制造高性能、高档次嵌入式 32/64 位处理器的公司,在 RISC 处理器方面占有重要地位。

(3) Power PC

Power PC 微处理器早期由 IBM、Motorola 和 Apple 公司共同投资开发,生产了 Power PC601(1994 年)、PC602(1995 年)、PC604(1995 年)和 PC620(1997 年)。此后, Power PC 微处理器由 IBM 公司和 Motorola 公司分别生产。迄今为止,Motorola 公司 共生产了 6 代产品,分别是 G1、G2、G3、G4、G5 和 G6;Motorola 公司生产的 Power PC 微处理器芯片产品编号前有"MPC"前缀,如 G5 中的 MPC860DE~MPC860P 等。

2004 年,Motorola 公司拆分半导体部门,组建了新公司 Freescale(飞思卡尔), 由新公司继续提供 MPC 微处理器的技术支持和新产品研发。2015 年,NXP(恩智 浦)收购飞思卡尔。

目前,IBM 公司的 Power PC 微处理器芯片产品有 4 个系列,分别是 4XX 综合 处理器、4XX 处理器核、7XX 高性能 32 位微处理器和 9XX 超高性能 64 位处理器。

(4) 其他嵌入式微处理器

Intel 公司基于 x86 处理器核的嵌入式微处理器 Geode SPISC10、Motorola 公司 的 68xxx、Compaq 公司的 Alpha、HP 公司的 PARISC、Sun 公司的 Spare 等嵌入式 微处理器也有着广泛的应用。

1.3　ARM 系列嵌入式微处理器

1. ARM 系列处理器核体系结构的命名规则

基于 ARM 的微处理器芯片一般是由不同的处理器核、多个功能模块和可扩展 模块组成的。功能模块分别由字母 T、D、M、I、E、J、F、S 等表示。可扩展模块一般由 DMAC、中断控制器、实时时钟、脉宽调制定时器、LCD 控制器、存储器控制器、 UART、看门狗定时器、GPIO、功耗管理功能模块组成。

ARM 系列处理器核体系结构的命名规则:首先是由"ARM"开头,后面跟着若 干字母后缀。命名规则通常表示如下:

ARM{x}{y}{z}{T}{D}{M}{I}{E}{J}{F}{-S}

上述命名规则中,大括号中表示的内容是可选择的,命名规则中 ARM 以后各后 缀的含义如表 1-1 所列。

表 1-1　ARM 处理器命名

后　缀	含　义
x	系列号,如 ARM7、ARM9、ARM10
y	含有内存管理或保护单元,如 ARM72、ARM92
z	含有 cache,如 ARM720、ARM920

后　缀	含　义
T	含有 Thumb 指令解码器,支持 Thumb 指令集,如 ARM7T
D	含有 JTAG 调试器,支持 Debug,支持片上调试
M	含有硬件快速乘法器,如 ARM7M
I	含有内嵌的在线调试宏单元(embedded ICE macrocell)硬件部件,提供片上断点和调试点支持, 如 ARM7TDMI
E	表示支持增强型 DSP 指令
J	含有 JAVA 加速器 Jazelle
F	含有向量浮点单元
S	可以综合版本,以源代码形式提供的,可被 EDA 工具使用

命名规则还有一些附加的信息:

① ARM7TDMI 之后设计、开发的内核,即使不标出 TDMI,也默认包含了支持 TDMI 的功能模块。

② JTAG 是由 IEEE1149.1 标准(即测试访问端口和边界扫描结构)来描述的, 是 ARM 与测试设备之间接收和发送处理器内核调试信息的一系列协议。

内嵌的在线调试宏单元建立在处理器内部,用来设置断点和观察点的硬件调试点。

2. ARM 系列处理器核的性能

目前使用的 ARM 系列处理器核的品种共有 20 多种,共同点是:字长 32 位、 RISC 结构、附加的 16 位 Thumb 指令集。表 1-2 中列出了 ARM 系列中典型的核 以及它们的主要性能。

表 1-2　ARM 处理器的主要性能

系列	型　号	Cache 大小	存储管理	Thumb	DSP	Jazelle	流水线
ARM7	ARM7TDMI	无	无	有	无	无	3 级
	ARM7TDMI-S	无	无	有	无	无	
	ARM720T	8 KB	MMU	有	无	无	
	ARM7EJ-S	无	无	有	有	有	
ARM9	ARM920T	16 KB/16 KB	MMU	有	无	无	5 级
	ARM922T	8 KB/8 KB	MMU	有	无	无	
	ARM940T	4 KB/4 KB	MMU	有	无	无	

续表 1-2

系 列	型 号	Cache 大小	存储管理	Thumb	DSP	Jazelle	流水线
ARM9E	ARM966E-S	无	无	有	有	无	5级
	ARM946E-S	4 KB~1 KB/4 KB~1 KB	MPU	有	有	无	
	ARM926E-S	4 KB~1 KB/4 KB~1 KB	MMU	有	有	有	
ARM10E	ARM1022E	16 KB/16 KB	MMU	有	有	无	6级
	ARM1020E	32 KB/32 KB	MMU	有	有	无	
	ARM1026EJ-S	可变	MMU	有	有	有	
ARMSe curCore	SC100	无	MPU	有	无	无	
	SC110	无	MPU	有	无	无	
	SC200	可选	MPU	有	无	无	
	SC210	可选	MPU	有	无	无	
ARM11	ARM1136J(F)-S	可变	MMU	有	有	有	8级
	ARM1156T2(F)-S	可变	MPU	有	有	无	
	ARM1176JZ(F)-S	可变	MMU+ Trust Zone	有	有	有	
	MPCore	可变	MMU+Cache coherency	有	有	有	
Cortex 系列	A 系列		MPU	有	有	有	13级
	R 系列		MMU	有	有	有	8级
	M 系列		MMU	有	无	有	3级

  表 1-2 中第 1 列的 ARM SecurCore 系列是一个专门的系列,命名规则有所不同。这个系列是专为安全需要而设计的,提供了完善的 32 位 RISC 机栓全解决方案的支持。该系列采用软内核技术提供最大限度的灵活性,可以防止外部对其扫描检测;提供了可以防止供给的安全特性;带有灵活的保护单元,以确保操作系统和应用数据的安全。

  表 1-2 中 DSP 与命名规则中后缀字母 E 对应,表示存储器保护单元。

  表 1-2 中 ARM11 系列 ARM1176JZ(F)-S 处理器使用了 Trust Zone 技术,为 ARM 处理器提供了一个安全的虚拟处理器,为运行公开的操作系统(如 Linux、Palm OS、Symbian OS 和 Windows CE 等的系统)提供了保障安全的基础。对于电子支持和数字版权管理之类的应用服务,提供了可靠的安全措施。

  表 1-2 中 Jazelle 表示含有 Java 记数器,提供了直接执行 Java 之类命令功能。在相同的功耗下,使用 Java 虚拟机的性能高出 8 倍,并能将现行 Java 代码应用的功耗降低到 80% 以上。表 1-2 中 Thumb 表示含有 Thumb 指令解码器。ARM 体系结构除了执行效率很高的 32 位 ARM 指令集外,含有 Thumb 指令解码器的处理器还支持 16 位的 Thumb 指令集。Thumb 指令集是 ARM 指令集的一个功能上的子集,具有 32 位指令代码的优势,同时可节省 30%~40% 的代码存储空间。

1.4 嵌入式操作系统

1. 嵌入式操作系统的主要特点

早期的嵌入式系统应用中,例如洗衣机和微波炉的控制,要处理的任务比较简单,只需要检测哪一个键按下并执行相应的程序。当时很少使用的微处理器一般为 8 位或 16 位,程序员可以在应用程序中管理微处理器的工作流程,很少用到嵌入式操作系统。当嵌入式系统变得越来越复杂以后,使用成熟的嵌入式操作系统使得软件开发更容易、效率更高。

一些嵌入式系统对实时性要求并不太高,因此可以选择那些非实时性的操作系统。但是现在许多嵌入式系统都具有实时性要求。用于嵌入式系统的实时操作系统与传统的操作系统相比有如下特点:

(1) 实时性

许多嵌入式系统的应用都具有实时性要求,因此多数嵌入式操作系统都具有实时性的技术指标,例如:

➤ 系统响应时间:指从系统发出处理要求到系统给出应答信号所花费的时间。

➤ 中断响应时间:指从中断请求到进入中断服务程序所花费的时间。

➤ 任务切换时间:指操作系统将 CPU 的控制权从一个任务切换到另一个任务所花费的时间。

实时性要求嵌入式系统对确定的事件,在系统事先规定的时间内,能够响应并正确完成处理工作。

(2) 可移植

嵌入式操作系统的开发一般先在某一种微处理器上完成,例如,在 80x86 系列微处理器上开发成功的操作系统,还要考虑如何移植到 ARM 系列、68K 系列、Power PC 系列、MIPS 系列微处理器上运行。

不同的嵌入式操作系统的开发,支持不同的板级支持包(BSP)或硬件抽象层(HAL)。板级支持包内的程序与接口及外设等硬件密切相关。操作系统应该设计成尽可能与硬件无关,这样在不同平台上移植操作系统时,只要改变板级支持包就可以了。

另外,对于组成操作系统的内核,有一部分代码与 CPU 的寄存器、堆栈、标志寄存器(或称为程序状态字)、中断等密切相关,这部分代码通常用汇编语言编写,移植时要用新的 CPU 平台对应的指令书写。

嵌入式系统开发过程中,一旦选定了硬件平台,就要考虑准备使用的操作系统能否方便地移植到硬件平台。

(3) 内核小型化

操作系统内核是指操作系统中靠近硬件并且享有最高运行优先权的代码。为了适应嵌入式系统存储空间小的限制,内核应该尽量小型化。例如,嵌入式操作系统 VxWorks 内核最小可裁减到 8 KB;Nucleus Plus 内核在典型的 RISC 体系结构下占 40 KB 左右的空间;QNX 内核约为 12 KB;国产 Hopen 内核约为 10 KB。

(4) 可裁减

为了适应各种应用需求的变化,嵌入式操作系统还应该具有可裁减和可设计的特点。嵌入式操作系统除了内核之外,往往还有几十个乃至几百个功能模块代码,用来适应不同的硬件平台和具体应用的要求。开发人员要根据硬件平台的限制和功能需求,对组成嵌入式操作系统的功能模块进行增减,取出所有不必要的功能模块代码,最终组成一个满足具体设计要求的、具有小尺寸的操作系统的目标代码。例如,操作系统在设计时,应该支持尽可能多的外设,一次操作系统带有大量的外设对应的驱动程序即可,其他所有的外设驱动程序都应该被裁减掉,不必包含在操作系统的目标代码中。可裁减的另一个例子是把操作系统文件支持的图形接口函数、文件函数、支持复杂的数据结构的函数等,分别设计成不同的代码文件,如果具体应用中不使用这些函数,在编译操作系统时应将它们对应的代码文件裁减掉。

2. 主流嵌入式操作系统简介

在嵌入式操作系统发展过程中,至今仍然流行的操作系统有几十种。其中,免费的、源码开放的 Linux 和 μC/OS-Ⅱ在国内教学科研单位中使用更广泛一些,比如:

(1) VxWorks

VxWorks 是美国 Wind River System 公司于 1983 年设计开发成功的一个实时操作系统(RTOS),目前已发展到 VxWork V6.0 版。VxWorks 具有良好的持续发展能力、高性能的内核以及良好的用户开发环境,在实施操作系统占领先地位。

VxWorks 是目前使用广泛、市场占有率高的商用嵌入式操作系统,可以移植到多种处理器,如 X86、Motoroda 68xx MIPS Power PC、StrongARM 和 ARM 等。VxWorks 具有 1 800 个功能强大的应用程序接口,系统的可靠性非常高。

(2) QNX

QNX 是加拿大 QNX 公司的产品,是实在 x86 体系商开发成功、然后移植到 Motorola 68xxx 等微处理器上的。QNX 是一个实时的、可扩展的操作系统,部分遵循了 POSI 协议。POSIX(Portable Operating System Interface)表示可移植操作系统接口。QNX 提供了一个很小的微内核以及一些可选的配合进程,其内核仅提供 4 种服务:进程调度、进程间通信、底层网络通信和中断处理。QNX 内核小巧,大约为 12 KB,运行速度极快。QNX 具有强大的图形界面功能,适合作为机顶盒、手持设备、GPS 等设备的实时操作系统使用。目前 QNX 市场占有量不是很大。

(3) Windows CE

Windows CE 操作系统是 Microsoft 公司于 1996 年发布的一种嵌入式操作系统,目前使用最多的是 Windows CE. NET 4.2 版-5.0 版和 6.0 版。在 PDA、Pocker PC Smart Phone(智能手机)、工业控制和医疗设备方面使用得较多。

Windows CE 是一个简单、高效率的多平台操作系统,不是桌面 Windows 系统的削减版本,而是从整体上为有限资源的平台设计的多线路、完全优先级、多任务的操作系统。操作系统内核占据最少 200 KB 的 ROM 空间。

现在 Microsoft 又推出了针对移动设备应用的 Windows Mobile 操作系统,是微软进军移动设备领域的重大产品调整,包括 Pocket PC、Smart Phone 及 Media Centers 三大平台体系,面向个人移动电子消费市场。

(4) Palm OS

Palm OS 是 Palm Computing 掌上电脑公司的产品,在 PDA 市场占有很大的份额。Palm OS 具有开放的操作系统应用程序接口,开发商可以根据需要自己开发所需的应用程序。目前大约有 3 500 个应用程序可以在 Palm OS 上运行,这使得 Palm 的功能不断增多,这些应用软件广泛地应用在计算机、游戏机、电子宠物等电子消费产品上。

(5) 嵌入式 Linux

嵌入式 Linux 现在已经有许多版本,包括强实时的嵌入式 Linux 版本,如新墨西哥工学院的 RT-Linux 和堪萨斯大学的 KURT-Linux;一般的嵌入式 Linux 版本,如 μCLinux 和 Pocket Linux 等。其中,μCLinux 是针对没有 MMU 的处理器而设计的,不能使用虚拟存储管理技术,对内存的访问是直接的,程序访问地址都是实际物理地址。Linux 主要特点有:

➤ 开发源码。

➤ 内核小、功能强大、运行稳定和效率高。

➤ 易于定制裁减。

➤ 可移植到数十种微处理器上。

➤ 支持大量的外围硬件设备,驱动程序丰富。

➤ 有大量的开发工具,良好的开发环境。

➤ 沿用了 UNIX 的发展方式,遵循国际标准,得到众多第三方软硬件厂商支持。

➤ 对以太网、千兆以太网、无线网络、令牌网、光线网、卫星网等多种联网方式提供了全面支持。

➤ 在图像处理、文件管理及多任务支持等方面,Linux 也提供了较强的支持。

(6) μC/OS-Ⅱ

μC/OS 是源码公开的实时嵌入式操作系统。μC/OS-Ⅱ 提供了嵌入式系统的基本功能,核心代码短小精悍。对比大型商用嵌入式系统而言,μC/OS-Ⅱ 相比还是有些简单。μC/OS-Ⅱ 主要特点包括:源码公开、可移植性强(采用 ANSI C 编写)、可固化、可剪减、占先式、多任务,稳定性和可靠性强。

本书中应用的处理器 STM32F103ZET 主要用的就是这种操作系统。

(7) Symbian OS

Symbian OS 也称为 EPOC 系统,最早由 Psion(宝意昂)公司开发,是一个专门用于手机等移动设备的嵌入式操作系统。目前诺基亚、爱立信、松下、三星、索尼爱立信和西门子等都支持该系统,该操作系统占据了智能手机操作的绝大部分市场份额。主要特点有:支持 TCP、IPv4、IPv6 和蓝牙等协议标准;支持多任务、面向对象基于组件方式的 2 G、2.5 G 和 3 G 系统及应用开发;支持互联网连接和浏览及内容下载;支持 Unicode 等。

(8) 其他操作系统

另外,国外的 Tiny OS(美国伯克利大学)、OS‐9(Microwave 公司)以及国内的 Delta OS(科银京城公司)、Hopen OS(凯思集团)和 EEOS(中科院计算所)的嵌入式操作系统,也较为知名。

3. STM32 开发流程

笔者为什么会刻意单独开一个章节讲述 STM32 开发流程呢?因为笔者在嵌入式系统行业中做了很多的项目,对于一些提供功能的客户来说,他们不懂嵌入式的开发流程,导致项目的迟缓甚至失败,所以这里详细介绍嵌入式系统的开发流程,希望得到读者的重视,也同时希望读者在嵌入式系统的开发道路上少走弯路。

嵌入式软件的开发流程与通用软件的开发流程大同小异,但设计方法具有嵌入式开发的特点。整个开发流程可分为:

➢ 需求分析阶段。

➢ 设计阶段。

➢ 生成代码阶段。

➢ 固化阶段。

4. 嵌入式软件开发的特点

嵌入式系统与通用计算机系统的差别:人机交互界面、有限的功能、时间关键性和稳定性。嵌入式系统开发需要交叉开发环境:交叉开发环境是指实现编译、链接和调试应用程序代码的环境。与运行应用程序的环境不同,它分散在有通信连接的宿主机与目标机环境之中。所谓宿主机(Host),就是一台通用计算机,一般是 PC 机,通过串口或网络连接与目标机通信。所谓目标机(Target),可以是嵌入式应用软件的实际运行环境,也可以是能替代实际环境的仿真系统。嵌入式应用软件对实时性、稳定性、可靠性和抗干扰性等性能的要求都比通用软件的要求更为严格和苛刻。

1.5　本章小结

　　本章主要介绍了嵌入式系统定义、组成和特点,介绍了嵌入式微处理器分类和主流嵌入式微处理器,介绍了嵌入式操作系统的特点和目前较为流行的几种嵌入式操作系统。由于本书讲述的嵌入式微处理器基于 STM32F10x 微处理器,所以在这一章比较详细地介绍了 ARM 系列处理器和体系结构的命名规则、性能和体系结构的版本。

第2章

STM32F10x 微处理器的
组成及编程模式

2.1　为什么选择 STM32F10x 微处理器

如果读者正在为项目的处理器而进行艰难的选择:一方面抱怨 16 位单片机有限的指令和性能,另一方面又抱怨 32 位处理器的高成本和高功耗,那么,基于 ARM Cortex - M3 内核的 STM32 系列处理器也许能解决这个问题,从而不必在性能、成本、功耗等因素之间做出取舍和折中。即使还没有看过 STM32 的产品手册,但对于这样一款融合 ARM 和 ST 技术的"新生儿",相信读者与笔者一样不会担心这款针对 16 位 MCU 应用领域的 32 位处理器的性能。但是从工程的角度来讲,除了芯片本身的性能和成本之外,或许还会考虑到开发工具的成本和广泛度,存储器的种类、规模、性能和容量以及各种软件获得的难易程度,相信 STM32F10x 微处理器会给我们一个满意的答案。

STM32F10x 系列微处理器是专为要求高性能、低功耗的嵌入式应用专门设计的 ARM Cortex - M3 内核,是 STM32 系列增强型系列的处理器,主频达到 72 MHz。

意法半导体推出了 STM32 基本型系列、增强型系列、USB 基本型系列和增强型系列。新系列处理器沿用增强型系列 72 MHz 的处理频率,包括 64～256 KB 闪存和 20～64 KB 嵌入式 SRAM。新系列采用不同的 3 种封装:LQFP64、LQFP100 和 LFBGA100。

下面介绍 STM32F10x 微处理器的组成。

主系统由以下几部分构成:

➤ 4 个驱动单元:Cortex - M3 内核 DCode 总线(D - bus)、系统总线(S - bus)、通用 DMA1 和通用 DMA2。

➤ 4 个被动单元:内部 SRAM、内部闪存存储器、FSMC、AHB 到 APB 的桥(AHB2APBx),它连接所有的 APB 设备,这些都是通过一个多级的 AHB 总线构架相互连接的。

STM32F10x 还包含以下主要功能模块:

内置闪存存储器、嵌套的向量式中断控制器（NVIC）、外部中断/事件控制器（EXTI）、时钟和启动、自举模式、供电监控器、电压调压器、低功耗模式、DMA、RTC（实时时钟）和后备寄存器、独立的看门狗、窗口看门狗、系统时基定时器、通用定时器（TIMx）、高级控制定时器（TIM1）、I²C 总线、通用同步/异步接收发送器（USART）、串行外设接口（SPI）、控制器区域网络（CAN）、通用串行总线（USB）、通用输入输出接口（GPIO）、ADC（模拟/数字转换器）、温度传感器及串行线 JTAG 调试口（SWJ - DP）。

2.2 STM32F10x 开发工具介绍

1. STM32F10x 的开发平台介绍

随着时间的推移，ARM7 和 ARM9 内核越来越深入微控制器领域，引来了众多开发工具对这些 CPU 的支持，其中主要的开发编译平台有 GCC、Greenhills、Keil、IAR 和 Tasking 等。随着 Cortex - M3 处理器的诞生，绝大多数的开发工具都很"识趣"地迅速进行更新以支持 Thumb - 2 指令集。因此，在进行 STM32 开发之前开发人员需要获取以上几种开发工具的一种。不过，这些开发工具都能轻易地获取，并且有的还是免费并开源的。

一般情况下，建议选用芯片提供商推荐的开发平台。但时至今日，每个开发平台都有自己的优缺点，因此，除了芯片供应商推荐的开发平台外，学习者、开发人员还是有选择的。一般的，开发平台分为两类，一类是免费开源的具有"大众"性质的开发平台，而一类是收费的具有"专业"性质的开发平台。

免费的开发平台方面，首当其冲的无疑是基于 GCC 或 GUN 编译的开发平台，因为这两个编译器是完全免费、开源的，用户可以任意下载到任何场合放心使用。GCC 编译器已经被整合到众多的商业集成开发环境（IDE）和调试工具中，也由此出现了许多廉价的开发工具和评估开发板。GCC 编译器的可靠性和稳定性是有目共睹的，但是普遍认为它生成的代码不比商业平台更有效率；而使用 GCC 遇到问题时也无法得到直接的技术支持，从而容易延缓产品的开发进度。

商业开发平台方面，RealView 开发平台作为 ARM 公司自行推出的产品，在业界具有相当的权威性，但其也以压倒性的强大功能和令人望而生畏的价格令诸多工程师"又爱又恨"。RealView 编译器是 ARM RealView IDE 一系列组件之一，在片上操作系统领域应用较多，但是对微控制器的开发并没有提供很好的支持。但是，2006 年 2 月 RealView 编译器被整合进了 Keil 微控制器的开发平台（也称 ARM MDK，是 ARM Microcontroller Development Kit 的缩写）。如其名所示，ARM MDK 是一个完全为基于 ARM 核心的微控制器而打造的开发平台。MDK 的长处在于功能完整，易于使用，而且为开发者提供无缝的工具集。除此之外，瑞典 IAR 公司的 Embedded Workbench for ARM 集成开发工具和法国 Raisonance 公司的 Rkitt -

ARM 开发环境等也是不错的选择。

一般来说,简单的项目不需要动用商业开发平台。但如果想实现开发平台标准化,就值得选用商业平台,因为选用商业平台可以得到更专业的技术支持,缩短开发周期,有助于提升企业整体运作效率,降低运作成本。

2. 实时操作系统 RTOS

传统的 8 位或者 16 位单片机往往不适合使用实时操作系统,但 Cortex - M3 除了为用户提供更强劲的性能、更高的性价比,还带来了对小型操作系统的良好支持,因此建议读者在 STM32 平台上使用 RTOS。使用 RTOS 的优点是:可为工程组织提供良好的结构;可以让开发人员更注重应用程序的开发;可提高代码重复使用率;易于调试;还可使项目管理变得更简单。许多开发工具供应商都会推出自己的 RTOS,如 MDK 的 RTX、IAR EWARM 的 PowerPac 等。除此之外,还有许多 RTOS,如 μC/OS - Ⅱ、完全免费的 eCOS、FreeRTOS 等。对于 STM32 而言,运行这些 RTOS 不仅不会成为负担,更会成为开发人员手中的一把利器。

3. 固件库和协议栈

为了使开发人员更快地进行 STM32 的应用程序开发,ST 公司提供了一个完整的 STM32 设备固件库。该固件库提供了 STM32 所有外设的底层驱动函数,开发人员可以在这些底层函数的基础上便携应用程序,这样就不需要自己编写底层驱动函数了;而 STM32 最复杂的外设要数 USB 控制器了,为了让开发人员顺利地在 STM32 上进行 USB 应用开发,ST 也推出了 USB 开发软件包,为开发人员提供一些 USB 的典型应用,比如 HID 设备、大容量存储器、USB 音频应用和设备程序更新方案等。

随着 STM32 新型号的不断发布,它将会带来越来越多的外设。同样随着 STM32 复杂度的提升,单凭一个开发人员进行项目开发已经变得越来越困难。所以当开发人员选择开发工具的同时,也要考虑一些协议栈的支持,比如 TCP/IP 协议栈、GUI 图形界面、FS 文件系统等。建议开发人员在项目规划阶段先确认能从官方或者官方代理处得到这些支持,并且保证可以轻易地整合到实际的开发应用中。图 2 - 1 显示了 STM32 各个软件层的关系。

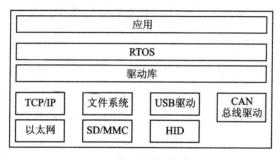

图 2 - 1 各软件层的关系

2.3 MDK 在 STM32F10x 处理器上的使用

2.3.1 MDK 的安装

1. MDK 介绍

MDK 是 Keil 公司推出的,采用 μVision4 开发环境,结合 RealView 编译器,支持 ARM7、ARM9、Cortex-M3/M1/M0/M4 的开发工具。2007 年,ARM 和英蓓特公司共同推出 MDK 中国版,同时推出了 RealView 中文官方网站 www. realview. com. cn 和论坛,用户可以下载该开发工具的评估版,且带中文的帮助手册。Keil MDK 可以实现自动配置启动代码,集成 Flash 烧写模块、强大的 Simulation 设备模拟、性能分析等功能;与 ARM 之前的工具包 ADS 等相比,RealView 编译器的最新版本可将性能改善超过 20%。

(1) 启动代码生成向导,自动引导

启动代码和系统硬件结合紧密,必须用汇编语言编写,因而成为许多工程师难以跨越的门槛。RealView MDK 的 μVision4 工具可以自动生成完善的启动代码,并提供图形化的窗口,且可轻松修改。无论对于初学者还是有经验的开发工程师,都能大大节省时间,提高开发效率。

(2) 软件模拟器,完全脱离硬件的软件开发过程

RealView MDK 的设备模拟器可以仿真整个目标硬件,包括快速指令集仿真、外部信号和 I/O 仿真、中断过程仿真、片内所有外围设备仿真等。开发工程师在无硬件的情况下即可开始软件开发和调试,使软硬件开发同步进行,大大缩短开发周期。而一般的 ARM 开发工具仅提供指令集模拟器,只能支持 ARM 内核模拟调试。

(3) 性能分析器,看得更远、看得更细、看得更清

RealView MDK 的性能分析器好比哈雷望远镜,让使用者看得更远和更准,可以查看代码覆盖情况、程序运行时间、函数调用次数等,指导使用者轻松进行代码优化,成为嵌入式开发高手。通常这些功能只有价值数千美元的昂贵的 Trace 工具才能提供。

(4) 支持 Cortex-M3 内核

RealView MDK 支持的 Cortex-M3 核是 ARM 公司新推出的针对微控制器应用的内核,提供业界领先的高性能和低成本的解决方案,未来几年将成为 MCU 应用的热点和主流。目前,国内只有 ARM 公司的 MDK 和 RVDS 开发工具可以支持 Cortex-M3 芯片的应用开发。

(5) 业界最优秀的 ARM 编译器——MDK

MDK 的 RealView 编译器与 ADS 1.2 比较:代码密度,比 ADS 1.2 编译的代码尺寸小 10％；代码性能，比 ADS 1.2 编译的代码性能高 20％。

(6) 配备 ULINK2 仿真器＋ Flash 编程模块，轻松实现 Flash 烧写

MDK 无须寻求第三方编程软件与硬件支持，通过配套的 ULINK2 仿真器与 Flash 编程工具，轻松实现 CPU 片内 Flash、外扩 Flash 烧写，并支持用户自行添加 Flash 编程算法；而且能支持 Flash 整片删除、扇区删除、编程前自动删除以及编程后自动校验等功能，轻松方便。

2. MDK 的安装

若要建立一个 STM32 的工程，则最新版的 MDK 可以到作者微博下载，这里使用 Keil_MDK4.12 版本，下载完毕后有两个文件，其中一个是安装文件，另一个是需要的破解文件生成器（强烈建议读者购买正版软件，会减少调试的 BUG 以及影响到程序的稳定性）。

在开始安装之前，需要了解几个专业的名词解释，这样使读者可以更加清晰地了解每一开发步骤所解释的含义。有必要介绍几个名词：Keil、MDK、μVision4、RealView、RVCT、JLINK 还有 RVDS，这些名词分别表示什么，有什么从属关系？相信很多读者并没有明确的概念，下面简单说明一下：

① Keil：Keil 其实是一家公司的名字，由两家私人公司联合运营，分别是德国慕尼黑的 Keil Elektronik GmbH 和美国德克萨斯的 Keil Software 组成。大家很熟悉的 Keil C51 就是从 Keil Software 诞生的。在 2005 年，Keil 公司被 ARM 公司收购。值得一提的是，当时 Keil 公司只有 20 多名员工，却仍然做出了伟大的作品。

② MDK：MDK 全称 Microcontroller Develop Kit，意为微控制器开发套件。ARM 收购 Keil 公司的意图在于进军微控制器（也就是常说的单片机）领域，MDK 就是这种意图下的产物。MDK 作为一个套件，包含了一系列软件模块，包括 Keil 公司的 IDE 环境 μVision、ARM 公司的编译器 RVCT、Flash 烧写软件模块等。

③ μVision4：μVision4 是 Keil 公司的 IDE 环境 μVision 的第 4 个版本，从根本上来说，μVision4 是一个开发环境，并不必须包含编译器、仿真、烧写等模块。比如 AVR 单片机的一个开发环境 WinAVR（又称 GCCAVR）就不包含仿真调试器，也不包含烧写模块。值得一提的是，Keil C51 正是基于 μVision2 开发环境，所以 μVision4 的界面和 μVision2 非常相似，很有利于广大习惯于 μVision2 开发环境的开发人员转向使用 μVision4 进行 STM32 的开发。

④ RealView：是 ARM 公司编译工具的名称，其首字母就是下文提到的 RVCT 中的 'R'。

⑤ RVCT：全称为 RealView Compilation Tools，意为 RealView 编译工具，是 ARM 公司针对自身 ARM 系列 CPU 开发的编译工具，主要组成有：ARM/Thumb 汇编器 armasm、连接器 armlink、格式转换工具 fromelf、库管理器 armar、C 和 C＋＋

应用程序库、工程管理。这些模块都被嵌入到了集成 Keil μVision4 开发环境里(但绝不仅是 Keil μVision4)。值得一提的是,ARM 公司作为 ARM 处理器的设计者,其编译工具 RVCT 的性能与表现是无与伦比的,没有任何一套编译工具能取代其成为首选。

⑥ RVDS:全称为 RealView Developer Suite,意为 RealView 开发套件,是 ARM 公司为了方便用户在 ARM 芯片上进行应用软件开发而推出的一整套集成开发工具。该套工具包括软件开发套件和硬件仿真工具,是软硬件结合的套件。RVDS 的价格十分高,但功能也十分强大,基本不会在普通企业和个人用户手中出现。

⑦ J-Link:J-Link 是 SEGGER 公司为支持仿真 ARM 内核芯片推出的 JTAG 仿真器。配合 IAR EWAR、ADS、KEIL、WINARM、RealView 等集成开发环境支持所有 ARM7/ARM9/Cortex 内核芯片的仿真,通过 RDI 接口和各集成开发环境无缝连接,操作方便、连接方便、简单易学,是学习开发 ARM 最实用的开发工具。笔者使用的就是 J-Link仿真器,读者也可以使用 J-Link 仿真器进行 STM32 工程的开发。

相信各位读者看完之后,对 STM32 调试的相关的名词有了一定的了解。建议读者使用 JLINK V8 仿真器,因为 STM32 ISP 下载并不太好调试程序,因为 STM32 的程序调用的函数很多,没有单步调试很难开发自己的应用程序。

下面开始动手安装 Keil_MDK4.12 的开发环境。

第一步:双击文件的图标,则弹出 MDK 的安装欢迎界面,如图 2-2 所示。

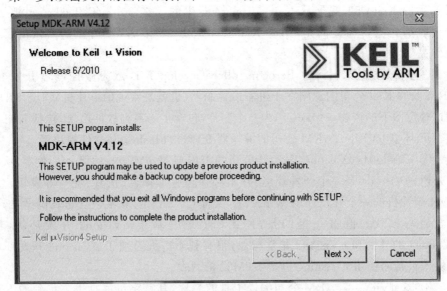

图 2-2 MDK 安装界面

第二步:单击 Next,选中同意安装协议就可以单击 Next 了。

第三步:安装路径的设置,一般设置默认就可以的,默认在 C 盘的根目录下,如图 2-3 所示。

第四步:填写用户个人信息,建议实事求是的填写上。

图 2 - 3 设置安装路径

第五步:开始安装。

第六步:安装完毕可看到 3 个选项,如图 2 - 4 所示。

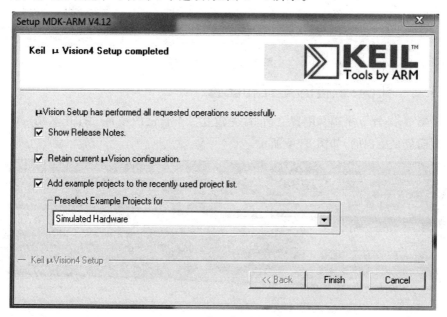

图 2 - 4 安装完毕

单击 Finish,MDK 就安装完成了。这时,计算机桌面上可以看到 Keil μVision4
的图标,双击一下就可以看到 Keil μVision4 的界面了。如图 2 - 5 所示就是 Keil

μVision4 的界面分布了,由一些菜单栏、工具栏、状态栏等区域构成。当然,MDK 的软件界面远远不止这么简单,读者可以在使用过程中慢慢摸索,实践中去真正掌握其使用方法。

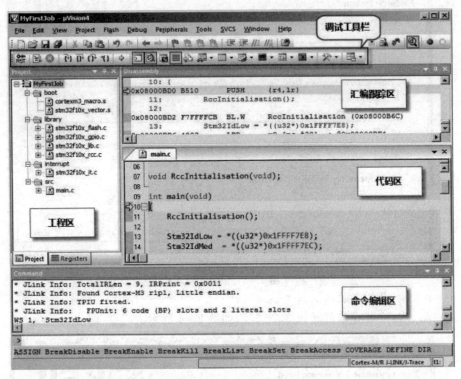

图 2-5 Keil 工作界面

2.3.2 实例:工程的建立和配置

第一步:建立工程和配置之前,首先建立一个自己的项目。打开 Keil μVision4,这时窗口是空白的,如图 2-6 所示。

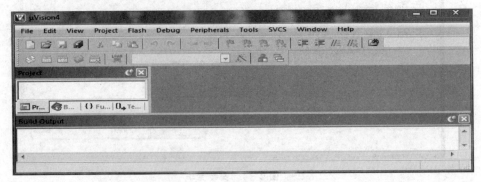

图 2-6 打开 Keil μVision4

第二步:选择 Project→New μVision Project 菜单项,在弹出的 Create New Project 对话框中选择。

打开红龙 STM32 开发板中的 LED 例程实验,如图 2-7 所示。

图 2-7　Create New Project 对话框

第三步:单击"保存",则弹出如图 2-8 所示界面,可以看到很多的处理器,这里选择 STM32F103ZET。

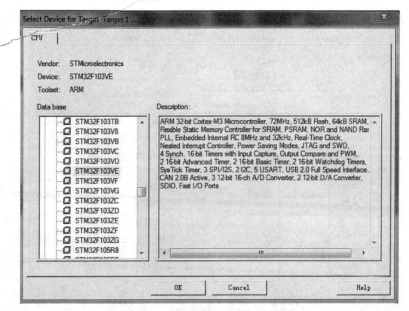

图 2-8　选择调试下载芯片界面

第四步:这样就可以看到 Keil μVision4 的全部界面了,如图 2-9 所示。

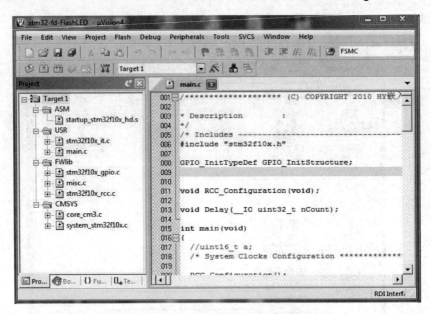

图 2 - 9　打开程序的最后界面

2.3.3　使用 MDK 进行 STM32 的程序开发

① 右击 project 区工程组中顶部的 MyFirstJob,在弹出的级联菜单中选择 Option for Target'MyFirstJob'项,则弹出如图 2−10 所对话框。

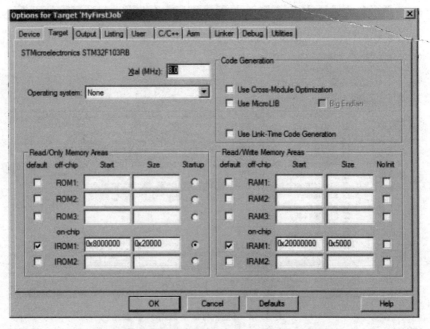

图 2 - 10　Option for Target'MyFirstJob'对话框

a) 切换到 Debug 选项卡,选择 Use 单选项,并在下拉列表框中选择 Cortex - M/R J - LINK/J - Trace;选中 Load Application at Startup,Run to main()等选项,如图 2 - 11所示。

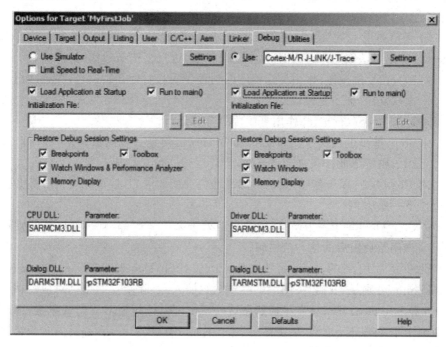

图 2 - 11 设置 Debug 标签

b) 切换到 Utilities 选项卡,选择 Use Target Driver For Flash Programming,并选择 Cortex M/R J - LINK/J - Trace,单击 Settings,在弹出的对话框中单击 Add 按钮,根据读者的 STM32 型号做出如下选择:

➤ 如果使用的是 STM324F103x4 或 STM324F103x6 系列,则请选择 STM32F10X Low - density Flash;

➤ 如果使用的是 STM324F103x8 或 STM324F103xb 系列,则请选择 STM32F10X Med - density Flash;

➤ 如果使用的是 STM324F103xc、STM324F103xd 或 STM324f103xe 系列,则请选择 STM32F10X High - density Flash。

这里的 High、Med、Low 分别对应了 STM32 中各种型号中的大、中、小容量 Flash 型号。笔者使用的是STM324F103re,所以选择 STM32F10X High-density Flash。选定后依次单击 Add 以及 OK,完成 Option for Target 'MyFirstJob'的设置。

② 按下 F7 进行编译,无错误和警告提示。

③ 连接好硬件后(包括 J - link 驱动的安装)按下 Ctrl + F5 进入实时仿真状态,还需提及的是,Ctrl + F5 操作不仅仅表示进入了仿真调试状态,而且还把程序真正地烧写进了 STM32 的 Flash 空间里。

④ 可以看到进入仿真状态的 Keil μVision4 在界面上多了不少变化:多出了调试工具栏:上面分别有 Reset(复位)、Run(全速运行)、Step(单步进入函数内部)、Step Over(单步越过函数)、Step Out(单步跳出函数)等图标;多出一个汇编跟踪窗口;多出一个命令提示窗口。

⑤ 很值得说一下 Reset(复位)、Run(全速运行)、Step(单步进入函数内部)、Step Over(单步越过函数)、Step Out(单步跳出函数)这几个按钮的作用:

➤ Reset:复位按钮,作用是让程序回到程序的起始处开始执行,注意这相当于一次软复位,而不是硬件复位;

➤ Run:全速运行按钮,作用是使程序全速运行;

➤ Step:单步进入函数内部按钮,如果当前语句是一个函数调用(任何形式的调用),则按下此按钮进入该函数,但只运行一句 C 代码;

➤ Step Over:单步越过,无论当前是任何功能的语句,按下此按钮后都会执行至下一条语句;

➤ Step Out:单步跳出函数,如果当前处于某函数内部,则按下此按钮则运行至该函数退出后的第一条语句。

此外经常用到的还有两个按钮:Start/Stop Debug Session、Insert/Remove Breakpoint,分别是"开启/关闭调试模式"和"插入/解除断点",分别对应快捷键 Ctrl + F5 和 F9。最后建议读者尽快熟悉这些调试工具按钮所对应的快捷键,如全速运行 Run 按钮对应 F5 按键、单步运行 Step 对应 F10 按键等,熟悉使用这些快捷键一定能极大地提高调试程序的效率。

⑥ 首先将光标停留在程序中"while(1);"行,按下 F9 设置断点,并随即按下 F5 执行全速运行。可以看到很快程序停在了"while(1);"一行,如图 2 - 12 所示,这是因为程序很短小,对于 72 MHz 主频的 STM32 来说,花费的时间只有几个微秒(μs)。

⑦ 解释一下图 2 - 12 所示程序的作用。首先在程序顶部定义 3 个外部变量 Stm32IdHigh、Stm32IdMed、Stm32IdLow。随后调用 RccInitialisation( )函数对 STM32 的时钟进行配置。然后读出 STM32 整个存储空间中起始地址为 0x1FFFF7E8、0x1FFFF7EC、0x1FFFF7F0 的数据,分别保存在 3 个外部变量中。事实上,这 3 个地址存放的是 STM32 本身自带的全球唯一身份识别码(ID)。每一片 STM32 都拥有与任何其他一片任何型号的 STM32 器件不同的 ID 码,这对数据加密有重要意义。

⑧ 如何查看变量的值呢? 有两种办法,一是将光标置于该变量上,大约 1 秒钟之后该变量的值会在光标附近浮现。这种方法经常使用在仅仅查看单个变量的值的情形中。第二种办法是使用 μVision4 的 Watch 窗口,操作流程如下:选择 View→Watch Windows→ Watch 1 / Watch 2 菜单项,此时会根据选择出现 Watch 1 或 Watch 2 窗口。随后使用光标拖选想要查看的变量并拖放到该 Watch 中即可查看到该变量的当前值。将 3 个变量都添加进 Watch 1 窗口之后,界面如图 2 - 13 所示。可

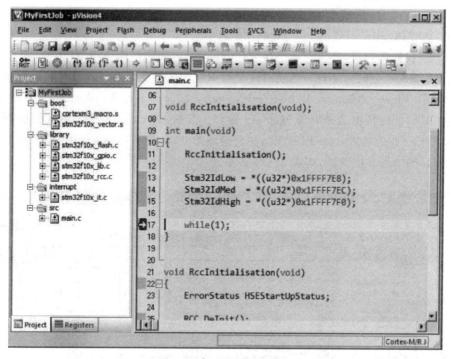

图 2-12   程序停在断总行

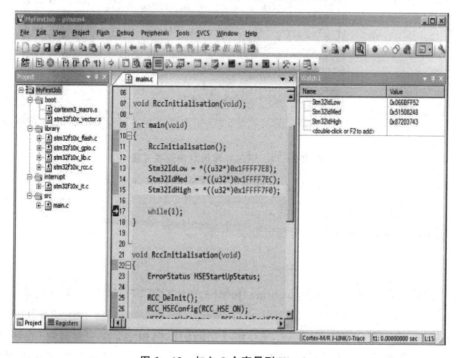

图 2-13   加入 3 个变量到 Watch 1

以看到这 3 个变量的值分别为 Stm32IdHigh = 0x87203743、Stm32IdMed = 0x51508248、Stm32IdLow = 0x066Bff52。

⑨ 我们都知道，变量一定是存放在 STM32 内部的存储空间中（无论是 Flash 空间还是 RAM 空间），那理所当然的这些存储空间应该也是可以查看的。操作流程如下：选择 View→ Memory Windows→Memory 1 / Memory 2 / Memory 3 / Memory 4 菜单项，此时根据选择出现 Memory 窗口。在该 Memory 窗口中填入所要查看的存储地址（此处填入 0x1FFFF7E8，注意前面的 0x 不能省略），按下回车键后 Memory 窗口的内容发生跳转，如图 2-14 所示。

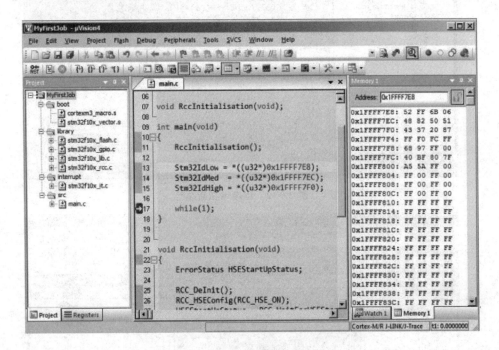

图 2-14 通过存储地址来查看变量

可以看到，从 0x1FFFF7E8 地址处开始的数据分配情况如下：

0x1FFFF7E8:52 FF 6B 06

0x1FFFF7EC:48 82 50 51

0x1FFFF7F0:43 37 20 87

…… ……

前面列出了 Stm32IdHigh、Stm32IdMed、Stm32IdLow 这 3 个变量的值分别为 Stm32IdLow = 0x066Bff52、Stm32IdMed = 0x51508248、Stm32IdHigh = 0x87203743。细心的读者可以发现存储区空间的数据和这 3 个变量有着"一样"也有"不一样"的地方。一样在于数据的大小是一致吻合的，不一样在于数据的排列顺序却颠倒了。这就是所谓的小端格式：低地址中存放的是字数据的低字节，高地址存放的是字数据的高字节。(注意,Memory 窗口中地址是从左往右,从上往下递增的。)

⑩ 此外,μVision4 开发环境中较常用到的功能还有文件查找(Find in Files)、分析仪(Analysis Window)、寄存器组(Register Window)等,这些功能模块可以在菜单栏里面轻易地找到并启用。

第 3 章

ARM Cortex – M3 基础知识

3.1 ARM Cortex – M3 寄存器组

1. 寄存器介绍

Cortex – M3 处理器的内核跟以前学习过的诸如 ARM7TDMI 内核的寄存器结构有很大的相似之处,Cortex – M3 的内核也同样有通用寄存器 R0~R15 以及一些特殊功能寄存器。其中,R0~R12 是通用目的寄存器。值得注意的是,大多数的 16 位指令只能使用 R0~R7,而 32 位的指令就可以访问通用寄存器。所谓特殊功能寄存器,就是有定义功能的寄存器,必须通过专用的指令来进行访问。

(1) 通用目的寄存器 R0~R7

R0~R7 是低组寄存器,所有指令都能访问它们;字长全是 32 位,复位后的初始值是不可预料的。

(2) 通用目的寄存器 R8~R12

R8~R12 是高组寄存器。这是因为只有很少的 16 位 Thumb 指令能访问它们,32 位的指令则不受限制。它们也是 32 位字长,特别说明一下,特殊功能寄存器复位后的初始值是不可预料的。

图 3-1 和图 3-2 介绍了通用寄存器和特殊功能寄存器的布局和功能。

(3) 堆栈指针 R13

R13 是堆栈指针。Cortex – M3 处理器内核中共有两个堆栈指针,于是也就支持两个堆栈。当引用 R13(或写作 SP)时,那么引用到的是当前正在使用的那一个,另一个必须用特殊的指令来访问(MRS,MSR 指令)。这两个堆栈指针分别是:

➢ 主堆栈指针(MSP),或写作 SP_main。这是默认的堆栈指针,由 OS 内核、异常服务例程以及所有需要特权访问的应用程序代码来使用。

➢ 进程堆栈指针(PSP),或写作 SP_process,用于常规的应用程序代码(不处于异常服用例程中时)。

注意,并不是每个应用都必须用两个堆栈指针。简单的应用程序只使用 MSP 就够了。堆栈指针用于访问堆栈,并且 PUSH 指令和 POP 指令默认使用 SP。

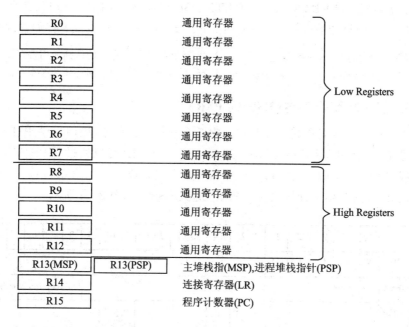

图 3－1　通用寄存器的布局及功能

图 3－2　特殊功能寄存器分布及功能

在 Cortex－M3 中,有专门的指令负责堆栈操作——PUSH 和 POP。如下例演示:

```
PUSH {R0} ; * ( − − R13) = R0。R13  是 long * 的指针
POP {R0} ; R0 =  * R13 + +
```

(4) 连接寄存器 R14

寄存器 R14 用作子程序的连接寄存器,LR 用于调用子程序时存储返回地址。例如,使用 BL(分支并连接,Branch and Link)指令时就自动填充 LR 的值。

(5) 程序计数器 PC

寄存器 R15 可作为程序计数器,汇编代码中也可以使用名字"PC"来访问它。

2. 特殊功能寄存器组

Cortex－M3 中的特殊功能寄存器包括:程序状态寄存器组(PSRs 或 xPSR)、中断屏蔽寄存器组(PRIMASK、FAULTMASK 以及 BASEPRI)及控制寄存器(CONTROL)。它们只能被专用的 MSR 和 MRS 指令访问,而且也没有存储器地址。

```
MRS <gp_reg>, <special_reg> ;  注释:读特殊功能寄存器的值到通用寄存器
MSR <special_reg>, <gp_reg> ;  注释:写通用寄存器的值到特殊功能寄存器
```

3. 程序状态寄存器(PSR 或 PSR)

程序状态寄存器在其内部又被分为 3 个子状态寄存器:应用程序 PSR(APSR)、中断号 PSR(IPSR)及执行 PSR(EPSR)。这 3 个 PSR 可以通过 MRS/MSR 指令单独访问,如图 3-3 所示,也可以组合访问(2 个组合或 3 个组合都可以)。当使用三合一的方式访问时,应使用名字"xPSR"或者"PSR",如图 3-4 所示。

	31	30	29	28	27	26:25	24	23:20	19:16	15:10	9	8	7	6	5	4:0
APSR	N	Z	C	V	Q											
IPSR											Exception Number					
EPSR						ICI/IT	T			ICI/IT						

图 3-3 子状态寄存器单独访问

	31	30	29	28	27	26:25	24	23:20	19:16	15:10	9	8	7	6	5	4:0
xPSR	N	Z	C	V	Q	ICI/IT	T			ICI/IT	Exception Number					

图 3-4 子状态寄存器组合访问

4. 控制寄存器

控制寄存器用于定义特权级别,还用于选择当前使用哪个堆栈指针。

CONTROL[1]的含义:

在 Cortex-M3 的 handler 模式中,CONTROL[1]总是 0;在线程模式中则可以为 0 或 1;仅当处于特权级的线程模式下,此位才可写,其他场合下禁止写此位。改变处理器的模式也有其他的方式:在异常返回时,通过修改 LR 的位 2 也能实现模式切换。

CONTROL[0]的含义:

仅当在特权级下操作时才允许写该位。一旦进入了用户级,唯一返回特权级的途径,就是触发一个(软)中断,再由服务例程改写该位。

5. 异常与中断

Cortex-M3 支持大量异常,包括系统异常和最多 240 个外部中断(简称 IRQ)。

具体使用了这 240 个中断源中的多少个是由芯片制造商决定的。由外设产生的中断信号,除了 SysTick 之外,全都连接到 NVIC 的中断输入信号线。典型情况下,处理器一般支持 16～32 个中断,当然也有在此之外的。表 3-1 介绍了 Cortex - M3 的异常类型。

表 3 - 1　Cortex - M3 的异常类型

编　号	类　型	优先级	简　介
0	N/A	N/A	没有异常在运行
1	复位	-3(最高)	复位
2	NMI	-2	不可屏蔽中断(来自外部 NMI 输入脚)
3	硬(hard) fault	-1	所有被除能的 fault,都将"上访"成硬 fault。除能的原因包括:当前被禁用,或者 FAULTMASK 被置位
4	MemManage fault	可编程	存储器管理 fault,MPU 访问犯规以及访问非法位置均可引发;企图在"非执行区"取指也会引发此 fault
5	总线 fault	可编程	从总线系统收到了错误响应,原因可以是预取流产(Abort)或数据流产,或者企图访问协处理器
6	用法(usage) Fault	可编程	由于程序错误导致的异常,通常是由于使用了一条无效指令或者是非法的状态转换,例如尝试切换到 ARM 状态
7～10	保留	N/A	N/A
11	SVCall	可编程	执行系统服务调用指令(SVC)引发的异常
12	调试监视器	可编程	调试监视器(断点,数据观察点,或者是外部调试请求)
13	保留	N/A	N/A
14	PendSV	可编程	为系统设备而设的"可悬挂请求"(pendable request)
15	SysTick	可编程	系统滴答定时器(也就是周期性溢出的时基定时器)
16	IRQ #0	可编程	外中断 #0
17	IRQ #1	可编程	外中断 #1
...			
255	IRQ #239	可编程	外中断 #239

6. 向量表

当一个发生的异常被 Cortex - M3 内核接受时,对应的异常 handler 就会执行。为了决定 handler 的入口地址,Cortex - M3 使用了"向量表查表机制"。这里使用一张向量表。向量表其实是一个 WORD(32 位整数)数组,每个下标对应一种异常,该下标元素的值则是该异常 handler 的入口地址。向量表的存储位置是可以设置的,通过 NVIC 中的一个重定位寄存器来指出向量表的地址。复位后该寄存器的值为0。因此,地址 0 处必须包含一张向量表,用于初始时的异常分配。表 3-2 介绍了向量表的结构。

图 3 - 2   向量表的结构

异常类型	表项地址偏移量	异常向量	异常类型	表项地址偏移量	异常向量
0	0x00	MSP 的初始值	11	0x2c	SVC
1	0x04	复位	12	0x30	调试监视器
2	0x08	NMI	13	0x34	保留
3	0x0C	硬 fault	14	0x38	PendSV
4	0x10	MemManage fault	15	Ox3c	SysTick
5	0x14	总线 fault	16	Ox40	IRQ ♯0
6	0x18	用法 fault	17	Ox44	IRQ ♯1
7~10	0x1c~0x28	保留	18~255	0x48_0x3FF	Ox00

举例:如果发生了异常 11(SVC),则 NVIC 会计算出偏移移量是 11x4＝0x2C,然后从那里取出服务例程的入口地址并跳入。0 号异常的功能则是个另类,它并不是什么入口地址,而是给出了复位后 MSP 的初值。

7. 复位序列

在离开复位状态后,Cortex - M3 做的第一件事就是读取下列两个 32 位整数的值:

➢ 从地址 0x0000,0000 处取出 MSP 的初始值。

➢ 从地址 0x0000,0004 处取出 PC 的初始值(这个值是复位向量),LSB 必须是 1。然后从这个值所对应的地址处取指,如图 3 - 5 所示。

图 3 - 5   取指示意图

注意,这与传统的 ARM 架构不同,其实也和绝大多数的其他单片机不同。传统的 ARM 架构总是从 0 地址开始执行第一条指令,因为它们的 0 地址处总是一条跳转指令。Cortex - M3 中 0 地址处提供 MSP 的初始值,然后就是向量表(向量表在以后还可以被移至其它位置)。向量表中的数值是 32 位的地址,而不是跳转指令,向量表的第一个条目指向复位后应执行的第一条指令如图 3 - 6 所示。

因为 Cortex - M3 使用的是向下生长的满栈,所以 MSP 的初始值必须是堆栈内存的末地址加 1。举例来说,如果堆栈区域在 0x20007C00~0x20007FFF 之间,那么 MSP 的初始值就必须是 0x20008000。向量表跟随在 MSP 的初始值之后,也就是第 2 个表目。注意,因为 Cortex - M3 是在 Thumb 态下执行的,所以向量表中的每个数

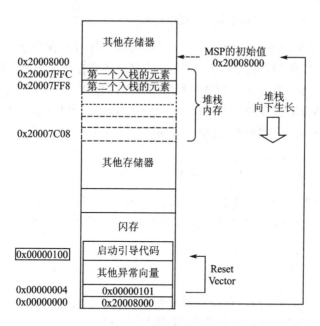

图 3 - 6   堆栈内存地址分配

值都必须把 LSB 置 1(也就是奇数)。正是因为这个原因,图 3 - 6 中使用 0x101 来表达地址 0x100。当 0x100 处的指令得到执行后,就正式开始了程序的执行。在此之前初始化 MSP 是必需的,因为可能第一条指令还没执行就会被 NMI 或是其他 fault 打断。MSP 初始化好后就已经为它们的服务例程准备好了堆栈。不同的开发工具需要使用不同的格式来设置 MSP 初值和复位向量,有些则由开发工具自行计算。想要获知细节,最快的办法就是参考开发工具提供的一个示例工程。

3.2   ARM Cortex – M3 指令集

1. 汇编语言基础

STM32 嵌入式处理器芯片使用了 Cortex – M3 的内核,因此只支持 Cortex – M3 的指令系统,与其他的嵌入式处理器,例如 ARM7TDMI1、ARM920T 有部分的指令系统的兼容。Cortex – M3 同时也是典型的 RISC 处理器,实现了装入/存储的结构,只有装入/存储指令才能访问存储器(内存储器)。而数据处理指令仅仅对寄存器的内容进行操作。值得一提的是,Cortex – M3 也处理器内核也支持 32 位的寻址空间。

接下来需要介绍一个汇编器的基本语法,因为本书绝大多数的汇编实例都使用 ARM 汇编器的语法。

(1) 汇编语言的基本语法

汇编指令最典型的书写模式如下所示:

```
标号    操作码    操作数1,    操作数2,…;    注释
```

其中,标号是可选的,如果有,它必须顶格写。标号的作用是让汇编器计算程序转移的地址。操作码是指令的助记符,它的前面必须有至少一个空白符,通常使用一个 Tab 键来产生。操作码后面往往跟随若干个操作数,而第 1 个操作数通常都给出本指令执行结果的存储地。不同指令需要不同数目的操作数,并且对操作数的语法要求也可以不同。举例来说,立即数必须以"♯"开头,如:

```
MOV R0, ♯0x12 ;R0←0x12
MOV R1, ♯'A';R1 ←字母 A 的 ASCII 码
```

注释均以";"开头,它的有无不影响汇编操作,只是给程序员看的,能让程序更易理解,还可以使用 EQU 指示字来定义常数,然后在代码中使用它们,例如:

```
NVIC_IRQ_SETEN0 EQU 0xE000E100
NVIC_IRQ0_ENABLE EQU 0x1
…
LDR R0, = NVIC_IRQ_SETEN0 ;LDR 是个伪指令,会被汇编器转换成一条相对 PC 的加载指令
MOV R1, ♯NVIC_IRQ0_ENABLE ;把立即数传送到指令中
STR R1, [R0] ; * R0 = R1,执行完此指令后 IRQ ♯0 被使能
```

如果汇编器不能识别某些特殊指令的助记符,则"手工汇编",即查出该指令的确切二进制机器码,然后使用 DCI 编译器指示字。例如,BKPT 指令的机器码是 0xBE00,即可以按如下格式书写:

```
DCI 0xBE00 ;断点(BKPT),这是一个 16 位指令(DCI 也必须空格写)
```

类似地,还可以使用 DCB 来定义一串字节常数,允许以字符串的形式表达,还可以使用 DCD 来定义一串 32 位整数。它们最常用在代码中书写表格,例如:

```
LDR R3, = MY_NUMBER ; R3 = MY_NUMBER
LDR R4, [R3] ; R4 =  * R3
…
LDR R0, = HELLO_TEXT ; R0 = HELLO_TEXT
BL PrintText ;呼叫 PrintText 以显示字符串,R0 传递参数
…
MY_NUMBER
DCD 0x12345678
HELLO_TEXT
DCB"Hello\n",0
```

注意:不同汇编器的指示字和语法都可以不同。上述实例代码都是按 ARM 汇编器的语法格式写的,如果使用其他汇编器,最好看一看它附带的实例代码。

(2) 汇编语言后缀的使用

在 ARM 处理器中,指令可以带有后缀,如表 3-3 所列。

表 3 - 3　ARM 指令的后缀

后缀名	含　义
S	要求更新 APSR 中的标志 s,例如: ADDS R0, R1 ;根据加法的结果更新 APSR 中的标志
EQ、NE、LT、GT 等	有条件地执行指令。EQ＝Euqal, NE＝Not Equal, LT＝Less Than, GT＝GreaterThan。还有若干个其他的条件。例如: BEQ ＜Label＞ ;仅当 EQ 满足时转移

在 Cortex - M3 中,对条件后缀的使用是有限制的,只有转移指令(B 指令)才可随意使用。而对于其他指令,只有 Cortex - M3 引入了 IF-THEN 指令块,这个块中才可以加后缀,且必须加以后缀。

(3) 汇编语言的统一性

为了最有力地支持 Thumb - 2,引入了一个"统一汇编语言(UAL)"语法机制。对于 16 位指令和 32 位指令均能实现的一些操作(常见于数据处理操作),有时虽然指令的实际操作数不同,或者对立即数的长度有不同的限制,但是汇编器允许开发者以相同的语法格式书写,并且由汇编器来决定是使用 16 位指令,还是使用 32 位指令。以前,Thumb 的语法和 ARM 的语法不同,有了 UAL 之后两者的书写格式就统一了:

ADD R0, R1 ;使用传统的 Thumb 语法
ADD R0, R0, R1 ;UAL 语法允许的等值写法(R0 = R0 + R1)

虽然引入了 UAL,但是仍然允许使用传统的 Thumb 语法。不过有一项必须注意:如果使用传统的 Thumb 语法,有些指令会默认地更新 APSR,即使没有加上 S 后缀。如果使用 UAL 语法,则必须指定 S 后缀才会更新。例如:

AND R0, R1 ;传统的 Thumb 语法
ANDS R0, R0, R1 ;等值的 UAL 语法(必须有 S 后缀)

在 Thumb - 2 指令集中,有些操作既可以由 16 位指令完成,也可以由 32 位指令完成。例如,R0＝R0＋1 这样的操作,16 位与 32 位的指令都提供了助记符为"ADD"的指令。在 UAL 下,你可以让汇编器决定用哪个,也可以手工指定是用 16 位的还是 32 位的:

ADDS R0, ＃1 ;汇编器将为了节省空间而使用 16 位指令
ADDS.N R0, ＃1 ;指定使用 16 位指令(N = Narrow)
ADDS.W R0, ＃1 ;指定使用 32 位指令(W = Wide)

. W(Wide)后缀指定 32 位指令。如果没有给出后缀,汇编器会先试着用 16 位指令以缩小代码体积,如果不行再使用 32 位指令。因此,使用".N"其实是多此一举,不过汇编器可能仍然允许这样的语法。

需要重申的是,这是 ARM 公司汇编器的语法,与其他汇编器的可能略有区别,但如果没有给出后缀,汇编器就总是会尽量选择更短的指令。在绝大多数情况下,程序是用 C 写的,C 编译器也会尽可能地使用短指令。然而,当立即数超出一定范围时,或者 32 位指令能更好地适合某个操作时,则将使用 32 位指令。32 位 Thumb-2 指令也可以按半字对齐(以前 ARM 32 位指令都必须按字对齐),因此下例是允许的:

0x1000: LDR r0, [r1] ;一个 16 位的指令
0x1002: RBIT.W r0 ;一个 32 位的指令,跨越了字的边界

2. 指令集

表 3-4~表 3-10 列出了 Cortex-M3 内核支持的指令集。

表 3-4 Cortex-M3 内核支持的指令集 1

名　字	功　能
ADC	带进位加法
ADD	加法
AND	按位与,这里的按位与和 C 的"&"功能相同
ASR	算数右移
BIC	按位清 0(把一个数跟另一个无符号数的反码按位与)
CMN	负向比较(把一个数跟另一个数据的二进制补码相比较)
CMP	比较(比较两个数并且更新标志)
CPY	把一个寄存器的值复制到另一个寄存器中
EOR	近位异或
LSL	逻辑左移(如无其他说明,所有移位操作都可以一次移动多格)
LSR	逻辑右移
MOV	寄存器加载数据,既能用于寄存器间的传输,也能用于加载立即数
MUL	乘法
MVN	加载一个数的 NOT 值(取到逻辑反的值)
NEG	取二进制补码
ORR	按位或(原文为逻辑或,有误)
SBC	带借位的减法
SUB	减法

续表 3－4

名　字	功　能
TST	测试(执行按位与操作,并且根据结果更新 Z)
REV	在一个 32 位寄存器中反转字节序
REVH	把一个 32 位寄存器分成两个 16 位数,在每个 16 位数中反转字节序
REVSH	把一个 32 位寄存器的低 16 位半字进行字节反转,然后带符号扩展到 32 位
SXTB	带符号扩展一个字节到 32 位
SXTH	带符号扩展一个半字到 32 位
UXTB	无符号扩展一个字节到 32 位
UXTH	无符号扩展一个半字到 32 位

表 3－5　Cortex－M3 内核支持的指令集 2

名　字	功　能
B	无条件转移
B<cond>	条件转移
BL	转移并连接。用于呼叫一个子程序,返回地址被存储在 LR 中
CBZ	比较,如果结果为 0 就转移
CBNZ	比较,如果结果非 0 就转移
IT	If－Then

表 3－6　Cortex－M3 内核支持的指令集 3

名　字	功　能
LDR	从存储器中加载字到一个寄存器中
LDRH	从存储器中加载半字到一个寄存器中
LDRB	从存储器中加载字节到一个寄存器中
LDRSH	从存储器中加载半字,再经过带符号扩展后存储一个寄存器中
LDRSB	从存储器中加载字节,再经过带符号扩展后存储一个寄存器中
STR	把一个寄存器按字存储到存储器中
STRH	把一个寄存器存器的低半字存储到存储器中
STRB	把一个寄存器的低字节存储到存储器中
LDMIA	存储多个字,并且在加载后自增基址寄存器
STMIA	加载多个字,并且在加载后自增基址寄存器
PUSH	压入多个寄存器到栈中
POP	从栈中弹出多个值到寄存器中

表 3 - 7 Cortex - M3 内核支持的指令集 4

名　字	功　能
LDREX	加载字到寄存器,并且在内核中标明一段地址进入了互斥访问状态
LDREXH	加载半字到寄存器,并且在内核中标明一段地址进入了互斥访问状态
LDREXB	加载字节到寄存器,并且在内核中标明一段地址进入了互斥访问状态
STREX	检查将要写入的地址是否已进入了互斥访问状态,如果是则存储寄存器的字
STREXH	检查将要写入的地址是否已进入了互斥访问状态,如果是则存储寄存器的半字
STREXB	检查将要写入的地址是否已进入了互斥访问状态,如果是则存储寄存器的字节
CLREX	在本地的处理上清除互斥访问状态的标记(由 LDREX/LDREXH/LDREXB 的标记)
MRS	加载特殊功能寄存器的值到通用寄存器
MSR	存储通用寄存器的值到特殊功能寄存器
NOP	无操作
SEV	发送事件
WFE	休眠并且在发生事件时被唤醒
WFI	休眠并且在发生中断时被唤醒

注:表 3-4~表 3-6 是 64 位下的内核指令集,表 3-7~表 3-10 是 32 位下的内核指令集。

表 3 - 8 Cortex - M3 内核支持的指令集 5

名　字	功　能
ADC	带进位加法
ADD	加法
ADDW	宽加法(可以加 12 位立即数)
AND	按位与
ASR	算术右移
BIC	位清零
BFC	位段清零
BFI	位段插入
CMN	负向比较
CMP	比较两个数并更新标志位
CLZ	计算前导零的数目
EOR	按位异或
LSL	逻辑左移
LSR	逻辑右移
MLA	乘加
MLS	乘减

名　字	功　能
MOVW	把 16 位立即数放到寄存器的底 16 位,高 16 位清零
MOV	加载 16 位立即数到寄存器
MOVT	把 16 位立即数放到寄存器的高 16 位,低 16 位不影响
MVN	移动一个数的补码
MUL	乘法
ORR	按位或
ORN	把源操作数按位取反后,再执行按位或
RBIT	位反转
REV	对一个 32 位整数做按字节反转
REVH	对一个 32 位整数的高低半字都执行字节反转
REVSH	对一个 32 位整数的低半字执行字节反转,再带符号扩展成 32 位数
ROR	圆圈右移
RRX	带进位的逻辑右移一格
SFBX	从一个 32 位整数中提取任意的位段,并且带符号扩展成 32 位整数
SDIV	带符号除法
SMLAL	带符号长乘加
SMULL	带符号长乘法
SSAT	带符号的饱和运算
SBC	带借位的减法
SUB	减法
SUBW	宽减法,可以减 12 位立即数
SXTB	字节带符号扩展到 32 位数
TEQ	测试是否相等
TST	测试
UBFX	无符号位段提取
UDIV	无符号除法
UMLAL	无符号长乘加
UMULL	无符号长乘法
USAT	无符号饱和操作
UXTB	字节被无符号扩展到 32 位
UXTH	半字被无符号扩展到 32 位

表 3 – 9   Cortex – M3 内核支持的指令集 6

名　字	功　能
LDR	加载字到寄存器
LDRB	加载字节到寄存器
LDRH	加载半字到寄存器
LDRSH	加载半字到寄存器,再带符号扩展到 32 位
LDM	从一片连续的地址空间中加载多个字到若干寄存器
LDRD	从连续的地址空间加载双字(64 位整数)到 2 个寄存器
STR	存储寄存器中的字
STRB	存储寄存器中的低字节
STRH	存储寄存器中的低半字
STM	存储若干寄存器中的字到一片连续的地址空间中
STRD	存储 2 个寄存器组成的双字到连续的地址空间中
PUSH	把若干寄存器的值压入堆栈中
POP	从堆栈中弹出若干的寄存器的值

表 3 – 10   Cortex – M3 内核支持的指令集 7

名　字	功　能
B	无条件转移
BL	转移并连接(呼叫子程序)
TBB	字节为单位的查表转移。一个字节数组中选一个 8 位前向跳转地址并转移
TBH	半字为单位的查表转移。一个半字数组中选一个 16 位前向跳转的地址并转移

3. 汇编指令概述

这里将详细介绍一些 ARM 汇编代码中很通用的语法,其中,有些指令可以带有多种参数。

(1) 汇编语言中的数据传送

处理器的基本功能之一就是数据传送,Cortex – M3 中的数据传送类型包括:两个寄存器间传送数据;寄存器与存储器间传送数据;寄存器与特殊功能寄存器间传送数据;把一个立即数加载到寄存器。用于寄存器间传送数据的指令是 MOV。比如,如果要把 R3 的数据传送给 R8,则写作:

```
MOV R8, R3
```

MOV 的一个衍生物是 MVN,它把寄存器的内容取反后再传送。

用于访问存储器的基础指令是"加载(Load)"和"存储(Store)"。加载指令 LDR

把存储器中的内容加载到寄存器中,存储指令 STR 则把寄存器的内容存储至存储器中,传送过程中数据类型也可以变通,最常使用的格式如表 3-11 所列。

表 3-11　数据传送指令格式

示　例	功能描述
LDRB Rd,［Rn, ♯offset］	从地址 Rn＋offset 处读取一个字节到 Rd
LDRH Rd,［Rn, ♯offset］	从地址 Rn＋offset 处读取一个半字到 Rd
LDR Rd,［Rn, ♯offset］	从地址 Rn＋offset 处读取一个字到 Rd
LDRD Rd1, Rd2,［Rn, ♯offset］	从地址 Rn＋offset 处读取一个双字(64 位整数)到 Rd1(低 32 位)和 Rd2(高 32 位)中
STRB Rd,［Rn, ♯offset］	把 Rd 中的低字节存储到地址 Rn＋offset 处
STRH Rd,［Rn, ♯offset］	把 Rd 中的低半字存储到地址 Rn＋offset 处
STR Rd,［Rn, ♯offset］	把 Rd 中的低字存储到地址 Rn＋offset 处
STRD Rd1, Rd2,［Rn, ♯offset］	把 Rd1(低 32 位)和 Rd2(高 32 位)表达的双字存储到地址 Rn＋offset 处

以上介绍的指令都是一步一步地访问指令,也可以用 LDM/STM 等指令来合并这些指令,减少代码量,如表 3-12 所列。

表 3-12　指令的合并

示　例	功能描述
LDMIA Rd!,〈寄存器列表〉	从 Rd 处读取多个字。每读一个字后 Rd 自增一次,16 位宽度
STMIA Rd!,〈寄存器列表〉	存储多个字到 Rd 处。每存一个字后 Rd 自增一次,16 位宽度
LDMIA. W Rd!,〈寄存器列表〉	从 Rd 处读取多个字。每读一个字后 Rd 自增一次,32 位宽度
LDMDB. W Rd!,〈寄存器列表〉	从 Rd 处读取多个字。每读一个字前 Rd 自减一次,32 位宽度
STMIA. W Rd!,〈寄存器列表〉	存储多个字到 Rd 处。每存一个字后 Rd 自增一次,32 位宽度
STMDB. W Rd!,〈寄存器列表〉	存储多个字到 Rd 处。每存一个字前 Rd 自减一次,32 位宽度

上表中加粗的是符合 Cortex - M3 堆栈操作的 LDM/STM 使用方式。并且,如

果 Rd 是 R13(即 SP),则与 POP/PUSH 指令等效(LDMIA → POP, STMDB → PUSH):

```
STMDB SP!, {R0 - R3, LR}等效于 PUSH {R0 - R3, LR}
LDMIA SP!, {R0 - R3, PC}等效于 POP {R0 - R3, PC}
```

其中,Rd 后面的"!"表示要自增(Increment)或自减(Decrement)基址寄存器 Rd 的值,时机是在每次访问前(Before)或访问后(After)。增/减单位是字(4 字节)。例如,记 R8=0x8000,则下面两条指令:

```
STMIA.W R8!, {r0 - R3} ;R8 值变为 0x8010,每存一次曾一次,先存储后自增
STMDB.W R8, {R0 - R3} ;R8 值的"一个内部复本"先自减后存储,但是 R8 的值不变
```

"!"还可用于单一加载与存储指令——LDR/STR,这也就是"带预索引"(Pre-indexing)的 LDR 和 STR,例如:

```
LDR.W R0, [R1, #20]! ;预索引
```

该指令先把地址 R1+offset 处的值加载到 R0,然后,R1←R1+ 20(offset 也可以是负数)。这里的"!"就是指传送后更新基址寄存器 R1 的值。"!"是可选的,如果没有"!",则该指令就是普通的带偏移量加载指令。带预索引的数据传送可以用在多种数据类型上,并且既可用于加载,又可用于存储。

Cortex - M3 除了支持"预索引",还支持"后索引"(Post-indexing)。后索引也要使用一个立即数 offset,但与预索引不同的是,后索引是忠实使用基址寄存器 Rd 的值作为数据传送的地址的。数据传送后,再执行 Rd←Rd+offset(offset 可以是负数)。如"STR. W R0, [R1], #-12";指令是把 R0 的值存储到地址 R1 处的。在存储完毕后,R1←R1+(-12).注意,[R1]后面是没有"!"的。可见,在后索引中,基址寄存器是无条件被更新的,相当于有一个"隐藏"的"!"。

(2) LDR 伪指令和 ADR 伪指令

LDR 和 ADR 都有能力产生一个地址,但是语法和行为不同。对于 LDR,如果汇编器发现要产生立即数是一个程序地址,则自动地把 LSB 置位,例如:

```
LDR r0, = address1 ; R0 = 0x4000 | 1
...

address1
0x4000: MOV R0, R1
```

在这个例子中,汇编器会认出 address1 是一个程序地址,所以自动置位 LSB。另一方面,如果汇编器发现要加载的是数据地址,则不会"自作聪明",例如:

```
LDR R0, = address1 ; R0 = 0x4000
...

address1
```

0x4000：DCD 0x0 ;0x4000 处记录的是一个数据

ADR 指令则是"厚道人",它决不会修改 LSB,例如：

ADR r0, address1 ; R0 = 0x4000。注意:没有" = "号

...

address1

0x4000: MOV R0, R1

ADR 将如实地加载 0x4000。注意,语法略有不同,没有"＝"号。

前面已经提到,LDR 通常是把要加载的数值预先定义,再使用一条 PC 相对加载指令来取出。而 ADR 则尝试对 PC 做算术加法或减法来取得立即数。因此 ADR 未必总能求出需要的立即数。其实顾名思义,ADR 是为了取出附近某条指令或者变量的地址,而 LDR 则是取出一个通用的 32 位整数。因为 ADR 更专一,所以得到了优化,故而它的代码效率常常比 LDR 的要高。

(3) 汇编语言的数据处理

数据处理乃是处理器的"看家本领",Cortex - M3 提供了很多相关指令,每种指令的用法也是"花样百出"。限于篇幅,这里只列出最常用的使用方式。就以加法为例,常见的有：

ADD R0, R1 ; R0 + = R1
ADD R0, ♯0x12 ; R0 + = 12
ADD.W R0, R1, R2 ; R0 = R1 + R2

虽然助记符都是 ADD,但是二进制机器码是不同的。当使用 16 位加法时,则自动更新 APSR 中的标志位。然而,在使用了".W"显式指定了 32 位指令后,就可以通过"S"后缀手工控制对 APSR 的更新,如：

ADD.W R0, R1, R2 ;不更新标志位
ADDS.W R0, R1, R2 ;更新标志位

除了 ADD 指令之外,Cortex - M3 中还包含 SUB、MUL、UDIV/SDIV 等用于算术四则运算,如表 3 - 13 所列。

表 3 - 13　数据处理指令

示　例	功能描述
ADD Rd, Rn, Rm ; Rd = Rn+Rm	常规加法 imm 的范围是 im8(16 位指令)或 im12(32 位指令)
ADD Rd, Rm ; Rd ╄= Rm	
ADD Rd, ♯imm ; Rd ＋= imm	
ADC Rd, Rn, Rm ; Rd = Rn+Rm+C	带进位的加法 imm 的范围是 im8(16 位指令)或 im12(32 位指令)
ADC Rd, Rm ; Rd ＋= Rm+C	
ADC Rd, ♯imm ; Rd ＋= imm+C	

续表 3-13

示　例	功能描述
ADDW Rd, ♯imm12 ; Rd += imm12	带12位立即数的常规加法
SUB Rd, Rn ; Rd -= Rn	常规减法
SUB Rd, Rn, ♯imm3 ; Rd = Rn-imm3	
SUB Rd, ♯imm8 ; Rd -= imm8	
SUB Rd, Rn, Rm ; Rd = Rn-Rm	
SBC Rd, Rm ; Rd -= Rm+C	带借位的减法
SBC. W Rd, Rn, ♯imm12 ; Rd = Rn-imm12 -C	
SBC. W Rd, Rn, Rm ; Rd = Rn-Rm-C	
RSB. W Rd, Rn, ♯imm12 ; Rd = imm12-Rn	反向减法
RSB. W Rd, Rn, Rm ; Rd = Rm-Rn	
MUL Rd, Rm ; Rd *= Rm	常规乘法
MUL. W Rd, Rn, Rm ; Rd = Rn*Rm	
MLA Rd, Rm, Rn, Ra ; Rd = Ra+Rm*Rn	乘加与乘减
MLS Rd, Rm, Rn, Ra ; Rd = Ra-Rm*Rn	
UDIV Rd, Rn, Rm ; Rd = Rn/Rm（无符号除法）	硬件支持的除法
SDIV Rd, Rn, Rm ; Rd = Rn/Rm（带符号除法）	

　　Cortex-M3 还片载了硬件乘法器,支持乘加/乘减指令,并且能产生64位的积,如表 3-14 所列,逻辑运算以及移位运算也是基本的数据操作。常用指令,如表 3-15 所列。Cortex-M3 还支持为数众多的移位运算。移位运算既可以与其他指令组合使用,也可以独立使用,如表 3-16 所列。

表 3-14　乘加/乘减指令

示　例	功能描述
SMULL RL, RH, Rm, Rn ;[RH:RL]= Rm * Rn	带符号的64位乘法
SMLAL RL, RH, Rm, Rn ;[RH:RL]+= Rm * Rn	
UMULL RL, RH, Rm, Rn ;[RH:RL]= Rm * Rn	无符号的64位乘法
UMLAL RL, RH, Rm, Rn ;[RH:RL]+= Rm * Rn	

表 3-15 逻辑运算以及移位运算指令

示 例	功能描述
ND Rd, Rn ; Rd & = Rn	
AND. W Rd, Rn, #imm12 ; Rd = Rn & imm12	按位与
AND. W Rd, Rm, Rn ; Rd = Rm & Rn	
ORR Rd, Rn ; Rd | = Rn	
ORR. W Rd, Rn, #imm12 ; Rd = Rn | imm12	按位或
ORR. W Rd, Rm, Rn ; Rd = Rm | Rn	
BIC Rd, Rn ; Rd & = ~Rn	
BIC. W Rd, Rn, #imm12 ; Rd = Rn & ~imm12	位段清零
BIC. W Rd, Rm, Rn ; Rd = Rm & ~Rn	
ORN. W Rd, Rn, #imm12 ; Rd = Rn | ~imm12	按位或反码
ORN. W Rd, Rm, Rn ; Rd = Rm | ~Rn	
EOR Rd, Rn ; Rd ^= Rn	
EOR. W Rd, Rn, #imm12 ; Rd = Rn ^ imm12	(按位)异或,异或总是位的
EOR. W Rd, Rm, Rn ; Rd = Rm ^ Rn	

表 3-16 移位和循环指令的组合使用

示 例	功能描述
LSL Rd, Rn, #imm5 ; Rd = Rn<<imm5	
LSL Rd, Rn ; Rd <<= Rn	逻辑左移
LSL. W Rd, Rm, Rn ; Rd = Rm<<Rn	
LSR Rd, Rn, #imm5 ; Rd = Rn>>imm5	
LSR Rd, Rn ; Rd >>= Rn	逻辑右移
LSR. W Rd, Rm, Rn ; Rd = Rm>>Rn	

如果在移位和循环指令上加上后缀"S",这些指令会更新进位位 C。如果是 16 位 Thumb 指令,则总是更新 C 的。图 3-7 给出了一个直观的印象。

4. 移位和循环指令

(1)汇编语言的子程呼叫与无条件转移指令

最基本的无条件转移指令有两条:

B Label ;转移到 Label 处对应的地址

BX reg ;转移到由寄存器 reg 给出的地址

在 BX 中,reg 的最低位指示出转移后将进入的状态是 ARM(LSB=0)还是 Thumb(LSB=1)。既然 Cortex - M3 只在 Thumb 中运行,就必须保证 reg 的

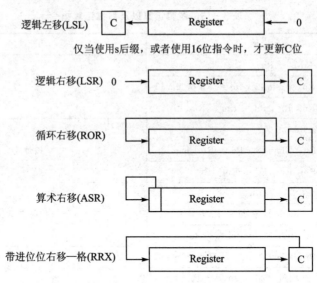

图 3 - 7　16 位 Thumb 指令

LSB=1,否则将 fault。呼叫子程序时,需要保存返回地址,指令是:

    BL Label ;转移到 Label 处对应的地址,并且把转移前的下条指令地址保存到 LR
    BLX reg ;转移到由寄存器 reg 给出的地址,根据 REG 的 LSB 切换处理器状态

　　并且把转移前的下条指令地址保存到 LR,执行这些指令后,就把返回地址存储到 LR(R14)中了,从而才能使用"BX LR"等形式返回。

　　使用 BLX 要小心,因为它还带有改变状态的功能。因此 reg 的 LSB 必须是 1,以确保不会试图进入 ARM 状态。如果忘记置位 LSB,则使用 fault。如果使用以 PC 为目的寄存器的 MOV 和 LDR 指令也可以实现转移,并且能借此实现很多想不到的绝活,常见形式有:

    MOV PC, R0 ;转移地址由 R0 给出
    LDR PC, [R0] ;转移地址存储在 R0 所指向的存储器中
    POP {…,PC} ;把返回地址以弹出堆栈的风格送给 PC,从而实现转移(这也是 OS 惯用的方法)
    LDMIA SP!, {…, PC} ;POP 的另一种等效写法

　　同理,使用这些方法必须保证送给 PC 的值必须是奇数(LSB=1)。

　　注意:细心的读者可能已经发现,ARM 的 BL 虽然省去了耗时的访内操作,却只能支持一级子程序调用。如果子程序再呼叫"孙程序",则返回地址会被覆盖。因此,当函数嵌套多于一级时,必须在调用"孙程序"之前先把 LR 压入堆栈——也就是所谓的"溅出"。

(2) 汇编语言的标志位与条件转移

　　在应用程序状态寄存器中有 5 个标志位,但只有 4 个被条件转移指令参考。绝大多数 ARM 的条件转移指令根据它们来决定是否转移,如表 3 - 17 所列。

表 3 - 17　标志位与条件转移

标志位	PSR 位序号	功能描述
N	31	负数(上一次操作的结果是个负数)。N=操作结果的 MSB
Z	30	零(上次操作的结果是 0)。当数据操作指令的结果为 0,或者比较/测试的结果为 0 时,Z 置位
C	29	进位/借位(上次操作导致了进位或者借位)。C 用于无符号数据处理,最常见的就是当加法进位及减法借位时 C 被置位。此外,C 还充当移位指令的中介
V	28	溢出(上次操作结果导致了数据的溢出)。该标志用于带符号的数据处理。比如,在两个正数上执行 ADD 运算后,和的 MSB 为 1(视作负数),则 V 置位

在 ARM 中,数据操作指令可以更新这 4 个标志位。这些标志位除了可以当作条件转移的判据之外,还能在一些场合下作为指令是否执行的依据,或者在移位操作中充当各种中介角色(仅进位位 C)。担任条件转移及条件执行的判据时,这 4 个标志位既可单独使用,又可组合使用,以产生共 15 种转移判据,如表 3 - 18 所列。

表 3 - 18　转移及条件执行判据

符 号	条 件	关系到的标志位
EQ	相等(EQual)	Z==1
NE	不等(NotEqual)	Z==0
CS/HS	进位(CarrySet) 无符号数高于或相同	C==1
CC/LO	未进位(CarryClear) 无符号数低于	C==0
MI	负数(MInus)	N==1
PL	非负数	N==0
VS	溢出	V==1
VC	未溢出	V==0
HI	无符号数大于	C==1 && Z==0
LS	无符号数小于等于	C==0 || Z==1
GE	带符号数大于等于	N==V
LT	带符号数小于	N! =V
GT	带符号数大于	Z==0 && N==V
LE	带符号数小于等于	Z==1 || N! =V
AL	总是	———

表中共有 15 个条件组合(AL 相当于无条件),通过把它们点缀在无条件转移指令

(B)的后面,即可做成各式各样的条件转移指令,例如:

```
BEQ label ;
```

当 Z=1 时转移亦可以在指令后面加上".W"来强制使用 Thumb - 2 的 32 位指令来做更远的转移(没必要,汇编器会自行判断)

例如:

```
BEQ  label
```

在 Cortex - M3 中,下列指令可以更新 PSR 中的标志:

➢ 16 位算术逻辑指令;

➢ 32 位带 S 后缀的算术逻辑指令;

➢ 比较指令(如 CMP/CMN)和测试指令(如 TST/TEQ);

➢ 直接写 PSR/APSR (MSR 指令)。

大多数 16 位算术逻辑指令不由分说就会更新标志位(如 ADD. N Rd、Rn、Rm 是 16 位指令,但不更新标志位),32 位的都可以使用 S 后缀来控制。例如:

```
ADDS.W R0, R1, R2 ;使用 32 位 Thumb - 2 指令,并更新标志
ADD.W R0, R1, R2 ;使用 32 位 Thumb - 2 指令,但不更新标志位
ADD R0, R1 ;使用 16 位 Thumb 指令,无条件更新标志位
ADDS R0, #0xcd ;使用 16 位 Thumb 指令,无条件更新标志位
```

虽然真实指令的行为如上所述。但是在用汇编语言写代码时,因为有了 UAL (统一汇编语言),汇编器会做调整,最终生成的指令不一定和在字面上写的指令相同。对于 ARM 汇编器而言,调整的结果是:如果没有写后缀 S,汇编器就一定会产生不更新标志位的指令。S 后缀的使用要当心。16 位 Thumb 指令可能会无条件更新标志位,但也可能不更新标志位。为了让代码能在不同汇编器下有相同的行为,当需要更新标志以作为条件指令的执行判据时,一定不要忘记加上 S 后缀。

Cortex - M3 中还有比较和测试指令,目的就是更新标志位,会影响标志位的,如下所述:

① CMP 指令。CMP 指令在内部做两个数的减法,并根据差来设置标志位,但是不把差写回。CMP 可有如下的形式:

```
CMP R0, R1 ;计算 R0 - R1 的差,并且根据结果更新标志位
CMP R0, 0x12 ;计算 R0 - 0x12 的差,并且根据结果更新标志位
```

② CMN 指令。CMN 是 CMP 的一个"孪生姊妹",只是它在内部做两个数的加法(相当于减去减数的相反数),如下所示:

```
CMN R0, R1 ;计算 R0 + R1 的和,并根据结果更新标志位
```

CMN R0，0x12 ;计算 R0 + 0x12 的和,并根据结果更新标志位

③ TST 指令。TST 指令的内部其实就是 AND 指令,只是不写回运算结果,但是它无条件更新标志位。它的用法和 CMP 的相同:

TST R0，R1 ;计算 R0 & R1,并根据结果更新标志位
TST R0，0x12 ;计算 R0 & 0x12,并根据结果更新标志位

④ TEQ 指令。TEQ 指令的内部其实就是 EOR 指令,只是不写回运算结果,但是它无条件更新标志位。它的用法和 CMP 的相同:

TEQ R0，R1 ;计算 R0 ^ R1,并根据结果更新标志位
TEQ R0，0x12 ;计算 R0 ^ 0x12,并根据结果更新标志位

(3) 汇编语言的饱和运算

饱和运算读者以前可能没听过的。其实很简单,如果读者学过模电或者知道放大电路中所谓的“饱和削顶失真”,理解饱和运算就更加容易。

Cortex - M3 中的饱和运算指令分为两种:一种是“没有直流分量”的饱和——带符号饱和运算;另一种无符号饱和运算则类似于“削顶失真＋单向导通”。饱和运算多用于信号处理,如信号放大。当信号被放大后,有可能使它的幅值超出允许输出的范围。如果是清除 MSB,则常常会严重破坏信号的波形,而饱和运算则只是使信号产生削顶失真,如图 3 - 8 所示。

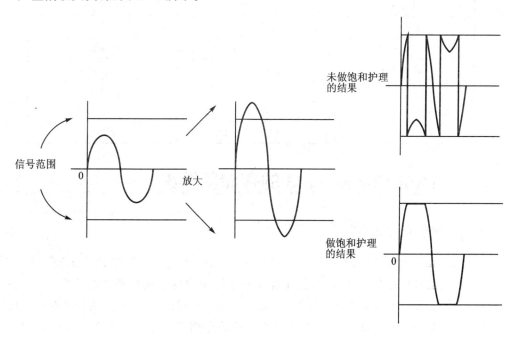

图 3 - 8 汇编语言的饱和运算

可见,饱和运算的"护理"虽然不能消灭失真,但那种繁琐的变形是可以消灭的。表 3-19 列出饱和运算指令。饱和运算的结果可以拿去更新 Q 标志(在 APSR 中)。Q 标志在写入后可以用软件清零(通过写 APSR),这也是 APSR"露点"的部位。

表 3-19 饱和运算指令

指令名	功能描述
SSAT. W Rd,♯imm5,Rn,{,shift}	以带符号数的边界进行饱和运算(交流)
SSAT. W Rd,♯imm5,Rn,{,shift}	以无符号数的边界进行饱和运算(带纹波的直流)

Rn 存储"放大后的信号"(Rn 总是 32 位带符号整数)。同很多其他数据操作指令类似,Rn 也可以使用移位来"预加工"。

♯imm5 用于指定饱和边界,即该由多少位的带符号整数来表达允许的范围(奇数也可以使用),取值范围是 1~32。举例来说,如果要把一个 32 位(带符号)整数饱和到 12 位带符号整数(−2 048~2 047),则可以使用如下 SSAT 指令:

```
SSAT{.W} R1,♯12,R0
```

这条指令对于 R0 不同值的执行结果如表 3-20 所列。

表 3-20 带符号饱和运算的示例运算结果

输入(R0)	输出(R1)	Q 标志位
0x2000(8192)	0x7FF(2047)	1
0x537(1335)	0x537(1335)	无变化
0x7FF(2047)	0x7FF(2047)	无变化
0	0	无变化
0xFFFFE000(−8 192)	0xFFFFF800(−2 048)	1
0xFFFFFB32(−1 230)	0xFFFFFB32(−1 230)	无变化

3.3 ARM Cortex-M3 的存储器系统

1. 存储系统概述

Cortex-M3 的存储器系统与从传统 ARM 架构相比,已经"脱胎换骨"了:第一,它的存储器映射是预定义的,并且还规定好了哪个位置使用哪条总线。第二,Cortex-M3 的存储器系统支持所谓的"位带"(bit-band)操作。通过它,实现了对单一比特的原子操作。位带操作仅适用于一些特殊的存储器区域中。第三,Cortex-M3 的存储器系统支持非对齐访问和互斥访问。这两个特性是直到 ARMv7M 时才出来的。最后,Cortex-M3 的存储器系统支持小端配置和大端配置。

2. 存储器映射

Cortex - M3 只有一个单一固定的存储器映射,这极大地方便了软件在各种 Cortex - M3 间的移植。举个简单的例子,各款 Cortex - M3 的 NVIC 和 MPU 都在相同的位置布设寄存器,使得它们变得通用。尽管如此,Cortex - M3 定出的条条框框是粗线条的,它依然允许芯片制造商灵活地分配存储器空间,以制造出各具特色的单片机产品。

存储空间的一些位置用于调试组件等私有外设,这个地址段被称为"私有外设区"。私有外设区的组件包括:闪存地址重载及断点单元(FPB);数据观察点单元(DWT);指令跟踪宏单元(ITM);嵌入式跟踪宏单元(ETM);跟踪端口接口单元(TPIU);ROM 表。

Cortex - M3 的地址空间是 4 GB,程序可以在代码区、内部 SRAM 区以及外部 RAM 区中执行。但是因为指令总线与数据总线是分开的,最理想的是把程序放到代码区,从而使取指和数据访问各自使用的总线,并行不悖。先看一看这 4 GB 的粗线条划分,如图 3 - 9 所示。

内部 SRAM 区的大小是 512 MB,用于让芯片制造商连接片上的 SRAM,这个区通过系统总线来访问。在这个区的下部,有一个 1 MB 的位带区,该位带区还有一个对应的 32 MB 的"位带别名(alias)区",容纳了 8M 个"位变量"(对比 8051 的只有 128 位)。位带区对应的是最低的 1 MB 地址范围,而位带别名区里面的每个字对应位带区的一个比特。位带操作只适用于数据访问,不适用于取指。位带的功能可以把多个布尔型数据打包在单一的字中,却依然可以从位带别名区中像访问普通内存一样地使用它们。位带别名区中的访问操作是原始的,消灭了传统的"读-改-写"三步曲。地址空间的另一个 512 MB 范围由片上外设(寄存器)使用。这个区中也有一条 32 MB 的位带别名,以便于快捷地访问外设寄存器。例如,可以方便地访问各种控制位和状态位。注意,外设内不允许执行指令。还有两个 1 GB 的范围,分别用于连接外部 RAM 和外部设备,它们之中没有位带。两者的区别在于外部 RAM 区允许执行指令,而外部设备区则不允许。最后还剩下 0.5 GB 的隐秘地带,Cortex - M3 内核的"闺房"就在这里面,包括了系统级组件、内部私有外设总线、外部私有外设总线以及由提供者定义的系统外设。私有外设总线有两条:

➤ AHB 私有外设总线,只用于 Cortex - M3 内部的 AHB 外设,它们是 NVIC、FPB、DWT 和 ITM。

➤ APB 私有外设总线,既用于 Cortex - M3 内部的 APB 设备,也用于外部设备(这里的"外部"是对内核而言)。Cortex - M3 允许器件制造商再添加一些片上 APB 外设到 APB 私有总线上,它们通过 ABP 接口来访问。

NVIC 所处的区域叫做"系统控制空间(SCS)",在 SCS 里的还有 SysTick、MPU 以及代码调试控制所用的寄存器,如图 3 - 10 所示。

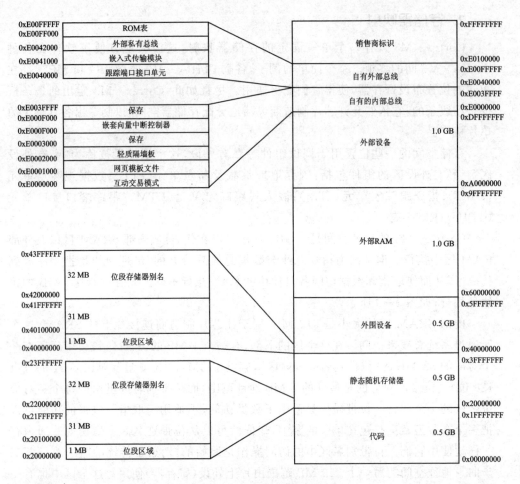

图 3-9   GB 的粗线条划分

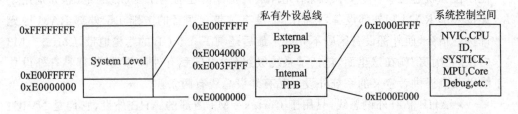

图 3-10   私有外设总线

最后,未用的提供商指定区也通过系统总线来访问,但是不允许在其中执行指令。Cortex-M3 中的 MPU 是选配的,由芯片制造商决定是否配上。上述存储器映射只是个粗线条的模板,半导体厂家会提供展开图示来表明芯片中片上外设的具体分布、RAM 与 ROM 的容量和位置信息。

3. 存储器访问属性设置

Cortex - M3 在定义了存储器映射之外,还为存储器的访问规定了 4 种属性,分别是:可否缓冲(Bufferable)、可否缓存(Cacheable)、可否执行(Executable)和可否共享(Sharable)。如果配了 MPU,则可以通过它配置不同的存储区,并且覆盖默认的访问属性。Cortex - M3 片内没有配备缓存,也没有缓存控制器,但是允许在外部添加缓存。通常,如果提供了外部内存,芯片制造商还要附加一个内存控制器,它可以根据可否缓存的设置,来管理对片内和片外 RAM 的访问操作。地址空间可以通过另一种方式分为 8 个 512 MB 等份:

① 代码区(0x0000 0000～0x1FFF FFFF)。该区是可以执行指令的,缓存属性为 WT("写通",Write Through),即不可以缓存。此区亦可写数据,在此区上的数据操作是通过数据总线接口的(读数据使用 D - Code,写数据使用 System),且在此区上的写操作是缓冲的。

② SRAM 区(0x2000 0000～0x3FFF FFFF)。此区用于片内 SRAM,写操作是缓冲的,并且可以选择 WB - WA(Write Back,Write Allocated)缓存属性。此区亦可以执行指令,以允许把代码复制到内存中执行(常用于固件升级等维护工作)。

③ 片上外设区(0x4000 0000～0x5FFF FFFF)。该区用于片上外设,因此是不可缓存的,也不可以在此区执行指令(这也称为 eXecute Never,XN,ARM 的参考手册常使用此术语)。

④ 外部 RAM 区的前半段(0x6000 0000～0x7FFF FFFF)。该区用于片外 RAM,可缓存(缓 FF_FFFF)。除了不可缓存(WT)外,同前半段。

需要注意的是,在 Cortex - M3 的第一版中,代码区的存储器属性是被硬件连接成可缓存可缓冲的存属性为 WB - WA),并且可以执行指令。

⑤ 外部 RAM 区的后半段(0x8000 0000～0x9FFF FFFF)。除了不可缓存(WT)外,同前半段。

⑥ 外部外设区的前半段(0xA000 0000～0xBFFF FFFF)。用于片外外设的寄存器,也用于多核系统中的共享内存(需要严格按顺序操作,即不可缓冲)。该区也是个不可执行区。

⑦ 外部外设区的后半段(0xC000 0000～0xDFFF FFFF)。目前与前半段的功能完全一致。

⑧ 系统区(0xE000 0000～0xFFFF FFFF)。此区是私有外设和供应商指定功能区,不可执行代码。系统区涉及很多关键部位,因此访问都是严格序列化的(不可缓存,不可缓冲)。而供应商指定功能区则是可以缓存和缓冲的,无法通过 MPU 来更改。

4. 存储器的默认访问许可

Cortex - M3 有一个默认的存储访问许可,它能防止使用用户代码访问系统控制存储空间,保护 NVIC、MPU 等关键部件。默认访问许可在下列条件时生效:

➢ 没有配备 MPU;

➢ 配备了 MPU,但是 MPU 被除能。

如果启用了 MPU,则 MPU 可以在地址空间中划出若干个 regions,并为不同的 region 规定不同的访问许可权限。默认的存储器访问许可权限如表 3 - 21 所列。当一个用户级访问被阻止时,则立即产生一个总线 fault。

表 3 - 21　默认的存储器访问许可权限

存储器区域	地址范围	用户级许可权限
代码区	0000 0000~1FFF FFFF	无限制
片内 SRAM	2000 0000~3FFF FFFF	无限制
片上外设	4000 0000~5FFF FFFF	无限制
外部 RAM	6000 0000~9FFF FFFF	无限制
外部外设	A000 0000~DFFF FFFF	无限制
ITM	E000 0000~E000 0FFF	可以读。对于写操作,除了用户级下允许时的 stimulus 端口外,全部忽略
DWT	E000 1000~E000 1FFF	阻止访问,访问会引发一个总线 fault
FPB	E000 2000~E000 3FFF	阻止访问,访问会引发一个总线 fault
NVIC	E000 E000~E000 EFFF	阻止访问,访问会引发一个总线 fault。但有个例外:软件触发中断寄存器可以被编程为允许用户级访问
内部 PPB	E000 F000 ~E003 FFFF	阻止访问,访问会引发一个总线 fault
TPIU	E004 0000~E004 0FFF	阻止访问,访问会引发一个总线 fault
ETM	E004 1000~E004 1FFF	阻止访问,访问会引发一个总线 fault
外部 PPB	E004 2000~E004 2FFF	阻止访问,访问会引发一个总线 fault
ROM 表	E00F F000~E00F FFFF	阻止访问,访问会引发一个总线 fault
供应商指定	E010 0000~FFFF FFFF	无限制

5. 位带操作

支持了位带操作后,可以使用普通的加载/存储指令来对单一的比特进行读/写。在 Cortex - M3 中,有两个区中实现了位带。其中一个是 SRAM 区的最低 1 MB 范围,第二个则是片内外设区的最低 1 MB 范围。这两个区中的地址除了可以像普通的 RAM 一样使用外,它们还都有自己的"位带别名区",位带别名区把每个比特膨胀成一个 32 位的字。通过位带别名区访问这些字时,就可以达到访问原始比特的目的,如图 3-11 所示。

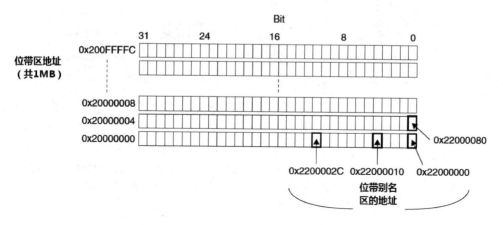

图 3-11　位带操作

举例:欲设置地址 0x2000_0000 中的比特 2,则使用位带操作的设置过程如图 3-12 所示。对应的汇编代码如图 3-13 所示。

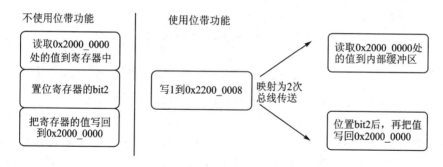

图 3-12　位带操作的设置过程

```
         Without Bit-Band                        With Bit-Band

LDR    R0,=0x20000000 ; Setup address    LDR   R0,=0x22000008 ; Setup address
LDR    R1, [R0]       ; Read             MOV   R1, #1         ; Setup data
ORR.W  R1, #0x4       ; Modify bit       STR   R1, [R0]       ; Write
STR    R1, [R0] ; Write back result
```

图 3-13　有无位带操作的对比

位带操作相对简单些:如图 3-14、图 3-15 所示。

位带操作的概念其实很多年前就有了,是 8051 单片机开创的"先河"。如今, Cortex - M3 将此能力"进化",这里的位带操作是 8051 位寻址区的功能的加强版。

Cortex - M3 使用如下术语来表示位带存储的相关地址:

➢ 位带区:支持位带操作的地址区。

➢ 位带别名:对别名地址的访问最终作用到位带区的访问上(注意:其中有一个

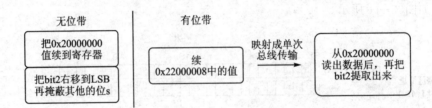

图 3-14　有无位带操作的对比

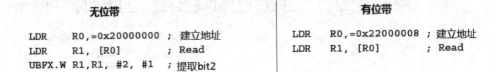

图 3-15　有无位带操作的对比

地址映射过程)。在位带区中,每个比特都映射到别名地址区的一个字(只有 LSB 有效的字),如果一个别名最低存储空间为 1 MB,当 $0 \leqslant n \leqslant 7$ 时,则该比特的第 $0x22000000 + ((A - 0x20000000) \times 8 + n) \times 4 = 0x22000000 + (A - 0x20000000) \times 32 + n \times 4$ 的别名地址被访问时,会先把该地址变换成位带地址。

对于读操作,读取位带地址中的一个字,再把需要的位右移到 LSB,并把 LSB 返回。对于写操作,把需要写的位左移至对应的位序号处,然后执行一个"读-改-写"过程。位带操作有什么优越性呢? 最容易想到的就是通过 GPIO 的引脚来单独控制每盏 LED 的点亮与熄灭。另一方面,也对操作串行接口器件提供了很大的方便(典型如 74HC165、CD4094)。总之位带操作对于硬件 I/O 密集型的底层程序最有用处了。Cortex - M3 中还有一个称为"bit - bang"的概念,它通常是通过"bit - band"实现的,但是它们是不同的概念。

位带操作还能用来化简跳转的判断。当跳转依据是某个位时,以前必须这样做:

➤ 读取整个寄存器;

➤ 掩蔽不需要的位。

现在只需:

➤ 从位带别名区读取状态位;

➤ 比较并跳转。

使代码更简洁,这只是位带操作优越性的初等体现,位带操作还有一个重要的好处是在多任务中,用于实现共享资源在任务间的"互锁"访问。多任务的共享资源必须满足一次只有一个任务访问它——即所谓的"原子操作"。以前的"读-改-写"需要 3 条指令,导致这中间留有两个能被中断的空当,于是可能出现如图 3-16 所示的紊乱危象。

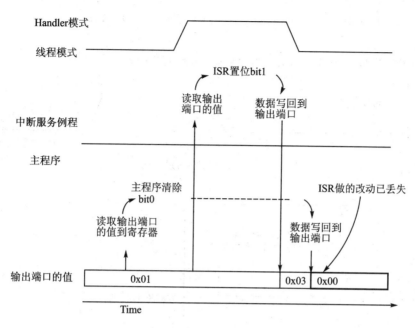

图 3 - 16　紊乱危象

同样的紊乱危象可以出现在多任务的执行环境中。其实,图 3 - 16 演示的情况可以看作是多任务的一个特例:主程序是一个任务,ISR 是另一个任务,这两个任务并发执行。通过使用 Cortex - M3 的位带操作,就可以消灭上例中的紊乱危象。Cortex - M3 把这个"读-改-写"做成一个硬件级别支持的原子操作,不能被中断。

6. 其他数据长度上的位带操作

位带操作并不只限于以字为单位的传送,也可以按半字和字节为单位传送。例如,可以使用 LDRB/STRB 来以字节为长度单位去访问位带别名区,同理可用于 LDRH/STRH。但是不管用哪一个对子,都必须保证目标地址对齐到字的边界上。看看在 C 语言中使用位带是如何操作的,如图 3 - 17 所示。

同样道理,多任务环境中的紊乱危象亦可以通过互锁访问来避免。不幸的是,在 C 编译器中并没有直接支持位带操作。比如,C 编译器并不知道同一块内存能够使用不同的地址来访问,也不知道对位带别名区的访问只对 LSB 有效。欲在 C 中使用位带操作,最简单的做法就是 ♯define 一个位带别名区的地址。例如:

```
♯define DEVICE_REG0 ((volatile unsigned long ＊)(0x40000000))

♯define DEVICE_REG0_BIT0 ((volatile unsigned long ＊)(0x42000000))

♯define DEVICE_REG0_BIT1 ((volatile unsigned long ＊)(0x42000004))

...

＊DEVICE_REG0 = 0xAB; /地址访问寄存器

...
```

```
* DEVICE_REG0 = * DEVICE_REG0 | 0x2; //使用传统方法设置 bit1
...
* DEVICE_REG0_BIT1 = 0x1; //通过位带别名地址设置 bit1
```

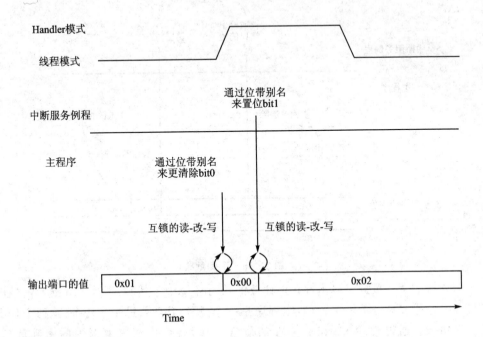

图 3 - 17 C 语言中的位带操作

为简化位带操作,也可以定义一些宏。比如,可以建立一个把"位带地址＋位序号"换成别名地址的宏,再建立一个把别名地址转换成指针类型的宏:

//把"位带地址＋位序号"转换成别名地址的宏
#define BITBAND(addr, bitnum) ((addr & 0xF0000000) + 0x2000000 + ((addr &0xFFFFF)<<5) + (bitnum<<2))
//把该地址转换成一个指针
#define MEM_ADDR(addr) * ((volatile unsigned long *) (adr))

在此基础上,就可以如下改写代码:

```
MEM_ADDR(DEVICE_REG0) = 0xAB; //使用正常地址访问寄存器
MEM_ADDR(DEVICE_REG0) = MEM_ADDR(DEVICE_REG0) | 0x2; //传统做法
MEM_ADDR(BITBAND(DEVICE_REG0,1)) = 0x1;    //使用位带别名地址
```

注意:当使用位带功能时,要访问的变量必须用 volatile 来定义。因为 C 编译器并同一个比特可以有两个地址。所以就要通过 volatile,使得编译器每次都如实地把新数值写入存储器,而不再会出于优化的考虑,在中途使用寄存器来操作数据的副本,直到最后才把副本写回(这和 cache 的原理是一样的)。

7. 非对齐数据传送

Cortex - M3 支持在单一的访问中使用非(地址)对齐的传送,数据存储器的访问无需对齐。Cortex - M3 处理器只允许对齐的数据传送。这种对齐是说:以字为单位的传送,其地址的最低两位必须是 0;以半字为单位的传送,其地址的 LSB 必须是 0;以字节为单位的传送则无所谓对不对齐。如果使用 0x1001、0x1002 或 0x1003 这样的地址做字传送,在以前的 ARM 处理器中则会触发一个数据流产(Data abort)异常(与 Cortex - M3 中总线 fault 异常的作用相同)。那么,非对齐访问看起来是什么样子呢? 图 3 - 18～图 3 - 22 给出 5 个例子。对于字的传送来说,任何一个不能被 4 整除的地址都是非对齐的。而对于半字,任何不能被 2 整除的地址(也就是奇数地址)都是非对齐的。

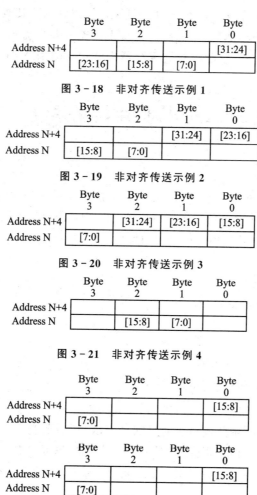

图 3 - 18 非对齐传送示例 1

图 3 - 19 非对齐传送示例 2

图 3 - 20 非对齐传送示例 3

图 3 - 21 非对齐传送示例 4

图 3 - 22 非对齐传送示例 5

在 Cortex - M3 中,非对齐的数据传送只发生在常规的数据传送指令中,如 LDR/LDRH/LDRSH。其他指令则不支持,包括:

> 多个数据的加载/存储(LDM/STM)。
> 堆栈操作 PUSH/POP。
> 互斥访问(LDREX/STREX)。非对齐会导致一个用法 fault。
> 位带操作。因为只有 LSB 有效,非对齐的访问会导致不可预料的结果。

事实上,在内部是把非对齐的访问转换成若干个对齐的访问,这种转换动作由处理器总线单元来完成。这个转换过程对程序员是透明的,因此写程序时不必操心。但是,因为它通过若干个对齐的访问来实现一个非对齐的访问,会需要更多的总线周期。事实上,节省内存有很多方法,但没有一个是通过压缩数据的地址的。因此,应养成好习惯,总是保证地址对齐,这也是让程序可以移植到其他 ARM 芯片上的必要条件。为此,可以编程 NVIC,使之监督地址对齐。当发现非对齐访问时触发一个 fault。具体的办法是设置配置控制寄存器中的 UNALIGN_TRP,从而保证非对齐访问能当场被发现。

3.4　ARM Cortex - M3 使用异常系统

1. 使用中断

任何一个有型的嵌入式系统,就没有不使用中断机制的。在 Cortex - M3 中,NVIC 搞定了使用中断时的很多例行任务,如优先级检查、入栈/出栈、取向量等。不过在 NVIC 之前,还需要做好如下的初始化工作:

> 建立堆栈;
> 建立向量表;
> 分配各中断的优先级;
> 使能中断。

(1) 建立堆栈

当开发的程序比较简单时,可以从头到尾都只使用 MSP。这时,只需要保证开出一个容量够大的堆栈,再把 MSP 初始化到其顶即可,这也是单片机开发最常见的做法。堆栈用穿是非常致命的错误,必须非常严肃地计算安全容量。在计算时,除了要计入最深函数调用时对堆栈的需求,还需要判定最多可能有多少级中断嵌套。一个笨方法(但是很保险)是假设每个中断都可以嵌套。对于每一级嵌套的中断,至少需要 8 字(32 字节),而且如果 ISR 过于复杂,还可能有更多的堆栈需求。

因为 Cortex - M3 中的堆栈是以"向下生长的满栈"来操作 SP 的。在简单的场合中,经常可以把 SP 初始化为 SRAM 的末尾,这么一来就使所有的空闲内存都能为堆栈所用,如图 3 – 23 所示。

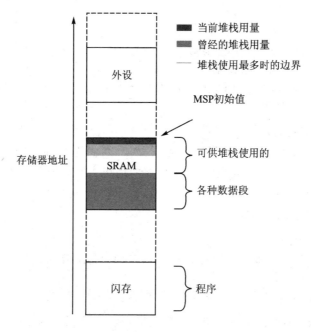

图 3 – 23　建立堆栈

可以看出,这种分配方式能给堆栈区留下最大的容量(所有剩余内存),而省去了令人头痛的堆栈需求计算。然而,对于比较大型的或者是有高性能指标的嵌入式系统,往往需要两个堆栈配合使用。这时,必须保证各堆栈都有足够的容量,尤其是主堆栈,最容易出错。要注意的是,进程堆栈除了要满足本进程最大需求量,还需要额外留出 8 字,用于容纳第一级中断时被保护的寄存器。

(2) 建立向量表

如果在程序执行的从头到尾,都只给每个中断提供固定的中断服务程序(这也是目前单片机开发的绝大多数情况),则可以把向量表放到 ROM 中。在这种情况下不需要运行时重建向量表。然而,如果想让自己的设备能随机应变地对付各种复杂情况,就常常需要动态地改变中断服务例程,更新向量表就是必需的了。此时,向量表必须被转移到可读/写存储器中(如内存)。在把向量表重定位之前,往往要把现有的向量表往新的位置复制一份。需要复制的向量主要是系统异常的服务例程,如各种 fault、NMI 以及 SVC 的等。如果没有建立好这些向量就启用了新的向量表,就可能会在响应异常时把不可预料的地址取出,程序极有可能跑飞。

当把所有必要的向量都填好时,就可以启用了新的向量表了。然而继续往里面加入新的中断向量,例如:

① 该子程序根据异常类型建立相应的异常向量;

② 对于 IRQ,异常号＝中断号＋16;

③ 入口条件:R0=异常类型编号;

④ 入口条件:R1=向量地址。

```
PUSH {R2, LR}
LDR R2, = 0xE000ED08 ;向量表偏移量寄存器的地址
LDR R2, [R2] ;获取向量表的首地址
STR R1, [R2, R0, LSL #2] ;在 VectTblOffset + ExcpType * 4 处写入向量; ExcpType * 4
POP {R2, PC} ; Return
```

(3) 建立中断优先级

在复位后,对于所有优先级可编程的异常,其优先级都被初始化为 0。而对于 NMI 和硬 fault,由于它们要在"危难之际挺身而出",所以把它们的优先级定死为-2 和-1(高于任何其他异常)。在编程优先级寄存器时,可以利用它们能按字节访问的好处,以简化程序代码,如:

```
把 IRQ #4 的优先级设为 0xC0
LDR R0, = 0xE000E400 ;加载外部空优先级寄存器阵列的起始地址
LDR R1, = 0xC0 ;优先级
STRB R1, [R0, #4] ;为 IRQ #4 设置优先级(按字节写)
```

在 Cortex - M3 中,允许使用 3～8 位来表达优先级。为了确定具体的位数,可以先往一个优先级寄存器中写 0xFF,再读回来,读出多少个 1,就表示使用多少个位来表达优先级,如下所示(下段代码演示了 RBIT 配 CLZ 的"绝技"):

```
;检测系统使用多少个位来表达优先级程序
LDR R0, = 0xE000E400 ;加载 IRQ #0 的优先级配置寄存器
LDR R1, = 0xFF
STRB R1, [R0] ;按字节写,写入 0xFF
LDRB R1, [R0] ;读回(如果是 3 位,则应读取回 0xE0)
RBIT R2, R1 ;反转,使之以 LSB 对齐
CLZ R1, R2 ;计算前导零个数(例如,如果是 3 个 1 则返回 5)
MOV R2, #8
SUB R2, R2, R1 ;得到表达优先级的位数
MOV R1, #0x0
STRB R1, [R0] ;存储结果
```

如果程序可能要跨器件移植(常见于比较底层的基础设施函数),那么最好只使用最高 3 个有效位,对应的优先级为 0x00、0x20、0x40、0x60、0x80、0xA0、0xC0 以及 0xE0。所有的 Cortex - M3 芯片都一定支持 3 个位表达的优先级。

还要提醒的是,不要忘记为系统异常(包括 faults)建立优先级。如果程序中有非常紧急的外部中断,它们甚至需要比系统异常还紧急,可是却因故不能连接到 NMI 上,就要把系统异常的优先级调低,才能保证紧急的中断能够抢占系统异常,从而不被延误。

(4) 使能中断

在向量表与优先级都建立好后,就到了最后一步:打开中断。然而,在打开中断之前,可能还有两个步骤不能省略:

① 如果把向量表重定位到了 RAM 中,且这块 RAM 所在的存储器区域是写缓冲的,向量更新就可能被延迟。为了以防万一,必须在建立完所有向量后追加一条"数据同步隔离(DSB)"指令(见第 4 章),以等待缓冲写入后再继续,从而确保所有数据都已落实。

② 开中断前可能已经有中断悬起,或者请求信号有效了,这往往是不可预料的。比如,在上电期间,信号线上发生过毛刺,则可能会被意外地判定成一次中断请求脉冲。另外,在某些外设,如 UART,在串口连接瞬间的一些噪声也可以被误判为接收到的数据,从而使中断被悬起。在 NVIC 中,中断的使能与除能都是使用各自的寄存器阵列(SETENA/CLRENA)来设置的,通过往适当的位写 1 来发出命令,而写 0 则不会有任何效果。这就让每个中断都可以自顾地使能和除能,而不必担心会破坏其他中断的设置。这改变了以前必须"读-改-写"的三步曲,从而在根本上消灭了在此地产生紊乱危象的可能;否则,必须使用互斥访问等机制来完成修改。

2. 异常/中断服务程序

在 Cortex - M3 中,中断服务例程可以纯用 C 来写。与 ARM7 的情况相比,后者则往往需要首尾都加以汇编封皮,用以保证所有寄存器都保护了。另外,在中断嵌套时,处理器需要切换到另外的模式,以防止信息丢失。这些拖跨系统实时性的细节在 Cortex - M3 中都被去掉了,也使得编程时舒心很多。如果用汇编来写 ISR,其骨架看上去细节如下所示:

```
irq1_handler;处理中断请求
...
;消除在设备中的 IRQ 请求信号
...
;中断返回
BX LR
```

如果 ISR 逻辑比较复杂,则常常需要更多的寄存器,这时就要启用 R4~R11 了。但是它们不是 Cortex - M3 自动入栈的,所以使用前必须手工 PUSH。下一个例子演示一个保险的"笨方法":保护了所有的寄存器。其实如果内存够用,使用笨方法作为起点也不失为一个不错的主意,等到日后优化程序时再去掉没有使用的寄存器。

```
irq1_handler
PUSH {R4 - R11, LR};保存所有可能用到的,又没有被自动入栈的寄存器;处理中断请求
...
;消除在设备中的 IRQ 请求信号
...
```

;中断返回

POP {R4 - R11, PC}

因为 POP 也是启动中断返回的一条途径,所以把寄存器出栈与中断返回合并在一条 POP 中,使程序更精练。有些外设的中断请求信号需要 ISR 手工清除,如外设的中断请求是持续的电平信号(显然,对于稍纵即逝的脉冲型的请求,是无需手工清除的)。若电平型中断请求没有清除,则中断返回后将再次触发已经服务过的中断。以前在 ARM7 中,外设必须使用这种"电平保持"的方式,直到中断被响应,因为那个时候的中断控制器没有保存悬起状态。在 Cortex - M3 中就解决了这个问题:只要检测到过曾经出现的中断请求,NVIC 就会记住它,因此硬件只需给一个脉冲,无需再一直保持请求电平。而且当其服务例程得到执行时,NVIC 自动把悬起状态清除。对于这种情况,就不必在 ISR 中软件清除请求信号了。

3. 软件触发中断

触发中断有多种方法:

➢ 外部中断输入;

➢ 设置 NVIC 的悬起寄存器中设置相关的位;

➢ 使用 NVIC 的软件触发中断寄存器(STIR)。

系统中总是会有一些中断没有用到,此时就可以当作软件中断来使用。软件中断的功用与 SVC 类似,两者都能用于让任务进入特权级下,以获取系统服务。不过,若要使用软件中断,必须在初始化时把 NVIC 配置与控制寄存器的 USERSETM-PEND 位置位,否则是不允许用户级下访问 STIR 的。

但是软件中断没有 SVC 专业,比如它们是不精确的。也就是说,抢占行为不一定会立即发生,即使当时它没有被掩蔽,也没有被其他 ISR 阻塞,也不能保证马上响应。这也是写缓冲造成的,会影响到与操作 NVIC STIR 相临的后一条指令:如果它需要根据中断服务的结果来决定如何工作(如条件跳转),则该指令可能会失能(这也是紊乱危象的一种表现形式)。为解决这个问题,必须使用一条 DSB 指令,如下例所示:

MOV R0, #SOFTWARE_INTERRUPT_NUMBER

LDR R1, = 0xE000EF00 ;加载 NVIC 软件触发中断寄存器的地址

STR R0, [R1] ;触发软件中断

DSB ;执行数据同步隔离指令

...

那是否这样就万事大吉了呢? 还不能高兴得太早,因为还有另一个隐患:如果欲触发的软件中断被除能了,或者执行软件中断的程序自己也是个异常服务程序,软件中断就有可能无法响应。因此,必须在使用前检查这个中断是否已经在响应中了。为达到此目的,可以让软件中断服务程序在入口处设置一个标志。

最后要注意的是用户程序可能会以软件的方式触发任何一个中断,制造出各种"假象"。如果系统中包含了不受信任的用户程序,就必须全体接种"疫苗",即每个异常服务例程都必须检查该异常是否允许。其实,可以用专业的 SVC 来实现系统服务。

4. 异常服务应用实例

不管应用程序多简单,都必须在向量表中包含下列 3 项:复位向量、NMI 向量以及硬 fault 向量,这是因为后两者无须使能就可以发生。在程序运行后,有时还会把向量表重定位的 SRAM 中。下面就演示一种重定位的情况:把向量表转移到 SRAM 的起始处,并且在它的后面定义数据区——存储各种全局和静态变量。其中很多部分以前都见过了。

```
STACK_TOP EQU 0x20002000 ;MSP 初始值
NVIC_SETEN EQU 0xE000E100 ;SETENA 寄存器阵列的起始地址
NVIC_VECTTBL EQU 0xE000ED08 ;向量表偏移寄存器的地址
NVIC_AIRCR EQU 0xE000ED0C ;应用程序中断及复位控制寄存器的地址
NVIC_IRQPRI EQU 0xE000E400 ;中断优先级寄存器阵列的起始地址
AREA | Header Code|, CODE
DCD STACK_TOP ;MSP 初始值
DCD Start ;复位向量
DCD Nmi_Handler ;NMI 服务例程
DCD Hf_Handler ;硬 fault 服务例程
ENTRY
Start ;主程序开始;初始化各寄存器
MOV r0, #0
MOV r1, #0
...;把各个向量复制到新向量表中
LDR r0, = 0
LDR r1, = VectorTableBase
LDMIA r0!, {r2 - r5} ;复制 4 字(MSP, Reset, NMI,硬 fault)
STMIA r1!, {r2 - r5}
DSB ;数据同步隔离;执行向量表重定位
LDR r0, = NVIC_VECTTBL
LDR r1, = VectorTableBase
STR r1, [r0]
...;设置优先级组寄存器,划分抢占优先级与亚优先级
LDR r0, = NVIC_AIRCR
LDR r1, = 0x05FA0500 ;从位 5 处划分(共 2 位表达抢占优先级)
STR R1, [r0];建立 IRQ0 的向量
MOV r0, #0 ;IRQ#0
LDR r1, = Irq0_Handler
```

```
BL SetupIrqHandler;建立 IRQ ♯0 的优先级
LDR r0, = NVIC_IRQPRI
LDR r1, = 0xC0 ; IRQ♯0 的优先级
STRB r1, [r0,♯0];写入优先级寄存器中,用了按字节传送
DSB ;数据同步隔离,保证开中断前一切都已各就各位
MOV r0, ♯0 ;选择 IRQ ♯0
BL EnableIRQ
...
SetupIrqHandler
;入口条件:R0 = IRQ 编号
;入口条件:R1 = IRQ 服务例程的入口地址
PUSH {R0, R2, LR}
LDR R2, = NVIC_VECTTBL ;获取向量表的地址
LDR R2, [R2]
ADD R0, ♯16 ;异常号 = IRQ 编号 + 16
LSL R0, R0, ♯2 ;乘以 4 (每个向量 4 字节)
ADD R2, R0 ;找出向量地址
STR R1, [R2] ;写入服务例程
POP {R0, R2, PC} ;返回
EnableIRQ;入口条件:R0 = 中断号
PUSH {R0 - R2, LR}
AND.W R1, R0, ♯0x1F ;为该 IRQ 产生移位量
MOV R2, ♯1
LSL R2, R2, R1 ;位旗标 = (0x1 << (N & 0x1F))
AND.W R1, R0, ♯0xE0 ;若 IRQ 编号>31 则为它生成下标偏移量
LSR R1, R1, ♯3 ;地址偏移量 = (N/32) ∗ 4(每个 IRQ 一个位)
LDR R0, = NVIC_SETEN ;加载 SETENA 寄存器阵列的首地址
STR R2, [R0, R1] ;写入该中断的位旗标,从而使能该中断
POP {R0 - R2, PC} ;子程返回
Hf_Handler
... ;在此添加硬 fault 的处理代码
BX LR
Nmi_Handler
... ;在此添加 NMI 的响应代码
BX LR
Irq0_Handler
... ;在此添加 IRQ ♯0 的响应代码
BX LR ; Return
; - - - - - - - - - - - - - - - - - - - - - - - - -
AREA | Header Data |, DATA
ALIGN 4;重定位的向量表
VectorTableBase SPACE 256 ;保留 256 字节作向量表
```

VectorTableEnd ;（256 / 4 ＝最多支持 64 个异常）
MyData1 DCD 0 ;定义变量
MyData2 DCD 0
END ;文件结尾

程序的尾部定义了数据存储区。通过 SPACE 汇编指示字，为向量表开出了 256 字节的内存空间，从而可以容纳 64 个异常向量。如果把 256 改成其他的数，就能改变向量表的长度。向量表的后面还定义了两个变量，第一个变量 MyData1 紧挨着向量表，所以地址是 0x2000_0100；第二个变量是 MyData2，地址为 0x2000_0104。程序的开头，定义了若干个地址常数（NVIC 寄存器的地址），由整个程序使用。通过使用一个有意义的名字取代直接抄地址，程序就更容易理解，也减少了出错。初始的向量表中包含了复位向量、NMI 向量以及硬 fault 向量，它们是三要素。后面的代码还给出了服务例程的骨架。在开发应用程序时，必须根据程序的指标来实现这三要素的服务例程，不可省略。这里的服务例程都是使用 BX LR 返回的，但是真到了写程序时，往往利用 POP{…, PC} 的形式来使程序更精练（当然也可以使用 LDMIA 指令）。进入主程序后，先初始化寄存器，然后通过 LDM/STM 把向量一次多个地复制到新的向量表中。如果后来又添加了新的向量，则可以在 LDM/STM 中增加数量，或者再多用一对 LDM/STM，这些都是很简单的事。在准备好了向量表后，就可以编程 NVIC，启用新的向量表了。但是在启用前，为了保证在向量复制都完成后才做下一步，还用了 DSB 指令来隔离。接下来继续做与中断设置相关的工作，第一个就是建立优先级组。这些初始化都是"一劳永逸"的。本例使用了两个子程序来完成中断的建立，从而使程序结构更清晰。其中 SetupIrqHandler 负责在向量表建立中断服务例程的入口地址，而 EnableIRQ 则用于在 NVIC 中使能一个中断。在为一个中断建立好优先级后，就可以使能它。如果还需要除能中断，则可以"照葫芦画瓢"地当场造出一个 DisableIRQ 来，只是 SETENA 改成了 CLRENA。

5. 使用 SVC

SVC 是用于呼叫 OS 所给 API 的"正道"。用户程序只须知道传递给 OS 的参数，而不必知道各 API 函数的地址。SVC 指令带一个 8 位的立即数，可以视为是它的参数，被封装在指令本身中，如：

SVC 3 ;呼叫 3 号系统服务则 3 被封装在这个 SVC 指令中

因此，在 SVC 服务例程中，需要读取本次触发 SVC 异常的 SVC 指令，并提取出 8 位立即数所在的位段，来判断系统调用号，工作流程如图 3 - 24 所示。实现代码如下：

```
svc_handler
TST LR, ♯0x4 ;测试 EXC_RETURN 的比特 2
ITE EQ ;如果为 0,
MRSEQ R0, MSP ;则使用的是主堆栈,故把 MSP 的值取出
```

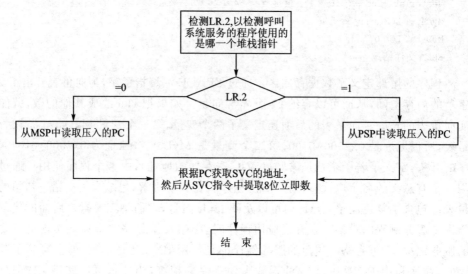

图 3 - 24　工作流程

```
MRSNE R0, PSP ;否则,使用的是进程堆栈,故把 MSP 的值取出
LDR R1,[R0,#24] ;从栈中读取 PC 的值
LDRB R0,[R1,#-2] ;从 SVC 指令中读取立即数放到 R0
```

准备调用系统服务函数。这需要适当调整入栈的 PC 的值以及 LR(EXC_RE-TURN),来进入 OS 内部"BX LR;",借异常返回的形式进入 OS 内部,最终调用系统服务函数。一旦获取了调用号,就可以用它来调用系统服务函数了。OS 应该使用 TBB/TBH 查表跳转指令来加速定位正确的服务函数。然而,用户必须检查这个参数的合法性,以免因数字超出跳转表的范围而跳飞。因为不能在 SVC 服务例程中嵌套使用 SVC,所以如果有需要,就要直接调用 SVC 函数,例如使用 BL 指令。

3.5　ARM Cortex - M3 调试系统

1. CoreSight 技术简介

(1) 调试特性概述

CoreSight 调试架构覆盖了一个很大的面,包括调试接口协议、调试总线协议、对调试组件的控制、安全特性、跟踪接口等。在《CoreSight Technology System Design Guide(Ref3)》中,对 CoreSight 有详细讲述,此外,在 Cortex - M3 TRM 中也开出了若干章专门叙述 Cortex - M3 中调试组件的设计。但是这些内容通常只是写给设计调试软件人员的,软硬件开发者不要陷得太深。不过,懂一点调试系统的组成结构和基本工作原理,有助于利用这强大的调试系统,大幅加速程序的开发。

我们都用过 8 位单片机的调试系统,拿 AT89C51 来举例,一般不支持在线的调试方式,因为芯片本身没有 JTAG 接口或者相应的调试接口,一般采用 ISP 下载的方式或者取下片子用烧写设备下载程序到芯片。再根据错误症状来判断问题,然后修改程序重新烧,周而复始,直到问题解决或放弃为止。能算得上调试的活动,至少也是设置断点、观察寄存器和内存、监视变量等。使用仿真头和 JTAG(如 AVR),可以方便地实现这些基本的调试要求。开发比较大的应用程序时,强劲的调试手段是非常重要的。当 bug 复杂到无法分析时,只能用调试来追踪它。如果没有调试手段,简直就束手无策。正因为此,在 Cortex - M3 中,调试机能突然间从"丑小鸭"变成了"白天鹅"。Cortex - M3 提供了多种多样的调试组件,很多想到的和没想到的调试项目这里都有。为了方便进一步学习,把 Cortex - M3 的调试功能分为两类,每类中都有更具体的调试项目,如下所列:

① 侵入式调试。

a)停机以及单步执行程序。

b)硬件断点。

c)断点指令(BKPT)。

d)数据观察点,作用于单一地址、一个范围的地址,以及数据的值。

e)访问寄存器的值(既包括读,也包括写)。

f)调试监视器异常。

g)基于 ROM 的调试(闪存地址重载(flash patching))。

② 非侵入式调试(大多数人更少接触到的,高级的调试机能)。

a)在内核运行的时候访问存储器。

b)指令跟踪,需要通过可选的嵌入式跟踪宏单元(ETM)。

c)数据跟踪。

d)软件跟踪(通过 ITM(指令跟踪单元))。

e)性能速写(profiling)(通过数据观察点以及跟踪模块)。

可见,以前最常用的调试都属于侵入式调试。所谓"侵入式",主要是强调这种调试会打破程序的全速运行。非侵入式调试则是"锦上添花"的一类,对于调试大型和多任务环境下的软件系统尤其有力。

Cortex - M3 处理器的内部包含了一系列的调试组件。Cortex - M3 的调试系统基于 CoreSight(内核景象)调试架构。该架构是一个专业设计的体系,允许使用标准的方案来访问调试组件、收集跟踪信息以及检测调试系统的配置。

(2)处理器的调试接口

Cortex - M3 的调试系统已经与 ARM7/ARM9 的大相径庭了,基于后来 CoreSight 架构,它从头到脚都是新的。以前的 ARM 处理器都提供 JTAG 接口,通过它来控制对寄存器和存储器的访问。在 Cortex - M3 中全变了:对处理器上总线逻辑的控制使用另外的总线接口,即通过"调试访问端口(DAP)"。DAP 与 AMBA 中的 APB 很相似。在 Cortex - M3 中,把 JTAG 或串行线协议都转换成 DAP 总线接口协议,再控制 DAP 来执行调试动作。因为 Cortex - M3 内部的调试总线是 APB 的"近亲",于是很容易在它上面挂很多调试组件,从而使得调试系统可大可小,伸缩性很强。此外,把调试接口和调试硬件分开,也是"颇具匠心"的:芯片中实际使用的调试接口类型变得透明化,从而在执行调试任务时,可以不用理会到底使用了什么调试接口,从而全力以赴地只做自己的事。在 Cortex - M3 处理器内核中,实际的调试功能由 NVIC 和若干调试组件来协作完成。调试组件包括 FPB、DWT、ITM 等。NVIC 中有一些寄存器,用于控制内核的调试动作,如停机、单步;其他的一些功能块则控制观察点、断点以及调试消息的输出。就目前来看,Cortex - M3 支持两种调试主机接口(debug host interface):第一个是广为使用的 JTAG 接口,还有一个新的"串行线(Serial Wire, SW)调试接口"。新出的 SW 接口对信号线的需求只有两条。ARM 公司还提供了若干种调试主机接口模块(称为"调试接口"(DP))。DP 充当处理器与调试器的中介,它的一端连接到调试器上,另一端则连接到 Cortex - M3 的 DAP 接口上。

(3) DP 模块、AP 模块和 DAP

从外部调试器到 Cortex - M3 调试接口的连接,需要多级互连才能完成,如图 3 - 25 所示。第一步是通过 DP 接口模块(通常是 SWJ - DP 或 SW - DP),先把外部信号转换成一个通用的 32 位调试总线信号(图中的 DAP 总线)。SWJ - DP 支持 SW 与 JTAG 两种协议,而 SW - DP 则只支持 SW。另外,在 CoreSight 产品中还可以使用一种 JTAG - DP,它只支持 JTAG 协议。DAP 总线上的地址是 32 位的,其中高 8 位用于选择访问哪一个设备,由此可见最多可以在 DAP 总线上挂 256 个设备。在 Cortex - M3 处理器的内部只用了一个设备的地址,剩下的 255 个都可以用于连接访问端口(AP)到 DAP 总线上。

把数据从 DAP 接口传递给 Cortex - M3 处理器后,下一步就连接到了一个称为"AHB - AP"的 AP 设备上,它相当于一个总线桥,用于把 DAP 总线的命令转换为 AHB 总线上的数据传送,再插入到 Cortex - M3 内部的总线网络中。这么一来,Cortex - M3 的整个存储器映射都可以访问了,连 NVIC 中的调试控制寄存器组也包括在内。在 CoreSight 系列产品中,AP 设备可以有好几种类型,包括 APB - AP 和 JTAG - AP。APB - AP 是用于产生 APB 总线数据传送动作的,而 JTAG - AP 则用于控制传统的,基于 JTAG 的测试接口,例如 STM32 上的调试接口。

(4) 跟踪接口

CoreSight 架构的另一个部分用于跟踪。在 Cortex - M3 中有 3 种跟踪源:

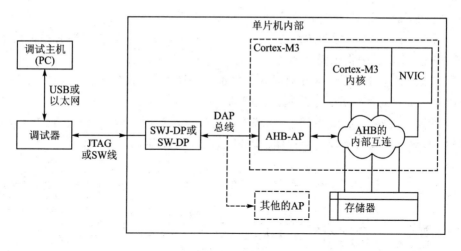

图 3 - 25　多级互连示意图

➤ 指令跟踪:由 ETM(嵌入式跟踪宏单元)产生;

➤ 数据跟踪:由 DWT 产生;

➤ 调试消息:由 ITM 产生,提供形如 printf 的消息输入,送到调试器的 GUI 中。

在跟踪过程中,由跟踪源产生的数据被裹成数据包,然后被送到"高级跟踪总线(ATB)"上进行传送。在 CoreSight 的架构中,如果某 SoC 含有多个跟踪源(例如,多核系统),则需要一种硬件水平的 ATB 归并器(merger),把各 ATB 数据流归并成一条(在 CoreSight 架构中,这种硬件被名为 ATB funnel)。归并后的数据流都送往 TPIU(跟踪端口接口单元),TPIU 再把数据导出到片外的跟踪硬件设备。在数据送到了调试主机(PC)后,再由 PC 端的调试软件还原为先前的多条数据流。尽管在 Cortex - M3 中拥有多个跟踪源,但 Cortex - M3 内建了一个归并硬件,因此不需要再添加 ATBfunel 模块了。跟踪输出接口可以直接连接到专为 Cortex - M3 设计的 TPIU 上,然后就可以供 PC 控制的外部硬件捕捉仪来跟踪数据。

2. CoreSight 的性质

基于 CoreSight 的调试设计有很多优势:

① 即使在处理器运行时也可以查看存储器和外设的寄存器的内容。

② 使用单一调试器,就可以控制多核系统的调试接口。例如,如果使用 JTAG,则只需要一个 TAP 控制器,不管芯片中有几个处理机都一样。

③ 内部的调试接口是基于单总线的方式设计的,因此非常有弹性,也使得为芯片的其他部分设计附加的测试逻辑变得容易。

④ 它使得多条跟踪数据流可以由单一的跟踪捕获设备来收集,再在 PC 上还原出先前的各条数据流。

Cortex - M3 中的调试系统是基于 CoreSight 的,但是又有一些"变异":

① Cortex - M3 的跟踪组件是重新设计的,有些在 Cortex - M3 中的 ATB 接口

是 8 位的,而正品 CoreSight 的都是 32 位的。

② Cortex - M3 的调试系统没有实现 TrustZone——ARM 提供的一种技术,用于在嵌入式产品中提供安全特性。

③ 调试组件在系统的存储器映射中也有一席之地,而在标准的 CoreSight 系统中,是为调试总线另开了一个地址空间的。

例如,在 CoreSight 系统中,系统连接的概念图如图 3 - 26 所示。而在 Cortex - M3 中,调试设备共享同一个存储器映射,如图 3 - 27 所示。

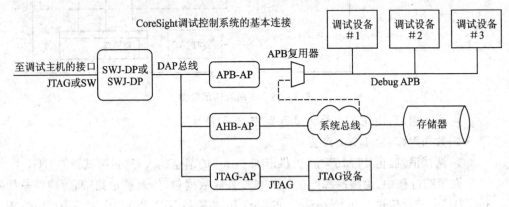

图 3 - 26　系统连接的概念图

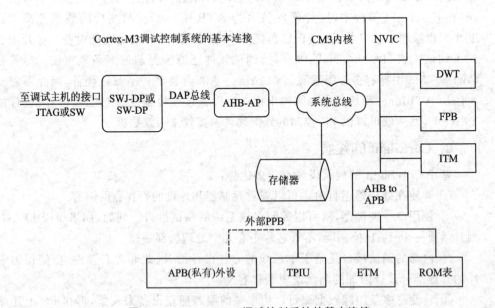

图 3 - 27　Cortex - M3 调试控制系统的基本连接

3. 调试模式

在 Cortex - M3 中的调试操作模式分为两种。第一种称为"halt"（停机模式），在进入此模式时，处理器完全停止程序的执行。第二种则称为"debug monitor exception"（调试监视器模式），此时处理器执行相应的调试监视器异常服务例程，由它来执行调试任务，此时依然允许更高优先级的异常抢占它。调试监视器的异常号为12，优先级可编程。除了调试事件可以触发异常外，手工设置其悬起位也可以触发本异常。

(1) 停机模式

① 指令执行被停止。

② SysTick 定时器停止。

③ 支持单步操作。

④ 中断可以在这期间悬起，并且可以在单步执行时响应，也可以掩蔽它们使得实现单步。

⑤ 不受干扰。

(2) 调试监视器模式

① 处理器执行调试监视器异常的服务例程（异常号：12）。

② SysTick 定时器继续运行。

③ 新来的中断按普通执行时的原则来抢占。

④ 执行单步操作。

⑤ 存储器的内容（如堆栈内存）会在调试监视器的响应前后更新，因为有自动入栈和出栈的动作。

之所以加入调试监视器模式，是考虑在某些电子系统运行的过程中是不可以停机的。例如，对于汽车引擎控制器以及电机控制器，就必须在处理调试动作的同时让处理器继续运行下去，这样才能保证被测试的设备不会意外损坏。有了调试监视器就可以停止并调试线程级的应用程序以及低优先级的中断服务例程，同时能够响应高优先级的中断和异常。如果要进入停机模式，需要把 NVIC 调试停机控制及状态寄存器（DHCSR）的 C_DEBUGEN 位置位，这个位只能由调试器来设置，没有调试器是不能把 Cortex - M3 停机的。在 C_DEBUGEN 置位后，就可以设置 DHCSR. C_HALT 位来停止处理器。此 C_HALT 位可以由软件置位。DHCSR 的位段定义比较特殊：读时是一种定义，写时又是另外一种定义。对于写先往[31:16]中写入一个"访问钥匙"值。而对于读操作，则无此钥匙，并且读回来的高半字包含了状态位，如表 3 - 22 所列。

表 3-22 调试停机控制及状态寄存器 DHCSR

位 段	名 称	类 型	复位值	描 述
31:15	KEY	W	—	调试钥匙。必须在任何写操作中把该位段写入 A05F,否则忽略写操作
25	S_RESET_ST	R	—	内核已经或即将复位,读后清零
24	S_RETIRE_ST	R	—	在上次读取以后指令已执行完成,读后清零
19	S_LOCKUP	R	—	1=内核进入锁定状态
18	S_SLEEP	R	—	1=内核睡眠中
17	S_HALT	R	—	1=内核已停机
16	S_REGRDY	R	—	1=寄存器的访问已经完成
15:6	保留	—		
5	C_SNAPSTALL	RW	0	打断一个 stalled 存储器访问
4	保留	—		
3	C_MASKINTS	RW	0	调试期间关中断,只有在停机后方可设置
2	C_STEP	RW	0	让处理器单步执行,在 C_DEBUGEN=1 时有效
1	C_HALT	RW	0	喊停处理器,在 C_DEBUGEN=1 时有效
0	C_DEBUGEN	RW	0	使能停机模式的调试

在正常情况下,只有调试器会操作 DHCSR,应用程序不要乱动它,以免使调试工具出现问题。当使用调试监视器模式时,由另一个 NVIC 中的寄存器来负责控制调试活动,它是 NVIC 调试异常及监视器控制寄存器(DEMCR),定义如表 3-23 所列。

表 3-23 NVIC 调试异常及监视器控制寄存器(DEMCR)

位 段	名 称	类 型	复位值	描 述
24	TRCENA	RW	0	跟踪系统使能位。在使用 DWT,ETM,ITM 和 TPIU 前,必须先设置此位
23:20	保留			
19	MON_REQ	RW	0	1=调试监视器异常不是由硬件调试事件触发,而是由软件手工悬起的
18	MON_STEP	RW	0	让处理器单步执行,在 MON_EN=1 时有效
17	MON_PEND	RW	0	悬起监视器异常请求,内核将在优先级允许时响应
16	MON_EN	RW	0	使能调试监视器异常
15:11	保留			
10	VC_HARDERR	RW	0	发生硬 fault 时停机调试

位　段	名　　称	类　型	复位值	描　　述
9	VC_INTERR	RW	0	指令/异常服务错误时停机调试
8	VC_BUSERR	RW	0	发生总线 fault 时停机调试
7	VC_STATERR	RW	0	发生用法 fault 时停机调试
6	VC_CHKERR	RW	0	发生用法 fault 使能的检查错误时停机调试(如未对齐,除数为零)
5	VC_NOCPERR	RW	0	发生用法 fault 之无处理器错误时停机调试
4	VC_MMERR	RW	0	发生存储器管理 fault 时停机调试
3:1	保留			
0	VC_CORERESET	RW	0	发生内核复位时停机调试

该寄存器在提供了调试监视器的控制位之外,还包含了跟踪系统的使能位(TR-CENA)及若干向量抓捕(Vector Catch, VC)控制位。VC 功能只有在停机模式下才能使用。如果某个异常发生了,并且对应的 VC 位置位,则自行产生一个停机请求,并且处理器在执行完当前指令后立即被喊停。虽然 TRCENA 和 VC 控制相关的位只有上电时才复位,但是其他用于控制监视器模式的位,则也会因系统复位而被复位。

4. 调试事件

Cortex - M3 可以由很多种理由进入调试模式。对于停机模式,满足图 3 - 28 所示的条件可以喊停处理器。但即使是停机后,也可由上电复位和系统复位来复位处理器。

图 3 - 28 中,外部调试请求信号是通过 Cortex - M3 上的一个称为"EDBGREQ"的信号线传来的,该信号线的实际连接方式则取决于单片机的 SoC 的设计。在有些场合下可以把该信号硬线连接至低电平,从而永远无法发生;也可以把它连接到附加的调试组件上(芯片厂商可以添加额外的调试组件);或者在多核系统中,可以用来连接其他处理机的调试事件。在调试活动完成后,通过清除 C_HALT 位,可以继续程序的执行。

类似地,在调试监视器模式下,也可以由一系列的调试事件来进入调试模式,如图 3 - 29 所示。从图中可见,调试监视器模式下,与停机模式下的动作方式还是有一点区别的。这是因为调试监视器异常仅仅是异常的一种,它可以影响当前的优先级,但是不能使处理器停下来。在调试活动完成后,通过该异常的返回,即可回到正常的程序执行中。

5. Cortex - M3 中的断点

在大多数单片机中,用得最多的可能就是断点了。在 Cortex - M3 中,有两种断

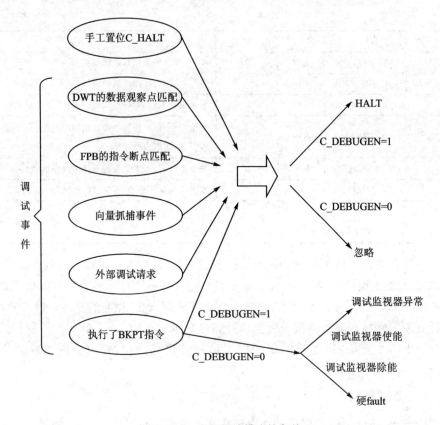

图 3 - 28　进入调试模式的条件

点机制:断点指令、基于由 FPB 地址比较器的断点。

　　断点指令的格式为 BKPT ♯im8,它是一个 16 位的 Thumb 指令,编码为 0xBExx(其低 8 位就是指令中♯im8 的值)。当该指令执行时,会产生一个调试事件。当 C_DBGEN 置位时可以用于喊停处理器内核;或者当调试监视器使能时,触发调试监视器异常。对于后者,因为调试监视器异常也是一种优先级可编程的普通异常,所以也可以因为其优先级不够高而不能立即响应。可见,因为 NMI 和硬 fault 的优先级总是比它的高,所以不能在它们的服务例程中使用 BKPT 指令来启动调试——只有在它们返回时才能响应调试监视器异常。使用 BKPT 时另一个要注意的是,当调试监视器异常返回后,它返回 BKPT 指令的地址,而不是在 BKPT 后面一条指令的地址。这是因为在正常情况下使用 BKPT 指令时,BKPT 用于取代一条正常的指令,并且当命中了该断点而执行了调试动作后,指令内存被恢复为先前的指令,而剩下的部分没有受影响(在以前,这也是软件断点的实现方式)。如果在 BKPT 指令执行时却发现 C_DEBUGEN 和 MON_EN 都为 0,则会因为无法进入调试而上访成硬 fault,并且把硬 fault 状态寄存器(HFSR)的 DEBUGEVT 位给置 1,同时在调试 faul 状态寄存器(DFSR)中的 BKPT 位也置 1。如果程序存储器的值不能更改,

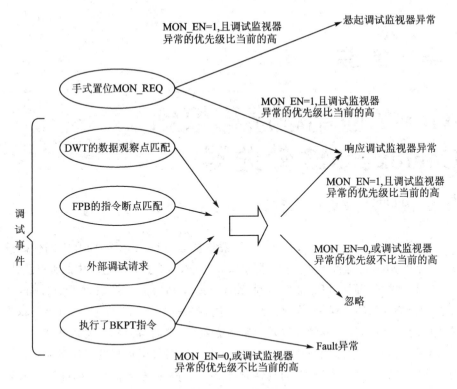

图 3 - 29   进入调试模式的调试事件

则可以通过编程 FPB 来产生硬件断点。但是,只支持 6 个指令地址和两个文字地址。

6. 调试时访问寄存器

与调试功能有关的,还有 NVIC 中另外两个寄存器,分别是调试内核寄存器选择者寄存器(DCRSR)以及调试内核寄存器数据寄存器(DCRDR)。调试器需要通过这两个寄存器来访问处理器的寄存器,并且只有在处理器停机时,才能使用这里的寄存器传送功能。

第 4 章

ARM7 应用程序移植到 Cortex – M3 处理器

4.1　应用简介

如果非要找出 Cortex – M3 的弱点,就是把运行在 ARM7TDMI 上的代码移植过来,这是必须的,也是难免的。为了降低移植难度,本章把移植过程中的重点总结一下。

在计划把代码从 ARM7 移植到 Cortex – M3 时,需要考虑以下的方面:系统性质、汇编源程序、C 源程序、优化。总体来说,越是底层的代码,受到的冲击越大。像最底层的硬件控制、任务管理以及异常服务例程,它们与架构的关系最密切。另一方面,因为代码往往大面积地使用汇编,因此面临改写甚至重写的工作量大。普通的应用程序需要的改动则比较小,而且这时优良的编程习惯经常会大幅度地降低修改工作量(最有效的就是多使用宏定义)。对于与架构无关的纯算法类应用程序,则都无须改动,只要简单地重新编译即可。

4.2　系统性质

经过前面的讲解知道了,Cortex – M3 与 ARM7 相比还是有很多新的特性,比如固定的存储器映射、中断处理机制、操作模式、系统控制以及新引入了 MPU 等。

1. 存储器映射

在不同处理器架构间的差异中,存储器映射算是最"外向"型的。ARM7 是由器件厂商自由划分 4 GB 的寻址空间,再加上厂商还可能玩各种"二次映射"技术,各ARM 芯片之间的存储器映射可以是大相径庭的。Cortex – M3 把存储器映射被粗线条地标准化了——把 4 GB 空间分成了若干个不同类型的区域,对应的存储器必须对号入座。一般地,通过设置编译和连接选项可以轻易适应新的 ROM 和 RAM的映射图。但对于设备驱动程序,则情况比较复杂。如果是不同厂家的芯片,外设寄存器的用法基本上是完全不同的,此时驱动程序必须重写;如果是在同一厂家的ARM7 和 Cortex – M3 芯片间移植,则外设寄存器可能相对一致,驱动程序只须部分改动,甚至简单到只修改基地址即可。

　　许多 ARM7 芯片会提供存储器的"二次映射"功能,其中一个重要的用途就是使向量表可以被重映射到 SRAM 中。而在 Cortex - M3 中,可以通过编程 NVIC 的寄存器来实现此功能,因此不再需要这些二次映射功能,于是许多芯片可能也去掉了完备的二次映射支持,但是可能会提供一种"硬件控制"的二次映射(上电时,由某些引脚的电平决定把其存储器映射到零地址上,以支持多种引导方式)。

　　Cortex - M3 对大端模式的支持方式也与 ARM7 的不一样。程序代码只须重新编译,但是事先做好的查找表则需要重新编码。(大端编码比较麻烦,建议读者少用)。从 ARM720T 以及 ARM9 等开始的处理器,为了支持像 WinCE 这样的操作系统,引入了所谓的"高端向量"功能,即允许把向量表重定位到 0xFFFF_0000。Cortex - M3 并没有打算支持 WinCE(实际上最重要的原因是没有配 MMU),因此去掉了高端向量的支持。

2. 中断/异常系统

　　Cortex - M3 中的中断处理已经被彻底"改造",因此所有与控制中断有关的代码都需要大面积更新,而且还需要为建立中断优先级和向量表添加全新的代码。中断返回机制也变了,这影响到了汇编代码,而且如果编译器使用指示字(directive)来支持 C 程序中断服务程序,则还需要调整指示字。过去,对中断的使能和关闭使能是通过修改 CPSR 的,在 Cortex - M3 中没有 CPSR,而是使用 PRIMASK 或 FAULT-MASK 来实现全局中断的开关。Cortex - M3 在响应中断时启用了一个自动栈操作的机制,因此可以把旧时的入栈和出栈指令化简。然而,旧时的 ARM 还有所谓的 FIQ,并且为 FIQ 服务例程设置了独立的 4 个寄存器(R8~R11),专为 FIQ 服务例程使用,无需 push/pop。FIQ 其实极少被利用,在 Cortex - M3 中并没有 FIQ 的概念,因此在移植以前的 FIQ 服务例程时,在代码上必须把它当作普通的中断服务例程处理。其实 Cortex - M3 有自动堆栈操作,普通中断也相当于享有 FIQ 的功能。另一方面,通过提升其优先级到最高,可以使它在时间上得到 FIQ 的待遇。实现嵌套中断的代码现在可以去掉了,因为 Cortex - M3 的 NVIC 已经内部实现了中断嵌套。错误处理机制也大有不同。旧时的 ARM 只有 DAbt、IAbt、Undef 这 3 种异常模式对应错误处理,而 Cortex - M3 提供了很多 fault 状态寄存器来确定各种 faults,而且还定义了许多新的 fault 类型,其中最有新意的就是堆栈操作 faults、存储器管理 faults 以及硬 fault 了。因此,fault 服务例程需要重新设计。

3. MPU

　　MPU 是 Cortex - M3 中的新鲜血液,因此需要新的程序代码来使用它。另一方面,因为 ARM7TDMI 中没有 MPU,因此这方面没有"代码移植"的概念。不过,在 ARM720T 上是配有 MMU 的,它的功能与 Cortex - M3 的 MPU 不一样。事实上,如果代码需要 MMU 来支持虚拟内存,根本就不能使用 Cortex - M3。

4. 系统控制

系统控制也是移植程序时必须充分重视的关键内容。Cortex - M3 内建了进入睡眠模式的指令。另一方面,在 Cortex - M3 芯片中的系统控制器也有特殊的设计要求,基本上不会与 ARM7 芯片中的有相似之处。因此,要重写系统控制相关的代码。

5. 操作模式

以前的 ARM 架构有 7 种操作模式,在 Cortex - M3 中,它们可以用对应的异常来取代,如表 4 - 1 所列。

表 4 - 1　ARM 架构的 9 种操作模式

在 ARM7 中的操作模式和异常	在 Cortex - M3 中与之等价的操作模式
监察者(supervisor)(复位后自动进入)	特权级的线程模式＋MSP
监察者(因 SWI 而进入)	SVC 异常
FIQ	优先级最高的外部中断其实就是快速中断
IRQ	外部中断
指令流产(IAbt)	总线 fault
数据流产(DAbt)	总线 fault
未定义指令	用法 fault
系统模式	特权级的线程模式＋PSP
用户	用户级的线程模式＋PSP

虽然在 Cortex - M3 中可以把 ARM7 的 FIQ 对应到优先级最高的外中断,从而实现 FIQ 的时间地位。但是 ARM7 的"专用寄存器"与 Cortex - M3 的寄存器自动入栈是发生在不同编号寄存器上的,因此 FIQ 服务例程需要改用入栈的寄存器;如果依然要使用 R8~R11,就必须先把它们手工入栈。

4.3　汇编源程序

对汇编源程序的移植取决于使用的是 ARM 状态还是 thumb 状态。

1. Thumb 状态

如果使用的是 thumb 汇编源文件,则在大多数情况下代码可以直接拿来用。只有个别的 thumb 指令在 Cortex - M3 中不可用:

① 任何试图转入 ARM 状态的指令(典型就是 BLX)。

② 不再支持 SWI,而是要使用 SVC,而且用法上也有区别。最后,要确保只使用向下生长的满栈。

2. ARM 状态

① 向量表:在 ARM7 中,向量表从地址 0 开始,并且是由一系列的跳转指令组成的。在 Cortex - M3 中,跳转表给出了 MSP 的初值以及复位向量地址,接下来的则是各异常服务例程的入口地址。因此这些区别是本质上的不同,向量表必须重写。

② 寄存器初始化:在 ARM7 中,经常需要把每个模式下的寄存器分别初始化。比如,每个模式(除系统模式外)都有自己的 SP、LR 和 SPSR。Cortex - M3 除去了这些繁文缛节,而且也不需要把处理器的模式换来换去。

③ 模式切换与状态切换:Cortex - M3 不再保留 ARM7 中的那些操作模式,也没有 Thumb 状态,因此相关的代码都可以移除。

④ 中断的使能与除能:在 ARM7 中,中断的使能与除能是通过对 CPSR.I 的控制来实现的。在 Cortex - M3 中则改用 PRIMASK 或 FAULTMASK。更进一步地,Cortex - M3 中没有 FIQ 的概念,因此也没有 F 位。

⑤ 协处理器访问:Cortex - M3 不支持协处理器,因此相关的代码无法移植,但是可以通过软件模拟的办法来缓解。

⑥ 中断服务例程和中断返回:在 ARM7 中,中断服务例程的首条指令在向量表中。这条指令,除了 FIQ 服务例程的外,都必须是一种无条件跳转指令,而 Cortex - M3 中则是直接在向量表中给出 ISR 的入口地址。中断返回时,ARM7 通过带 S 后缀的指令手工地调整 PC 的值来实现;而 Cortex - M3 则把需要返回的地址压入堆栈中,并且通过把某个 EXC_RETURN 写入 PC 来触发中断返回序列。因此,在 Cortex - M3 中,不得使用诸如 MOVS 或 SUBS 之类的指令来启动中断返回。由于这些原因,中断服务例程和中断返回的代码需要改动。

⑦ 当需要启用中断嵌套时,ARM7 的做法通常是先进入系统模式再重新使能 IRQ,在 Cortex - M3 中则没有这些操作。

⑧ FIQ 服务例程:因为在 ARM7 中,FIQ 有专用的 R8～R12;而 Cortex - M3 则自动保存了 R0～R3、R12,所以如果必须要移植 FIQ 服务例程,则需要手工保存 R8～R11,或者把本来对 R8～R11 的使用改为 R0～R3 的使用。

⑨ 软件中断(SWI)服务例程:SWI 由 SVC 取代。不过,定位软件中断指令并提取系统调用号的作法不同。在 Cortex - M3 中,通过压入栈的返回地址来计算出 SVC 指令的地址;而在 ARM7 中,则是通过 LR 来计算。

⑩ 交换指令(SWP):在 Cortex - M3 中没有交换指令。如果以前使用 SWP 来实现信号量,则要改为使用互斥访问来实现,因此需要改动信号量相关的代码。如果以前使用 SWP 只是为了纯粹地传送数据,则需要使用若干存储器访问指令来实现。

⑪ 对 CPSR 和 SPSR 的访问:ARM7 中的 CPSR 在 Cortex - M3 变成了 xPSR,而 SPSR 则被去掉了。对于访问标志的应用程序代码,可以改为对 APSR 的访问。如果异常服务例程想要访问异常发生之前的 xPSR,则要读取压入堆栈中的值;这也

是 ARM7 中 SPSR 的功能,因此 Cortex – M3 中不再需要 SPSR。

⑫ 条件执行:在 ARM7 中,大量指令都可以条件执行,而 Thumb – 2 的指令则几乎不能条件执行。在移植这些代码到 Cortex – M3 中时,对于短小的条件执行段,可以用 IF – THEN 指令封装;而比较大的则需要使用跳转指令来改。当使用 IT 指令时要注意一些小问题,主要就是会增加代码量,有可能使得某些加载/存储指令超出最大可操作的地址范围。

4.4 C 源程序

移植 C 源程序要比移植汇编的轻松得多,在许多情况下,只须重新编译即可。但是对于使用了非主流技巧的 C 程序(常见于系统程序中),则可能要考虑如下的方面:

① 内联汇编:如果使用 RVDS,则不支持内联汇编,因此使用了内联汇编的 C 程序需要做出修改。对于 RVDS 3.0 及更高版本,可以使用嵌入式汇编来替代内联汇编。

② 中断服务例程:对于使用"__irq"来创建的 ARM7 中断服务例程,因为 Cortex – M3 使用了新的中断模型,往往可以去掉"__irq"指示字(不过,如果使用 RVDS 3.0 和 RVCT3.0,则 __irq 也支持 Cortex – M3,此时可以保留"__irq",以强调程序的类型,提高了可读性)。

1. 预编译的目标文件

许多编译器都为函数库和启动代码预先编译出了目标文件。但是因为操作模式和状态模型的不同,它们往往不能用在 Cortex – M3 上(尤其是启动代码)。此时,就必须得到它们的源代码,并且移植到 Cortex – M3 上,请参阅使用工具链的联机帮助来获取详细信息。

2. 优 化

Cortex – M3 中有许多新特性,可以提高程序的性能,或者降低对存储器的使用,因此,一定要挖掘这些特性:

① 使用 32 位 Thumb – 2 指令:对于下列的场合:先使用一条 16 位 Thumb 指令把数据从一个寄存器传送到另一个,再对该数据执行数据处理。有时能使用一条 Thumb – 2 指令来完成(这主要是因为 16 位 Thumb 指令不能使用"高寄存器"),从而使所需的处理时间缩短。

② 位带操作:如果外设寄存器位于位带区,则可以通过对位带别名区的访问,大大地化简对寄存器位的操作。

③ 乘法与除法:Cortex – M3 的一个重大革新就是支持除法指令和部分支持 64 位乘法指令。

④ 立即数:有些 Thumb – 2 指令支持 12 位的立即数,因此可以把以前 Thumb

指令无法加载的立即数使用一条 Thumb - 2 来加载。

⑤ 跳转:过去单条 Thumb 指令无法执行的远程跳转,现在可以使用 Thumb - 2 指令实现了。

⑥ 布尔数据:对于"BOOL"型的变量,可以强制把它们定址到内存的位带别名区。相比于过去使用字来实现 BOOL 变量,现在只需使用以前 1/32 的内存空间。

⑦ IT 指令块:有些短距跳转可以使用 IT 指令取代,这样做消灭了因流水线清洗而引入的等待周期,从而提高了性能。

⑧ ARM/Thumb 状态切换:在大多情况下,可以把大部分代码以 Thumb 指令编码,一小部分以 ARM 指令编码。这主要是为了在平时提高代码密度,而在紧急关头下提高性能。

Cortex - M3 下有了 Thumb - 2 代码,可以在同一模式下解决时间与空间的权衡,这就可以去掉这些状态转换及其所带来的额外负担(overhead),也简化了对工程的管理。

第5章

STM32F10x 的开发

5.1 选择一款 Cortex – M3 产品

在根据应用选择具体的 Cortex – M3 芯片时,除了要考虑存储器、外设配置以及最高主频之外,其他一些因素也会使一款 Cortex – M3 芯片与众不同,Cortex – M3 的设计允许下列参数是可以配置的,它们是:

➢ 外中断的数目。

➢ 表达优先级的位数(优先级寄存器的有效宽度)。

➢ 是否配备了 MPU。

➢ 是否配备了 ETM。

➢ 对调试接口的选择(SW,JTAG 或两者兼有)。

对于大多数项目而言,单片机的功能和规格是做出选择的首要考虑,例如:

① 外设:对于大多数的项目,片载的外设是最重要的选择依据。外设也并非多多益善,因为它会影响到功耗和价格。

② 存储器:Cortex – M3 单片机的闪存可以少到几 KB,多至几 MB。此外,片内 RAM 的容量也是很重要的。这些参数往往对价格有重大的影响。

③ 时钟速度:Cortex – M3 的设计可以在 0.18 μm 的粗线条工艺上,也轻松上到 100 MHz。然而,因为存储器访问速度的限制,芯片厂商会降低最大主频。

④ 引脚:Cortex – M3 单片机的封装也多种多样。很多 Cortex – M3 单片机的脚数都比较少,所以它更适合于低成本的应用中。

5.2 Cortex – M3 版本 0 与版本 1 的区别

早期的 Cortex – M3 产品是基于 Cortex – M3 处理器版本 0 的。在 2006 年第 3 季度之后的 Cortex – M3 产品可以使用版本 1。在本书出版之时,所有的新 Cortex – M3 器件应该都是基于版本 1 的。了解自己使用的芯片基于哪个版本是很重要的,因为在版本 1 中做出了许多重要的改变和改进。本书都是按新的版本 1 来叙述的。

在编程模型中可以看见的改变包括如下内容：

➢ 从版本 1 开始，响应异常时的寄存器操作可以配置成强制对齐到双字边界，这可以通过置位 NVIC_CCR.STKALIGN 来启用。

➢ 因为刚才的理由，NVIC_CCR 中加入了 STKALIGN 位。

➢ 版本 2 引入了新的 AUXFAULT（辅助 fault）状态寄存器（可选）。

➢ DWT 中添加了诸如数值匹配的新功能。

➢ ID 寄存器的值因版本号位段而改变。

在编程模式中看不见的改变更多，它们是：代码存储空间的存储器属性被硬线连接到可缓存，已分配（allocated），不可缓冲，不可共享。这会影响 I - Code AHB 和 D - Code AHB，但是不会影响系统总线接口。支持在 I - Code AHB 和 D - Code AHB 间的总线复用操作。在此操作模式下，可以使用一个简单的总线复用器来把 I - Code 和 D - Code 归并（merge），这可以降低总门数，旧版本的则必须使用 ADK 总线矩阵组件。

新添加了用于连接 AHB 跟踪单元（HTM）的输出端口。AHB 是一个 Core-Sight 中定义的调试组件，服务于复杂的数据跟踪操作。调试组件或调试寄存器可以在系统复位期间访问，只有在上电复位时才无法访问。

在版本 1 中，NVIC_ICSR.VECTPENDING 位段可以受 NVIC_DHCSR.C_MASKINTS 位的影响：当 C_MASKINTS 置位时，如果掩蔽了一个悬起的中断，则会使 VECTPENDING 的值为零。JTAG - DP 调试接口被 SWJ - DP 模块取代。但是仍然允许芯片厂商使用 JTAG-DP，因为它也是 CoreSight 家庭中的成员。因为版本 0 的 Cortex - M3 在响应异常时没有双字对齐堆栈的功能，有些编译器，如 ARM 的 RVDS 和 Keil 的 RVMDK，都提供了特殊的编译选项以决定是否允许软件调整入栈，以使开发出来的产品与 EABI 兼容的，当软件需要与其他 EABI -兼容开发工具时，这还是相当重要的。

为了判定使用的单片机用了哪个版本的 Cortex - M3 内核，可以使用 NVIC 中的 CPUID 寄存器，它的最后 4 位包含了版本号。

Cortex - M3 采用了 JTAG 的接口，串行线 JTAG 调试端口（SWJ - DP）把 SW - DP 和 JTAG - DP 的功能合二为一，并且支持自动协议检测。使用这个组件，Cortex - M3 设备可以支持 both SW 和 JTAG 接口，如图 5 - 1 所示。

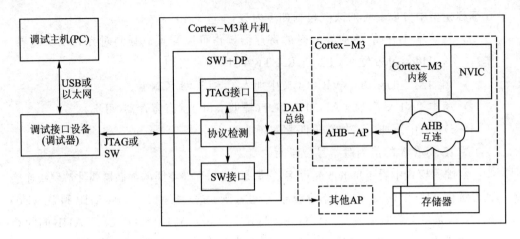

图 5－1 SWJ－DP 合并了 JTAG－DP 和 SW－DP 的功能

5.3 开发工具

在开始使用 Cortex－M3 之前,需要准备好一些开发工具,典型的如:

➢ 编译器/汇编器:把 C 和汇编源程序转换成目标文件。几乎所有的 C 编译器
套件都包含了对应的汇编器。

➢ 指令系统模拟器:模拟指令的执行,用于在软件开发早期的调试。

➢ 在线仿真器(ICE)或者调试探测器(probe):连接到计算机和目标板上的调试
硬件,与目标板的接口通常是 JTAG 或 SW。

➢ 一块开发板。

➢ 跟踪捕捉仪:可选的硬件设备和周边软件,可以用它来捕捉来自 DWT 以及
ITM 的输出,并且以可读的形式显示出来。

➢ 嵌入式操作系统:在单片机上运行的操作系统。这也是一个可选件,许多简
单的应用程序不需要操作系统。但是在开发复杂度较高或者有高性能指标
的系统时,常常需要使用。

常用的 C 编译器总结如表 5－1 所列。

表 5－1　常用的 C 编译器

公　司	产　品
ARM www.arm.com	Cortex－M3 在 RealView 开发套件 3.0(RVDS) 中得到支持,在 RealView－ICE 1.5 可以用于连接调试硬件和调试环境。更早的 ADS1.2 和 SDT 不支持 Cortex－M3
KEIL www.keil.com	最新的 Realview MDK 开发工具中支持 Cortrex－M3,其配套的仿真器是 ULINK 和 ULINK2

公　司	产　品
CodeSourcery www. codesourcery. com	支持 Cortex - M3 的 GNU 工具链现在已经可用了,下载地址是 www. codesourcery. com/gnu _ toolchains/arm,它基于 GNU 4. 0 版本
Rowley Associates www. rowley. co. uk	这个工具也源自 GNU C 编译器 www. rowley. co. uk/arm/index. htm
IAR Systems www. iar. com	IAR Embedded Workbench for ARM and Cortex,它提供了 C/C++ 编译器和调试环境(从 4. 40 版本开始)。IAR 早在 AVR 单片机的开发中就是出类拔萃的。与 IAR 配套的仿真器是 JLINK
Lauterbach www. lauterbach. com	提供了 JTAG 访真器和跟踪设备

5.4　库函数

所谓库函数,顾名思义就是把函数放在一个库中,一般是编译器的厂家把一些常用的函数编完放在一个文件中,供开发者使用。使用的时候只需要把它所在的文件名用 ♯ include<>加到里面就可以,一般库函数放在 lib 文件中。

C 语言的库函数并不是 C 语言本身的一部分,是由编译程序根据一般用户的需要编制并提供用户使用的一组程序。C 的库函数极大地方便了用户,同时也补充了 C 语言本身的不足。事实上,在编写 C 语言程序时,应当尽可能多地使用库函数,这样既可以提高程序的运行效率,又可以提高编程的质量。下面介绍几个有关库函数的基本概念。

① 函数库:函数库是由系统建立的具有一定功能的函数的集合。库中存放函数的名称和对应的目标代码,以及连接过程中所需的重定位信息。用户也可以根据自己的需要建立自己的用户函数库。

② 库函数:存放在函数库中的函数,具有明确的功能、入口调用参数和返回值。

③ 连接程序:将编译程序生成的目标文件连接在一起生成一个可执行文件。

④ 头文件:有时也称为包含文件,包含 C 语言库函数与用户程序之间进行信息通信时要使用的数据和变量。在使用某一库函数时,都要在程序中嵌入(用 ♯ include)该函数对应的头文件。

5.5 STM32 固件库简介

STMF10x 标准外设库是一个固件函数包,由程序、数据结构和宏组成,包括了微控制器所有外设的性能特征。该函数库还包括每一个外设的驱动描述和应用实例。通过使用本固件函数库,无须深入掌握细节,用户也可以轻松应用每一个外设。因此,使用本固态函数库可以大大减少用户的程序编写时间,从而降低开发成本。

每个外设驱动都由一组函数组成,这组函数覆盖了该外设所有功能。每个器件的开发都由一个通用 API(Application Programming Interface 应用编程界面)驱动,API 对该驱动程序的结构、函数和参数名称都进行了标准化。该固态函数库通过校验所有库函数的输入值来实现实时错误检测。该动态校验提高了软件的鲁棒性。实时检测适合于用户应用程序的开发和调试,但增加了成本,可以在最终应用程序代码中移去,以优化代码大小和执行速度。

对于库函数,不能陈述太多的理论,后面将针对这款 STM32F103ZET 微处理器具体的实验例程来讲述如何使用 STM32 开发的库函数。

5.6 红龙开发板简介

红龙开发板是基于 STM32F103ZET6 处理器的一款学习板,它的处理器是 ARM Cortex - M3 内核,是(增强型)新一代的嵌入式 ARM 处理器。

1. 功能特点

➤ 红龙开发板 MCU 内核:STM32F103ZET6。

➤ 处理器最高 72 HMz 工作频率。

➤ 内置嵌套中断控制器(NVIC)。

➤ 512 KB 片上 Flash 程序存储。

➤ 64 KB SRAM 可供高性能 CPU 通过指令总线、系统总线访问。

➤ 12 通道 DMA 控制器。

➤ 支持 UART、AD/DA、定时器、GPIO 等(具体参考芯片数据手册)。

2. 硬件平台

本书实验采用的硬件平台是红龙开发板,如图 5 - 2 所示。

3. 开发板板载资源

➤ RS - 232 接口。

➤ USB 转串口接口。

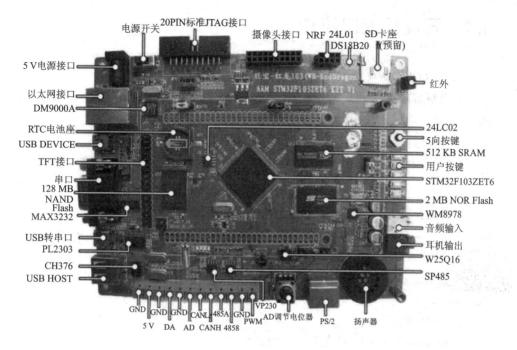

图 5 - 2 本书所用硬件平台开发板

> RS - 485 接口。

> USB2.0 接口（USB Device 接口、USB Host 接口）。

> SD/MMC 接口。

> I²C 接口（24LC02）。

> 摄像头接口（OV7670）。

> NRF24L01 接口。

> CAN 接口。

> 红外线接收（HS0038B）。

> 温度传感器接口（DS18B20）。

> PS/2 接口。

> AD/DA/PWM 接口。

> 彩屏接口（3.2、4.3、7.0 TFT 彩屏（FSMC 操作））。

> 4 个 LED 灯，4 个用户按键，一个复位键，一个 5 向按键。

> 基于 DM9000 网络接口。

> 可做 SRAM、NAND、NOR 实验。

> 引出了所有的 I/O 口，方便用户进行二次开发。

5.7 开发板接口简介

1) BOOT 启动项

开发板可以采用以下启动方式:用户闪存存储器启动、从系统存储器启动、从内嵌 SRAM 启动。开发板跳线帽选择如表 5-2 所列。

表 5-2 开发板跳线选择

BOOT0	BOOT1	启动模式
JP7(1-2)	无关	用户闪丰存储器启动
JP7(2-3)	JP8(1-2)	从系统存储器启动
JP7(2-3)	JP8(2-3)	从内嵌 SRAM 启动

2) 时钟源

红龙开发板有两个时钟源供给 MPU,系统时钟(Y2,8 MHz)和 RTC 时钟(Y1, 32.768 kHz)。

3) 模拟输入

选择绿端子 AD 脚,红龙开发板内部与 PC1 连接。

4) PWM 输出

选择绿端子 PWM 脚,红龙开发板内部与 PB0 连接。

5) DAC 输出

选择绿端子 DA 脚,红龙开发板内部与 PA5 连接。

6) RS-485 接口

选择绿端子 485A、485B 脚,红龙开发板内部与 MAX485 连接。

7) CAN 接口

选择绿端子 CANL、CANH 脚,红龙开发板内部与 VP230 连接。

8) RS-232 接口

RS-232 串口定义及连接线如图 5-3 及表 5-3 所列。

表 5-3 RS-232 连线表

编 号	引 脚	编 号	引 脚
1	NC	2	PA9
3	PA10	4	NC
5	GND	6	NC
7	NC	8	NC
9	NC		

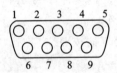

图 5-3 RS-232 接口示意图

9) NRF24L01 接口

NRF24L01 接口如表 5-4 所列。

表 5 - 4   NRF24L01 接口

引　脚	NRF24L01	红龙接口	引　脚	NRF24L01	红龙接口
1	GND	电源地	2	3V3	电源 3.3V
3	CE	PD3	4	CSN	PA8
5	SCK	PB3	6	MOSI	PB5
7	MISO	PB4	8	IRQ	PG7

10）主芯片引脚图

红龙开发板所使用的主控制芯片是 STM32f103ZET6,其引脚定义如图 5 - 4 所示。此开发板的整体电路图限于篇幅原因就不在这里给出,读者可到网站自行下载。

图 5 - 4   STM32f103ZET6 引脚定义

第6章

通用 I/O(GPIO)

本章作为本书的第一个实验章节,主要讲解 STM32F10X 芯片 GPIO 内部构造,并一个通过配置 GPIO 口控制 LED 灯的实验来学习 GPIO 口的配置方法。

6.1 概 述

就像学 51 单片机一样,学习 STM32 也要从它的 I/O 口着手,STM32F10X 系列芯片可以认为是一个特别高级的单片机,它的通用 I/O 口又被称为 GPIO(General-purpose I/O)。STM32 的 GPIO 口通常分组为 PA、PB、PC、PD、PE、PF 和 PG(视不同型号而定,具体可查看该型号的 datasheet),每组有 16 个引脚,将其编号为 0~15,对于 STM32F103ZET 芯片的 144 个引脚,其中 GPIO 就占了 112(16×7)个。

6.2 可选择的端口功能

1. GPIO 端口的内部结构

要想熟练掌握 GPIO 口的配置方法,首先要了解它的内部结构。GPIO 端口的内部结构如图 6-1 所示。图 6-1 的最右端可以认为是 STM32 I/O 口的引脚,左端为内部电路部分。

图 6-1 是取自 STM32F10X 的官方参考手册,GPIO 端口的内部电路可以分为两部分,即输入控制电路和输出控制电路,而每个 GPIO 口都可以独立自由用软件编程。由图 6-1 可以看到,对于每个 I/O 引脚,通常可以由软件将其配置成 8 种工作模式,分别是:浮空输入模式;上拉输入模式;下拉输入模式;模拟输入模式;开漏输出模式;推挽输出模式;复用开漏输出模式;复用推挽输出模式。下面将简单介绍这几种工作模式。

2. 输入电路部分

浮空输入:是指在电路内部既不接上拉电阻(外接 VDD)又不接下拉电阻(外接 VSS)的输入模式,这种输入模式比较简单,就是一个带有施密特触发输入的三态缓冲器,由于它具有很高的直流输入等效

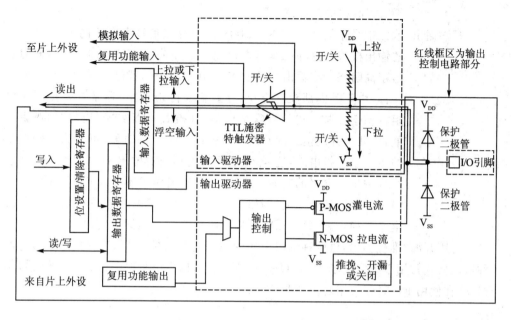

图 6-1 GPIO 端口的内部结构图

阻抗,所以通常在使用标准的通信协议(如 I2C,USART)时,将 I/O 口配置成这种工作模式,在执行 I/O 读操作时,将引脚的当前电平状态读到内部总线上。

上拉输入:是指在电路内部接上拉电阻的输入模式,再经过施密特触发器转换为 0,1 电平信号。

下拉输入:和上拉输入原理相同,只是在电路内部接了下拉电阻。

★注意,对于以上 3 种 GPIO 输入模式,又分为普通 GPIO 输入和作为内置外设的输入两种不同情况,在配置其工作模式时,最主要的区别为是否使能该引脚对应的所有复用功能模块。

模拟输入:是指不经过内部上拉或下拉,也不经过施密特触发器的输入模式,它可以直接把输入的电压信号传给片上外设模块,在日后学 ADC(数模\模数转换)时,必须将输入引脚配置成这种工作模式。注意,在使用这种模式的时候,要使能该引脚对应的所有复用功能模块。

3. 输出电路部分

推挽输出:这是指线路经过 P-MOS(Positive)和 N-MOS(Negative)管组成的单元电路,在输出高电平(3.3 V)时,P-MOS 负责灌电流。在输出低电平(0 V)时 N-MOS 负责拉电流。而这两个 MOS 管不会同时工作,它们会交替的打开或关闭,因此,这种推挽输出模式既增加了电路的负载能力同时又提高了开关的速度,在需要配置某引脚为高低电平时,通常选择这种模式。

开漏输出:这是指线路只经过了 N-MOS 而没有接负责灌电流的 P-MOS 管的输出模式。这种工作模式就像一个开关,在输出 1 时断开(此时相当于高阻态),在输出 0 时由 N-MOS 拉低。就像 51 单片机的 P0 口一样,由于其内部没有上拉,在我们实际应用中,通常要外接上拉电阻。基于开漏模式的特殊结构,这种模式可以实现"线与"的逻辑功能,当几个开漏模式的 GPIO 引脚连在一起的时候,可以为它们统一的接一个上拉电阻,这样,只有当所有引脚都输出 1(高阻态)时,才能实现输出高电平的功能。此外,开漏输出模式还可以工作于不同逻辑电平之间的转换功能,例如,要输出一个 5 V 的高电平,不需要额外的电平转换电路,则只须将上拉电阻接 5 V 电压即可实现。

复用开漏/推挽输出:这两种输出模式的原理与普通输出模式相同,只不过这两种输出模式常用于特定的场合,如 USART 通信时,输出引脚要配置成复用推挽输出模式,在使用 I²C 时要使用复用开漏模式。

6.3 相关寄存器

本书主要是以库函数的方法来编程的,故这里对寄存器不做太多的介绍,有兴趣的朋友可以去查阅 STM32F10X 官方数据手册。相关寄存器的名称和描述如表 6-1 所列。

表 6-1 GPIO 相关寄存器的名称和描述

寄存器	描　述
CRL	端口配置低寄存器
CRH	端口配置高寄存器
IDR	端口输入数据寄存器
ODR	端口输出数据寄存器
BSRR	端口位设置/复位寄存器
BRR	端口位复位寄存器
LCKR	端口配置锁定寄存器
EVCR	事件控制寄存器
MAPR	复用重映射和调试 I/O 配置寄存器
EXTICR	外部中断线路 0~15 配置寄存器

这些寄存器只是控制 GPIO 口的输入输出模式么？显然不是,在配置 GPIO 口的输出模式时,还有很重要的一点就是 GPIO 的速度选择,可选值为 2 MHz、10 MHz、50 MHz,这种速度是指 I/O 口驱动电路的响应速度,这里就与普通的单片机大不相同了。

6.4　典型硬件电路设计

1.　实验设计思路

本实验主要包含两个内容：

1) TEST_1 LED 灯测试

按照图 6 - 2 所示的电路连接方式,通过软件用库函数对 3 个 GPIO 口进行编程,来实现对 GPIO 端口输出高低电平的控制。

2) TEST_2 按键测试

按照图 6 - 2 所示的电路连接方式,通过 3 个按键控制 3 个 LED 灯的不同状态。

2.　实验预期效果

① TEST_1 LED 灯测试:JLINK 下载运行后,3 个 LED 灯轮番闪烁。

② TEST_2 按键测试:JLINK 下载运行后,按下按键 USER1 LED1 灯亮;松开 USER1 LED1 灯灭;按下按键 USER2 LED2 依次取反;按下按键 WAKE UP 打开和关闭 LED3 由亮渐灭控制。

3.　硬件电路连接

硬件电路连接如图 6 - 2 所示。

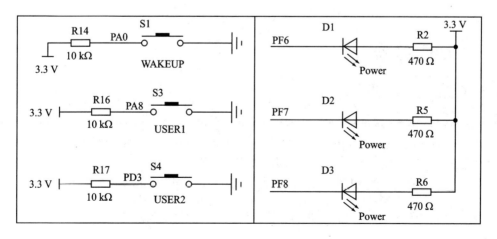

图 6 - 2　硬件电路连接示意图

6.5 例程源代码分析

1. 工程组详情

如图 6-3 所示,需要在 stm32f10x_conf.h 里将没有用到的头文件注释掉,这样在编译过程中将不再对它们进行编译,提高了程序的编译效率。

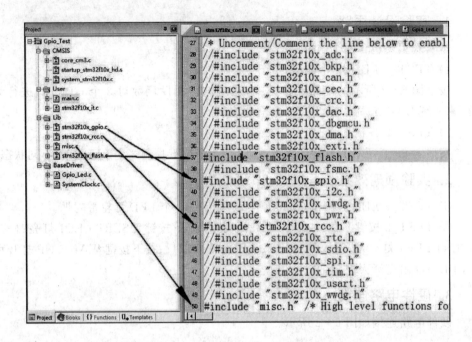

图 6-3 工作组详情

2. 源码分析

① 先看 User 组的 main.c 文件:

```
/****头文件****/
#include "stm32f10x.h"             //可以类比 51 单片机编程时的 #include<reg52.h>
#include "SystemClock.h"         //用户自定义头文件,这样 main.c 文件可以调用该文件对
                                 //应.c 文件里的函数
#include "Gpio_Led.h"                 //用户自定义头文件,功能同上
//#define TEST_1                     //TEST_1 LED 灯测试
#define TEST_2                      //TEST_2 按键测试

/****主函数****/
int main(void)
```

```
{
    RCC_Configuration();                    //系统时钟初始化
    GpioLed_Init();                         //LED 灯初始化

#ifdef TEST_2
    Key_Init();
#endif

    while (1)
    {
#ifdef TEST_1
        LED_Display();                      //LED 闪烁
#endif

#ifdef TEST_2
        Key_Test();                         //按键测试
#endif
    }
}
```

★ 程序分析：

（a）本程序在加入头文件之后，先自定义了两个参数宏，通过对这两个参数宏的屏蔽或释放，实现在 main()函数中条件编译时的条件限制。

条件编译命令的基本格式：

```
#if
    ……
#else
    ……
#endif
```

在条件编译时，先判断 if 条件语句是否成立，若成立，则执行编译 if 语句，否则，跳入执行编译 else 语句。

（b）进入主函数之后，首先调用了 RCC_Configuration()和 GpioLed_Init()；发现 main()函数前面并没有对这两个函数的声明，这是因为再头文件#include "SystemClock. h"和#include "Gpio_Led. h"已经对它们声明过了，在编译过程中主函数可以将它们直接调用。对于这两个函数的实现方法和功能，会在下面做详细介绍。

（c）条件编译。

```
#ifdef TEST_2
        Key_Init();//按键的初始化函数
#endif
```

(d) 进入主循环,条件编译 LED 灯的闪烁控制函数或者编译按键控制函数。

② 在进行子函数的分析之前,先看用户自定义的两个 .h 文件。

★ 注:自定义 .h 文件的格式如下:

```
#ifndef _SYSTEM_CLOCK_H_   //加两个下画线可以避免这个宏标识符与其他定义重名
#define _SYSTEM_CLOCK_H_

                 ……………

#endif
```

➤ SystemClock. h。

```
#ifndef _SYSTEM_CLOCK_H_
#define _SYSTEM_CLOCK_H_
void RCC_Configuration(void);
#endif
```

★程序分析:

这个头文件比较简单,只是对"void RCC_Configuration(void);"函数的声明。

➤ Gpio_Led. h。

```
#ifndef _GPIO_LED_H_
#define _GPIO_LED_H_
/*****led1 接口声明*****/
#define LED1_RCC_APB2Periph    RCC_APB2Periph_GPIOF
#define LED1_GPIO              GPIOF
#define LED1_GPIO_Pin          GPIO_Pin_6
/*****led2 接口声明*****/
#define LED2_RCC_APB2Periph    RCC_APB2Periph_GPIOF
#define LED2_GPIO              GPIOF
#define LED2_GPIO_Pin          GPIO_Pin_7
/*****led3 接口声明*****/
#define LED3_RCC_APB2Periph    RCC_APB2Periph_GPIOF
#define LED3_GPIO              GPIOF
#define LED3_GPIO_Pin          GPIO_Pin_8
/*****按键 USER1 接口声明*****/
#define KEY1_RCC_APB2Periph    RCC_APB2Periph_GPIOA
#define KEY1_GPIO              GPIOA
#define KEY1_GPIO_Pin          GPIO_Pin_8
/*****按键 USER2 接口声明*****/
#define KEY2_RCC_APB2Periph    RCC_APB2Periph_GPIOD
```

```
#define KEY2_GPIO              GPIOD
#define KEY2_GPIO_Pin          GPIO_Pin_3
/*****按键 WAKEUP 接口声明*****/
#define KEY3_RCC_APB2Periph  RCC_APB2Periph_GPIOA
#define KEY3_GPIO              GPIOA
#define KEY3_GPIO_Pin          GPIO_Pin_0
typedef enum
{
    false = 0,
      true
}Bool;
typedef struct
{
    Bool Key1_state;                        //按键 1 的状态标记
      Bool Key2_state;                      //按键 2 的状态标记
      Bool Key3_state;                      //按键 3 的状态标记
      u32    Counter1;                      //临时计数
      u32    Counter2;                      //临时计数
}Key_Info;
void GpioLed_Init(void);
void LED_Display(void);
void Key_Init(void);
void Key_Test(void);
#endif
```

★ 程序分析：

先是通过宏定义实现对几个接口的声明，typedef 是给已经存在的数据类型自定义一个新的名字，这里定义了一个布尔型和一个结构体类型。其中，结构体类型的定义格式如下：

```
Typedef sttuct
{
        类型说明符 成员名 1;
        类型说明符 成员名 2;
        ············
        类型说明符 成员名 n;
}用户自定义类型名;
```

之后便是对相应.c 文件里的 4 个子函数的声明。

③ BaseDriver 组由用户自己编写的.c 文件讲解。

➤ SystemClock.c。

```
# include "stm32f10x.h"
# include <stdio.h>
# include "SystemClock.h"
/********************************************************
* 函数名称:void RCC_Configuration(void)
* 入口参数:无
* 出口参数:无
* 功能说明:系统时钟初始化配置
*          RCC_HSICmd(ENABLE);//使能内部高速晶振；
*          RCC_SYSCLKConfig(RCC_SYSCLKSource_HSI);
                          //选择内部高速时钟作为系统时钟 SYSCLOCK = 8 MHz
*          RCC_HCLKConfig(RCC_SYSCLK_Div1);
                          //选择 HCLK 时钟源为系统时钟 SYYSCLOCK
*          RCC_PCLK1Config(RCC_HCLK_Div4);      //APB1 时钟为 2 MHz
*          RCC_PCLK2Config(RCC_HCLK_Div4);      //APB2 时钟为 2 MHz
*          RCC_APB2PeriphClockCmd(RCC_APB2Periph_GPIOB , ENABLE);
                          //使能 APB2 外设 GPIOB 时钟
********************************************************/
void RCC_Configuration(void)
{
    /* 将外设寄存器重设为默认值 */
    RCC_DeInit();
    /* 开启 HSE */
    RCC_HSEConfig(RCC_HSE_ON);
    /* 等待 HSE 起振并稳定 */
    while (RCC_GetFlagStatus(RCC_FLAG_HSERDY) == RESET);
    /* 使能 FLASH 预取缓存 */
    FLASH_PrefetchBufferCmd(FLASH_PrefetchBuffer_Enable);
    /* 设置 FLASH 延时周期数为 2 */
    FLASH_SetLatency(FLASH_Latency_2);
    /* 选择 HCLK(ABH)时钟源为 SYSCLK 1 分频 */
    RCC_HCLKConfig(RCC_SYSCLK_Div1);
    /* 选择 PCLK2 时钟源为 HCLK(ABH) 1 分频 */
```

```
    RCC_PCLK2Config(RCC_HCLK_Div1);
    /* 选择 PCLK1 时钟源为 HCLK(ABH) 2 分频  */
    RCC_PCLK1Config(RCC_HCLK_Div2);
    /* PLLCLK = 8MHz * 9 = 72 MHz */
    RCC_PLLConfig(RCC_PLLSource_HSE_Div1, RCC_PLLMul_9);
    /* 使能 PLL */
    RCC_PLLCmd(ENABLE);
    /* 等待 PLL 输出稳定 */
    while(RCC_GetFlagStatus(RCC_FLAG_PLLRDY) == RESET);
    /* 选择系统时钟源作为 PLL */
    RCC_SYSCLKConfig(RCC_SYSCLKSource_PLLCLK);
    /* 等待 PLL 称为系统时钟源 */
    while(RCC_GetSYSCLKSource() != 0x08);
}
```

➤ Gpio_Led.c。

```
#include "stm32f10x.h"
#include "Gpio_Led.h"
Key_Info key_info;
/****************************************************
* 函数名称:void GpioLed_Init(void)
* 入口参数:无
* 出口参数:无
* 功能说明:led 灯初始化配置
****************************************************
/
void GpioLed_Init(void)
{
    GPIO_InitTypeDef GPIO_InitStructure;                //定义结构体变量
    RCC_APB2PeriphClockCmd(LED1_RCC_APB2Periph, ENABLE);//使能 APB2 外设 LED1 时钟
    RCC_APB2PeriphClockCmd(LED2_RCC_APB2Periph, ENABLE);//使能 APB2 外设 LED2 时钟
    RCC_APB2PeriphClockCmd(LED3_RCC_APB2Periph, ENABLE);//使能 APB2 外设 LED3 时钟
    GPIO_InitStructure.GPIO_Pin   = LED1_GPIO_Pin;   //选择 led1
    GPIO_InitStructure.GPIO_Speed = GPIO_Speed_50 MHz;  //引脚频率为 50 MHz
    GPIO_InitStructure.GPIO_Mode = GPIO_Mode_Out_PP;  //模式为推挽输出
    GPIO_Init(LED1_GPIO, &GPIO_InitStructure);         //初始化 led1 寄存器
    GPIO_InitStructure.GPIO_Pin   = LED2_GPIO_Pin;   //选择 led2
    GPIO_InitStructure.GPIO_Speed = GPIO_Speed_50 MHz;  //引脚频率为 50 MHz
```

```
    GPIO_InitStructure.GPIO_Mode = GPIO_Mode_Out_PP;      //模式为推挽输出
    GPIO_Init(LED2_GPIO, &GPIO_InitStructure);            //初始化 led2 寄存器
    GPIO_InitStructure.GPIO_Pin     = LED3_GPIO_Pin;      //选择 led3
    GPIO_InitStructure.GPIO_Speed = GPIO_Speed_50 MHz;    //引脚频率为 50 MHz
    GPIO_InitStructure.GPIO_Mode = GPIO_Mode_Out_PP;      //模式为推挽输出
    GPIO_Init(LED3_GPIO, &GPIO_InitStructure);            //初始化 led3 寄存器
}
/ ***************************************************
 * 函数名称:static void Delay(u32 counter)
 * 入口参数:u32 counter:计数个数
 * 出口参数:无
 * 功能说明:延时函数
 ***************************************************/
static void Delay(u32 counter)
{
while(counter -- );
}
/ ***************************************************
 * 函数名称:void LED_Disply(void)
 * 入口参数:无
 * 出口参数:无
 * 功能说明:LED 闪烁
 ***************************************************/
void LED_Display(void)
{
    GPIO_SetBits(LED1_GPIO,LED1_GPIO_Pin);                //置 1 操作
    Delay(0xfffff);
    GPIO_ResetBits(LED1_GPIO,LED1_GPIO_Pin);              //清 0 操作
    GPIO_SetBits(LED2_GPIO,LED2_GPIO_Pin);                //置 1 操作
    Delay(0xfffff);
    GPIO_ResetBits(LED2_GPIO,LED2_GPIO_Pin);              //清 0 操作
    GPIO_SetBits(LED3_GPIO,LED3_GPIO_Pin);                //置 1 操作
    Delay(0xfffff);
    GPIO_ResetBits(LED3_GPIO,LED3_GPIO_Pin);              //清 0 操作
}
/ ***************************************************
 * 函数名称:void Key_Init(void)
 * 入口参数:无
```

```
* 出口参数:无
* 功能说明:按键初始化配置
*****************************************************/
void Key_Init(void)
{
    GPIO_InitTypeDef GPIO_InitStructure;
    RCC_APB2PeriphClockCmd(KEY1_RCC_APB2Periph , ENABLE);//使能 APB2 外设 KEY1 时钟
    RCC_APB2PeriphClockCmd(KEY2_RCC_APB2Periph , ENABLE);//使能 APB2 外设 KEY2 时钟
    RCC_APB2PeriphClockCmd(KEY3_RCC_APB2Periph , ENABLE);//使能 APB2 外设 KEY3 时钟
    GPIO_InitStructure.GPIO_Pin    = KEY1_GPIO_Pin;      //选择 KEY1
    //GPIO_InitStructure.GPIO_Speed = GPIO_Speed_50 MHz;  //引脚频率为 50 MHz
    GPIO_InitStructure.GPIO_Mode = GPIO_Mode_IN_FLOATING; //模式为输入浮空
    GPIO_Init(KEY1_GPIO, &GPIO_InitStructure);           //初始化 KEY1 寄存器
    GPIO_InitStructure.GPIO_Pin    = KEY2_GPIO_Pin;      //选择 KEY2
    //GPIO_InitStructure.GPIO_Speed = GPIO_Speed_50 MHz;  //引脚频率为 50 MHz
    GPIO_InitStructure.GPIO_Mode = GPIO_Mode_IN_FLOATING; //模式为输入浮空
    GPIO_Init(KEY2_GPIO, &GPIO_InitStructure);           //初始化 KEY2 寄存器
    GPIO_InitStructure.GPIO_Pin    = KEY3_GPIO_Pin;      //选择 KEY3
    //GPIO_InitStructure.GPIO_Speed = GPIO_Speed_50 MHz;  //引脚频率为 50 MHz
    GPIO_InitStructure.GPIO_Mode = GPIO_Mode_IN_FLOATING; //模式为输入浮空
    GPIO_Init(KEY3_GPIO, &GPIO_InitStructure);           //初始化 KEY3 寄存器
}
/*****************************************************
* 函数名称:void Key_Test(void)
* 入口参数:无
* 出口参数:无
* 功能说明:key 测试
*****************************************************/
void Key_Test(void)
{
    /*******按键 1 的测试*******/
    if(GPIO_ReadInputDataBit(KEY1_GPIO,KEY1_GPIO_Pin) == Bit_RESET)
    {
        GPIO_ResetBits(LED1_GPIO,LED1_GPIO_Pin);         //清 0 操作
    }
    else if(GPIO_ReadInputDataBit(KEY1_GPIO,KEY1_GPIO_Pin) == Bit_SET)
    {
        GPIO_SetBits(LED1_GPIO,LED1_GPIO_Pin);
```

```
}
/******按键 2 的测试******/
if(GPIO_ReadInputDataBit(KEY2_GPIO,KEY2_GPIO_Pin) == Bit_RESET)
{
    Delay(0xfffff);
    if(GPIO_ReadInputDataBit(KEY2_GPIO,KEY2_GPIO_Pin) == Bit_RESET)
    {
        if(key_info.Key2_state == true)
            key_info.Key2_state = false;
        else
            key_info.Key2_state = true;
    }
}
if(key_info.Key2_state == true)
    GPIO_ResetBits(LED2_GPIO,LED2_GPIO_Pin);
else
    GPIO_SetBits(LED2_GPIO,LED2_GPIO_Pin);
/******按键 3 的测试******/
if(GPIO_ReadInputDataBit(KEY3_GPIO,KEY3_GPIO_Pin) == Bit_RESET)
{
    Delay(0xffff);
    if(GPIO_ReadInputDataBit(KEY3_GPIO,KEY3_GPIO_Pin) == Bit_RESET)
    {
        if(key_info.Key3_state == true)
            key_info.Key3_state = false;
        else
            key_info.Key3_state = true;
    }
}
key_info.Counter2 += 0xfff;
if(key_info.Counter2 > 0x2fffff)
key_info.Counter2 = 0;
if(key_info.Key3_state == true)
{
    key_info.Counter1 += 1;
    if(key_info.Counter1 > 0x2ff)
        key_info.Counter1 = 0;
```

```
        if(key_info.Counter2 > key_info.Counter1 * 0xfff)
            GPIO_SetBits(LED3_GPIO,LED3_GPIO_Pin);
        else
            GPIO_ResetBits(LED3_GPIO,LED3_GPIO_Pin);
    }
    else
        GPIO_SetBits(LED3_GPIO,LED3_GPIO_Pin);
}
```

3. 使用到的 GPIO 固件库函数

固件库一览表如表 6 - 2 所列。对于各个函数的具体使用方法，可以在 stm32f10x 固件库使用手册中查到。

表 6 - 2   GPIO 固件库函数一览

函数名	功能描述
GPIO_SetBits	设置指定的数据端口位
GPIO_ResetBits	清除指定的数据端口位
GPIO_ReadInputDataBit	读取指定端口引脚的输入
GPIO_ReadOutputDataBit	读取指定的 GPIO 端口输出
GPIO_Init	根据 GPIO_InitStruct 中指定的参数 初始化外设 GPIOx 寄存器

① 函数 GPIO_SetBits 如表 6 - 3 所列。

表 6 - 3   GPIO_SetBits 函数简介

函数名	GPIO_SetBits
函数原型	void GPIO_SetBits(GPIO_TypeDef * GPIOx,u16 GPIO_Pin)
功能描述	设置指定的数据端口位
输入参数 1	GPIOx:x 可以是 A,B,C,D 或者 E,来选择 GPIO 外设
输入参数 2	GPIO_Pin:待设置的端口位 该参数可以取 GPIO_Pin_x(x 可以是 0～15)的任意组合 参阅 Section:GPIO_Pin 查阅更多该参数允许取值范围
输出参数	无
返回值	无
先决条件	无
被调用函数	无

② 函数 GPIO_ResetBits 如表 6 - 4 所列。

表 6-4　GPIO_ResetBits 函数简介

函数名	GPIO_ResetBits
函数原型	void GPIO_ResetBits(GPIO_TypeDef * GPIOx,u16 GPIO_Pin)
功能描述	清除指定的数据端口位
输入参数 1	GPIOx:x 可以是 A,B,C,D 或者 E,来选择 GPIO 外设
输入参数 2	GPIO_Pin:待清除的端口位 该参数可以取 GPIO_Pin_x(x 可以是 0~15)的任意组合 参阅 Section:GPIO_Pin 查阅更多该参数允许取值范围
输出参数	无
返回值	无
先决条件	无
被调用函数	无

③ 函数 GPIO_ReadInputDataBit 如表 6-5 所列。

表 6-5　GPIO_ReadInputDataBit 函数简介

函数名	GPIO_ResetBits
函数原型	u8 GPIO_ReadInputDataBits(GPIO_TypeDef * GPIOx,u16 GPIO_Pin)
功能描述	读取指定端口引脚的输入
输入参数 1	GPIOx:x 可以是 A,B,C,D 或者 E,来选择 GPIO 外设
输入参数 2	GPIO_Pin:待清除的端口位 参阅 Section:GPIO_Pin 查阅更多该参数允许取值范围
输出参数	无
返回值	无
先决条件	无
被调用函数	无

④ 函数 GPIO_ReadOutputDataBit 如表 6-6 所列。

表 6-6　GPIO_ReadOutputDataBit 函数简介

函数名	GPIO_ReadOutputDataBit
函数原型	u8 GPIO_ReadOutputDataBits(GPIO_TypeDef * GPIOx,u16 GPIO_Pin)
功能描述	读取指定端口引脚的输出
输入参数 1	GPIOx:x 可以是 A,B,C,D 或者 E,来选择 GPIO 外设
输入参数 2	GPIO_Pin:待清除的端口位 参阅 Section:GPIO_Pin 查阅更多该参数允许取值范围
输出参数	无
返回值	输出端口引脚值
先决条件	无
被调用函数	无

4. 实验结果

编译完成后再入实验板,实验现象如下:

① TEST_1 LED 灯测试:

注意:mian. c 文件中

```
＃define TEST_1        //TEST_1 LED 灯测试,释放
//＃define TEST_2      //TEST_2 按键测试,屏蔽
```

3 个 LED 灯一次亮灭。

② TEST_2 按键测试:

注意:main. c 文件中

```
//＃define TEST_1      //TEST_1 LED 灯测试,屏蔽
＃define TEST_2        //TEST_2 按键测试,释放
```

按下按键 USER1 LED1 灯亮,松开 USER1 LED1 灯灭,按下按键 USER2 LED2 依次取反,按下按键 WAKE UP 打开和关闭 LED3 由亮渐灭。

第 7 章

EXTI 中断系统理论与实战

第 6 章学习了对 STM32 GPIO 口的操作步骤,本章主要学习 STM32 EXTI 中断系统的内部结构原理和配置方式,以及 NVIC(嵌套中断向量控制器)管理中断的方法,最后通过实验演示如何使用 STM32F10x 处理器的 EXTI 外部中断。

7.1 STM32 中断系统的简介

1. 有关中断的几个概念

(1) 中断响应

当某个中断来临时,会将相应的中断标志位置位。当 CPU 查询到这个位置的标志位时,将响应此中断,并执行相应的中断服务函数。

(2) 中断优先级

每个中断都具有优先级,其相互之间的优先级一般以优先级编号较小者拥有较高优先级。

(3) 中断嵌套

当某个较低优先级的中断服务正在执行时,另一个优先级较高的中断来临,则当前优先级较低的中断被打断,CPU 转而执行较高优先级的中断服务。

(4) 中断挂起

当某个较低优先高的中断服务正在执行时,另一个优先级较低的中断来临,则因为优先级的关系,较低优先级无法立即获得响应,则进入挂起状态。

2. STM32 的中断

Cortex - M3 内核支持 256 个中断(16 个内核＋240 外部)和可编程 256 级中断优先级的设置,与其相关的中断控制和中断优先级控制寄存器(NVIC、SYSTICK等)也都属于 Cortex - M3 内核的部分。不过 STM32 只是用了 76 个中断,包括 16个内核中断和 60 个可屏蔽中断。至于这 60 个可屏蔽中断有哪些,可以查阅 STM32中文参考手册。这里把它取了出来,见表 7 - 1(编号－3～6)的中断向量定义为系统异常,编号为负的内核异常不能被设置优先级,如复位(Reset)、不可屏蔽中断(NMI)、硬错误(Hardfault)。从编号 7 开始的 60 个中断就是本章将要学习的外部中断,这些中断的优先级可以根据用户的需要自行设置。对于表 7-1 主要关注的是各个中断的名称和地址。

表 7-1 STM32 中断向量表

位置	优先级	优先级类型	名　称	说　明	地　址
—	—	—		保留	0x0000 0000
	−3	固定	Reset	复位	0x0000 0004
	−2	固定	NMI	不可屏蔽中断 RCC 时钟安全系统(CSS)联接到 NMI 向量	0x0000 0008
	−1	固定	硬件换效(HardFault)	所有类型的失效	0x0000 000C
	0	可设置	存储管理(MemManage)	存储器管理	0x0000 0010
	1	可设置	总线错误(BusFault)	预取指失败,存储器访问失败	0x0000 0014
	2	可设置	错误应用(UsageFault)	未定义的指令或非法状态	0x0000 0018
—	—	—		保留	0x0000 001C ~0x0000 002B
	3	可设置	SVCall	通过 SWI 指令的系统服务调用	0x0000 002C
	4	可设置	调试监控(DebugMonitor)	调试监控器	0x0000 0030
—	—	—		保留	0x0000 0034
	5	可设置	PendSV	可挂起的系统服务	0x0000 0038
	6	可设置	SysTick	系统嘀嗒定时器	0x0000 003C
0	7	可设置	WWDG	窗口定时器中断	0x0000 0040
1	8	可设置	PVD	连到 EXTI 的电源电压检测(PVD)中断	0x0000 0044
2	9	可设置	TAMPER	侵入检测中断	0x0000 0048
3	10	可设置	RTC	实时时钟(RTC)全局中断	0x0000 004C
4	11	可设置	FLASH	闪存全局中断	0x0000 0050
5	12	可设置	RCC	复位和时钟控制(RCC)中断	0x0000 0054
6	13	可设置	EXTI0	EXTI 线 0 中断	0x0000 0058
7	14	可设置	EXTI1	EXTI 线 1 中断	0x0000 005C
8	15	可设置	EXTI2	EXTI 线 2 中断	0x0000 0060
9	16	可设置	EXTI3	EXTI 线 3 中断	0x0000 0064
10	17	可设置	EXTI4	EXTI 线 4 中断	0x0000 0068
11	18	可设置	DMA1 通道 1	DMA1 通道 1 全局中断	0x0000 006C
12	19	可设置	DMA1 通道 2	DMA1 通道 2 全局中断	0x0000 0070

位置	优先级	优先级类型	名　称	说　明	地　址
13	20	可设置	DMA1 通道 3	DMA1 通道 3 全局中断	0x0000 0074
14	21	可设置	DMA1 通道 4	DMA1 通道 4 全局中断	0x0000 0078
15	22	可设置	DMA1 通道 5	DMA1 通道 5 全局中断	0x0000 007C
16	23	可设置	DMA1 通道 6	DMA1 通道 6 全局中断	0x0000 0080
17	24	可设置	DMA1 通道 7	DMA1 通道 7 全局中断	0x0000 0084
18	25	可设置	ADC1 2	ADC1 和 ADC2 全局中断	0x0000 0088
19	26	可设置	CAN1_TX	CAN1 发送中断	0x0000 008C
20	27	可设置	CAN1_RX0	CAN1 接收 0 中断	0x0000 0090
21	28	可设置	CAN_RX1	CAN1 接收 1 中断	0x0000 0094
22	29	可设置	CAN_SCE	CAN1SCE 中断	0x0000 0098
23	30	可设置	EXTI9_5	EXTI 线[9:5]中断	0x0000 009C
24	31	可设置	TIM1_BRK	TIM1 刹车中断	0x0000 00A0
25	32	可设置	TIM1_UP	TIM1 更新中断	0x0000 00A4
26	33	可设置	TIM1_TRG_COM	TIM1 触发和通信中断	0x0000 00A8
27	34	可设置	TIM1_CC	TIM1 捕获比较中断	0x0000 00AC
28	35	可设置	TIM2	TIM2 全局中断	0x0000 00B0
29	36	可设置	TIM3	TIM3 全局中断	0x0000 00B4
30	37	可设置	TIM4	TIM4 全局中断	0x0000 00B8
31	38	可设置	I2C1_EV	I^2C1 事件中断	0x0000 00BC
32	39	可设置	I2C1_ER	I^2C1 错误中断	0x0000 00C0
33	40	可设置	I2C2_EV	I^2C2 事件中断	0x0000 00C4
34	41	可设置	I2C2_ER	I^2C2 错误中断	0x0000 00C8
35	42	可设置	SPI1	SPI1 全局中断	0x0000 00CC
36	43	可设置	SPI2	SPI2 全局中断	0x0000 00D0
37	44	可设置	USART1	USART1 全局中断	0x0000 00D4
38	45	可设置	USART2	USART2 全局中断	0x0000 00D8
39	46	可设置	USART3	USART3 全局中断	0x0000 00DC
40	47	可设置	EXTI15_10	EXTI 线[15:10] 中断	0x0000 00E0
41	48	可设置	RTCAlarm	连到 EXTI 的 RTC 闹钟中断	0x0000 00E4
42	49	可设置	USB 唤醒	连到 EXTI 的从 USB 待机唤醒中断	0x0000 00E8

位置	优先级	优先级类型	名　称	说　明	地　址
43	50	可设置	TIM8_BRK	TIM8 刹车中断	0x0000 00EC
44	51	可设置	TIM8_UP	TIM8 更新中断	0x0000 00F0
45	52	可设置	TIM8_TRG_COM	TIM8 触发和通信中断	0x0000 00F4
46	53	可设置	TIM8_CC	TIM8 捕获比较中断	0x0000 00F8
47	54	可设置	ADC3	ADC3 全局中断	0x0000 00FC
48	55	可设置	FSMC	FSMC 全局中断	0x0000 0100
49	56	可设置	SDIO	SDIO 全局中断	0x0000 0104
50	57	可设置	TIM5	TIM5 全局中断	0x0000 0108
51	58	可设置	SPI3	SPI3 全局中断	0x0000 010C
52	59	可设置	UART4	UART4 全局中断	0x0000 0110
53	60	可设置	UART5	UART5 全局中断	0x0000 0114
54	61	可设置	TIM6	TIM6 全局中断	0x0000 0118
55	62	可设置	TIM7	TIM7 全局中断	0x0000 011C
56	63	可设置	DMA2 通道 1	DMA2 通道 1 全局中断	0x0000 0120
57	64	可设置	DMA2 通道 2	DMA2 通道 2 全局中断	0x0000 0124
58	65	可设置	DMA2 通道 3	DMA2 通道 3 全局中断	0x0000 0128
59	66	可设置	DMA2 通道 4_5	DMA2 通道 4 和 DMA2 通道 5 全局中断	0x0000 012C

3. 中断系统的结构和原理

　　STM32 外部中断是 STM32 中断系统的重要组成部分，外部中断控制器由 19 个尝试中断要求的边沿检测器组成，每个输入线可以独立地配置输入类型和对应的触发事件(上升沿下降沿或者是双边沿)。每个输入线都可以被独立的屏蔽，挂起寄存器保持着状态线的中断请求。STM32 芯片允许所有的 I/O 口都可以作为外部中断源来供用户使用，可以根据需要自由配置，相比 51 单片机的中断系统，充分显示了 STM32 的强大。可以通过框图 7-1 来进一步了解 STM32 的中断系统。

　　引起 CPU 中断的根源，称为中断源。中断源向 CPU 提出中断申请，CPU 首先要保存断点，然后跳入中断服务程序去执行中断程序中断服务程序完成后，返回断点，接着执行主程序。那么 STM32 中断系统有哪些优势呢？首先中断可以提高 CPU 处理紧急事件的能力，其次中断还可以提高程序的执行效率，再者中断可以提高系统的可靠性。

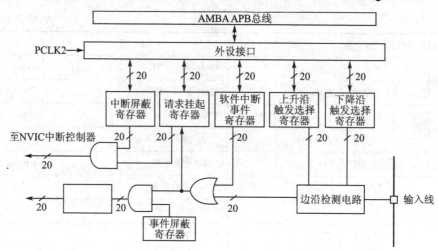

图 7 - 1   中断系统的结构和原理示意图

7.2   嵌套向量中断控制器

1. NVIC 的简介

和普通的单片机一样,中断优先级高的中断先执行,高优先级的中断可以打断低优先级的中断,这就是所谓的中断嵌套。然而 STM32 的中断系统如此的复杂就需要一个强大中断控制器 NVIC(Nested Vectored Interrupt Controller)。就像它的名字一样,NVIC 可以很好的管理中断嵌套。

对于 Cortex - M3 内核所支持的 240 个外部中断,在这里使用了"中断通道"这个概念,因为尽管每个中断对应一个外围设备,但该外围设备通常具备若干个可以引起中断的中断源或中断事件。而该设备的所有的中断都只能通过该指定的"中断通道"向内核申请中断。因此,下面关于中断优先级的概念都是针对"中断通道"的。当该中断通道的优先级确定后,也就确定了该外围设备的中断优先级,并且该设备所能产生的所有类型的中断,都享有相同的通道中断优先级。至于该设备本身产生的多个中断的执行顺序,则取决于用户的中断服务程序。

NVIC 支持 240 个优先级可动态配置的中断,每个中断的优先级有 256 个选择。低延迟的中断处理可以通过紧耦合的 NVIC 和处理器内核接口来实现,让新进的中断可以得到有效的处理。NVIC 通过时刻关注压栈(嵌套)中断来实现中断的末尾连锁(tail - chaining)。用户只能在特权模式下完全访问 NVIC,但是如果使能了配置控制寄存器(见"配置控制寄存器"),就可以在用户模式下挂起(pend)中断。其他用户模式的访问会导致总线故障。除非特别说明,否则所有的 NVIC 寄存器都可采用字节、半字和字方式进行访问。

2. 中断优先级

正如前面所讲,中断优先级的概念是针对"中断通道"的,当中断通道的优先级确定后,也就确定了中断通道的中断优先级,STM32F10x 里面的中断优先级为抢占优先级和响应优先级,高优先级的抢占优先级可打断正在进行的低抢占优先级的中断,而抢占优先级相同的中断,高优先级的响应优先级不能打断低响应优先级的中断。如果两个中断的抢占优先级和响应优先级都一样的话,则哪个中断先发生就执行哪个。

每个外部中断都有一个对应的优先级寄存器,每个寄存器占用 8 位,但是 Cortex - M3 允许在最"粗线条"的情况下,只使用最高 3 位,4 个相临的优先级寄存器拼成一个 32 位寄存器。根据优先级组的设置,优先级可以被分为高低两个位段,也就是前面说讲的抢占优先级和响应优先级,下面我们在介绍一下优先级的分组。

3. 中断优先级控制位分组

NVIC 通过优先级分组来分配抢占优先级和响应优先级的数量,Cortex - M3 内核使用一个拥有 3 位宽度的 PRIGROUP 数据区,而 STM32 只是用了 4 位序列表示优先级分组,它可以最大支持 16 级中断嵌套管理。

要配置这些优先级组,可以采用库函数 NVIC_PriorityGroupConfig(),可输入的参数为 NVIC_PriorityGroup_0～NVIC_PriorityGroup_4,分别为以上介绍的 5 种分配组,如表 7 - 2 所列。

表 7 - 2　中断优先级控制位分组

NVIC_PriorityGroup	NVIC_IRQChannel 的先占优先级	NVIC_IRQChannel 的从优先级	描 述
NVIC_PriorityGroup_0	0	0～15	先占优先级 0 位 从优先级 4 位
NVIC_PriorityGroup_1	0～1	0～7	先占优先级 1 位 从优先级 3 位
NVIC_PriorityGroup_2	0～3	0～3	先占优先级 2 位 从优先级 2 位
NVIC_PriorityGroup_3	0～7	0～1	先占优先级 3 位 从优先级 1 位
NVIC_PriorityGroup_4	0～15	0	先占优先级 4 位 从优先级 0 位

这里需要注意的是 NVIC 能配置的是 16 种中断向量,而不是 16 个。当工程之中有超过 16 个中断向量时,必然有 2 个以上的中断向量是使用相同的中断种类,而具有相同中断种类的中断向量不能互相嵌套。

在一个系统中,通常只使用上面 5 种分配情况的一种,具体采用哪一种需要在初始化时写入到一个 32 位寄存器 AIRC(Application Interrupt and Reset Control Register)的第[10:8]这 3 位中。这 3 位就是前面提到过的:PRIGROUP。比如将 0x05(即上表中的编号)写到 AIRC 的[10:8]中,那么也就规定了系统中只有 4 个抢先式优先级,相同的抢先式优先级下还可以有 4 个不同级别的子优先级。

7.3 外部中断/事件控制器

1. 外部中断/事件控制器的主要特性

外部中断事件控制器(EXTI)控制器的主要特性如下:

① 每个中断/事件都有独立的触发和屏蔽。

② 每个中断线都有专用的状态位。

③ 支持多达 20 个软件的中断/事件请求。

④ 检测脉冲宽度低于 APB2 时钟宽度的外部信号。参见数据手册中电气特性部分的相关参数。

2. EXTI 的硬件结构

STM32 的通用 I/O 口如图 7 - 2 所示的方式连接到 16 根外部中断/事件线上,另外 3 根外部中断/事件连接方式如下:EXTI 线 16 连接 PVD 输出,EXTI 线 17 连接到 RTC 闹钟事件,EXTI 线 18 连接到 USB 唤醒事件。

观察这个图知道,PA0～PG0 连接到 EXTI0、PA1～PG1 连接到 EXTI1、……、PA15～PG15 连接到 EXTI15。这里大家要注意的是:PAx～PGx 端口的中断事件都连接到了 EXTIx,即同一时刻 EXTx 只能相应一个端口的事件触发,不能够同一时间响应所有 GPIO 端口的事件,但可以分时复用。

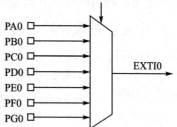
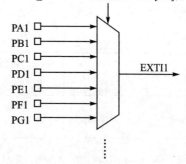
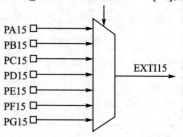

图 7 - 2 EXTI 的硬件结构示意图

3. 每个外部中断在 NVIC 的寄存器中的"挂号"

① 使能与除能寄存器。

② 悬起与"解悬"寄存器。

③ 优先级寄存器。

④ 活动状态寄存器。

另外,下列寄存器也对中断处理有重大影响:

① 异常掩蔽寄存器(PRIMASK、FAULTMASK 以及 BASEPRI)。

② 向量表偏移量寄存器。

③ 软件触发中断寄存器。

④ 优先级分组位段。

4. 功能说明

要产生中断,必须先配置好并使能中断线。根据需要的边沿检测设置两个触发寄存器,同时在中断屏蔽寄存器的相应位写 1 允许中断请求。当外部中断线上发生了期待的边沿时,将产生一个中断请求,对应的挂起位也随之被置 1。在挂起寄存器的对应位写 1,将清除该中断请求。如果需要产生事件,必须先配置好并使能事件线。根据需要的边沿检测通过设置两个触发寄存器,同时在事件屏蔽寄存器的相应位写 1 允许事件请求。当事件线上发生了需要的边沿时,将产生一个事件请求脉冲,对应的挂起位不被置 1。通过在软件中断/事件寄存器写 1,也可以通过软件产生中断/事件请求。对于 EXTI 相关寄存器的介绍,将在下一节进行讲解。

7.4 EXTI 寄存器描述

1. EXTI 寄存器功能

EXTI 寄存器不可以位寻址,各个寄存器的功能如表 7-3 所列。

表 7-3 EXTI 寄存器功能一览表

寄存器名称	功能描述
中断屏蔽寄存器(EXTI_IMR)	用于设置是否屏蔽中断请求线上的中断请求
事件屏蔽寄存器(EXTI_EMR)	用于设置是否屏蔽事件请求线上的中断请求
上升沿触发选择寄存器(EXTI_RTSR)	用于设置是否用上升沿来触发中断和事件
下降沿触发选择寄存器(EXTI_FTSR)	用于设置是否用下降沿来触发中断和事件
软件中断事件寄存器(EXTI_SWIER)	用软件触发中断/事件
软件中断事件寄存器(EXTI_SWIER)	用于保存中断/事件请求线上是否有请求

2. EXTI 寄存器介绍

① 中断屏蔽寄存器(EXTI_IMR),如图 7-3 所示。

31	30	29	28	27	26	25	24	23	22	21	20	19	18	17	16
					保留							MR19	MR18	MR17	MR16
												rw	rw	rw	rw

15	14	13	12	11	10	9	8	7	6	5	4	3	2	1	0
MR15	MR14	MR13	MR12	MR11	MR10	MR9	MR8	MR7	MR6	MR5	MR4	MR3	MR2	MR1	MR0
rw	rw	rw	rw	rw	rw	rw	rw	rw	rw	rw	rw	rw	rw	rw	rw

位31:20	保留,必须始终保持为复位状态(0)
位19:0	MRx:线x上的中断屏蔽(Interrupt Mask on line x) 0:屏蔽来自线x上的中断请求; 1:开放来自线x上的中断请求。 注:位19只适用于互联型产品,对于其他产品为保留位

图 7-3　中断屏蔽寄存器(EXTI_IMR)

② 事件屏蔽寄存器(EXTI_EMR),如图 7-4 所示。

31	30	29	28	27	26	25	24	23	22	21	20	19	18	17	16
					保留							MR19	MR18	MR17	MR16
												rw	rw	rw	rw

15	14	13	12	11	10	9	8	7	6	5	4	3	2	1	0
MR15	MR14	MR13	MR12	MR11	MR10	MR9	MR8	MR7	MR6	MR4	MR4	MR3	MR2	MR1	MR0
rw	rw	rw	rw	rw	rw	rw	rw	rw	rw	rw	rw	rw	rw	rw	rw

位31:20	保留,必须始终保持为复位状态(0)
位19:0	MRx:线x上的中断屏蔽(Event Mask on line x) 0:屏蔽来自线x上的事件请求; 1:开放来自线x上的事件请求。 注:位19只适用于互联型产品,对于其他产品为保留位

图 7-4　事件屏蔽寄存器(EXTI_EMR)

③ 上升沿触发选择寄存器(EXTI_RTSR),如图 7-5 所示。

31	30	29	28	27	26	25	24	23	22	21	20	19	18	17	16
					保留							TR19	TR18	TR17	TR16
												rw	rw	rw	rw

15	14	13	12	11	10	9	8	7	6	5	4	3	2	1	0
TR15	TR14	TR13	TR12	TR11	TR10	TR9	TR8	TR7	TR6	TR5	TR4	TR3	TR2	TR1	TR0
rw	rw	rw	rw	rw	rw	rw	rw	rw	rw	rw	rw	rw	rw	rw	rw

位31:20	保留,必须始终保持为复位状态(0)
位19:0	TRx:线x上的上升沿触发事件配置位(Rising trigger event configuration bit of line x) 0:禁止输入线x上的上升沿触发(中断和事件) 1:允许输入线x上的上升沿触发(中断和事件) 注:位19只适用于互联型产品,对于其他产品为保留位

图 7-5　上升沿触发选择寄存器(EXTI_RTSR)

④ 下降沿触发选择寄存器(EXTI_FTSR),如图7-6所示。

31	30	29	28	27	26	25	24	23	22	21	20	19	18	17	16
保留												TR19	TR18	TR17	TR16
												rw	rw	rw	rw

15	14	13	12	11	10	9	8	7	6	5	4	3	2	1	0
TR15	TR14	TR13	TR12	TR11	TR10	TR9	TR8	TR7	TR6	TR5	TR4	TR3	TR2	TR1	TR0
rw	rw	rw	rw	rw	rw	rw	rw	rw	rw	rw	rw	rw	rw	rw	rw

位31:19	保留,必须始终保持为复位状态(0)
位18:0	TRx:线x上的下降沿触发事件配置位(Falling trigger event configuration bit of line x) 0:禁止输入线x上的下降沿触发(中断和事件) 1:允许输入线x上的下降沿触发(中断和事件) 注:位19只适用于互联型产品,对于其他产品为保留位

图7-6 下降沿触发选择寄存器(EXTI_FTSR)

⑤ 软件中断事件寄存器(EXTI_SWIER),如图7-7所示。

31	30	29	28	27	26	25	24	23	22	21	20	19	18	17	16
保留												SWIER19	SWIER18	SWIER17	SWIER16
												rw	rw	rw	rw

15	14	13	12	11	10	9	8	7	6	5	4	3	2	1	0
SWIER15	SWIER14	SWIER13	SWIER12	SWIER11	SWIER10	SWIER9	SWIER8	SWIER7	SWIER6	SWIER5	SWIER4	SWIER3	SWIER2	SWIER1	SWIER0
rw	rw	rw	rw	rw	rw	rw	rw	rw	rw	rw	rw	rw	rw	rw	rw

位31:19	保留,必须始终保持为复位状态(0)
位18:0	SWIERx:线x上的软件中断(Software interrupt on line x) 当该位为0时,写1将设置EXTI_PR中相应的挂起位。如果在EXTI_IMR和EXTI_EMR中允许产生该中断,则此时将产生一个中断。 注:通过清除EXTI_PR的对应位(写入1),可以清除该位为0。 注:位19只适用于互联型产品,对于其他产品为保留位

图7-7 软件中断事件寄存器(EXTI_SWIER)

⑥ 软件中断事件寄存器(EXTI_SWIER),如图7-8所示。

31	30	29	28	27	26	25	24	23	22	21	20	19	18	17	16
保留												PR19	PR18	PR17	PR16
												rc w1	rc w1	rc w1	rc w1

15	14	13	12	11	10	9	8	7	6	5	4	3	2	1	0
PR15	PR14	PR13	PR12	PR11	PR10	PR9	PR8	PR7	PR6	PR5	PR4	PR3	PR2	PR1	PR0
rc w1	rc w1	rc w1	rc w1	rc w1	rc w1	rc w1	rc w1	rc w1	rc w1	rc w1	rc w1	rc w1	rc w1	rc w1	rc w1

位31:19	保留,必须始终保持为复位状态(0)
位18:0	PRx:挂起位(Pending bit) 0:没有发生触发请求 1:发生了选择的触发请求 当在外部中断线上发生了选择的边沿事件,该位被置1。在该位中写入1。 在该位中写入1可以清除他,也可以通过改变边沿检测的极性清除。 注:位19只适用于互联型产品,对于其他产品为保留位

图7-8 软件中断事件寄存器(EXTI_SWIER)

7.5 典型硬件电路设计

1. 实验设计思路

本节通过两个按键作为外部中断源，并将它们设置为相同的抢占优先级，但是响应优先级不同。当按键按下之后会产生下降沿触发中断，在中断服务程序中，实现了对 LED 灯的亮灭状态控制。思路如下：

① 复位和时钟配置函数。

② 配置 GPIO 的函数，开启时钟。

③ NVIC 初始化配置。

④ 中断配置函数 EXTI 函数。

⑤ 主程序。

2. 实验预期效果

使用键 USER1、USER2 作为外部中断源，在中断处理函数里实现 LED 的控制。

3. 硬件电路

硬件电路连接和第 6 章的 GPIO 实验一样，不同的是，这里只用到了 USER1，USER2 两个按键，如图 7－9 所示。

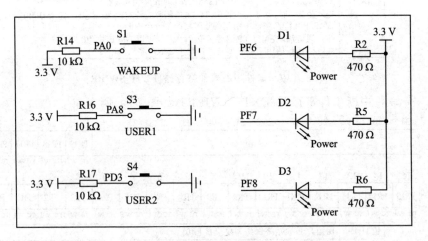

图 7－9 硬件电路设计

7.6 例程源代码分析

1. 工程组详情

工程组详情见图 7-10 所示。可见,需要在 stm32f10x_conf.h 里将没有用到的头文件注释掉,这样在编译过程中将不再对它们进行编译,提高了程序的编译速率。

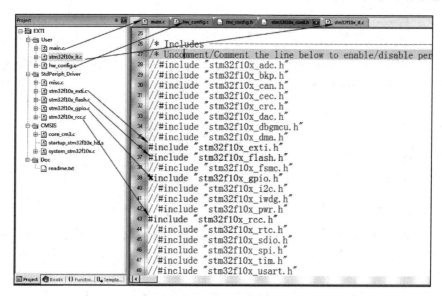

图 7-10 工程组详情

2. 源码分析

① 先看 USER 组的 main.c 文件。

```
/*******头文件*******/

# include "stm32f10x.h"

# include "hw_config.h"

/***********************************************
    * 函数名称:void Delay(void)
    * 入口参数:无
    * 出口参数:无
    * 功能说明:简单延时函数
***********************************************/
void Delay(void)
{
```

```
    int x,y;
    for(x = 700;x>0;x- -)
        for(y = 700;y>0;y- -);
}
/ * * * * * * * * * * * * * 主函数 * * * * * * * * * * * /
int main(void)
{
    SystemInit();                                    / * 系统初始化 * /
    LED_Configuration();                        / * LED 的初始化配置函数 * /
    BUTTON_Configuration();                  / * 按键的 GPIO 口配置函数 * /
    NVIC_Configuration();                        / * 设置 NVIC * /
    EXTI_Configuration();                        / * 设置 EXTI * /
    while (1)
    {
    }
}
```

★ 程序分析:

ⓐ 和 GPIO 的程序一样,首先要包含头文件,上一章已经结束头文件的作用,这里自定义的头文件为 include"hw_config. h",里面声明了 main 函数要调用的子函数。

ⓑ 利用循环实现的 CPU 延时函数,在主函数前面定义,故无须声明。

ⓒ 进入主函数 main(),首先是系统的初始化,包括系统时钟的初始化。然后调用了 4 个子函数,分别完成了 GPIO 口的配置,NVIC 的配置,以及 EXTI 的配置。

ⓓ 进入一个 while(1){}循环,以等待中断的发生,CPU 再接到中断请求之后,会去执行中断服务程序,待中断服务程序完成后,再回到主程序继续执行。

这里的 while(1){}可以认为是一个主程序,当有中断发生时,会打断 while(1)的执行,然后跳入 stm32f10x_it. c 文件中的中断处理函数去执行中断子程序,在本实验中的两个中断处理函数为:

```
void EXTI9_5_IRQHandler(void)
{
    if(EXTI_GetITStatus(EXTI_Line8)!= RESET)
    {
        EXTI_ClearITPendingBit(EXTI_Line8);
        LED1_ON();
        LED2_ON();
    }
}
```

```
//注意,再进入中断处理函数后,要记着清除中断挂起标志位
void EXTI3_IRQHandler(void)   /*中断服务函数*/
{
    if(EXTI_GetITStatus(EXTI_Line3)!= RESET)
    {
        EXTI_ClearITPendingBit(EXTI_Line3);//清除中断标志位
        LED1_OFF();                        //LED1 熄灭
        LED2_OFF();                        //LED1 熄灭
    }
}
```

② 在进行子函数的分析之前,先看用户自定义的.h文件。

```
# ifndef __HW_CONFIG_H_
# define __HW_CONFIG_H_
# include "stm32f10x_conf.h"
/* *
       * 下面这部分是端口位带操作,参考 Cortex - M3 权威指南
       */
# define GPIOA_ODR_Addr    (GPIOA_BASE + 12) //0x4001080C
# define GPIOB_ODR_Addr    (GPIOB_BASE + 12) //0x40010C0C
# define GPIOC_ODR_Addr    (GPIOC_BASE + 12) //0x4001100C
# define GPIOD_ODR_Addr    (GPIOD_BASE + 12) //0x4001140C
# define GPIOE_ODR_Addr    (GPIOE_BASE + 12) //0x4001180C
# define GPIOF_ODR_Addr    (GPIOF_BASE + 12) //0x40011A0C
# define GPIOG_ODR_Addr    (GPIOG_BASE + 12) //0x40011E0C
# define GPIOA_IDR_Addr    (GPIOA_BASE + 8) //0x40010808
# define GPIOB_IDR_Addr    (GPIOB_BASE + 8) //0x40010C08
# define GPIOC_IDR_Addr    (GPIOC_BASE + 8) //0x40011008
# define GPIOD_IDR_Addr    (GPIOD_BASE + 8) //0x40011408
# define GPIOE_IDR_Addr    (GPIOE_BASE + 8) //0x40011808
# define GPIOF_IDR_Addr    (GPIOF_BASE + 8) //0x40011A08
# define GPIOG_IDR_Addr    (GPIOG_BASE + 8) //0x40011E08
# define PFout(n) * ((volatile unsigned long *)(0x42000000 + ((GPIOF_ODR_Addr -
0x40000000)<<5) + (n<<2)))
/* *************LED宏定义 ************* /
# define RCC_APB2Periph_LED    RCC_APB2Periph_GPIOF
# define GPIO_LedPort    GPIOF
# define LED1    GPIO_Pin_6
```

```
# define LED2       GPIO_Pin_7
# define LED3       GPIO_Pin_8
# define LED4       GPIO_Pin_9
# define LED1_OFF()     GPIO_WriteBit(GPIO_LedPort, LED1, Bit_SET)
# define LED1_ON()      GPIO_WriteBit(GPIO_LedPort, LED1, Bit_RESET)
# define LED2_OFF()     GPIO_WriteBit(GPIO_LedPort, LED2, Bit_SET)
# define LED2_ON()      GPIO_WriteBit(GPIO_LedPort, LED2, Bit_RESET)
# define LED3_OFF()     GPIO_WriteBit(GPIO_LedPort, LED3, Bit_SET)
# define LED3_ON()      GPIO_WriteBit(GPIO_LedPort, LED3, Bit_RESET)
# define LED4_OFF()     GPIO_WriteBit(GPIO_LedPort, LED4, Bit_SET)
# define LED4_ON()      GPIO_WriteBit(GPIO_LedPort, LED4, Bit_RESET)
/* * * * * * * * * * * * *BUTTON* * * * * * * * * * * * */
# define RCC_APB2Periph_BUTTON     RCC_APB2Periph_GPIOD
# define GPIO_ButtonPort     GPIOD
# define BUTTON1      GPIO_Pin_8
/* 函数声明 */
void NVIC_Configuration(void);
void LED_Configuration(void);
void BUTTON_Configuration(void);
void EXTI_Configuration(void);
# endif
```

★ 程序分析:

这个文件首先对 GPIO 口进行了位带操作(又称为位绑定),之后是定义了需要使用的参数宏,最后是为相应.c 文件的子函数做了声明。

③ 用户自己编写的.c 文件。

```
/* * * * * * * * * * * * * * * * * * * * * * * * * * * * * * * * * * * *
    * 配置文件
* * * * * * * * * * * * * * * * * * * * * * * * * * * * * * * * * * * */
# include "hw_config.h"
/* *
    * 函数名称:void NVIC_Configuration(void)
    * 入口参数:无
    * 出口参数:无
    * 功能说明:NVIC 初始化配置
    */
void NVIC_Configuration(void)
{
```

```
        NVIC_InitTypeDef NVIC_InitStructure;
        NVIC_PriorityGroupConfig(NVIC_PriorityGroup_2);              //设置中断优先级分组 2
        /* 外部中断线 */
        NVIC_InitStructure.NVIC_IRQChannel = EXTI9_5_IRQn ;             //开启外部中断通道
        NVIC_InitStructure.NVIC_IRQChannelPreemptionPriority = 0 ;//设置先占优先级为 0
        NVIC_InitStructure.NVIC_IRQChannelSubPriority = 0;             //设置从优先级为 0
        NVIC_InitStructure.NVIC_IRQChannelCmd = ENABLE ;                          //使能
        NVIC_Init(&NVIC_InitStructure);                                        //载入配置
        NVIC_InitStructure.NVIC_IRQChannel = EXTI3_IRQn ;          //开启外部中断通道 3
        NVIC_InitStructure.NVIC_IRQChannelPreemptionPriority = 0 ;//设置先占优先级为 0
        NVIC_InitStructure.NVIC_IRQChannelSubPriority = 1;            //设置从优先级为 1
        NVIC_InitStructure.NVIC_IRQChannelCmd = ENABLE ;                         //使能
        NVIC_Init(&NVIC_InitStructure);                                       //载入配置
    }
    /* *
        * 函数名称:void LED_Configuration(void)
        * 入口参数:无
        * 出口参数:无
        * 功能说明:LED 初始化配置
        * /
    void LED_Configuration(void)
    {
        GPIO_InitTypeDef GPIO_InitStructure;
        RCC_APB2PeriphClockCmd(RCC_APB2Periph_LED, ENABLE);              //开启 LED 时钟
        GPIO_InitStructure.GPIO_Pin = LED1 | LED2 | LED3 | LED4 ;            //选择引脚
        GPIO_InitStructure.GPIO_Speed = GPIO_Speed_50 MHz;                   //输出频率
        GPIO_InitStructure.GPIO_Mode = GPIO_Mode_Out_PP;                 //设置为推挽输出
        GPIO_Init(GPIO_LedPort,&GPIO_InitStructure);
        /* -------------初始状态 4 个灯为关闭状态----------------*/
        LED1_OFF();
        LED2_OFF();
        LED3_OFF();
        LED4_OFF();
    }
    /* *
        * 函数名称:void BUTTON_Configuration(void)
        * 入口参数:无
        * 出口参数:无
        * 功能说明:BUTTON 初始化配置
    * */
    void BUTTON_Configuration(void)
    {
```

```
    GPIO_InitTypeDef    GPIO_InitStructure;
    RCC_APB2PeriphClockCmd(RCC_APB2Periph_GPIOA,ENABLE);              /* 开启时钟 */
    GPIO_InitStructure.GPIO_Mode = GPIO_Mode_IPU;                /* 上拉输入模式 */
    GPIO_InitStructure.GPIO_Speed = GPIO_Speed_50 MHz;            /* 输出频率 */
    GPIO_InitStructure.GPIO_Pin = GPIO_Pin_8;                      /* 选择引脚 */
    GPIO_Init(GPIOA,&GPIO_InitStructure);
    RCC_APB2PeriphClockCmd(RCC_APB2Periph_GPIOD  |
    RCC_APB2Periph_AFIO,ENABLE);                              /* 开启复用 I/O 时钟 */
    GPIO_InitStructure.GPIO_Mode = GPIO_Mode_IPU;              /* 上拉输入模式 */
    GPIO_InitStructure.GPIO_Speed = GPIO_Speed_50 MHz;          /* 输出频率 */
    GPIO_InitStructure.GPIO_Pin = GPIO_Pin_3;                  /* 选择引脚 */
    GPIO_Init(GPIOD,&GPIO_InitStructure);
}
/*
    * 函数名称:void EXTI_Configuration(void)
    * 入口参数:无
    * 出口参数:无
    * 功能说明:EXTI 初始化配置
 */
void EXTI_Configuration(void)
{
    EXTI_InitTypeDef EXTI_InitStructure;
    /* PA8 外部中断输入 */
    EXTI_InitStructure.EXTI_Line = EXTI_Line8;                //选择待使能的中断通道 8
    EXTI_InitStructure.EXTI_Mode = EXTI_Mode_Interrupt;        //线路模式为中断模式
    EXTI_InitStructure.EXTI_Trigger = EXTI_Trigger_Falling;      //下降沿触发中断
    EXTI_InitStructure.EXTI_LineCmd   = ENABLE;                //使能中断通道
    EXTI_Init(&EXTI_InitStructure);                            //载入配置
    /* PD3 外部中断输入 */
    GPIO_EXTILineConfig(GPIO_PortSourceGPIOD , GPIO_PinSource3);
    EXTI_InitStructure.EXTI_Line = EXTI_Line3;                //选择待使能的中断通道 3
    EXTI_InitStructure.EXTI_Mode = EXTI_Mode_Interrupt;        //线路模式为中断模式
    EXTI_InitStructure.EXTI_Trigger = EXTI_Trigger_Falling;      //下降沿触发中断
    EXTI_InitStructure.EXTI_LineCmd   = ENABLE;                //使能中断通道
    EXTI_Init(&EXTI_InitStructure);                            //载入配置
}
```

3. 固件库函数

程序中使用的固件库函数可以从 stm32 固件库手册中查阅,这里举例说明。

① 函数 NVIC_Init(),如表 7 - 4 所列。

表 7 - 4   函数 NVIC_Init()

函数名	NVIC_Init
函数原型	void NVIC_Init(NVIC_InitTypeDef * NVIC_InitStruct)
功能描述	根据 NVIC_InitStruct 中指定的参数初始化外设 NVIC 寄存器
输入参数	NVIC_InitStruct:指向 NVIC_InitTypeDef 的指针,包含了外设 GPIO 的配置信息 参阅 Section:NVIC_InitTypeDef 查阅更多该参数允许取值范围
输出参数	无
返回值	无
先决条件	无
被调用函数	无

NVIC_InitTypeDef 定义于文件"stm32f10x_nvic.h":

```
typedef struct
{
u8 NVIC_IRQChannel;
u8 NVIC_IRQChannelPreemptionPriority;
u8 NVIC_IRQChannelSubPriority;
FunctionalState NVIC_IRQChannelCmd;
} NVIC_InitTypeDef;
```

➢ NVIC_IRQChannel:

该参数用以使能或者失能指定的 IRQ 通道,参数选择如表 7 - 5 所列。

表 7 - 5   IRQ 通道参数列表

NVIC_IRQChannel	描　述
WWDG_IRQChannel	窗口看门狗中断
PVD_IRQChannel	PVD通过EXTI探测中断
TAMPER_IRQChannel	篡改中断
RTC_IRQChannel	RTC全局中断
FlashItf_IRQChannel	FLASH全局中断
RCC_IRQChannel	RCC全局中断
EXTI0_IRQChannel	外部中断线0中断
EXTI1_IRQChannel	外部中断线1中断
EXTI2_IRQChannel	外部中断线2中断
EXTI3_IRQChannel	外部中断线3中断
EXTI4_IRQChannel	外部中断线4中断
DMAChannel1_IRQChannel	DMA通道1中断
DMAChannel2_IRQChannel	DMA通道2中断
DMAChannel3_IRQChannel	DMA通道3中断
DMAChannel4_IRQChannel	DMA通道4中断
DMAChannel5_IRQChannel	DMA通道5中断
DMAChannel6_IRQChannel	DMA通道6中断
DMAChannel7_IRQChannel	DMA通道7中断
ADC_IRQChannel	ADC全局中断
USB_HP_CANTX_IRQChannel	USB高优先级或者CAN发送中断
USB_LP_CAN_RX0_IRQChannel	USB低优先级或者CAN接收0中断
CAN_RX1_IRQChannel	CAN接收1中断
CAN_SCE_IRQChannel	CANSCE中断

续表 7 - 5

NVIC_IRQChannel	描 述
EXTI9_5_IRQn	外部中断线9~5中断
TIM1_BRK_IRQChannel	TIM1暂停中断
TIM1_UP_IRQChannel	TIM1刷新中断
TIM1_TRG_COM_IRQChannel	TIM1触发和通讯中断
TIM1_CC_IRQChannel	TIM1捕获比较中断
TIM2_IRQChannel	TIM2全局中断
TIM3_IRQChannel	TIM3全局中断
TIM4_IRQChannel	TIM4全局中断
IC21_EV_IRQChannel	I2C1事件中断
IC21_EV_IRQChannel	I2C1错误中断
I2C2_EV_IRQChannel	I2C2事件中断
I2C2_EV_IRQChannel	I2C2错误中断
SPI1_IRQChannel	SPI1全局中断
SPI2_IRQChannel	SPI2全局中断
USART1_IRQChannel	USART1全局中断
USART2_IRQChannel	USART2全局中断
USART3_IRQChannel	USART3全局中断
EXTI15_10_IRQn	外部中断线15-10中断
RTCAlarm_IRQChannel	RTC闹钟通过EXTI线中断
USBWakeUp_IRQChannel	USB通过EXTI线从悬挂唤醒中断

这里经过了改正,中文版官方手册这里是错的

➤ NVIC_IRQChannelPreemptionPriority:

参数设置了成员 NVIC_IRQChannel 中的先占优先级。

➤ NVIC_IRQChannelSubPriority 参数设置了成员 NVIC_IRQChannel 中的从优先级,如表 7 - 6 所列。

表 7 - 6　NVIC_IRQChannelSubPriority 参数表

NVIC_PriorityGroup	NVIC_IRQChannel 的先占优先级	NVIC_IRQChannel 的从优先级	描 述
NVIC_PriorityGroup_0	0	0~15	先占优先级0位 从优先级4位
NVIC_PriorityGroup_1	0~1	0~7	先占优先级1位 从优先级3位
NVIC_PriorityGroup_2	0~3	0~3	先占优先级2位 从优先级2位
NVIC_PriorityGroup_3	0~7	0~1	先占优先级3位 从优先级1位
NVIC_PriorityGroup_4	0~15	0	先占优先级4位 从优先级0位

② 函数 EXTI_Init,如表 7 - 7 所列。

表 7 - 7　函数 EXTI_Init 函数简介

函数名	EXTI_Init
函数原型	void EXTI_Init(EXTI_InitTypeDef * EXTI_InitStruct)
功能描述	根据 EXTI_InitStruct 中指定的参数初始化外设 EXTI 寄存器
输入参数	EXTI_InitStruct:指向 EXTI_InitTypeDef 的指针,包含了外设 EXTI 的配置信息 参阅 Section:NVIC_InitTypeDef 查阅更多该参数允许取值范围
输出参数	无
返回值	无
先决条件	无
被调用函数	无

EXTI_InitTypeDef 定义于文件"stm32f10x_exti.h":

```
typedef struct
{
u32 EXTI_Line;
EXTIMode_TypeDef EXTI_Mode;
EXTIrigger_TypeDef EXTI_Trigger;
FunctionalState EXTI_LineCmd;
} EXTI_InitTypeDef;
```

➢ EXTI_Line:

EXTI_Line 选择了待使能或者失能的外部线路,如表 7 - 8 所列。

表 7 - 8　EXTI_Line 外部线路表

EXTI_Line	描　述	EXTI_Line	描　述
EXTI_Line0	外部中断线 0	EXTI_Line10	外部中断线 10
EXTI_Line1	外部中断线 1	EXTI_Line11	外部中断线 11
EXTI_Line2	外部中断线 2	EXTI_Line12	外部中断线 12
EXTI_Line3	外部中断线 3	EXTI_Line13	外部中断线 13
EXTI_Line4	外部中断线 4	EXTI_Line14	外部中断线 14
EXTI_Line5	外部中断线 5	EXTI_Line15	外部中断线 15
EXTI_Line6	外部中断线 6	EXTI_Line16	外部中断线 16
EXTI_Line7	外部中断线 7	EXTI_Line17	外部中断线 17
EXTI_Line8	外部中断线 8	EXTI_Line18	外部中断线 18
EXTI_Line9	外部中断线 9		

③ EXTI_Mode 设置了被使能线路的模式,如表 7 - 9 所列。

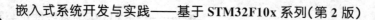

表7-9 线路模式

EXTI_Mode	描 述
EXTI_Mode_Event	设置 EXTI 线路为事件请求
EXTI_Mode_Interrupt	设置 EXTI 线路为中断请求

➤ EXTI_Trigger 设置了被使能线路的触发边沿,如表7-10 所列。

表7-10 边沿触发模式选择

EXTI_Trigger	描 述
EXTI_Trigger_Falling	设置输入线路下降沿为中断请求
EXTI_Trigger_Rising	设置输入线路上升沿为中断请求
EXTI_Trigger_Rising_Falling	设置输入线路上升沿和下降沿为中断请求

④ 函数 EXTI_ClearITPendingBit,如表7-11 所列。

表7-11 EXTI_ClearITPendingBit 函数简介

函数名	EXTI_ClearITPendingBit
函数原型	void EXTI_ClaerITPendingBit(u32 EXTI_Line)
功能描述	清除 EXTI 线路挂起位
输入参数	EXTI_Line:待清除 EXTI 线路的挂起位 参阅 Section:EXTI_Line 查阅更多该参数允许取值范围
输出参数	无
返回值	无
先决条件	无
被调用函数	无

⑤ 函数 GPIO_EXTILineConfig,如表7-12 所列。

表7-12 GPIO_EXTILineConfig 函数简介

函数名	GPIO_EXTILineConfig
函数原型	void GPIO_EXTILineConfig(u8 GPIO_PortSource,u8 GPIO_PinSource)
功能描述	选择 GPIO 引脚用作外部中断线路
输入参数1	GPIO_PortSource:选用用作外部中断线源的 GPIO 端口 参阅 Section:GPIO_PortSource 查阅更多该参数允许取值范围
输入参数2	GPIO_PortSource:待设置的外部中断线路 该参数可以取 GPIO——PinSourcex(x 可以是 0~15)
输出参数	无
返回值	无
先决条件	无
被调用函数	无

> 函数 NVIC_PriorityGroupConfig,如表 7 – 13 所列。

表 7 – 13　NVIC_PriorityGroupConfig 函数简介

函数名	GPIO_PriorityGroupConfig
函数原型	void NVIC_PriorityGroupConfig(u32 NVIC_PriorityGroup)
功能描述	设置优先级分组:先占优先级和从优先级
输入参数	NVIC_PriorityGroup:优先级分组位长度 参阅 Section:NVIC_PriorityGroup 查阅更多该参数允许取值范围
输出参数	无
返回值	无
先决条件	优先级分组只能设置一次
被调用函数	无

> NVIC_PriorityGroup 该参数设置优先级分组位长度,如表 7 – 14 所列。

表 7 – 14　NVIC_PriorityGroup 参数列表

NVIC_PriorityGroup	描　述
NVIC_PriorityGroup_0	先占优先级 0 位 从优先级 4 位
NVIC_PriorityGroup_1	先占优先级 1 位 从优先级 3 位
NVIC_PriorityGroup_2	先占优先级 2 位 从优先级 2 位
NVIC_PriorityGroup_3	先占优先级 3 位 从优先级 1 位
NVIC_PriorityGroup_4	先占优先级 4 位 从优先级 0 位

4. 实验现象

编译完成后,将程序载入实验板,上电复位后,LED1 和 LED2 都是灭的。此时,按下 USER1 键,发现 LED1、LED2 被点亮,说明进入了由 USER1 触发的中断服务程序。当按下 USER2 键时,发现两盏灯又被熄灭,说明此时程序又跳入了由 USER2 触发的中断服务程序。

5. 思路拓展

以上实验展示了中断的发生,但是由于 CPU 执行速率过快,并不能直观的看到中断嵌套现象。此时,可以在两个中断处理子函数中分别加入一个"while(1);"死循环(注意,在实际工程中这样是绝对不允许的,这里只是为了演示实验现象),将 EX-TI8 设置为 1 级抢占优先级,将 EXTI3 设置为 0 级抢占优先级。编译完成后,将程序载入实验板,按下 USER1 键,两盏灯被点亮,说明进入了 EXTI8 的中断服务函数,由于在里面加入了 while(1)死循环,程序将在 EXTI8 中断函数中执行下去,这时候按下 USER2 键,发现两盏灯灭了,说明中断 EXTI3 打断了 EXTI8 的中断服务程序,也就事发生了中断嵌套,抢占优先级高的中断可以嵌入优先级低的中断,当再按下 USER1 时,两个 LED 灯不能被重新点亮,这就说明了低抢占优先级无法打断抢占优先级高的中断服务程序。

思路拓展部分源码如下:

```
if(EXTI_GetITStatus(EXTI_Line8)!= RESET)
{
    EXTI_ClearITPendingBit(EXTI_Line8);                //清除 EXTI 线路挂起位
    LED1_ON();
    LED2_ON();
    LED3_ON();
    while(1);
}
if(EXTI_GetITStatus(EXTI_Line3)!= RESET)
{
    EXTI_ClearITPendingBit(EXTI_Line3);                //清除 EXTI 线路挂起位
    LED1_OFF();
    LED2_OFF();
    LED3_OFF();
    while(1);
}
/ * 外部中断线 * /
NVIC_InitStructure.NVIC_IRQChannel = EXTI9_5_IRQn ;              //设置中断通道
NVIC_InitStructure.NVIC_IRQChannelPreemptionPriority = 1 ;      //1 级抢占优先级
NVIC_InitStructure.NVIC_IRQChannelSubPriority = 0;             //0 级响应优先级
NVIC_InitStructure.NVIC_IRQChannelCmd = ENABLE ;              //使能中断通道
NVIC_Init(&NVIC_InitStructure);                              //载入配置

NVIC_InitStructure.NVIC_IRQChannel = EXTI3_IRQn ;              //设置中断通道
NVIC_InitStructure.NVIC_IRQChannelPreemptionPriority = 0 ;      //0 级抢占优先级
NVIC_InitStructure.NVIC_IRQChannelSubPriority = 1;             //1 级响应优先级
NVIC_InitStructure.NVIC_IRQChannelCmd = ENABLE ;              //使能中断通道
NVIC_Init(&NVIC_InitStructure);                              //载入配置
```

第 **8** 章

RTC 实时时钟理论与实战

本章介绍 STM32 RTC 外设单元的工作原理及其特性,并介绍了 RTC 相关寄存器和备份寄存器的知识,通过实验演示 RTC 的配置步骤。

8.1 RTC 实时时钟的功能

1. STM32 RTC 概述

RTC(Real Time Clock)实时时钟是一个独立的定时器,STM32 内部 RTC 的供电和时钟都独立于内核。RTC 模块拥有一组连续计数的计数器,在相应软件配置下,可提供时钟日历的功能,修改计数器的值可以重新设置系统当前的时间和日期。

RTC 模块和时钟配置系统(RCC_BDCR 寄存器)是在后备区域,即在系统复位或从待机模式唤醒后 RTC 的设置和时间维持不变。但是在系统复位后,会自动禁止访问后备寄存器和 RTC,以防止对后备区域(BKP)的意外写操作。所以在设置时间之前,先要取消备份区域(BKP)保护。

2. STM32 RTC 的特性

① 可编程的预分频系数:分频系数最高为 2^{20}。

② 32 位的可编程计数器,可用于较长时间段的测量。

③ 两个分离的时钟:用于 APB1 接口的 PCLK1 和 RTC 时钟(RTC 时钟的频率必须小于 PCLK1 时钟频率的四分之一以上)。

④ 可以选择以下 3 种 RTC 的时钟源:

➤ HSE 时钟除以 128;

➤ LSE 振荡器时钟;

➤ LSI 振荡器时钟。

⑤ 2 个独立的复位类型:

➤ APB1 接口由系统复位;

➤ RTC 核心(预分频器、闹钟、计数器和分频器)只能由后备域复位。

⑥ 3 个专门的可屏蔽中断:

➤ 闹钟中断,用来产生一个软件可编程的闹钟中断;

➤ 秒中断,用来产生一个可编程的周期性中断信号(最长可达 1 s)。

➤ 溢出中断,指示内部可编程计数器溢出并回转为 0 的状态。

3. STM32 RTC 的结构

RTC 由两个主要部分组成,如图 8-1 所示。

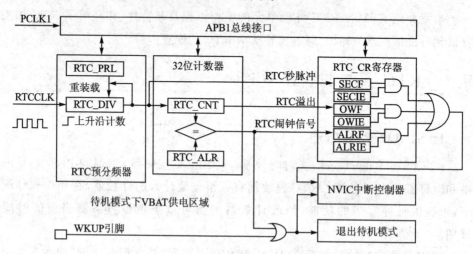

图 8-1 RTC 模块的两个主要组成部分

第一部分(APB1 接口)用来和 APB1 总线相连。此单元还包含一组 16 位寄存器,可通过 APB1 总线对其进行读/写操作,APB1 接口以 APB1 总线时钟为时钟。

另一部分(RTC 核)由一系列可编程计数器组成,分成两个主要模块,第一个模块是 RTC 的预分频模块,它可编程产生最长为 1 s 的 RTC 时间基准 TR_CLK,RTC 的预分频模块包含了一个 20 位的可编程分频器(RTC 预分频器)。在每个 RT_CLK 周期中,如果在 RTC_CR 寄存器中设置了相应允许位,则 RTC 产生一个中断(秒中断),第二个模块是一个 32 位的可编程的计数器,它可以被初始化为当前的系统时间。系统时间以 TR_CLK 速度增长并与存储在 RTC_ALR 寄存器中的可编程的时间相比较,如果 RTC_CR 控制寄存器设置了相应允许位则比较匹配时将产生一个闹钟中断。

8.2 RTC 相关寄存器介绍

1. RTC 控制寄存器的名称

有关 RTC 控制寄存器的名称和描述如表 8-1 所列。

2. RTC 寄存器映像和复位

RTC 寄存器映像和复位值如图 8-2 所示。

表 8-1　TC 控制寄存器的名称和描述

名　称	描　述	名　称	描　述
CRH	控制寄存器高位	DIVL	预分频分频因子寄存器低位
CRL	控制寄存器低位	CNTH	计数器寄存器高位
PRLH	预分频装载寄存器高位	CNTL	计数器寄存器低位
PRLL	预分频装载寄存器低位	ALRH	闹钟寄存器高位
DIVH	预分频分频因子寄存器高位	ALRL	闹钟寄存器低位

偏　移	寄存器	位域 [31:0]
000h	RTC_CRH	保留 [31:3]；位2: OWIE，位1: ALRIE，位0: SECIE
	复位值	OWIE=0　ALRIE=0　SECIE=0
004h	RTC_CRL	保留 [31:6]；位5: RTOFF，位4: CNF，位3: RSF，位2: OWF，位1: ALRF，位0: SECF
	复位值	RTOFF=0　CNF=0　RSF=0　OWF=0　ALRF=0　SECF=0
008h	RTC_PRLH	保留 [31:4]；PRL[19:16]
	复位值	0 0 0 0
00Ch	RTC_PRLL	保留 [31:16]；PRL[15:0]
	复位值	1 0 0 0 0 0 0 0 0 0 0 0 0 0 0 0
010h	RTC_DIVH	保留 [31:16]；DIV[31:16]
	复位值	0 0 0 0 0 0 0 0 0 0 0 0 0 0 0 0
014h	RTC_DIVL	保留 [31:16]；DIV[15:0]
	复位值	1 0 0 0 0 0 0 0 0 0 0 0 0 0 0 0
018h	RTC_CNTH	保留 [31:16]；CNT[31:16]
	复位值	0 0 0 0 0 0 0 0 0 0 0 0 0 0 0 0
01Ch	RTC_CNTL	保留 [31:16]；CNT[15:0]
	复位值	0 0 0 0 0 0 0 0 0 0 0 0 0 0 0 0
020h	RTC_ALRH	保留 [31:16]；ALR[31:16]
	复位值	1 1 1 1 1 1 1 1 1 1 1 1 1 1 1 1
024h	RTC_ALRL	保留 [31:16]；ALR[15:0]
	复位值	1 1 1 1 1 1 1 1 1 1 1 1 1 1 1 1

图 8-2　RTC 寄存器映像和复位值

3. 配置 RTC 寄存器

要对 RTC_PRL、RTC_CNT、RTC_ALR 寄存器进行写操作,RTC 必须进入配置模式,通过对 RTC_CRL 寄存器中的 CNF 位置位使 RTC 进入配置模式。

另外,对 RTC 的任何寄存器的写操作都必须在前一次写操作结束以后进行,要使用软件来查询当前的状态,同可通过查询 RTC_CR 寄存器中的 RTOFF 状态位来判断 RTC 寄存器是否处于更新中,仅当 RTOFF 状态位时"1"时,RTC 寄存器可以写入新的值。

4. 备份寄存器 BKP 简介

备份寄存器是 42 个 16 位的寄存器,可用来存储 84 字节的用户应用程序数据。它们处在备份域里,当 VDD 电源被切断,仍然由 VBAT 维持供电。当系统在待机模式下被唤醒或系统复位或电源复位时,也不会被复位。

此外,BKP 控制寄存器用来管理侵入检测和 RTC 校准功能。复位后,对备份寄存器和 RTC 的访问被禁止,并且备份域被保护以防止可能存在的意外的写操作。执行以下操作可以使能对备份寄存器和 RTC 的访问。

① 通过设置寄存器 RCC_APB1ENR 的 PWREN 和 BKPEN 位来打开电源和后备接口的时钟。

② 电源控制寄存器(PWR_CR)的 DBP 位来使能对后备寄存器和 RTC 的访问。

5. 备份寄存器 BKP 主要特性

① 20 字节数据后备寄存器(中容量和小容量产品),或 84 字节数据后备寄存器(大容量和互联型产品)。

② 用来管理防侵入检测并具有中断功能的状态/控制寄存器。

③ 用来存储 RTC 校验值的校验寄存器。

④ 在 PC13 引脚(当该引脚不用于侵入检测时)上输出 RTC 校准时钟,RTC 闹钟脉冲或者秒脉冲。

6. BKP 寄存器映像

BKP 寄存器映像如图 8-3 所示。

偏移	寄存器	31 30 29 28 27 26 25 24 23 22 21 20 19 18 17 16	15 14 13 12 11 10 9 8 7 6 5 4 3 2 1 0
000h		保留	
004h	BKP_DRI	保留	D[15:0]
	复位值		0 0 0 0 0 0 0 0 0 0 0 0 0 0 0 0
008h	BKP_DR2	保留	D[15:0]
	复位值		0 0 0 0 0 0 0 0 0 0 0 0 0 0 0 0
00Ch	BKP_DR3	保留	D[15:0]
	复位值		0 0 0 0 0 0 0 0 0 0 0 0 0 0 0 0
010h	BKP_DR4	保留	D[15:0]
	复位值		0 0 0 0 0 0 0 0 0 0 0 0 0 0 0 0
014h	BKP_DR5	保留	D[15:0]
	复位值		0 0 0 0 0 0 0 0 0 0 0 0 0 0 0 0
018h	BKP_DR6	保留	D[15:0]
	复位值		0 0 0 0 0 0 0 0 0 0 0 0 0 0 0 0
01Ch	BKP_DR7	保留	D[15:0]
	复位值		0 0 0 0 0 0 0 0 0 0 0 0 0 0 0 0
020h	BKP_DR8	保留	D[15:0]
	复位值		0 0 0 0 0 0 0 0 0 0 0 0 0 0 0 0
024h	BKP_DR9	保留	D[15:0]
	复位值		0 0 0 0 0 0 0 0 0 0 0 0 0 0 0 0
028h	BKP_DR10	保留	D[15:0]
	复位值		0 0 0 0 0 0 0 0 0 0 0 0 0 0 0 0
02Ch	BKP_RTCCR	保留	ASOS ASOE CCO CAL[6:0]
	复位值		0 0 0 0 0 0 0 0 0 0
030h	RTC_CR	保留	CTI TPAL TPE
	复位值		0 0
034h	RTC_CSR	保留	TIF TFE 保留 TPIE CTI CTE
	复位值		0 0 0 0 0
038h		保留	
03Ch		保留	
040h	BKP_DR11	保留	D[15:0]
	复位值		0 0 0 0 0 0 0 0 0 0 0 0 0 0 0 0

图 8-3 BKP 寄存器映像情况

8.3 典型硬件电路设计

1. 实验设计思路

本实验演示 STM32 RTC 的配置方法,并将 RTC 计数器寄存器中的数据通过串口发送给 PC 机。

2. 实验预期效果

JLINK 下载运行后,PC 上位机打印 RTC 计数器寄存器的数值,当闹钟标志位置位时,打印闹钟事件。

3. 硬件电路连接

电路连接如图 8-4 所列。

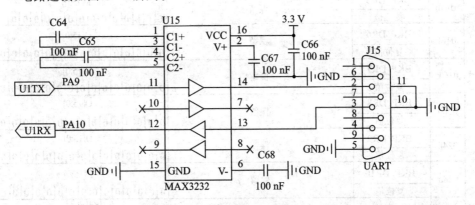

图 8-4 硬件电路设计

8.4 例程源代码分析

1. 工程组

工程组详情如图 8-5 所示。

2. 源码分析

先看 User 组的 main.c 文件。

```
# include "usart.h"
# include "rtc.h"
# include "stm32f10x.h"
# include <stdio.h>
```

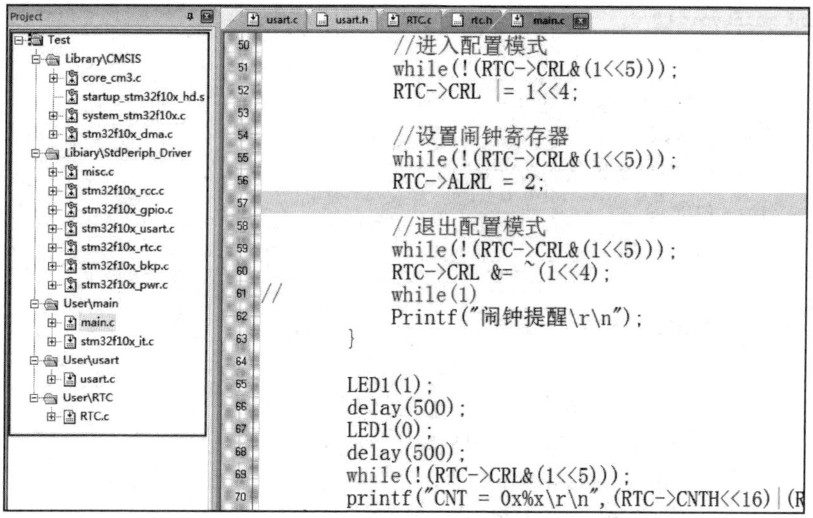

图 8-5　工程组详情

```
//LED 定义
#define      LED1(x)      GPIOF->BSRR = (x)? (1<<6):(1<<22)
/*简单延时函数*/
void delay(unsigned int i)
{
    unsigned j;
    for(j=i;j>0;j--);
        for(j=0;j<0x100000;j++);
}
/*
    led 初始化程序
*/
void LED_Init(void)
{
    GPIO_InitTypeDef GPIO_InitStructure;                        //定义一个 GPIO 结构体变量
RCC_APB2PeriphClockCmd(RCC_APB2Periph_GPIOF,ENABLE);           //开启 GPIOF 时钟
    GPIO_InitStructure.GPIO_Pin = (GPIO_Pin_6|GPIO_Pin_7|GPIO_Pin_8);
                                            //配置 LED 端口挂接到 PF6、PF7、PF8
    GPIO_InitStructure.GPIO_Mode = GPIO_Mode_Out_PP;           //通用输出推挽
    GPIO_InitStructure.GPIO_Speed = GPIO_Speed_2MHz;
                                            //配置端口速度为 2 MHz
    GPIO_Init(GPIOF, &GPIO_InitStructure);                //将端口 GPIOD 进行初始化配置
    GPIOF->BSRR = 7<<6;      //0000 0000 0000 0111 左移 6 位→0000 0001 1100 0000
}
```

```
int main(void)
{
    LED_Init();
    Init_Usart();
    Printf("串口初始化成功\r\n");
    Init_RTC();
    while(1)
    {
        if(RTC->CRL&(1<<1))                              //查询闹钟标志
        {
            //进入配置模式
            while(!(RTC->CRL&(1<<5)));
            RTC->CRL |= 1<<4;
            //设置闹钟寄存器
            while(!(RTC->CRL&(1<<5)));
            RTC->ALRL = 2;
            //退出配置模式
            while(!(RTC->CRL&(1<<5)));
            RTC->CRL &= ~(1<<4);
            Printf("闹钟提醒\r\n");
        }
        LED1(1);
        delay(500);
        LED1(0);
        delay(500);
        while(!(RTC->CRL&(1<<5)));
        printf("CNT = 0x%x\r\n",(RTC->CNTH<<16)|(RTC->CNTL));
    }
}
```

★ 程序分析:

① 从主函数看起,首先是 LED 灯的初始化,接着初始化 USART,打印"串口初始化成功"标示。下一步是 RTC 的初始化,进入主循环,检查闹钟标志位是否被置位;对于闹钟标志位 ALRF,当 32 位可编程计数器达到 RTC_ALR 寄存器所设置的预定值,此位由硬件置'1'。如果 RTC_CRH 寄存器中 ALRIE=1,则产生中断。此位只能由软件清'0'。对此位写'1'是无效的。如果该位被置位为 1,进入 if()函数,在这个函数里我们对 RTC→ALRL 重新配置,并向通过串口由 PC 打印"闹钟提醒"。否则,LED 灯闪烁,打印 CNT 当前的数值。

② 这里需要注意有两点:

➤ 只有当 RTC 控制寄存器低位（RTC_CRL）中的第 4 位 CNF 由软件置 1 后，才许向 RTC_CNT、RTC_ALR 或 RTC_PRL 寄存器写入数据（本程序中 RTC→CRL |= 1<<4;语句负责实现 CNF 软件置 1），同时只有当此位在被置'1'并重新由软件清'0'（本程序由 RTC→CRL &= ~(1<<4);语句实现）后，才会去执行写操作。

➤ 在对寄存器一次新的操作之前，要保证最近一次对 RTC 寄存器的写操作完成，通过查询 RTC 控制寄存器低位（RTC_CRL）的第 5 位 RTOFF（RTC operation OFF）来实现该功能，RTC 模块利用这位来指示对其寄存器进行的最后一次操作的状态，指示操作是否完成。若此位为'0'，则表示无法对任何的 RTC 寄存器进行写操作，此位为只读位。

3. 用户自定义的.h 文件

本实验用的两个自定义的.h 文件，分别如下：

① rtc. h。

```
# ifndef __RTC_H__
# define __RTC_H__
void Init_RTC(void);
# endif
```

② usart. h。

```
# ifndef __USART_H
# define __USART_H
//头文件包含
# include "stm32f10x. h"
# include "stdio. h"
# define Printf          printf
//函数声明
void USART1_Send_Byte(uint16_t dat);
uint8_t USART1_Receive_Byte(void);
void Init_Usart(void);
void Usart_Configuration(uint32_t BaudRate);
# endif
```

4. 用户编写的.c 文件

usart. c 文件如下：

```
//头文件调用
# include "stm32f10x. h"
# include "usart. h"
//加入以下代码,支持 printf 函数,而不需要选择 use MicroLIB
# if 1
# pragma import(__use_no_semihosting)
//标准库需要的支持函数
struct __FILE
{
    int handle;
    /* Whatever you require here. If the only file you are using is */
    /* standard output using printf() for debugging, no file handling */
    /* is required. */
};
FILE __stdout;
//定义_sys_exit()以避免使用半主机模式
_sys_exit(int x)
{
    x = x;
}
//重定义 fputc 函数
int fputc(int Data, FILE * f)
{
    while(! USART_GetFlagStatus(USART1,USART_FLAG_TXE));

    //USART_GetFlagStatus:得到发送状态位
    //USART_FLAG_TXE:发送寄存器为空 1:为空;0:忙状态
    USART_SendData(USART1,Data);                                  //发送一个字符

    return Data;                                                  //返回一个值
}
# endif
/* ::::::::::::::::::::::::::::::::::::::::::::::::::::::::::::::::::::::
** 函数名称:USART1_Send_Byte
** 功能描述:串口发送一个字符串
** 参数描述:Data 要发送的数据
:::::::::::::::::::::::::::::::::::::::::::::::::::::::::::::::::::::::: */
void USART1_Send_Byte(uint16_t Data)
{
    while(! USART_GetFlagStatus(USART1,USART_FLAG_TXE));
/* USART_GetFlagStatus 得到发送状态位,USART_FLAG_TXE:发送寄存器为空 1:为空;0:忙状
态 */
```

```
    USART_SendData(USART1,Data);                              //发送一个字符
}
/ * ::::::::::::::::::::::::::::::::::::::::::::::::::::::::::::::
 * * 函数名称：USART1_Send_Byte
 * * 功能描述：串口发送一个字符串
 * * 参数描述：Data 要发送的数据
 :::::::::::::::::::::::::::::::::::::::::::::::::::::::::::::::: * /
uint8_t USART1_Receive_Byte(void)
{
    while(! (USART_GetFlagStatus(USART1,USART_FLAG_RXNE)));
//USART_GetFlagStatus:得到接收状态位 USART_FLAG_RXNE:接收数据寄存器非空标志位
//1:忙状态   0:空闲(没收到数据,等待。。。)
    return USART_ReceiveData(USART1);                          //接收一个字符
}
/ * :::::::::::::::::::::::::::::::::::::::::::::::::::::::::::
 * * 函数名称：USART_Configuration
 * * 功能描述：串口配置函数
 * * 参数描述：BaudRate 设置波特率
 :::::::::::::::::::::::::::::::::::::::::::::::::::::::::::: * /
void Init_Usart(void)
{
    GPIO_InitTypeDef GPIO_InitStructure;                   //定义一个 GPIO 结构体变量
    RCC_APB2PeriphClockCmd(RCC_APB2Periph_GPIOA|RCC_APB2Periph_USART1,ENABLE);
                                                          //使能各个端口时钟,重要
    GPIO_InitStructure.GPIO_Pin = GPIO_Pin_9;      //配置串口接收端口挂接到 9 端口
    GPIO_InitStructure.GPIO_Mode = GPIO_Mode_AF_PP;        //复用功能输出开漏
    GPIO_InitStructure.GPIO_Speed = GPIO_Speed_50 MHz;    //配置端口速度为 50 MHz
    GPIO_Init(GPIOA, &GPIO_InitStructure);             //根据参数初始化 GPIOA 寄存器
    GPIO_InitStructure.GPIO_Pin = GPIO_Pin_10;                     //选择引脚
    GPIO_InitStructure.GPIO_Mode = GPIO_Mode_IN_FLOATING;  //浮空输入(复位状态)
    GPIO_Init(GPIOA, &GPIO_InitStructure);             //根据参数初始化 GPIOA 寄存器
    Usart_Configuration(115200);
}
/ * ::::::::::::::::::::::::::::::::::::::::::::::::::::::::::::;:::::
 * * 函数名称：USART_Configuration
 * * 功能描述：串口配置函数
 * * 参数描述：BaudRate 设置波特率
 :::::::::::::::::::::::::::::::::::::::::::::::::::::::::::: * /
void Usart_Configuration(uint32_t BaudRate)
{
    USART_InitTypeDef USART_InitStructure;                //定义一个串口结构体
```

```
    USART_InitStructure.USART_BaudRate    = BaudRate ;           //波特率 115 200
    USART_InitStructure.USART_WordLength   = USART_WordLength_8b;
                                                        //传输过程中使用 8 位数据
    USART_InitStructure.USART_StopBits    = USART_StopBits_1;
                                                        //在帧结尾传输 1 位停止位
    USART_InitStructure.USART_Parity = USART_Parity_No ;          //奇偶失能
    USART_InitStructure.USART_HardwareFlowControl = USART_HardwareFlowControl_None;
                                                        //硬件流失能
    USART_InitStructure.USART_Mode     = USART_Mode_Rx | USART_Mode_Tx;
                                                        //接收和发送模式
    USART_Init(USART1, &USART_InitStructure);           //根据参数初始化串口寄存器
    USART_Cmd(USART1, ENABLE);                          //使能串口外设
}
RTC.c
# include "RTC.h"
# include "usart.h"
# include "stm32f10x.h"
/ * RTC   配置 * /
void Init_RTC(void)
{
    / *
        首先打开 BKP,PWR 时钟
        在配置等待 RTC 外部时钟
        再打开 RTC 时钟
    * /
    RCC_APB1PeriphClockCmd(RCC_APB1Periph_PWR|RCC_APB1Periph_BKP,ENABLE);
                                                        //首先打开 BKP,PWR 时钟
    PWR_BackupAccessCmd(ENABLE); //使能 bkp 访问
    RCC_LSEConfig(RCC_LSE_ON);                          //开启外部低速振荡器
    while(! RCC_GetFlagStatus(RCC_FLAG_LSERDY));
                                //检查指定的 RCC 标志位设置与否,等待低速晶振就绪
    RCC_RTCCLKConfig(RCC_RTCCLKSource_LSE);             //选择 LSE 作为 RTC 时钟
    RCC_RTCCLKCmd(ENABLE);                              //使能 RTC 时钟
    RTC_WaitForSynchro();                               //等待 RTC 寄存器同步
    RTC_EnterConfigMode();                              //允许配置
    RTC_WaitForLastTask();              //等待最近一次对 RTC 寄存器的写操作完成
    RTC_SetPrescaler(0x7fff);                           //设置 RTC 预分频的值
    RTC_WaitForLastTask();              //等待最近一次对 RTC 寄存器的写操作完成
    RTC_SetAlarm(3);                                    //设置闹钟时间为 3 秒
    RTC_WaitForLastTask();              //等待最近一次对 RTC 寄存器的写操作完成
    RTC_ExitConfigMode();                               //退出配置模式,更新配置
}
```

★ 程序分析：

① RTC 正常工作的一般配置时要注意以下两点：

➤ 使能电源时钟和备份区域时钟。

要访问 RTC 和备份区域就必须先使能电源时钟和备份区域时钟。

```
RCC_APB1PeriphClockCmd(RCC_APB1Periph_PWR | RCC_APB1Periph_BKP, ENABLE);
```

➤ 取消备份区写保护。

要向备份区域写入数据，就要先取消备份区域写保护（写保护在每次硬复位之后被使能），否则是无法向备份区域写入数据的。需要用到向备份区域写入字节，来标记时钟已经配置过了，这样避免每次复位之后重新配置时钟。取消备份区域写保护的库函数实现方法是：

```
PWR_BackupAccessCmd(ENABLE);                        //使能 RTC 和后备寄存器访问
```

② 在 RTC 时钟设置完后，发现"RTC_WaitForSynchro();//等待 RTC 寄存器同步"语句，这里对其进行简单的说明：系统内核是通过 RTC 的 APB1 接口来访问 RTC 内部寄存器的，所以在上电复位或休眠唤醒后，先要对 RTC 时钟与 APB1 时钟进行重新同步，在同步完成后在对其进行操作。因为上电复位或者休眠唤醒后，程序开始运行，RTC 的 API 接口使用 APB1 的时钟。

③ "RTC_SetAlarm(3);"语句实现向 RTC 闹钟寄存器写 3，当可编程计数器的值与它相等时，会将 RTC→CRL 的第一位 ALRF 值 1，从而使程序进入主函数的 if ()条件语句。

5. 用到的 RTC 库函数

① 函数 RTC_WaitForLastTask，如表 8-2 所列。

表 8-2   RTC_WaitForLastTask 函数

函数名	RTC_WaitForLastTask
函数原型	void RTC_WaitForLastTask(void)
功能描述	等待最近一次对 RTC 寄存器的写操作完成
输入参数	无
输出参数	无
返回值	无
先决条件	无
被调用函数	无

② 函数 RTC_EnterConfigMode,如表 8 - 3 所列。

表 8 - 3　RTC_EnterConfigMode 函数

函数名	RTC_EnterConfigMode
函数原型	void RTC_EnterConfigMode(void)
功能描述	进入 RTC 配置模式
输入参数	无
输出参数	无
返回值	无
先决条件	无
被调用函数	无

③ 函数 RTC_WaitForLastTask,如表 8 - 4 所列。

表 8 - 4　RTC_WaitForLastTask 函数

函数名	RTC_WaitForLastTask
函数原型	void RTC_WaitForLastTask(void)
功能描述	等待最近一次对 RTC 寄存器的写操作完成
输入参数	无
输出参数	无
返回值	无
先决条件	无
被调用函数	无

④ 函数 RTC_SetPrescaler,如表 8 - 5 所列。

表 8 - 5　RTC_SetPrescaler 函数

函数名	RTC_SetPrescaler
函数原型	void RTC_SetAlarm(u32 PrescalerValue)
功能描述	设置 RTC 预分频的值
输入参数	PrescalerValue:新的 RTC 预分频值
输出参数	无
返回值	无
先决条件	在使用本函数前必须先调用函数 RTC_WaitForLastTask(),等待标志位 RTOFF 被设置
被调用函数	RTC_EnterConfigMode() RTC_ExitConfigMode()

⑤ 函数 RTC_SetAlarm,如表 8 - 6 所列。

表 8 - 6   RTC_SetAlarm 函数

函数名	RTC_SetAlarm
函数原型	void RTC_SetAlarm(u32 AlarmValue)
功能描述	退出 RTC 闹钟的值
输入参数	AlarmValue:新的 RTC 闹钟值
输出参数	无
返回值	无
先决条件	在使用本函数前必须先调用函数 RTC_WaitFor-LastTask(),等待标志位 RTOFF 被设置
被调用函数	RTC_EnterConfigMode() RTC_ExitConfigMode()

⑥ 函数 RTC_ExitConfigMode,如表 8 - 7 所列。

表 8 - 7   RTC_ExitConfigMode 函数

函数名	RTC_ExitConfigMode
函数原型	void RTC_ExitConfigMode(void)
功能描述	退出 RTC 配置模式
输入参数	无
输出参数	无
返回值	无
先决条件	无
被调用函数	无

6. 实验结果

编译完成后将程序载入实验板,打开超级终端,将波特率设为 115 200,打开电源开关,可以看到实验板上 LED 灯在闪烁(说明程序进入了 while(1)主循环)同时 PC 上位机软件打印如下效果如图 8 - 6 所示。

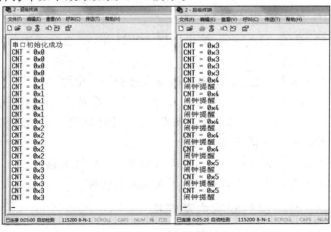

图 8 - 6   打印效果图

第9章

通用定时器

STM32 配备了两个高级定时器 TIM1 和 TIM8,4 个通用定时器 TIM2、TIM3、TIM4 和 TIM5,两个基本定时器 TIM6 和 TIM7,以及 RTC,两个看门狗定时器和一个系统滴答定时器。本章主要介绍通用定时器的工作原理及使用方法,并且 STM32各定时器功能框架是相似的,掌握了一个定时器使用方法,就可以拓展到全部定时器。

9.1 概 述

1. STM32 通用定时器简介

STM32 的通用定时器由一个通过可编程预分频器驱动的 16 位自动装载计数器构成。STM32 的通用定时器可以被用于测量输入信号的脉冲长度(输入捕获)或者产生输出波形周期(输出比较和 PWM)等。使用定时器预分频器和 RCC 时钟控制器预分频器,脉冲长度和波形周期可以在几个微秒到几个毫秒间调整。STM32 的每个通用定时器都是完全独立的,没有互相共享的任何资源。

2. STM32 通用定时器的主要功能

① 16 位向上、向下、向上/向下自动装载计数器。

② 16 位可编程(可以实时修改)预分频器,计数器时钟频率的分频系数为 1~65 536之间的任意数值。

③ 4 个独立通道:输入捕获、输出比较、PWM 生成(边缘或中间对齐模式)和单脉冲模式输出。

④ 使用外部信号控制定时器和定时器互连的同步电路。

⑤ 如下事件发生时产生中断/DMA 更新:计数器向上溢出/向下溢出,计数器初始化(通过软件或者内部/外部触发);触发事件(计数器启动、停止、初始化或者由内部/外部触发计数);输入捕获;输出比较。

⑥ 支持针对定位的增量(正交)编码器和霍尔传感器电路。

⑦ 触发输入作为外部时钟或者按周期的电流管理。

3. STM32 通用定时器的内部结构

STM32 通用定时器的内部结构如图 9-1 所示。

为了方便阅读,这里对框图里的部分名词做了注释:

TIMx_ETR:TIMER 外部触发引脚　　　　　ETR:外部触发输入

ETRP:分频后的外部触发输入　　　　　　ETRF:滤波后的外部触发输入

ITRx:内部触发 x(由另外的定时器触发)　　TI1F_ED:TI1 的边沿检测器

TI1FP1/2:滤波后定时器 1/2 的输入　　　TRGI:触发输入

TRGO:触发输出　　　　　　　　　　　　CK_PSC:应该叫分频器时钟输入

CK_CNT:定时器时钟(用于计算定时周期)

IMx_CHx:TIMER 的输入脚　　　　　　　　TIx:应该叫做定时器输入信号 x

ICx:输入比较 x　　　　　　　　　　　　ICxPS:分频后的 ICx

OCx:输出捕获 x　　　　　　　　　　　　OCxREF:输出参考信号。

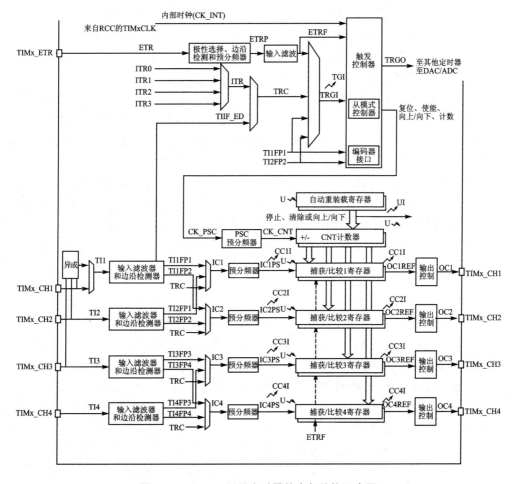

图 9 - 1　STM32 通用定时器的内部结构示意图

9.2 时基单元介绍

1. 时基单元的功能

通用定时器的时间基准功能主要通过一个时基单元实现,它的核心部分是一个 16 位计数器和与其相关的自动装载寄存器。这个计数器可以向上计数、向下计数或者向上向下双向计数,此计数器时钟由预分频器分频得到。计数器、自动装载寄存器和预分频器寄存器可以由软件读写,在计数器运行时仍可以读/写。

2. 时基单元的寄存器

时基单元包含的寄存器有:

① 计数器寄存器(TIMx_CNT)。

② 预分频器寄存器(TIMx_PSC)。

③ 自动装载寄存器(TIMx_ARR)。

自动装载寄存器是预先装载的,写或读自动重装载寄存器将访问预装载寄存器。根据在 TIMx_CR1 寄存器中的自动装载预装载使能位(ARPE)的设置,预装载寄存器的内容被立即或在每次的更新事件 UEV 时传送到影子寄存器。当计数器达到溢出条件(向下计数时的下溢条件)并当 TIMx_CR1 寄存器中的 UDIS 位等于'0'时,产生更新事件。更新事件也可以由软件产生。计数器由预分频器的时钟输出 CK_CNT 驱动,仅当设置了计数器 TIMx_CR1 寄存器中的计数器使能位(CEN)时,CK_CNT 才有效(有关计数器使能的细节,请参见控制器的从模式描述)。

注:真正的计数器使能信号 CNT_EN 是在 CEN 的一个时钟周期后被设置。

3. 3 种计数模式

① 向上计数模式:

在向上计数模式中,计数器从 0 计数到自动加载值(TIMx_ARR 计数器的内容),然后重新从 0 开始计数并且产生一个计数器溢出事件。

② 向下计数模式:

在向下模式中,计数器装入的值重新开始并且产生一个计数器向下溢出事件。每次计数器溢出时可以产生更新事件,在 TIMx_EGR 寄存制器)设置 UG 位,也同样可以产生一个更新事件。

③ 中央对齐模式(向上/向下计数):

在中央对齐模式,计数器从 0 开始计数到自动加载的值(TIMx_ARR 寄存器)−1,产生一个计数器溢出事件,然后向下计数到 1 并且产生一个计数器下溢事件;然后再从 0 开始重新计数。

★3 种模式更简单的理解方法就是:0—ARR、ARR—0,0—(ARR−1)—ARR—1。

4. 计数器时钟的时钟源

计数器时钟主要以下面 4 种时钟为时钟源:

① 内部时钟(CK_INT)。

② 外部时钟模式 1:外部输入脚(TIx)。

③ 外部时钟模式 2:外部触发输入(ETR)。

④ 内部触发输入(ITRx):使用一个定时器作为另一个定时器的预分频器,如可以配置一个定时器 Timer1 而作为另一个定时器 Timer2 的预分频器。

这里主要讲内部时钟,内部时钟也就是选择 CK_INT 做时钟。需要注意的是,定时器的时钟不是直接来自 APB1 或 APB2,而是来自输入为 APB1 或 APB2 的一个倍频器;当 APB1 的预分频系数为 1 时,这个倍频器不起作用,定时器的时钟频率等于 APB1 的频率。当 APB1 的预分频系数为其他数值(即预分频系数为 2、4、8 或 16)时,这个倍频器起作用,定时器的时钟频率等于 APB1 的频率两倍。

9.3 相关寄存器介绍

相关寄存器名称和描述表,如表 9 - 1 所列。

表 9 - 1 相关寄存器名称和描述表

寄存器	描述
CR1	控制寄存器 1
CR2	控制寄存器 2
SMCR	从模式控制寄存器
DIER	DMA/中断使能寄存器
SR	状态寄存器
EGR	事件产生寄存器
CCMR1	捕获/比较模式寄存器 1
CCMR2	捕获/比较模式寄存器 2
CCER	捕获/比较使能寄存器
CNT	计数器寄存器
PSC	预分频寄存器
ARR	自动重装载寄存器
CCR1	捕获/比较寄存器 1
CCR2	捕获/比较寄存器 2
CCR3	捕获/比较寄存器 3
CCR4	捕获/比较寄存器 4
DCR	DMA 控制寄存器
DMAR	连续模式的 DMA 地址寄存器

有关各寄存器的功能详细介绍请参考 STM32F10X 官方数据手册,这里不再做详解。

9.4 典型硬件电路设计

1. 实验设计思路

本节通过对 STM32 通用定时器(可类比到高级定时器)的配置,使用向上计数的模式,使定时器发生更新事件中断,在中断服务程序中,使连接 LED 灯的 I/O 口输出电平翻转,从而达到控制 LED 灯按规定时间亮灭闪烁的效果,实验流程图如图 9-2 所示。

2. 实验预期效果

编译完成后,将程序载入实验板,LED 灯按照一秒的时间间隔亮灭闪烁。

3. 硬件电路连接

电路连接如图 9-3 所示。

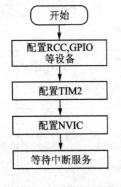

图 9-2 实验流程图

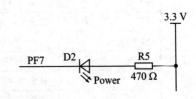

图 9-3 硬件电路设计

9.5 例程源代码分析

1. 工程组详情

工程组详情如图 9-4 所示。

2. 源码分析

① 先看 User 组的 main.c 文件:

```
/****头文件****/
#include "stm32f10x.h"
```

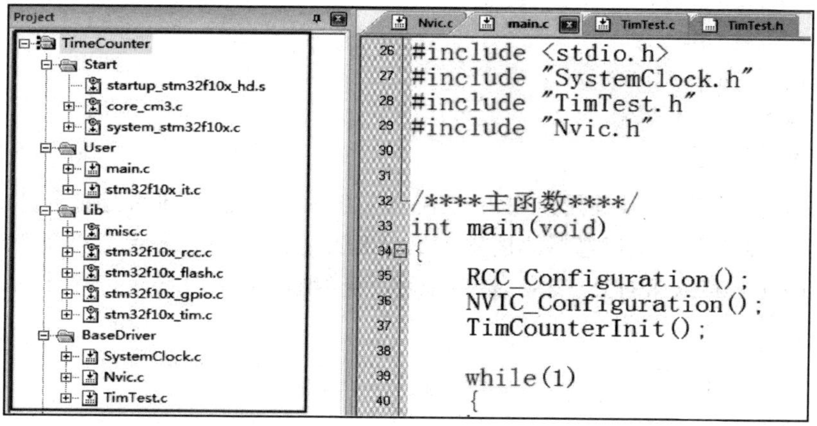

图 9 - 4 工程组详情

```
#include <stdio.h>
#include "SystemClock.h"
#include "TimTest.h"
#include "Nvic.h"
/ * * * * 主函数 * * * * /
int main(void)
{
    RCC_Configuration();                                            //配置系统时钟
    NVIC_Configuration();                                           // NVIC 配置函数
    TimCounterInit();                                               / /TIM 初始化
    while(1);                                                       //等待
}
```

② 用户自定义头文件：

➢ TimeTest.h。

```
#ifndef _TIM1TEST_H_
#define _TIM1TEST_H_
/ * TIM 使用声明 * /
// #define TIM                TIM1                                  //TIM 声明
// #define RCC_APB_TIM        RCC_APB2Periph_TIM1                   //TIM 时钟使能
#define TIM                   TIM2                                  //TIM 声明
#define RCC_APB_TIM           RCC_APB1Periph_TIM2                   //TIM 时钟使能
/ * LED1 接口声明 * /
#define RCC_APB_LED1          RCC_APB2Periph_GPIOF                  //LED1 时钟使能
#define LED1_GPIO             GPIOF
#define LED1_Pin              GPIO_Pin_7
#define TIM_COUNTER           2000                                  //计数个数
```

```
# define TIM_PSC          35999                    //分频系数
/ * 子函数声明 * /
void TimCounterInit(void);
void Tim_IRQ(void);
# endif
```

★程序分析:TIM 使用声明语句中,可以自己选择使用通用定时器 TIM2 还是高级定时器 TIM1,这里选择的是 TIM2。LED1 接口的声明之后是两个宏定义参数 TIM_COUNTER 和 TIM_PSC,最后是两个函数的声明。

➤ Nvic. h。

```
# ifndef _NVIC_H_
# define _NVIC_H_
void NVIC_Configuration(void);
# endif
```

➤ SystemClock. h。

```
# ifndef _SYSTEM_CLOCK_H_
# define _SYSTEM_CLOCK_H_
void RCC_Configuration(void);
# endif
```

③ BaseDriver 组编写的 . c 文件:

➤ TimeTest. c。

```
# include "stm32f10x. h"
# include <stdio. h>
# include "SystemClock. h"
/ *************************************************
* 函数名称:void RCC_Configuration(void)
* 功能说明:系统时钟初始化配置
*         RCC_HSICmd(ENABLE);//使能内部高速晶振
*         RCC_SYSCLKConfig(RCC_SYSCLKSource_HSI);
                        //选择内部高速时钟作为系统时钟 SYSCLOCK = 8 MHz
*         RCC_HCLKConfig(RCC_SYSCLK_Div1); //选择 HCLK 时钟源为系统时钟 SYYSCLOCK
*         RCC_PCLK1Config(RCC_HCLK_Div4);                //APB1 时钟为 2 MHz
*         RCC_PCLK2Config(RCC_HCLK_Div4);                //APB2 时钟为 2 MHz
*         RCC_APB2PeriphClockCmd(RCC_APB2Periph_GPIOB , ENABLE);
                                          //使能 APB2 外设 GPIOB 时钟

  *************************************************/
void RCC_Configuration(void)
```

```
{
    RCC_DeInit();                                           /* 将外设寄存器重设为默认值 */
    RCC_HSEConfig(RCC_HSE_ON);                                           /* 开启 HSE */
    while (RCC_GetFlagStatus(RCC_FLAG_HSERDY) == RESET);        /* 等待 HSE 起振并稳定 */
    FLASH_PrefetchBufferCmd(FLASH_PrefetchBuffer_Enable);
                                                        /* 使能 FLASH 预取缓存 */
    FLASH_SetLatency(FLASH_Latency_2);                       /* 设置 FLASH 延时周期数为 2 */
    RCC_HCLKConfig(RCC_SYSCLK_Div1);        /* 选择 HCLK(ABH)时钟源为 SYSCLK 1 分频 */
RCC_PCLK2Config(RCC_HCLK_Div1);             /* 选择 PCLK2 时钟源为 HCLK(ABH) 1 分频 */
    RCC_PCLK1Config(RCC_HCLK_Div2);         /* 选择 PCLK1 时钟源为 HCLK(ABH) 2 分频 */
    RCC_PLLConfig(RCC_PLLSource_HSE_Div1, RCC_PLLMul_9);  /* PLLCLK =
                                                        8MHz * 9 = 72 MHz */
    RCC_PLLCmd(ENABLE);                                           /* 使能 PLL */
    while(RCC_GetFlagStatus(RCC_FLAG_PLLRDY) == RESET);     /* 等待 PLL 输出稳定 */
    RCC_SYSCLKConfig(RCC_SYSCLKSource_PLLCLK);             /* 选择系统时钟源作为 PLL */
    while(RCC_GetSYSCLKSource() != 0x08);                  /* 等待 PLL 称为系统时钟源 */
}
```

➢ Nvic.c。

```
#include "stm32f10x.h"
#include <stdio.h>
#include "Nvic.h"
#include "TimTest.h"
/***********************************************
* 函数名称:void NVIC_Configuration(void)
* 功能说明:中断参数配置
***********************************************/
void NVIC_Configuration(void)
{
    NVIC_InitTypeDef NVIC_InitStructure;
#ifdef  VECT_TAB_RAM
    NVIC_SetVectorTable(NVIC_VectTab_RAM, 0x0);
#else  /* VECT_TAB_FLASH  */
    NVIC_SetVectorTable(NVIC_VectTab_FLASH, 0x0);
#endif
    /* 使能 TIM 中断 */
    if(TIM == TIM1)
```

```
        NVIC_InitStructure.NVIC_IRQChannel = TIM1_UP_IRQn;                //使能中断通道
    else if(TIM == TIM2)
        NVIC_InitStructure.NVIC_IRQChannel = TIM2_IRQn;
    NVIC_InitStructure.NVIC_IRQChannelPreemptionPriority = 0;             //先占优先级
    NVIC_InitStructure.NVIC_IRQChannelSubPriority = 1;                    //从优先级
    NVIC_InitStructure.NVIC_IRQChannelCmd = ENABLE;
    NVIC_Init(&NVIC_InitStructure);
}
```

➢ SystemClock. c。

```
#include "stm32f10x.h"
#include <stdio.h>
#include "TimTest.h"


volatile u32 capture;
/**************************************************
* 函数名称：void GpioLed_Init(void)
* 功能说明：led 灯初始化配置
**************************************************/
static void Gpio_Init(void)
{
    GPIO_InitTypeDef  GPIO_InitStructure;                       //定义 GPIO 结构体
    RCC_APB2PeriphClockCmd(RCC_APB_LED1, ENABLE);               //开启外设时钟
    GPIO_InitStructure.GPIO_Pin      = LED1_Pin;               //选择 led3
    GPIO_InitStructure.GPIO_Speed = GPIO_Speed_50 MHz;         //引脚频率为 50 MHz
    GPIO_InitStructure.GPIO_Mode = GPIO_Mode_Out_PP;           //模式为推挽输出
    GPIO_Init(LED1_GPIO, &GPIO_InitStructure);                 //初始化 led3 寄存器
}
/**************************************************
* 函数名称：void TimCounterInit(void)
* 入口参数：无
* 出口参数：无
* 功能说明：TIM 计数初始化配置
*      TIMCLK = 72 MHz, Prescaler = TIM _ PSC, TIM counter clock = TIMCLK/TIM _
COUNTER MHz
**************************************************/
void TimCounterInit(void)
```

```
    {
        TIM_TimeBaseInitTypeDef   TIM_TimeBaseStructure;
        Gpio_Init();
                                                    //I/O初始化

        /* TIM 时钟使能 */
        if ((TIM == TIM1) || (TIM == TIM8))
            RCC_APB2PeriphClockCmd(RCC_APB_TIM, ENABLE);
        else if((TIM == TIM2) || (TIM == TIM3) || (TIM == TIM4) || (TIM == TIM5))
            RCC_APB1PeriphClockCmd(RCC_APB_TIM, ENABLE);
        /* 基定时器初始化 */
        TIM_TimeBaseStructure.TIM_Period = TIM_COUNTER;              //计数值
        TIM_TimeBaseStructure.TIM_Prescaler = TIM_PSC;              //分频系数
        TIM_TimeBaseStructure.TIM_ClockDivision = 0;
                                    //时钟分割:寄存器(技术)手册基定时器未讲到
        TIM_TimeBaseStructure.TIM_CounterMode = TIM_CounterMode_Up;     //计数模式
        TIM_TimeBaseStructure.TIM_RepetitionCounter = 0;          //重复计数值
        TIM_TimeBaseInit(TIM, &TIM_TimeBaseStructure);            //初始化 TIM
        TIM_ITConfig(TIM,TIM_IT_Update,ENABLE);              //打开 更新事件 中断
        TIM_Cmd(TIM, ENABLE);                              //使能 TIM
    }
/*****************************************************
* 函数名称:void Tim_IRQ(void)
* 功能说明:TIM 中断处理函数,led 灯翻转。
*****************************************************/
void Tim_IRQ(void)
{
    if(TIM_GetITStatus(TIM, TIM_IT_Update) != RESET) //判断是否为更新事件标志位
    {
        TIM_ ClearITPendingBit ( TIM, TIM _ IT _ Update);    //清除更新事件标
GPIO_WriteBit(LED1_GPIO,LED1_Pin,(BitAction)(1 - GPIO_ReadOutputDataBit(LED   1_GPIO,
LED1_Pin)));                                          //led灯翻转
    }
}
```

➢ stm32f10x_it.c。

```
# include "stm32f10x_it.h"
# include "TimTest.h"
/*****TIM1 中断服务函数*****/
```

```
void TIM1_UP_IRQHandler(void)
{
    if(TIM == TIM1)
        Tim_IRQ();
}
/ * * * * *TIM2 中断服务函数 * * * * */
void TIM2_IRQHandler(void)
{
    if(TIM == TIM2)
        Tim_IRQ();
}
```

★程序分析:

① 在 RCC_Configuration()函数中,已设定 APB1 时钟为 PLL 时钟输出的 2 分频即 36 MHz,TIM2 得到的时钟应为 36 MHz×2=72 MHz,如图 9-5 所示。

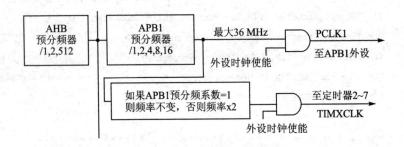

图 9-5 TIM2 得到的时钟频率

② TIM2 的预分频值设为了 35 999,实际装载的值为(35 999+1)s＝36000 s,TIM2 单次计数所用时间为(36 000÷72 000 000)s＝1/2 000 s,TIM2 的重装载值设为 2 000,则 TIM2 定时器发生中断请求的时间间隔为(2 000×(1/2 000)s＝ 1 s。

③ 计数值从 0 开始向上开始计数,当达到重装载之后,将会产生一个更新(上溢或下溢)事件中断,硬件将相关寄存器标志位置位,在进入中断服务程序后,要清除更新事件标志,否则,程序将不能再次进入中断服务函数。中断返回后,计数器从 0 重新开始计数。

④ 所有 TIM2 的中断事件都是在一个 TIM2 的中断服务程序中完成的,所以在进入中断服务程序时,要根据实际的情况和需求,通过软件编程将重要的中断优先处理。

3. 使用到的库函数

① 函数 TIM_TimeBaseInit,如表 9-2 所列。

表 9 - 2   TIM_TimeBaseInit 函数简介

函数名	TIM_TimeBaseInit
函数原型	void TIM_TimeBaseInit(TIM_TypeDef * TIMx,TIM_TimeBaseInitTypeDef * TIM_TimeBaseInitStruct)
功能描述	根据 TIM_TimeBaseInitStruct 中指定的参数初始化 TIMx 的时间基数单位
输入参数 1	TIMx:x 可以是 2,3 或者 4,来选择 TIM 外设
输入参数 2	TIMTimeBase_InitStruct:指向结构 TIM_TimeBaseInitTypeDef 的指针,包含了 TIMx 时间基数单位的配置信息 参阅 Section:TIM_TimeBaseInitTypeDef 查阅更多该参数允许取值范围
输出参数	无
返回值	无
先决条件	无
被调用函数	无

TIM_TimeBaseInitTypeDef 定义于文件"stm32f10x_tim.h":

```
typedef struct
{
u16 TIM_Period;
u16 TIM_Prescaler;
u8 TIM_ClockDivision;
u16 TIM_CounterMode;
} TIM_TimeBaseInitTypeDef;
```

➢ TIM_Period。

TIM_Period 设置了在下一个更新事件装入活动的自动重装载寄存器周期的值。它的取值须在 0x0000 和 0xFFFF 之间。

➢ TIM_Prescaler。

TIM_Prescaler 设置了用来作为 TIMx 时钟频率除数的预分频值。它的取值必须在 0x0000 和 0xFFFF 之间。

➢ TIM_ClockDivision。

TIM_ClockDivision 设置了时钟分割,该参数取值如表 9 - 3 所列。

表 9 - 3   TIM_ClockDivision 参数表

TIM_ClockDivision	描　述
TIM_CKD_DIV1	TDTS＝Tck_tim
TIM_CKD_DIV2	TDTS＝2Tck_tim
TIM_CKD_DIV4	TDTS＝4Tck_tim

➢ TIM_CounterMode。

TIM_CounterMode 选择了计数器模式。该参数取值如表 9-4 所列。

表 9-4　TIM_CounterMode 参数表

TIM_CounterMode	描　　述
TIM_CounterMode_Up	TIM 向上计数模式
TIM_CounterMode_Down	TIM 向下计数模式
TIM_CounterMode_CenterAligned1	TIM 中央对章模式 1 计数模式
TIM_CounterMode_CenterAligned2	TIM 中央对章模式 2 计数模式
TIM_CounterMode_CenterAligned3	TIM 中央对章模式 3 计数模式

② 函数 TIM _ITConfig,如表 9-5 所列。

表 9-5　TIM _ITConfig 函数简介

函数名	TIM_ITConfig
函数原型	void TIM_ITConfig(TIM_TypeDef * TIMx,u16 TIM_IT FunctionalState NewState)
功能描述	使能或者失能指定的 TIM 中断
输入参数 1	TIMx:x 可以是 2,3 或者 4,来选择 TIM 外设
输入参数 2	TIM_IT:待使能或者失能的 TIM 中断源 参阅 Section:TIM_IT 查阅更多该参数允许取值范围
输入参数 3	NewState:TIMx 中断的新状态 这个参数可以取:ENABLE 或者 DISABLE
输出参数	无
返回值	无
先决条件	无
被调用函数	无

输入参数 TIM_IT 使能或者失能 TIM 的中断,可以取表 9-6 的一个或者多个取值的组合作为该参数的值。

表 9-6　TIM_IT 参数表

TIM_IT	描　　述
TIM_IT_Update	TIM 中断源
TIM_IT_CC1	TIM 捕获/比较 1 中断源
TIM_IT_CC2	TIM 捕获/比较 2 中断源
TIM_IT_CC3	TIM 捕获/比较 3 中断源
TIM_IT_CC4	TIM 捕获/比较 4 中断源
TIM_IT_Trigger	TIM 触发中断源

③ 函数 TIM_GetFlagStatus,如表 9 - 7 所列。

表 9 - 7　**TIM_GetFlagStatus 函数简介**

函数名	TIM_GetFlagStatus
函数原型	FlagStatus TIM_GetFlagStatus(TIM_TypeDef * TIMx,u16 TIM_FLAG)
功能描述	检查指定的 TIM 标志位设置与否
输入参数 1	TIMx:x 可以是 2,3 或者 4,来选择 TIM 外设
输入参数 2	TIM_FLAG:待检查的 TIM 标块位 参阅 Section:TIM_FLAG 查阅更多该参数允许取值范围
输出参数	无
返回值	TIM_FLAG 的新状态(SET 或者 SRSET)
先决条件	无
被调用函数	无

TIM_FLAG,所有可以被函数 TIM_GetFlagStatus 检查的标志位,如表 9 - 8 所列。

表 9 - 8　**TIM_FLAG 参数表**

TIM_FLAG	描　述
TIM_FLAG_Update	TIM 更新标志位
TIM_FLAG_CC1	TIM 捕获/比较 1 标志位
TIM_FLAG_CC2	TIM 捕获/比较 2 标志位
TIM_FLAG_CC3	TIM 捕获/比较 4 标志位
TIM_FLAG_CC4	TIM 捕获/比较 4 标志位
TIM_FLAG_Trigger	TIM 触发标志位
TIM_FLAG_CC1OF	TIM 捕获/比较 1 溢出标志位
TIM_FLAG_CC2OF	TIM 捕获/比较 2 溢出标志位
TIM_FLAG_CC3OF	TIM 捕获/比较 3 溢出标志位
TIM_FLAG_CC4OF	TIM 捕获/比较 4 溢出标志位

4. 实验现象

编译完成后,将程序载入实验板,LED 灯按照一定的时间间隔亮灭闪烁,通过对比实物时钟,发现该时间间隔为 1 秒,达到了实验预期的效果。

第 **10** 章

定时器外部脉冲计数

上一章学习了 STM32 通用定时器的基础知识,利用实验演示通用定时器时基单元的功能和使用方法,本章将介绍 STM32 通用定时器另一种常用功能——外部脉冲计数。

10.1 TIMx 外部脉冲计数功能简介

1. TIMx 外部脉冲计数功能

STM32 的定时器具有计数功能,在实际应用中可以用来对引脚上的输入信号进行统计。TIMx 需要工作在从模式下,从外部触发计数。通过 TIM_SelectInput-Trigger(TIMx, TIM_TI1F_ED)可以选择 CH1 引脚作为输入,也可以选择 CH1 或 CH2 的滤波输入。在从模式下,CH3 和 CH4 不能作为外部触发引脚,其输入信号作为计数时钟,输入引脚为还可以选择为 ETR 引脚。

2. 定时器的外部时钟模式

TIMx 的外部时钟模式有两种:

① 外部时钟模式 1:外部输入脚(TIx),当 TIMx_SMCR 寄存器的 SMS=111 时,此模式被选中,计数器可以在选定输入端的每个上升沿或下降沿计数,如图 10-1 所示。

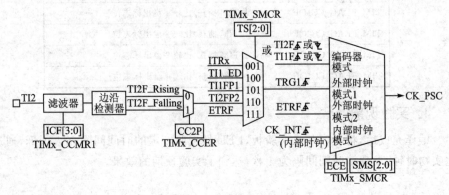

图 10-1 外部时钟模式 1

② 外部时钟模式 2：外部触发输入（ETR），选定此模式的方法为：令 TIMx_SMCR 寄存器中的 ECE＝1 计数器能够在外部触发 ETR 的每一个上升沿或下降沿计数，如图 10－2 所示。

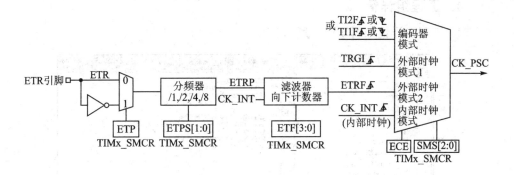

图 10－2　外部时钟模式 2

10.2　典型硬件电路设计

1. 实验设计思路

本例程使用 Timer2，输入引脚使用的是 ETR（PA0），初始化是设置该引脚工作模式为输入模式，Timer2 的工作模式为从模式。大致思路如下：初始化系统时钟，中断初始化，TIM 初始化，等待检测外部脉冲输入。

2. 实验预期效果

JLINK 下载运行后，可以使用两种验证方式：

软件：每当对外部脉冲个数达到指定值，LED 灯取反一次。

硬件：按动按键 WAKEUP 一定次数后，LED 取反一次。

3. 典型硬件电路设计

典型硬件电路设计如图 10－3 所示。

PA0 34
35　PA0-WKUP/USART2_CTS/ADC123_IN0/TIM5_CH1/TIM2_CH1_ETR/TIM8_ETR

R14　PA0　S1
3.3 V　10 kΩ　WAKEUP

图 10－3　硬件电路设计

10.3 例程源码分析

1. 工程组详情

1. 工程组详情如图 10-4 所示。

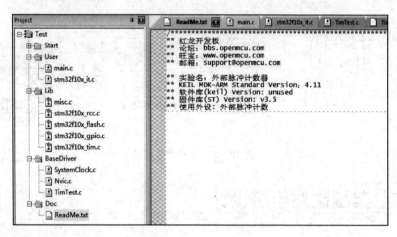

图 10-4 工程组详情

2. 例程源码分析

① User 组的 main.c 文件：

```
#include "stm32f10x.h"
#include <stdio.h>
#include "SystemClock.h"
#include "TimTest.h"
#include "Nvic.h"
/* * * * * 主函数 * * * * */
int main(void)
{
    RCC_Configuration();          //配置系统时钟
    NVIC_Configuration();         // NVIC 配置函数
    TimCounterInit();             //TIM 初始化
    while(1)
    {
    }
}
```

② 自定义的头文件：

➤ SystemClock.h。

```
#ifndef _SYSTEM_CLOCK_H_
#define _SYSTEM_CLOCK_H_
/*系统时钟初始化函数声明*/
void RCC_Configuration(void);
#endif
```

➤ TimTest.h。

```
#ifndef _TIM1TEST_H_
#define _TIM1TEST_H_
/*TIM 使用声明*/
#define TIM                TIM2                                //TIM 声明
#define RCC_APB_TIM        RCC_APB1Periph_TIM2                 //TIM 时钟使能
//#define TIM               TIM2                               //TIM 声明
//#define RCC_APB_TIM        RCC_APB1Periph_TIM2               //TIM 时钟使能
/*LED1 接口声明*/
#define RCC_APB_LED1       RCC_APB2Periph_GPIOF                //LED1 时钟使能
#define LED1_GPIO          GPIOF                               //LED1 接口声明
#define LED1_Pin           GPIO_Pin_8
/*TIM8_ETR PA0 接口声明*/
#define RCC_APB_KEY        RCC_APB2Periph_GPIOA                //KEY 时钟使能
#define KEY_GPIO           GPIOA
#define KEY_Pin            GPIO_Pin_0
#define TIM_COUNTER        5                                   //计数个数
#define TIM_PSC            1                                   //分频系数
/*子函数的声明*/
void TimCounterInit(void);
void Tim_IRQ(void);
#endif
```

➤ Nvic.h。

```
#ifndef _NVIC_H_
#define _NVIC_H_
/*中断嵌套向量配置函数*/
void NVIC_Configuration(void);
#endif
```

③ 用户编写的.c 文件：

➤ SystemClock.c。

```
# include "stm32f10x.h"
# include <stdio.h>
# include "SystemClock.h"
/**********************************************************
* 函数名称:void RCC_Configuration(void)
* 入口参数:无
* 出口参数:无
* 功能说明:系统时钟初始化配置
**********************************************************/
void RCC_Configuration(void)
{
    /*  将外设寄存器重设为默认值  */
    RCC_DeInit();
    /*  开启 HSE  */
    RCC_HSEConfig(RCC_HSE_ON);
    /*  等待 HSE 起振并稳定  */
    while (RCC_GetFlagStatus(RCC_FLAG_HSERDY) == RESET);
    /*  使能 FLASH 预取缓存  */
    FLASH_PrefetchBufferCmd(FLASH_PrefetchBuffer_Enable);
    /*  设置 FLASH 延时周期数为 2  */
    FLASH_SetLatency(FLASH_Latency_2);
    /*  选择 HCLK(ABH)时钟源为 SYSCLK 1 分频  */
    RCC_HCLKConfig(RCC_SYSCLK_Div1);
    /*  选择 PCLK2 时钟源为 HCLK(ABH) 1 分频   */
    RCC_PCLK2Config(RCC_HCLK_Div1);
    /*  选择 PCLK1 时钟源为 HCLK(ABH) 2 分频   */
    RCC_PCLK1Config(RCC_HCLK_Div2);
    /*  PLLCLK = 8MHz * 9 = 72 MHz  */
    RCC_PLLConfig(RCC_PLLSource_HSE_Div1, RCC_PLLMul_9);
    /*  使能 PLL  */
    RCC_PLLCmd(ENABLE);
    /*  等待 PLL 输出稳定  */
    while(RCC_GetFlagStatus(RCC_FLAG_PLLRDY) == RESET);
    /*  选择系统时钟源作为 PLL  */
    RCC_SYSCLKConfig(RCC_SYSCLKSource_PLLCLK);
    /*  等待 PLL 称为系统时钟源  */
    while(RCC_GetSYSCLKSource() != 0x08);
```

```
}
```

➤ TimTest.c。

```c
#include "stm32f10x.h"
#include <stdio.h>
#include "TimTest.h"
volatile u32 capture;
/*****************************************************
* 函数名称:void GpioLed_Init(void)
* 入口参数:无
* 出口参数:无
* 功能说明:led灯初始化配置
*****************************************************/
static void Gpio_Init(void)
{
    GPIO_InitTypeDef GPIO_InitStructure;
    RCC_APB2PeriphClockCmd(RCC_APB_LED1, ENABLE);               //开启时钟
    RCC_APB2PeriphClockCmd(RCC_APB_KEY, ENABLE);
    GPIO_InitStructure.GPIO_Pin    = LED1_Pin;                  //选择led1
    GPIO_InitStructure.GPIO_Speed = GPIO_Speed_50MHz;          //引脚频率为50MHz
    GPIO_InitStructure.GPIO_Mode = GPIO_Mode_Out_PP;           //模式为推挽输出
    GPIO_Init(LED1_GPIO, &GPIO_InitStructure);                 //初始化led1寄存器
    GPIO_InitStructure.GPIO_Pin    = KEY_Pin;                  //选择KEY_Pin
    GPIO_InitStructure.GPIO_Mode = GPIO_Mode_IN_FLOATING;      //模式为浮空输入
    GPIO_Init(KEY_GPIO, &GPIO_InitStructure);                  //初始化KEY_GPIO寄存器
}
/*****************************************************
* 函数名称:void TimCounterInit(void)
* 入口参数:无
* 出口参数:无
* 功能说明:TIM外部脉冲记数初始化配置
*****************************************************/
void TimCounterInit(void)
{
    TIM_TimeBaseInitTypeDef   TIM_TimeBaseStructure;
    Gpio_Init();                                               //I/O初始化
    /* TIM时钟使能 */
    if ((TIM == TIM1) || (TIM == TIM8))
```

```
        RCC_APB2PeriphClockCmd(RCC_APB_TIM, ENABLE);
    else if((TIM == TIM2) || (TIM == TIM3) || (TIM == TIM4) || (TIM == TIM5))
        RCC_APB1PeriphClockCmd(RCC_APB_TIM, ENABLE);
    /* 基定时器初始化 */
    TIM_TimeBaseStructure.TIM_Period = TIM_COUNTER;                    //计数值
    TIM_TimeBaseStructure.TIM_Prescaler = TIM_PSC;                     //分频系数
    TIM_TimeBaseStructure.TIM_ClockDivision = 0;
                                    //时钟分割:寄存器(技术)手册基定时器未讲到
    TIM_TimeBaseStructure.TIM_CounterMode = TIM_CounterMode_Up;        //计数模式
    TIM_TimeBaseStructure.TIM_RepetitionCounter = 0;                   //重复计数值
    TIM_TimeBaseInit(TIM, &TIM_TimeBaseStructure);                     //初始化 TIM
    TIM_ETRClockMode2Config(TIM,TIM_ExtTRGPSC_OFF,TIM_ExtTRGPolarity_NonInverted,
0x00);
                                                           //使用外部计数
    TIM_SetCounter(TIM,0);                                             //计数器清 0
    TIM_ITConfig(TIM,TIM_IT_Update,ENABLE);                   //打开 更新事件 中断
    TIM_Cmd(TIM, ENABLE);                                             //使能 TIM
}
/ *****************************************************
* 函数名称:void Tim_IRQ(void)
* 入口参数:无
* 出口参数:无
* 功能说明:TIM 中断处理函数
*****************************************************/
void Tim_IRQ(void)
{
    if(TIM_GetITStatus(TIM, TIM_IT_Update) ! = RESET)   //判断是否为更新事件标志位
    {
        TIM_ClearITPendingBit(TIM, TIM_IT_Update);
    //清除 更新事件 标志
        TIM_SetCounter(TIM,0);
        GPIO_WriteBit (LED1_GPIO, LED1_Pin, (BitAction)(1 - GPIO_ReadOutputDataBit
                  (LED1_GPIO, LED1_Pin)));
    }
}
```

➤ Nvic. c。

```
#include "stm32f10x. h"
```

```
# include <stdio.h>
# include "Nvic.h"
# include "TimTest.h"
/ *******************************************************
* 函数名称:void NVIC_Configuration(void)
* 入口参数:无
* 出口参数:无
* 功能说明:中断参数配置
*******************************************************/
void NVIC_Configuration(void)
{
  NVIC_InitTypeDef NVIC_InitStructure;
# ifdef   VECT_TAB_RAM
  NVIC_SetVectorTable(NVIC_VectTab_RAM, 0x0);
# else
  NVIC_SetVectorTable(NVIC_VectTab_FLASH, 0x0);
# endif
  / *  使能 TIM 中断  * /
  if(TIM == TIM1)
      NVIC_InitStructure.NVIC_IRQChannel = TIM1_UP_IRQn;
  else if(TIM == TIM2)
    NVIC_InitStructure.NVIC_IRQChannel = TIM2_IRQn;
  else if(TIM == TIM8)
    NVIC_InitStructure.NVIC_IRQChannel = TIM8_UP_IRQn;
  NVIC_InitStructure.NVIC_IRQChannelPreemptionPriority = 0;         //先占优先级
  NVIC_InitStructure.NVIC_IRQChannelSubPriority = 1;               //从优先级
  NVIC_InitStructure.NVIC_IRQChannelCmd = ENABLE;
  NVIC_Init(&NVIC_InitStructure);
}
```

3. 实现现象

编译完成后,将程序载入实验板,可以使用两种验证方式。软件:每当对外部脉冲个数达到指定值(本实验值为 5),LED 灯取反一次。硬件:按动按键 WAKEUP 5次,LED 取反一次。

第 11 章

PWM 理论与实战

上一章学习了 STM32 定时器使用方法,下面介绍 STM32 定时器实现的另外一种常用功能——PWM 输出,通过两个实验向读者演示 STM32 定时器控制 PWM 的输出方法。

11.1 概 述

1. PWM 的简介

PWM 是英文 Pulse Width Modulation 的缩写,简称脉宽调制,是利用微处理器的数字输出来对模拟电路进行控制的技术。通过高分辨率计数器的使用,方波的占空比被调制,用来对一个具体模拟信号的电平进行编码,来等效的获得所需的波形,简单说就是对脉冲宽度的控制。PWM 技术以其控制简单,灵活和动态响应好的优点而成为电力电子技术最广泛应用的控制方式,也是人们研究的热点。

2. PWM 的优点

① 从处理器到被控制系统信号都是数字形式的,无须进行数模转换。
② 让信号保持为数字形式可以将噪声影响降至最小,抗干扰能力强,因此可以应用于通信领域。

11.2 PWM 输出的工作原理

1. STM32 的定时器 PWM 输出

STM32 的定时器除了 TIM6 和 TIM7,其他的定时器都可以用来产生 PWM 输出。其中高级定时器 TIM1 和 TIM8 可以同时产生多达 7 路的 PWM 输出。而通用定时器也能同时产生多达 4 路的 PWM 输出,这样 STM32 最多可以同时产生 30 路 PWM 输出。这里仅利用 TIM3 的 CH2 产生一路 PWM 输出。

2. PWM 的输出模式

PWM 的输出模式有两种,模式 1 和模式 2,在 TIMx_CCMRx 寄存器中的 OCxM 位写入'110'(PWM 模式 1)或'111'(PWM 模式 2),能够独立地设置每个

OCx 输出通道产生一路 PWM。两种工作模式区别如下：

PWM 模式 1：在向上计数时，一旦 TIMx_CNT<TIMx_CCR1 时通道 1 为有效电平，否则为无效电平；向下计数时，一旦 TIMx_CNT>CCR1 时通道 1 为无效电平，否则为有效电平。

PWM 模式 2：在向上计数时，一旦 TIMx_CNT<TIMx_CCR1 时通道 1 为无效电平，否则为有效电平；向下计数时，一旦 TIMx_CNT>CCR1 时通道 1 为有效电平，否则为无效电平。简单的理解就是，两种通道的电平极性是相反的。

3. PWM 边沿对齐模式

(1) 向上计数配置

当 TIMx_CR1 寄存器中的 DIR 位为低的时候执行向上计数。下面是一个 PWM 模式 1 的例子。当 TIMx_CNT<TIMx_CCRx 时 PWM 信号参考 OCxREF 为高，否则为低。如果 TIMx_CCRx 中的比较值大于自动重装载值（TIMx_ARR），则 OCxREF 保持为'1'。如果比较值为 0，则 OCxREF 保持为'0'。图 11 - 1 为 TIMx_ARR＝8 时边沿对齐的 PWM 波形实例。

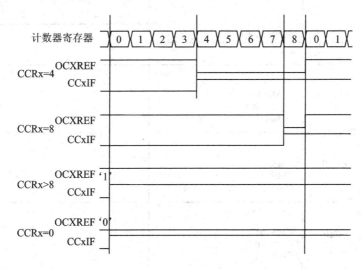

图 11 - 1　向上计数配置

(2) 向下计数的配置

当 TIMx_CR1 寄存器的 DIR 位为高时执行向下计数。在 PWM 模式 1，当 TIMx_CNT>TIMx_CCRx 时参考信号 OCxREF 为低，否则为高。如果 TIMx_CCRx 中的比较值大于自动重装载值，则 OCxREF 保持为'1'。该模式下不能产生 0% 的 PWM 波形。

(3) PWM 中央对齐模式

当 TIMx_CR1 寄存器中的 CMS 位不为'00'时，为中央对齐模式（所有其他的配置对 OCxREF/OCx 信号都有相同的作用）。根据不同的 CMS 位设置，比较标志可以在计数器向上计数时被置'1'、在计数器向下计数时被置'1'、或在计数器向上和向下计数时被置'1'。TIMx_CR1 寄存器中的计数方向位(DIR)由硬件更新,不要用软件修改它。图 11－2 给出了一些中央对齐的 PWM 波形的例子。

① TIMx_ARR＝8。

② PWM 模式 1。

③ TIMx_CR1 寄存器中的 CMS＝01,在中央对齐模式 1 时,当计数器向下计数时设置比较标志。

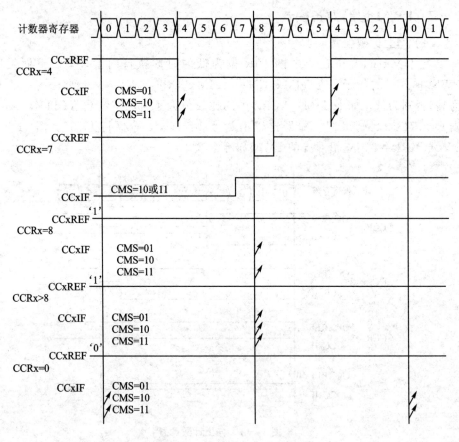

图 11－2　PWM 中央对齐模式

11.3　PWM 输出信号的频率和占空比

有关 PWM 输出信号的频率和占空比在这里以 PWM 模式 1 为例来讲解:

PWM 输出信号频率由 TIMx_ARR 寄存器确定,其占空比由 TIMx_CRRx 寄存器确定。定时器启动计数后,当前计数值小于某通道(假设为 x 通道)比较值,则对应 x 通道的输出引脚保持高电平;而若当前计数值递增至大于 x 通道的比较值的水平,则引脚翻转为低电平;计数值继续增大至重装载值的水平时,引脚保持为高电平,计数值重新装载在此计数,重复以上过程。如果将输出比较值设为 Vcom,重装载值设为 Vprer,则 PWM 信号的周期为 Vprer/TIM 计数时钟频率,而 PWM 信号的占空比为 Vcom/Vprer。

11.4 相关寄存器

以通用定时器为例来介绍相关寄存器:

(1) 捕获/比较寄存器(TIMx_CCR1~4)

该寄存器总共有 4 个,如图 11-3 所示。因为这 4 个寄存器都差不多,仅以 TIMx_CCR1 为例。

偏移地址:0x34
复位值:0x0000

15	14	13	12	11	10	9	8	7	6	5	4	3	2	1	0
							CCR1[15:0]								
rw	rw	rw	rw	rw	rw	rw	rw	rw	rw	rw	rw	rw	rw	rw	rw

位15:0	CCR1[15:0]:捕获/比较1的值(Capture/Compare 1 value) 若CC1通道配置为输出: CCR1包含了装入当前捕获/比较1寄存器的值(预装载值)。 如果在TIMx_CCMR1寄存器(OC1PE位)中未选择预装载特性,写入的数值会被立即传输至当前寄存器中。否则只有当更新事件发生时,此预装载值才传输至当前捕获/比较1寄存器中。 当前捕获/比较寄存器参与同计数器TIMx_CNT的比较,并在OC1端口上产生输出信号。 若CC1通道配置为输入: CCR1包含了由上一次输入捕获1事件(IC1)传输的计数器值

图 11-3 捕获/比较寄存器(TIMx_CCR1~4)

在输出模式下,该寄存器的值与 CNT 的值比较,根据比较结果产生相应动作。利用这点,通过修改这个寄存器的值,来控制 PWM 的输出脉宽。

(2) 捕获/比较使能寄存器(TIMx_CCER)

该寄存器控制着各个输入输出通道的开关,如图 11-4 所示。该寄存器比较简单,要想 PWM 从 I/O 口输出,对应的位必须设置为 1。

偏移地址:0x20
复位值:0x0000

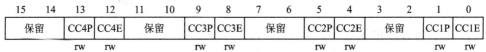

15	14	13	12	11	10	9	8	7	6	5	4	3	2	1	0
保留		CC4P	CC4E	保留		CC3P	CC3E	保留		CC2P	CC2E	保留		CC1P	CC1E
		rw	rw			rw	rw			rw	rw			rw	rw

图 11-4 捕获/比较使能寄存器(TIMx_CCER)

(3) 捕获/比较模式寄存器(TIMx_CCMR1/2)

该寄存器总共有两个,TIMx_CCMR 和 TIMx_CCMR2。TIMx_CCMR1 控制 CH1 和 CH2,而 TIMx_CCMR1 控制 CH3 和 CH4,其各位描述如图 11-5 所示。

15	14	13	12	11	10	9	8	7	6	5	4	3	2	1	0
OC2CE	OC2M[2:0]			OC2PE	OC2FE	CC2S[1:0]		OC1CE	OC1M[2:0]			OC1PE	OC1FE	CC1S[1:0]	
IC2F[3:0]				IC2PSC[1:0]				IC1F[3:0]				IC1PS[1:0]			
rw	rw	rw	rw	rw	rw	rw	rw	rw	rw	rw	rw	rw	rw	rw	rw

图 11 - 5 捕获/比较模式寄存器(TIMx_CCMR1/2)

通道可用于输入(捕获模式)或输出(比较模式),通道的方向由相应的 CCxS 定义。该寄存器其他位的作用在输入和输出模式下不同。OCxx 描述了通道在输出模式下的功能,ICxx 描述了通道在输入模式下的功能。因此必须注意,同一个位在输出模式和输入模式下的功能是不同的。

11.5 典型硬件电路设计

1. 实验设计思路

本实验通过配置 TIM3 定时器的 4 个输出通道,使其产生一定频率但占空比不同的 PWM 输出信号,这 4 个通道的占空比由 TIMx_CCRx 寄存器中的值来设定,设计思路如图 11 - 6 所示。

2. 基于旺宝—红龙开发板的硬件电路设计

通过查芯片手册以及电路原理图 TIM3 的 4 个通道分别接在了 PA6,PA7,PB0,PB1 上,如图 11 - 7 所示(本例为了显示实验效果,采用了软件仿真的方式)。

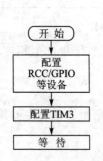

图 11 - 6 实验设计思路

```
PA6/SPI1_MISO/TIM8_BKIN/AD12_IN6/TIM3_CH1
PA7/SPI1_MOSI/TIM8_CH1N/ADC12_IN7/TIM3_CH2
PA8/USART1_CK/TIM1_CH1/MCO
PA9/USART1_TX/TIM1_TX/TIM1_CH2
PA10/USART1_RX/TIM1_CH3
PA11/USART1_CTS/CANRX/TIM1_CH4/USBDM
PA12/USART1_RTS/CANTX/TIM1_ETR/USBDP
PA13/JTMS-SWDIO
PA14/JTCK-SWCLK
PA15/JTDI/SPI3_NSS/I2S3_WS

PB0/ADC12_IN8/TIM3_CH3/TIM8_CH2N
PB1/ADC12_IN9/TIM3_CH4/TIM8_CH3N
```

图 11 - 7 硬件电路设计

3. 实验预期效果

编译完成后,进入 DEBUG 仿真模式,通过 KEIL4 自带的逻辑分析仪观察 TIM3 的 4 个通道,分别产生了占空比为 100%、50%、25%、12.5% 的 PWM 输出信号波形。

11.6 例程源代码分析

1. 工程组详情

工程组详情如图 11 - 8 所示。

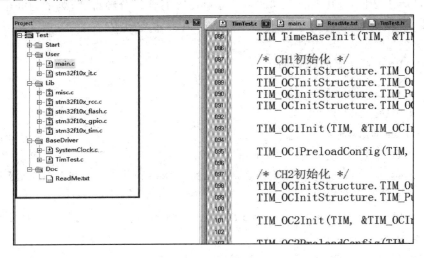

图 11 - 8 工程组详情

2. 例程源代码分析

注：程序中 SystemClock. h 以及 SystemClock. c 文件前面章节已做介绍，这里不再写出。

① 先看 User 组的 main. c 文件。

```c
# include "stm32f10x. h"
# include <stdio. h>
# include "SystemClock. h"
# include "TimTest. h"
/ * * * * 主函数 * * * * /
int main(void)
{
    RCC_Configuration();                              //配置系统时钟
    PWMOutput_Init(60000,60000,30000,15000,7500);
    while(1)                                          //等待
    {
    }
}
```

★ 程序分析:

本文件的程序比较简单,在主函数中,先是对系统时钟进行初始化,然后调用子函数 PWMOutput_Init(60 000,60 000,30 000,15 000,7 500);,它有 4 个形式参数,其具体配置方法下边会讲到,这里简要说明其实现的效果,第一个形参 60 000 是重装值(用于计算周期)。由前面讲解,可以知道 PWM 输出信号的频率为 72 000 000/60 000=1.2 kHz,其中的 72 000 000 是 TIM3 时钟一分频得到,剩下的 3 个参数比较值,根据前面的讲解,可以算出 4 路通道的占空比依次为 100%、50%、25%、12.5%。

② 用户自定义的.h 文件。

```
#ifndef _TIM1TEST_H_
#define _TIM1TEST_H_
/ * TIM 使用声明 * /
#define TIM                   TIM3                          //TIM 声明
#define RCC_APB_TIM           RCC_APB1Periph_TIM3           //TIM 时钟使能
/ * LED1 接口声明 * /
#define RCC_APB_LED1          RCC_APB2Periph_GPIOF          //LED1 时钟使能
/ * TIM - CH1 - IO * /
#define RCC_APB_TIM_CH1       RCC_APB2Periph_GPIOA
#define TIM_CH1_GPIO          GPIOA
#define TIM_CH1_Pin           GPIO_Pin_6
/ * TIM - CH2 - IO * /
#define RCC_APB_TIM_CH2       RCC_APB2Periph_GPIOA
#define TIM_CH2_GPIO          GPIOA
#define TIM_CH2_Pin           GPIO_Pin_7
/ * TIM - CH3 - IO * /
#define RCC_APB_TIM_CH3       RCC_APB2Periph_GPIOB
#define TIM_CH3_GPIO          GPIOB
#define TIM_CH3_Pin           GPIO_Pin_0
/ * TIM - CH4 - IO * /
#define RCC_APB_TIM_CH4       RCC_APB2Periph_GPIOB
#define TIM_CH4_GPIO          GPIOB
#define TIM_CH4_Pin           GPIO_Pin_1
void PWMOutput_Init(u16 cycle, u16 CCR1_Val, u16 CCR2_Val, u16 CCR3_Val, u16 CCR4_
Val);
#endif
```

③ BaseDriver 组的.c 文件。

```
# include "stm32f10x. h"
# include <stdio. h>
# include "TimTest. h"
/ *******************************************************
* 函数名称:static void PwmOutGpio_Init()
* 入口参数:无
* 出口参数:无
* 功能说明:PWM 输出 I/O 口的初始化
*******************************************************/
static void PwmOutGpio_Init()
{
    GPIO_InitTypeDef GPIO_InitStructure;
    RCC_APB2PeriphClockCmd (RCC_APB_TIM_CH1 | RCC_APB_TIM_CH2 | RCC_APB_TIM_CH3 | RCC
                            _APB_TIM_CH4, ENABLE);
    GPIO_InitStructure.GPIO_Pin   = TIM_CH1_Pin;              //选择 TIM_CH1_Pin
    GPIO_InitStructure.GPIO_Speed = GPIO_Speed_50 MHz;       //引脚频率为 50 MHz
    GPIO_InitStructure.GPIO_Mode = GPIO_Mode_AF_PP;          //模式为推挽复用输出
    GPIO_Init(TIM_CH1_GPIO, &GPIO_InitStructure);            //初始化 TIM_CH1_GPIO
    GPIO_InitStructure.GPIO_Pin   = TIM_CH2_Pin;              //选择 TIM_CH2_Pin
    GPIO_InitStructure.GPIO_Speed = GPIO_Speed_50 MHz;       //引脚频率为 50 MHz
    GPIO_InitStructure.GPIO_Mode = GPIO_Mode_AF_PP;          //模式为推挽复用输出
    GPIO_Init(TIM_CH2_GPIO, &GPIO_InitStructure);            //初始化 TIM_CH2_GPIO
    GPIO_InitStructure.GPIO_Pin   = TIM_CH3_Pin;              //选择 TIM_CH3_Pin
    GPIO_InitStructure.GPIO_Speed = GPIO_Speed_50 MHz;       //引脚频率为 50 MHz
    GPIO_InitStructure.GPIO_Mode = GPIO_Mode_AF_PP;          //模式为推挽复用输出
    GPIO_Init(TIM_CH3_GPIO, &GPIO_InitStructure);            //初始化 TIM_CH3_GPIO
    GPIO_InitStructure.GPIO_Pin   = TIM_CH4_Pin;              //选择 TIM_CH4_Pin
    GPIO_InitStructure.GPIO_Speed = GPIO_Speed_50 MHz;       //引脚频率为 50 MHz
    GPIO_InitStructure.GPIO_Mode = GPIO_Mode_AF_PP;          //模式为推挽复用输出
    GPIO_Init(TIM_CH4_GPIO, &GPIO_InitStructure);            //初始化 TIM_CH4_GPIO
}
/ *****************************************************
函数名称:void PWMOutput_Init(u16 cycle, u16 CCR1_Val, u16 CCR2_Val,
                            u16 CCR3_Val, u16 CCR4_Val)
* 入口参数:u16 cycle:PWM 周期
*          u16 CCR1_Val:CH1 占空比值
```

```
*          u16 CCR2_Val:CH2 占空比值
*          u16 CCR3_Val:CH3 占空比值
*          u16 CCR4_Val:CH4 占空比值
* 出口参数:无
* 功能说明:指定周期与占空比的 PWM 初始化
**********************************************************/
void PWMOutput_Init(u16 cycle, u16 CCR1_Val, u16 CCR2_Val, u16 CCR3_Val, u16 CCR4_Val)
{
    TIM_TimeBaseInitTypeDef   TIM_TimeBaseStructure;
    TIM_OCInitTypeDef   TIM_OCInitStructure;
    PwmOutGpio_Init();
    /* TIM 时钟使能 */
    if ((TIM == TIM1) || (TIM == TIM8))
        RCC_APB2PeriphClockCmd(RCC_APB_TIM, ENABLE);
    else if((TIM == TIM2) || (TTM == TIM3) || (TIM == TIM4) || (TIM == TIM5))
        RCC_APB1PeriphClockCmd(RCC_APB_TIM, ENABLE);
    TIM_TimeBaseStructure.TIM_Period = cycle;                          //计数重装值
    TIM_TimeBaseStructure.TIM_Prescaler = 0;                          //预分频值 0 + 1 = 1
    TIM_TimeBaseStructure.TIM_ClockDivision = 0;                      //时钟分割 0
    TIM_TimeBaseStructure.TIM_CounterMode = TIM_CounterMode_Up;      //向上计数模式
    TIM_TimeBaseInit(TIM, &TIM_TimeBaseStructure);                   //初始化结构体
    /* CH1 初始化 */
    TIM_OCInitStructure.TIM_OCMode = TIM_OCMode_PWM1;//PWM1 输出模式
    TIM_OCInitStructure.TIM_OutputState = TIM_OutputState_Enable;
    TIM_OCInitStructure.TIM_Pulse = CCR1_Val;                        //匹配值
    TIM_OCInitStructure.TIM_OCPolarity = TIM_OCPolarity_High; //PWM 输出比较极性高
    TIM_OC1Init(TIM, &TIM_OCInitStructure);                          //初始化结构体
    TIM_OC1PreloadConfig(TIM, TIM_OCPreload_Enable);
                                          //使能 TIM3 在 CCR4 上的预装载寄存器
    /* CH2 初始化 */
    TIM_OCInitStructure.TIM_OutputState = TIM_OutputState_Enable;
    TIM_OCInitStructure.TIM_Pulse = CCR2_Val;
                                          //设置了待装入捕获比较寄存器的脉冲值
    TIM_OC2Init(TIM, &TIM_OCInitStructure);
    TIM_OC2PreloadConfig(TIM, TIM_OCPreload_Enable);
                                          //使能 TIM3 在 CCR2 上的预装载寄存器
```

```
/* CH3 初始化 */
TIM_OCInitStructure.TIM_OutputState = TIM_OutputState_Enable;
TIM_OCInitStructure.TIM_Pulse = CCR3_Val;
                                        //设置了待装入捕获比较寄存器的脉冲值
TIM_OC3Init(TIM, &TIM_OCInitStructure);
TIM_OC3PreloadConfig(TIM, TIM_OCPreload_Enable);
                                        //使能 TIM3 在 CCR3 上的预装载寄存器
/* CH4 初始化 */
TIM_OCInitStructure.TIM_OutputState = TIM_OutputState_Enable;
TIM_OCInitStructure.TIM_Pulse = CCR4_Val;
                                        //设置了待装入捕获比较寄存器的脉冲值
TIM_OC4Init(TIM, &TIM_OCInitStructure);
TIM_OC4PreloadConfig(TIM, TIM_OCPreload_Enable);
                                        //使能 TIM3 在 CCR4 上的预装载寄存器
TIM_ARRPreloadConfig(TIM, ENABLE);      //使能 TIM3 在 ARR 上的预装载寄存器
/* TIM 使能 */
TIM_Cmd(TIM, ENABLE);                                        //开始计数
}
```

程序中用到的库函数：

① 函数 TIM_OCInit，如表 11-1 所列。

表 11-1　TIM_OCInit 函数简介

函数名	TIM_OCInit
函数原型	void TIM_OCInit(TIM_TypeDef * TIMx, TIM_OCInitTypeDef * TIM_OCInitStruct)
功能描述	根据 TIM_OCInitStruct 中指定的参数初始化外设 TMx
输入参数 1	TIMx：x 可以是 2,3 或者 4，来选择 TIM 外设
输入参数 2	TIM_OCInitStruct：指向结构 TIM_OCInitTypeDef 的指针，包含了 TIMx 时间基数单位的配置信息 参阅 Section：TIM_OCInitTypeDef 查阅更多该参数允许取值范围
输出参数	无
返回值	无
先决条件	无
被调用函数	无

TIM_OCInitTypeDef 定义于文件"stm32f10x_tim.h"：

```
typedef struct
{
```

```
u16 TIM_OCMode;
u16 TIM_Channel;
u16 TIM_Pulse;
u16 TIM_OCPolarity;
} TIM_OCInitTypeDef;
```

(a) TIM_OCMode 选择定时器模式,该参数取值如表 11-2 所列。

表 11-2 IM_OCMode 参数列表

TIM_OCMode	描 述
TIM_OCMode_Timing	TIM 输出比较时间模式
TIM_OCMode_Active	TIM 输出比较主动模式
TIM_OCMode_Inactive	TIM 输出比较非主动模式
TIM_OCMode_Toggle	TIM 输出比较触发模式
TIM_OCMode_PWM1	TIM 输出比较主动模式 1
TIM_OCMode_PWM2	TIM 输出比较主动模式 2

(b) TIM_Channel 选择通道,该参数取值如表 11-3 所列。

表 11-3 TIM_Channel 参数列表

TIM_Channel	描 述
TIM_Channel_1	使用 TIM 通道 1
TIM_Channel_2	使用 TIM 通道 2
TIM_Channel_3	使用 TIM 通道 3
TIM_Channel_4	使用 TIM 通道 4

(c) TIM_Pulse 设置了待装入捕获比较寄存器的脉冲值,它的取值必须在 0x0000 和 0xFFFF 之间。

(d) TIM_OCPolarity 输出极性,该参数取值如表 11-4 所列。

表 11-4 TIM_OCPolarit 参数列表

TIM_OCPolarity	描 述
TIM_OCPolarity_High	TIM 输出比较极性高
TIM_OCPolarity_Low	TIM 输出比较极性低

② 函数 TIM_OC1PreloadConfig,如表 11-5 所列。

表 11 - 5   **TIM_OC1PreloadConfig 函数**

函数名	TIM_OC1PreloadConfig
函数原型	void TIM_OCIPreloadConfig(TIM_TypeDef * TIMx,u16TIM_OCPreload)
功能描述	使能或者失能 TIMx 在 CCR1 上的预装载寄存器
输入参数 1	TIMx:x 可以是 2,3 或者 4,来选择 TIM 外设
输入参数 2	TIM_OCPreload:输出比较预装载状态 参阅 Section:TIM_OCPreload 查阅更多该参数允许取值范围
输出参数	无
返回值	无
先决条件	无
被调用函数	无

TIM_OCPreload 输出比较预装载状态可以使能或者失能,如表 11 - 6 所列。

表 11 - 6   **TIM_OCPreload 参数列表**

TIM_OCPreload	描　述
TIM_OCPreload_Enable	TIMx 在 CCR1 上的预装载寄存器使能
TIM_OCPreload_Disable	TIMx 在 CCR1 上的预装载寄存器失能

③ 函数 TIM_ARRPreloadConfig,如表 11 - 7 所列。

表 11 - 7   **TIM_ARRPreloadConfig 函数**

函数名	TIM_ARRPreloadConfig
函数原型	void TIM_ARRPreloadConfig(TIM_TypeDef * TIMx,FunctionalState-Newstate)
功能描述	使能或者失能 TIMx 在 ARR1 上的预装载寄存器
输入参数 1	TIMx:x 可以是 2,3 或者 4,来选择 TIM 外设
输入参数 2	NewState:TIM_CR1 寄存器 ARPE 位的新状态 这个参数可以取:ENABLE 或者 DISABLE
输出参数	无
返回值	无
先决条件	无
被调用函数	无

3. 实验现象

编译完成后,进入 DEBUG 仿真模式,单击全速运行按钮,通过 KEIL4 自带的逻辑分析仪观察 TIM3 的 4 个通道,这里截图如图 11 - 9 所示,分析可知达到了预期效果。

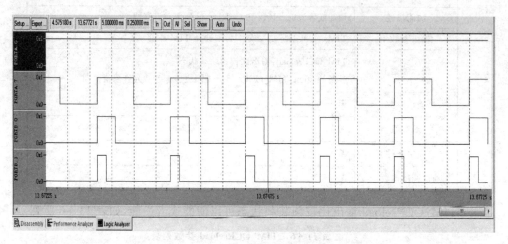

图 11 - 9   实验现象截图

第 12 章

通用同步/异步收发器(USART)

本章主要介绍 STM32 系列芯片 USART 通信的特性及其工作原理,并通过具体的实验来介绍如何使用 USART 接收和发送数据。

12.1 概　述

1. USART 的介绍

USART,英文全称 Universal Synchronous/Asynchronous Receiver/Transmitter,即通用同步/异步串行接收/发送器是 MCU 系统开发中的重要组成部分,利用 USART 可以轻松实现 PC 与嵌入式主控制器的通信,它可以降低硬件资源的消耗,并具有可靠性高、协议简洁、灵活性高的特点,在嵌入式应用领域中拥有着很高的地位。

STM32F10X 系列芯片内置 3 个通用同步/异步收发器(USART1,USART2 和 USART3)和两个通用异步收发器(USART4 和 USART5)。USART 通信接口通信速率可达 4.5 Mbps,其他接口的通信速率可达 2.25 Mbps。

2. USART 主要特性

① 可实现全双工的异步通信。

② 符合 NRZ 标准格式。

③ 分数波特率发生器系统:发送和接收共用的可编程波特率,最高 4.5 Mbps。

④ 可编程数据字长度(8 位或 9 位)。

⑤ 可配置的停止位—支持 1 或 2 个停止位。

⑥ LIN 主发送同步断开符的能力以及 LIN 从检测断开符的能力:当 USART 硬件配置成 LIN 时,生成 13 位断开符;检测 10/11 位断开符。

⑦ 发送方为同步传输提供时钟。

⑧ 配备 IRDA SIR 编码器解码器:在正常模式下支持 3/16 位的持续时间。

⑨ 智能卡模拟功能:

➢ 智能卡接口支持 ISO7816—3 标准里定义的异步智能卡协议。

➢ 智能卡用到的 0.5 和 1.5 个停止位。

⑩ 单线半双工通信。

⑪ 可配置的使用 DMA 的多缓冲器通信:在 SRAM 里利用集中式 DMA 缓冲接收/发送字节。

⑫ 单独的发送器和接收器使能位。

⑬ 检测标志:

➢ 接收缓冲器满。

➢ 发送缓冲器空。

➢ 传输结束标志。

⑭ 校验控制:

➢ 发送校验位。

➢ 对接收数据进行校验。

⑮ 4 个错误检测标志:

➢ 溢出错误。

➢ 噪音错误。

➢ 帧错误。

➢ 校验错误。

⑯ 10 个带标志的中断源:

➢ CTS 改变。

➢ LIN 断开符检测。

➢ 发送数据寄存器空。

➢ 发送完成。

➢ 接收数据寄存器满。

➢ 检测到总线为空闲。

➢ 溢出错误。

➢ 帧错误。

➢ 噪声错误。

➢ 校验错误。

⑰ 多处理器通信——如果地址不匹配,则进入静默模式。

⑱ 从静默模式中唤醒(通过空闲总线检测或地址标志检测)。

⑲ 两种唤醒接收器的方式:地址位(MSB,第 9 位),总线空闲。

可以看到,通用同步异步收发器(USART)提供了一种灵活的方法,从而与使用工业标准 NRZ 异步串行数据格式的外部设备之间进行全双工数据交换。USART 利用分数波特率发生器提供宽范围的波特率选择。它支持同步单向通信和半双工单线通信,也支持 LIN(局部互连网)、智能卡协议和 IrDA(红外数据组织)SIR ENDEC 规范以及调制解调器(CTS/RTS)操作。它还允许多处理器通信,使用多缓冲器配置的 DMA 方式可以实现高速数据通信。

3. STM32 的 USART 硬件结构

STM32 的 USART 硬件结构如图 12-1 所示。

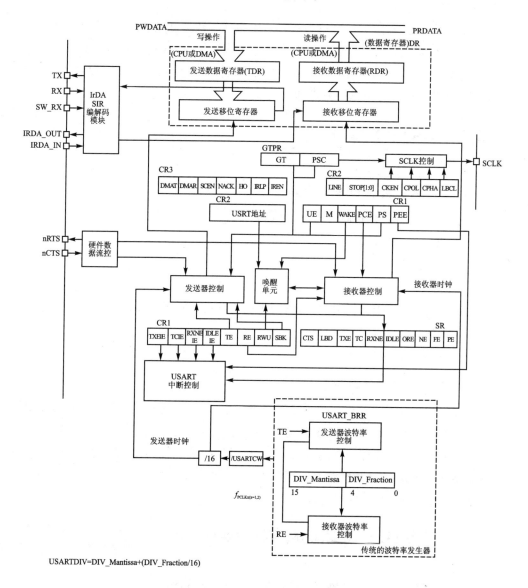

USARTDIV=DIV_Mantissa+(DIV_Fraction/16)

图 12-1 USART 硬件结构示意图

可以看到,USART 的硬件结构可以分为 4 个部分:

① 发送和接收部分。

② 发送和接收控制器。

③ 中断控制部分。

④ 波特率控制部分。

分析框图发现,接口通过接收数据输入(Rx)、发送数据输出(Tx)、GND 与其他设备连接在一起。

Rx:接收数据串行输入,通过采样技术来区别数据和噪声,从而恢复数据。

Tx:发送数据输出,当发送器被禁止时,输出引脚恢复到它的 I/O 端口配置。当发送器被激活,并且不发送数据时,Tx 引脚处于高电平,在单线和智能卡模式里,此 I/O 口被同时用于数据的发送和接收。

12.2 USART 操作

1. USART 通信的操作步骤

① USART 串口时钟使能,GPIO 时钟使能。

② USART 串口复位。

③ GPIO 端口模式设置。

④ USART 串口参数初始化。

⑤ 开启中断并且初始化 NVIC(如果需要开启中断才需要这个步骤)。

⑥ 使能 USART 串口。

⑦ 编写中断处理函数。

2. USART 的波特率

波特率是指每秒传送二进制位数,单位是位/s(b/s 或 bps)。波特率是串行通信的重要指标,用于表征数据传输的速度。

由于本书主要以库函数的方法编程,利用库函数,可以直接这样配置波特率,而不需要自行计算 USARTDIV 的分频因子。有关波特率的计算方法有兴趣的读者可以去 stm32f10x 的官方手册查阅。

12.3 USART 特殊功能寄存器

1. 有关 USART 特殊功能寄存器的名称及功能

有关 USART 特殊功能寄存器的名称及功能如表 12-1 所列。

表 12-1　USART 特殊功能寄存器的的名称及功能表

寄存器名称	功能简介
状态寄存器(USART_SR)	反应 USART 单元的状态
数据寄存器(USART_DR)	用于保存接收或发送的数据
波特比率寄存器(USART_BRR)	用于设置 USART 的波特率
控制寄存器 1(USART_CR1)	用于控制 USART
控制寄存器 2(USART_CR2)	
控制寄存器 3(USART_CR3)	
保护时间和预分频寄存器(USART_GTPR)	保护时间和预分频

2. 各寄存器的地址映射

各寄存器的地址映射如表 12-2 所列。

表 12-2　寄存器的地址映射图

偏移	寄存器	31	30	29	28	27	26	25	24	23	22	21	20	19	18	17	16	15	14	13	12	11	10	9	8	7	6	5	4	3	2	1	0
000h	USART_SR	保留																						CTS	LBD	TXE	TC	RXNE	IDLE	ORE	NE	FE	PE
	复位值																							0	0	1	1	0	0	0	0	0	0
004h	USART_DR	保留																							DR[8:0]								
	复位值																							0	0	0	0	0	0	0	0	0	
008h	USART_BRR	保留																DIV_Mantissa[15:4]												DIV_Fraction[3:0]			
	复位值																	0	0	0	0	0	0	0	0	0	0	0	0	0	0	0	0
00Ch	USART_CR1	保留																		UE	M	WAKE	PCE	PS	PEIE	TXEIE	TCIE	RXNEIE	IDLEIE	TE	RE	RWU	SBK
	复位值																			0	0	0	0	0	0	0	0	0	0	0	0	0	0
010h	USART_CR2	保留																	LIEN	STOP[1:0]		CLKEN	CPOL	CPHA	LBCL	保留	LBDIE	LBDL	保留	ADD[3:0]			
	复位值																		0	0	0	0	0	0	0		0	0		0	0	0	0
014h	USART_CR3	保留																					CTSIE	CTSE	RTSE	DMAT	DMAR	SCEN	NACK	HDSEL	IRLP	IREN	EIE
	复位值																						0	0	0	0	0	0	0	0	0	0	0
018h	USART_GTPR	保留																GT[7:0]								PSC[7:0]							
	复位值																	0	0	0	0	0	0	0	0	0	0	0	0	0	0	0

12.4　典型硬件电路设计

1. 实验设计思路

使用 STM32 的 USART1 与 PC 进行数据通信,通过串口调试助手向 USART1 发送数据,STM32 在收到数据之后,将此数据发送到该 PC。

2. 实验预期效果

在 PC 机的串口调试助手上发送数据,可以看到发送的数据又被接收回来。

3. 硬件电路连接

硬件电路连接如图 12 - 2 所示。

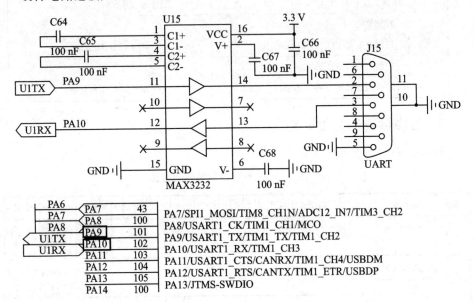

图 12 - 2　硬件电路设计

12.5　例程源代码分析

1. 工程组详情

工程组详情如图 12 - 3 所示。

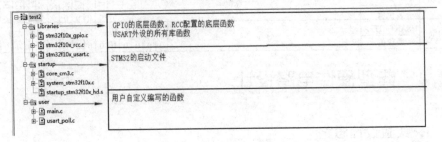

图 12 - 3　工程组详情

2. 源码分析

① USER 组的 main.c。

```
/*********头文件**********/
#include "stm32f10x.h"
#include "usart_poll.h"
/**********主函数**********/
int main(void)
{
    char dat;  //自定义接收数据参数
    Init_Usart(); //USART 初始化

    while(1)
    {
        dat = Usart_GetCahr(USART1);        //将接收到的数据写给 dat
        Usart_SendChar(USART1,dat);         //将接收的的数据发送给 PC
    }
}
```

★ 该程序比较简单,加入头文件之后便进入了主函数,先定义一个形参,用于保存 USART 接收到的数据,之后将 USART 进行了初始化,然后进入主循环,CPU 一直检测有无数据接收,当接收到数据之后,立刻将其发送给 PC。

② 用户自定义的头文件。

```
#ifndef __usart_poll
#define __usart_poll
#include "stm32f10x.h"
//函数申明
void Init_Usart(void);
//USART 发送字符
void Usart_SendChar(USART_TypeDef * USARTx,char dat);
//USART 接收数据
char Usart_GetCahr(USART_TypeDef * USARTx);
#endif
```

③ 用户自己编写的.c 文件。

```
#include "usart_poll.h"
#include "stm32f10x.h"
//使能串口 I/O 时钟
//配置 I/O
```

```
void Init_Usart(void)
{   /*串口初始化程序*/
    GPIO_InitTypeDef GPIO_InitStruct;
    USART_InitTypeDef USART_InitStruct;
    /*使能 GPIOA,USART1 的时钟*/
    RCC_APB2PeriphClockCmd(RCC_APB2Periph_GPIOA | RCC_APB2Periph_USART1,ENABLE);
    //串口的 I/O 初始化
    GPIO_InitStruct.GPIO_Pin = GPIO_Pin_9;
    GPIO_InitStruct.GPIO_Speed = GPIO_Speed_50 MHz;              //输出频率
    GPIO_InitStruct.GPIO_Mode = GPIO_Mode_AF_PP;              //复用功能推挽输出
    GPIO_Init(GPIOA,&GPIO_InitStruct);                       //TX
    GPIO_InitStruct.GPIO_Pin = GPIO_Pin_10;
    GPIO_InitStruct.GPIO_Mode = GPIO_Mode_IN_FLOATING;          //浮空输入模式
    GPIO_Init(GPIOA,&GPIO_InitStruct);                       //RX
    //串口初始
    USART_InitStruct.USART_BaudRate    = 9600;               //波特率设为 9600bps
    USART_InitStruct.USART_WordLength   = USART_WordLength_8b;     //8 位数据长度
    USART_InitStruct.USART_StopBits    = USART_StopBits_1;        //一个停止位
    USART_InitStruct.USART_Parity     = USART_Parity_No;         //无校验
    USART_InitStruct.USART_Mode      = USART_Mode_Rx|USART_Mode_Tx;
                                                        //使能发送和接收模式
    USART_InitStruct.USART_HardwareFlowControl     =
    USART_HardwareFlowControl_None;                         //无硬件流控制
    USART_Init(USART1,&USART_InitStruct);
    USART_Cmd(USART1,ENABLE);                             //使能 USART1
}
//USART 发送字符
void Usart_SendChar(USART_TypeDef * USARTx,char dat)
{
    while(! USART_GetFlagStatus(USARTx,USART_FLAG_TXE));  //等待 USART 发送数据完毕
    USART_SendData(USARTx,dat);                            //USART 发送数据
}
/* USART 接收数据 */
char Usart_GetCahr(USART_TypeDef * USARTx)
{
    char dat;
```

```
while(! USART_GetFlagStatus(USARTx,USART_FLAG_RXNE));  //等待 USART 接收数据完毕

dat = (char)(USART_ReceiveData(USARTx)&0xff);

return dat;                                              //返回 dat

}
```

★ 程序分析

这里有一个最值得注意的地方,在硬件结构中,发现 USART 的输入/输出引脚设置在 GPIOA 口,但在编程时有如下代码"RCC_APB2PeriphClockCmd(RCC_APB2Periph_GPIOA｜RCC_APB2Periph_USART1,ENABLE);",这是因为 USART 和 GPIO 是两种不同的设备,USART 只是"利用"了 GPIOA 作为自己的输入和输出通道。所以,不仅要打开 USART 时钟,还要打开相应的 GPIO 时钟。

3. 使用到的库函数解析

① 函数 USART_Init,如表 12-3 所列。

表 12-3 USART_Init 函数简介

函数名	USART_Init
函数原型	void USART_Init(USART_TypeDef * USARTx, USART_InitTypeDef * USART_InitStruct)
功能描述	根据 USART_InitStruct 中指定的参数初始化外设 SUARTx 寄存器
输入参数 1	USARTx:x 可以是 1,2 或者 3,来选择 USART 外设
输入参数 2	USART_InitStruct:指向结构 USART_InitTypeDef 的指针,包含了外设 USART 的配置信息。参阅 Section:USART_InitTypeDef 获得更多该参数允许取值范围
输出参数	无
返回值	无
先决条件	无
被调用函数	无

USART_InitTypeDef 定义于文件"stm32f10x_usart.h":

```
typedef struct
{
u32 USART_BaudRate;
u16 USART_WordLength;
u16 USART_StopBits;
u16 USART_Parity;
```

```
u16 USART_HardwareFlowControl;
u16 USART_Mode;
u16 USART_Clock;
u16 USART_CPOL;
u16 USART_CPHA;
u16 USART_LastBit;
} USART_InitTypeDef;
```

（a）USART_BaudRate。

该成员设置了 USART 传输的波特率，波特率可以由以下公式计算：

IntegerDivider ＝（（APBClock）/（16 ＊（USART_InitStruct → USART_BaudRate）））FractionalDivider ＝（（IntegerDivider － （（u32）IntegerDivider））×16）＋ 0.5

常用值为 115 200、57 600、38 400、9 600、4 800、2 400、1 200 等。

（b）USART_WordLength，如表 12－4 所列。

USART_WordLength 提示了在一个帧中传输或者接收到的数据位数。

表 12－4　USART_WordLength 参数列表

USART_WordLength	描　述
USART_WordLength_8b	8 位数据
USART_WordLength_9b	9 位数据

（c）USART_StopBits，如表 12－5 所列。

USART_StopBits 定义了发送的停止位数目。

表 12－5　USART_StopBits 参数列表

USART_StopBits	描　述
USART_StopBits_1	在帧结尾传输 1 个停止位
USART_StopBits_0.5	在帧结尾传输 0.5 个停止位
USART_StopBits_2	在帧结尾传输 2 个停止位
USART_StopBits_1.5	在帧结尾传输 1.5 个停止位

（d）USART_Parity，如表 12－6 所列。

USART_Parity 定义了奇偶模式。

表 12－6　USART_Parity 参数列表

USART_Parity	描　述
USART_Parity_No	奇偶失能
USART_Parity_Even	偶模式
USART_Parity_Odd	奇模式

(e) USART_HardwareFlowControl,如表 12-7 所列。

USART_HardwareFlowControl 指定了硬件流控制模式是使能还是失能。

表 12-7　USART_HardwareFlowControl 参数列表

USART_HardwareFlowControl	描　述
USART_HardwareFlowControl_None	硬件流控制失能
USART_HardwareFlowControl_RTS	发送请求 RTS 使能
USART_HardwareFlowControl_CTS	清除发送 CTS 使能
USART_HardwareFlowControl_RTS_CTS	RTS 和 CTS 使能

(f) USART_Mode,如表 12-8 所列。

USART_Mode 指定了使能或者失能发送和接收模式。

表 12-8　USART_Mode 参数列表

USART_Mode	描　述
USART_Code_Tx	发送使能
USART_Mode_Rx	接收使能

(g) USART_CLOCK,如表 12-9 所列。

USART_CLOCK 提示了 USART 时钟使能还是失能。

表 12-9　USART_CLOCK 参数列表

USART_CLOCK	描　述
USART_Code_Enable	时钟高电平活动
USART_Mode_Disable	时钟低电平活动

(h) USART_CPOL,如表 12-10 所列。

USART_CPOL 指定了 SLCK 引脚上时钟输出的极性。

表 12-10　USART_CPOL 参数列表

USART_CPOL	描　述
USART_CPOL_High	时钟高电平
USART_CPOL_Low	时钟低电平

(i) USART_CPHA,如表 12-11 所列。

USART_CPHA 指定了 SLCK 引脚上时钟输出的相位,和 CPOL 位一起配合来产生用户希望的时钟/数据的采样关系。

表 12 - 11　USART_CPHA 参数列表

USART_CPHA	描　述
USART_CPHA_1Edge	时钟第一个边沿进行数据捕获
USART_CPHA_2Edge	时钟第二个边沿进行数据捕获

(j) USART_LastBit,如表 12 - 12 所列。

USART_LastBit 来控制是否在同步模式下,在 SCLK 引脚上输出最后发送的那个数据字(MSB)对应的时钟脉冲。

表 12 - 12　USART_LastBit 参数列表

USART_LastBit	描　述
USART_LastBit_Disable	最后一位数据的时钟脉冲不从 SCLK 输出
USART_LastBit_Disable	最后一位数据的时钟脉冲从 SCLK 输出

② 函数 USART_Cmd,如表 12 - 13 所列。

表 12 - 13　USART_Cmd 函数简介

函数名	USART_Cmd
函数原型	void USART_Cmd(USART_TypeDef * USARTx,FunctionalState NewState)
功能描述	使能或者失能 USART 外设
输入参数 1	USARTx:x 可以是 1,2 或者 3,来选择 USART 外设
输入参数 2	NewState:外设 USARTx 的新状态 这个参数可以取:ENABLE 或者 DISABLE
输出参数	无
返回值	无
先决条件	无
被调用函数	无

例:
```
/* Enable the USART1 */
USART_Cmd(USART1,ENABLE);
```

③ 函数 USART_SendData,如表 12 - 14 所列。

表 12 - 14　USART_SendData 函数简介

函数名	USART_SendData
函数原型	void USART_SendData(USART_TypeDef * USARTx,u8 Data)
功能描述	通过外设 USARTx 发送单个数据
输入参数 1	USARTx:x 可以是 1,2 或者 3,来选择 USART 外设
输入参数 2	Data:待发送的数据
输出参数	无
返回值	无
先决条件	无
被调用函数	无

例：

/＊ Send one HalfWord on USART3 ＊/

USART_SendData()USART3,0x26;

④ 函数 USART_ReceiveData,如表 12-15 所列。

表 12-15　USART_ReceiveData 函数简介

函数名	USART_ReceiveData
函数原型	u8 USART_ReceiveData(USART_TypeDef＊ USARTx)
功能描述	返回 USARTx 最近接收到的数据
输入参数	USARTx:x 可以是 1,2 或者 3,来选择 USART 外设
输出参数	无
返回值	接收到的字
先决条件	无
被调用函数	无

例：

/＊ Receive one halfword on USART2 ＊/

u16 RxData;

RxData = USART_ReceiveData(USART2);

4. 实验现象

编译完成后,将程序载入实验板,打开串口调试助手,发送字符串"Ji lin nong ye ke ji xue yuan"马上在接收区收到同样的字符,实现了预期的效果,截图如图 12-4 所示。

图 12-4　实验现象截图

第 **13** 章

RS485 通信

　　在前面章节中,学习了 RS232 接口的 USART 通信,本章将要学习的 RS485 通信与 RS232 通信没有什么本质区别,都是利用串口设备进行收发控制,在用软件编程时的配置方法差别也不大,不过在硬件电路上使用的是 RS485 通信接口的芯片。下面将介绍 STM32 RS485 的特性,并通过实验演示 STM32 如何利用串口实现 RS485 收发数据的功能。

13.1　概　述

1. RS485 简介

　　RS485(又称作 EIA-485)是隶属于 OSI 模型物理层的,电气特性规定为两线,半双工,多点通信的标准。它的电气特性和 RS232 大不一样,用缆线两端的电压差值来表示传递信号。

　　RS485 仅仅规定了接受端和发送端的电气特性,没有定义数据协议,适用于广域网和一发多收的通信链路,点对点网络中,线型,总线型,不能是星型、环型网络;当大面积长距离传输时(超过 4 000 英尺,1 200 m),一般都需要配备两个终端电阻保护信号的正确纯净。

　　因为 RS485 接口具有良好的抗噪声干扰性,长的传输距离和多站能力等优点,所以,使其成为首选的串行接口。

2. RS485 的特点

　　① RS485 的电气特性:逻辑"1"以两线间的电压差为 +(2~6) V 表示;逻辑"0"以两线间的电压差为 -(2~6) V 表示。接口信号电平比 RS232C 降低了,就不易损坏接口电路的芯片,且该电平与 TTL 电平兼容,可方便与 TTL 电路连接。

　　② RS485 的数据最高传输速率为 10 Mbps。

　　③ RS485 接口是采用平衡驱动器和差分接收器的组合,抗共模干能力增强,即抗噪声干扰性好。

　　④ RS485 接口的最大传输距离标准值为 4 000 英尺,实际上可达 3 000 米,另外

RS232C 接口在总线上只允许连接一个收发器,即单站能力。而 RS485 接口在总线上是允许连接多达 128 个收发器。即具有多站能力,这样用户可以利用单一的 RS485 接口方便地建立起设备网络。

13.2 SP3485 芯片简介

1. SP3485 芯片介绍

STM32F103ZET6 开发板提供一路 RS485 接口,RS485 接口芯片为 SP3485。SP3485 是＋3.3 V 的低功耗半双工收发器,完全满足 RS485 和 RS422 串行协议的要求。SP3485 符合 RS485 串行协议的电器规范,数据传输速率可高达 10 Mbps(带负载),其有如下特性:

> 工作电压＋3.3 V;
> 可与＋0.5 V 的逻辑电路共同工作;
> 驱动器/接收器是使能;
> －7～12 V 的共模输入电压范围;
> 允许在同一串行总线上连接 32 个收发器;
> 驱动输出短路保护。

2. 引脚功能

引脚功能如图 13 - 1 所示。

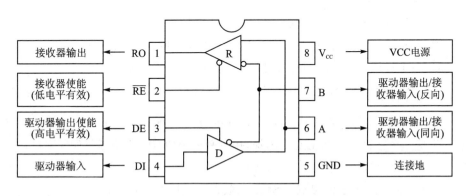

图 13 - 1 SP3485 引脚功能图

3. 芯片时序电路

芯片时序电路如表 13 - 1 所列。

表 13-1　SP3485 芯片时序

表(a)　发送功能真值表

输入			输出		
$\overline{RE}$	DE	DI	线状态	B	A
X	1	1	无错误	0	1
X	1	0	无错误	1	0
X	0	X	X	Z	Z

表(b)　接收功能真值表

输入		输出	
$\overline{RE}$	DE	A－B	R
0	0	＋0.2V	1
0	0	－0.2V	0
0	0	输入开路	1
1	0	X	Z

　　RS485 是半双工的工作方式,发送时不能接收,接收时不能发送。由于是对 SP3485 的收发使能引脚分别控制的,所以在写 RS485 程序时,需要注意在 RS485 接收数据时,禁止发送数据;在 RS485 发送数据时,禁止接收数据。

13.3　典型硬件电路设计

1. 实验设计思路

　　本实验是利用 USART3 串口实现 RS485 发送和输出数据的功能,芯片不断地通过串口将字符 a 发送给上位机打印,当收到字符 a 时,通过 LED 灯的闪烁来提示接收成功。实验大致思路如下:

　　① 设置系统时钟。

　　② GPIO,LED 灯的初始化配置。

　　③ 配置串口发送、接收端引脚和 RS485 控制引脚。

　　④ 向上位机发送数据,并等待接收。

2. 实验预期效果:

　　编译完成后,将程序载入实验板,打开串口调试助手,PC 端不断打印 a 字符,向芯片发送一个字符 a,发现 LED1 闪烁,按下复位按钮,PC 端不断打印 a 字符,向芯片发送一个其他字符,发现 LED1 并无闪烁。

　　注意:本实验要用 USB 转 RS485 的数据线连接 PC 和芯片。

3. 硬件电路设计

　　硬件电路设计如图 13-2 所示。

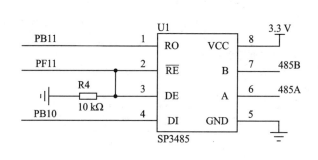
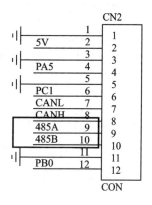

图 13 - 2   硬件电路设计

13.4   例程源码分析

1. 工程组详情

工程组详情如图 13 - 3 所示。

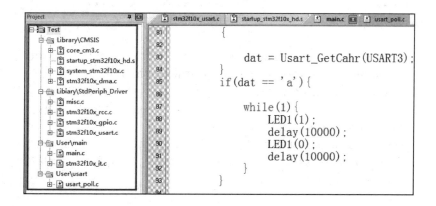

图 13 - 3   工程组详情

2. 例程源码分析

① 先看 User/main 组的 main. c 文件。

/＊＊＊＊＊＊＊＊＊＊＊＊＊＊＊＊＊头文件＊＊＊＊＊＊＊＊＊＊＊＊＊＊＊＊＊/

include "usart_poll.h"

include "stm32f10x.h"

include ＜stdio.h＞

//LED 定义

```
#define    LED1(x)     GPIOF - >BSRR = (x)? (1<<6):(1<<22)
/* *********************************************************
* * 函数名 :  delay
* * 描述    : 普通延时
* * 输入    : i:可输入 0 - 2…^3 之间的数
* * 输出    : 无
* * 返回值 : 无
********************************************************** */
void delay(unsigned int i)
{
    unsigned j;
    for(j = j;j>0;j - -)
        for(j = 0;j<0x10000;j + +)
}
/* *********************************************************
函数名 :  LED_Init
* * 描述    :  初始化 LED 的 IO
* * 输入    :  无
* * 输出    :  无
* * 返回值 : 无
********************************************************** */
void LED_Init(void)
{
    GPIO_InitTypeDef GPIO_InitStructure;              //定义一个 GPIO 结构体变量
    RCC_APB2PeriphClockCmd(RCC_APB2Periph_GPIOF,ENABLE);        //开启时钟
    GPIO_InitStructure.GPIO_Pin = (GPIO_Pin_6|GPIO_Pin_7|GPIO_Pin_8);
                                              //配置 LED 端口挂接到 PF6、PF7、PF8
    GPIO_InitStructure.GPIO_Mode = GPIO_Mode_Out_PP;        //通用输出推挽
    GPIO_InitStructure.GPIO_Speed = GPIO_Speed_2 MHz;       //配置端口速度为 2M
    GPIO_Init(GPIOF, &GPIO_InitStructure);        //将端口 GPIOD 进行初始化配置
    GPIOF - >BSRR = (7<<6);                     //点亮 LED 灯
}
/* 主函数 */
int main(void)
{
    char dat;
    LED_Init();                                 //LED 的初始化配置
    Init_Usart();                               //串口的初始化配置
    while(1)
    {
        Usart_SendChar(USART3,'a');            //发送字符 a
        /* * 检查接收数据寄存器非空标志位置位与否 */
```

```
        if(USART_GetFlagStatus(USART3,USART_FLAG_RXNE))
        {
            dat = Usart_GetCahr(USART3);
        }
        if(dat == 'a')
{
            while(1)                                    //LED1 亮灭闪烁
{
            LED1(1);
            delay(10000);
            LED1(0);
            delay(10000);
}}}}
```

★ 程序分析:进入主函数之后,先是对 LED 灯的初始化配置,然后是 USART 的初始化配置,进入主循环,通过串口线向 PC 及发送字符 a,并一直等待接收。如果接收的到了字符,并且判断该字符是字符 a,则将进入第二个 while (1)循环,在这个循环里实现的是 LED 的闪烁。

② 用户自定义的.h 文件。

```
#ifndef __usart_poll
#define __usart_poll
#include "stm32f10x.h"
//函数声明
void Init_Usart(void);
//USART 发送字符
void Usart_SendChar(USART_TypeDef * USARTx,char dat);
//USART 接收数据
char Usart_GetCahr(USART_TypeDef * USARTx);
#endif
```

③ USER/ usart 组的 usart_poll.c 文件。

```
/******************头文件****************/
#include "usart_poll.h"
#include "stm32f10x.h"
/********************************************************
* * 描述    :初始化 USart 包括:时钟、IO、USART 工作方式配置
* * 输入    :无
* * 输出    :无
* * 返回值:无
```

```
    ***************************************************/
    void Init_Usart(void)
    {   /*串口初始化程序*/
        GPIO_InitTypeDef GPIO_InitStruct;
        USART_InitTypeDef USART_InitStruct;
        //开启外设时钟
        RCC_APB2PeriphClockCmd(RCC_APB2Periph_GPIOB|RCC_APB2Periph_GPIOF,ENABLE);
        RCC_APB1PeriphClockCmd(RCC_APB1Periph_USART3,ENABLE );
        //串口的 I/O 初始化
        GPIO_InitStruct.GPIO_Pin = GPIO_Pin_10;                        //选择引脚
        GPIO_InitStruct.GPIO_Speed = GPIO_Speed_50 MHz;                //输出频率
        GPIO_InitStruct.GPIO_Mode = GPIO_Mode_AF_PP;                   //复用推挽输出
        GPIO_Init(GPIOB,&GPIO_InitStruct);                                     //TX
        GPIO_InitStruct.GPIO_Pin = GPIO_Pin_11;                        //选择引脚
        GPIO_InitStruct.GPIO_Mode = GPIO_Mode_IN_FLOATING;             //浮空输入
        GPIO_Init(GPIOB,&GPIO_InitStruct);                                     //RX
        //串口初始
        USART_InitStruct.USART_BaudRate    = 9600;                     //波特率
        USART_InitStruct.USART_WordLength   = USART_WordLength_8b;     //数据长度
        USART_InitStruct.USART_StopBits    = USART_StopBits_1;         //1 位停止位
        USART_InitStruct.USART_Parity      = USART_Parity_No;          //无奇校验
        USART_InitStruct.USART_Mode        = USART_Mode_Rx|USART_Mode_Tx;
        USART_InitStruct.USART_HardwareFlowControl = USART_HardwareFlowControl_None;
        USART_Init(USART3,&USART_InitStruct);
        USART_Cmd(USART3,ENABLE);                                      //使能 USART 外设
        //485 方向控制
        GPIO_InitStruct.GPIO_Pin = GPIO_Pin_11;                        //选择引脚
        GPIO_InitStruct.GPIO_Mode = GPIO_Mode_Out_PP;                  //通用推挽输出
        GPIO_Init(GPIOF,&GPIO_InitStruct);                                     //RX
    }
    /**************************************************
    * * 函数名   :  Usart_SendChar
    * * 描述    :  USART 发送一个字符
    * * 输入    :  USARTx:用到的串口号        dat:需要发送的数据
    * * 输出    :  无
    * * 返回值   :  无
    ***************************************************/
```

```
void Usart_SendChar(USART_TypeDef * USARTx,char dat)
{
    GPIOF->BSRR = 1<<11;                                    //将 GPIOF_Pin_11 置 1
    while(! USART_GetFlagStatus(USARTx,USART_FLAG_TXE));
                                                            //等待发送数据寄存器为非空
    USART_SendData(USARTx,dat);                             //发送数据
}
/*******************************************************
* * 函数名:Usart_GetCahr
* * 描述  : USART 接收一个字符
* * 输入  : USARTx:用到的串口号
* * 输出  :无
* * 返回值:dat:接收到的数据
*******************************************************/
char Usart_GetCahr(USART_TypeDef * USARTx)
{
    char dat;
    GPIOF->BRR = 1<<11;                                     //将 GPIOF_Pin_11 清 0
    while(! USART_GetFlagStatus(USARTx,USART_FLAG_RXNE));
    dat = (char)(USART_ReceiveData(USARTx)&0xff);
    return dat;                                             //返回 dat
}
```

★ 程序分析

① 在 Init_Usart 要开启 USART3 的时钟,USART3 是挂在 APB1 总线上,如图 13-4 所示。

② 在发送数据前,要先将 485 配置成发送模式,GPIOF→BSRR = 1<<11;同样,在接收数据之前,要将 485 配置成接收模式 GPIOF→BRR = 1<<11。

3. 实验现象

由实验可见,与预期结果相同。

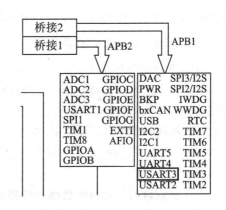

图 13-4　USART3 的时钟

第 14 章

DMA 实验

在前面很多章节中都提到了 DMA,但并没有具体的讲述 DMA 是什么。本章将介绍 STM32 的 DMA 的特性及使用方法,并利用 DMA 完成发送串口数据的实验来向大家演示 DMA 的使用流程。

14.1 概　述

1. STM32 DMA 概述

DMA((Direct Memory Access)即存储器直接存取。根据 ST 公司提供的相关信息,DMA 是 STM32 独立于 Cortex - M3 内核的模块,有点类似与 ADC、PWM、TIMER 等模块,是一种高速的数据传输操作,用来提供在外设和存储器之间或者存储器和存储器之间的高速数据传输。无须 CPU 干预,数据可以通过 DMA 快速地移动,这就节省了 CPU 的资源来做其他操作。当 CPU 初始化这个传输动作,传输动作本身是由 DMA 控制器来实行和完成的。

STM32 为我们配备了两个 DMA 控制器(DMA2 仅存在大容量产品中),DMA1 有 7 个通道,DMA2 有 5 个通道,每个通道专门用来管理来自于一个或多个外设对存储器访问的请求,还有一个仲裁起来协调各个 DMA 请求的优先权。

2. STM32 DMA 的特性

① 12 个独立的可配置的通道(请求):DMA1 有 7 个通道,DMA2 有 5 个通道。

② 每个通道都直接连接专用的硬件 DMA 请求,每个通道都同样支持软件触发。这些功能通过软件来配置。

③ 在同一个 DMA 模块上,多个请求间的优先权可以通过软件编程设置(共有 4 级:很高、高、中等和低),优先权设置相等时由硬件决定(请求 0 优先于请求 1,依此类推)。

④ 独立数据源和目标数据区的传输宽度(字节、半字、全字),模拟打包和拆包的过程。目标地址必须按数据传输宽度对齐。

⑤ 支持循环的缓冲器管理。

⑥ 每个通道都有 3 个事件标志(DMA 半传输、DMA 传输完成和 DMA 传输出错),这 3 个事件标志逻辑或成为一个单独的中断请求。

⑦ 存储器和存储器间的传输。

⑧ 外设和存储器、存储器和外设之间的传输。

⑨ 闪存、SRAM、外设的 SRAM、APB1、APB2 和 AHB 外设均可作为访问的源和目标。

⑩ 可编程的数据传输数目:最大为 65 535。

14.2　DMA 的工作原理及结构

1. STM32 DMA 的工作原理

DMA 控制器和 Cortex – M3 核心共享系统数据总线,执行直接存储器数据传输。当 CPU 和 DMA 同时访问相同的目标(RAM 或外设)时,DMA 请求会暂停 CPU 访问系统总线达若干个周期,总线仲裁器执行循环调度,以保证 CPU 至少可以得到一半的系统总线(存储器或外设)带宽。DMA 的结构框图如图 14 – 1 所示。

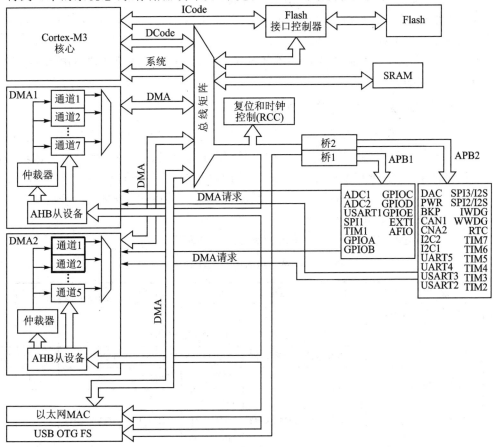

图 14 – 1　STM32 DMA 的工作原理示意图

DMA 总线将 DMA 的 AHB 主控接口与总线矩阵相关联,总线矩阵协调 CPU 的 DCode 和 DMA 到 SRAM、闪存和外设的访问。总线矩阵协调内核系统总线和 DMA 主控总线之间的访问仲裁。AHB 外设通过总线矩阵与系统总线相连,允许 DMA 访问。AHB/APB 桥(APB)在 AHB 和两个 APB 总线间提供同步连接。

在发生一个事件后,外设向 DMA 控制器发送一个请求信号。DMA 控制器根据通道的优先权处理请求。当 DMA 控制器开始访问发出请求的外设时,DMA 控制器立即发送给它一个应答信号。当从 DMA 控制器得到应答信号时,外设立即释放它的请求。一旦外设释放了这个请求,DMA 控制器同时撤销应答信号。如果有更多的请求时,外设可以启动下一个周期。

STM32 每次 DMA 传送由如下 3 个操作组成:

① 取数据:从外设数据寄存器或者从当前外设/存储器地址寄存器指示的存储器地址取数据,第一次传输时的开始地址是 DMA_CPARx 或 DMA_CMARx 寄存器指定的外设基地址或存储器单元。

② 存数据:存数据到外设数据寄存器或者当前外设/存储器地址寄存器指示的存储器地址,第一次传输时的开始地址是 DMA_CPARx 或 DMA_CMARx 寄存器指定的外设基地址或存储器单元。

③ 修改源或目的指针:执行一次 DMA_CNDTRx 寄存器的递减操作,该寄存器包含未完成的操作数目。

2. STM32 DMA 通道的选择

以 DMA1 为例,DMA1 控制器有 7 个通道,从外设(TIMx[x=1、2、3、4]、ADC1、SPI1、SPI/I2S2、I2Cx[x=1,2]和 USARTx[x=1,2,3])产生的 7 个请求,通过逻辑或输入到 DMA1 控制器,这意味着同时只能有一个请求有效。对于外设的 DAM 请求,可以通过设置响应外设寄存器中的 DMA 控制位,被独立的开启或关闭。图 14-2 是 DMA1 的请求映像。

各个通道的 DMA1 请求一览表如表 14-1 所列。

表 14-1　各个通道的 DMA1 请求一览表

外　设	通道 1	通道 2	通道 3	通道 4	通道 5	通道 6	通道 7
ADC1	ADC1						
SPI/I²S		SPI1_RX	SPI1_TX	SPI/I2S2_RX	SPI/I2S2_TX		
USART		USART3_TX	USART3_RX	USART1_TX	USART1_RX	USART2_RX	USART2_TX
I²C				I2C2_TX	I2C2_RX	I2C1_TX	I2C1_RX
TIM1		TIM1_CH1	TIM1_CH2	TIM1_TX4 TIM1_TRIG TIM1_COM	TIM1_UP	TIM1_CH3	

外　设	通道 1	通道 2	通道 3	通道 4	通道 5	通道 6	通道 7
TIM2	TIM2_CH3	TIM2_UP			TIM2_CH1		TIM2_CH2 TIM2_CH4
TIM3		TIM3_CH3	TIM3_CH4 TIM3_UP			TIM3_CH1 TIM3_TRIG	
TIM4	TIM4_CH1			TIM4_CH2	TIM4_CH3		TIM4_UP

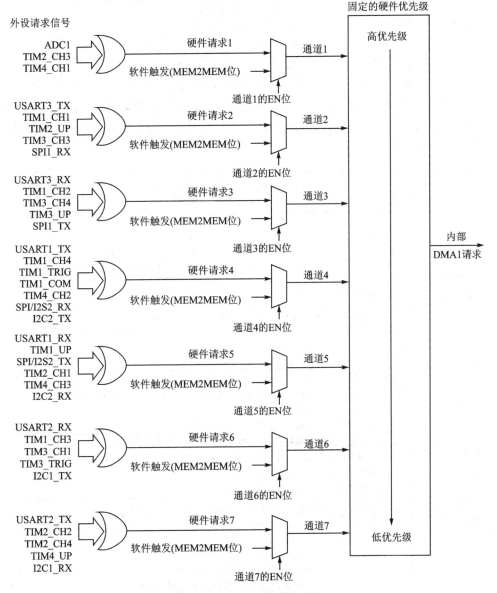

图 14 - 2　DMA1 的请求映像

14.3 相关寄存器简介

相关寄存器名称及描述,如表 14-2 所列。

表 14-2 相关寄存器名称及描述

寄存器	描 述
ISR	DMA 中断状态寄存器
IFCR	DMA 中断标志位清除寄存器
CCRx	DMA 通道 x 设置寄存器
GNDTRx	DMA 通道 x 待传输数据数目寄存器
CPARx	DMA 通道 x 外设地址寄存器
CMARx	DMA 通道 x 内存地址寄存器

相关寄存器的各位具体功能可查看 STM32 官方数据手册,限于篇幅,这里仅举:DMA 中断状态寄存器(DMA_ISR),偏移地址:0x00,复位值:0x0000 0000,如图 14-3 所示。

31	30	29	28	27	26	25	24	23	22	21	20	19	18	17	16
保留				TEIF7	HTIF7	TCIF7	GIF7	TEIF6	HTIF6	TCIF6	GIF6	TEIF5	HTIF5	TCIF5	GIF5
				r	r	r	r	r	r	r	r	r	r	r	r

15	14	13	12	11	10	9	8	7	6	5	4	3	2	1	0
TEIF4	HTIF4	TCIF4	GIF4	TEIF3	HTIF3	TCIF3	GIF3	TEIF2	HTIF2	TCIF2	GIF2	TEIF1	HTIF1	TCIF1	GIF1

位31:28	保留,始终读为0
位27, 23, 19, 15, 11, 7, 3	TEIFx:通道x的传输错误标志(x=1...7)(Channel x transfer error flag) 硬件设置这些位。在DMA_IFCR寄存器的相应位写入 '1' 可以清除这里对应的标志位。 0:在通道x没有传输错误(TE); 1:在通道x发生了传输错误(TE)
位26, 22, 18, 14, 10, 6, 2	HTIFx:通道x的半传输标志(x=1...7)(Channel x haif transfer flag) 硬件设置这些位。在DMA_IFCR寄存器的相应位写入 '1' 可以清除这里对应的标志位。 0:在通道x没有半传输事件(HT); 1:在通道x产生了半传输事件(HT)
位25, 21, 17, 13, 9, 5, 1	TCIFx:通道x的传输完成标志(x=1...7)(Channel x transfer complete flag) 硬件设置这些位。在DMA_IFCR寄存器的相应位写入 '1' 可以清除这里对应的标志位。 0:在通道x没有传输完成事件(TC); 1:在通道x产生了传输完成事件(TC)
位24, 20, 16, 12, 8, 4, 0	GIFx:通道x的全局中断标志(x=1...7)(Channel x global interrupt flag) 硬件设置这些位。在DMA_IFCR寄存器的相应位写入 '1' 可以清除这里对应的标志位。 0:在通道x没有TE、HT或TC事件; 1:在通道x产生了TE、HT或TC事件

图 14-3 中断状态寄存器(DMA_ISR)功能简介

14.4 典型硬件电路设计

1. 实验设计思路

本节实验实现的是利用 DMA 技术发送 USART 数据,为 USART 的发送分配了 DMA 通道,本实验主要完成 DMA USART 通道的初始化、串口初始化等配工作,然后在主循环里,通过 DMA USART 通道把数据发送出去。实验设计思路大致如下:

① RCC(复位和时钟控制寄存器)初始化,启用 GPIO、DMA、USART 时钟。

② NVIC(嵌套向量中断控制寄存器)初始化,完成各个硬件中断的配置。

③ USART 初始话,配置串口,设置 DMA 通道等。

④ DMA 初始化,完成 DMA 的配置。

2. 实验预期效果

编译完成后,将程序载入实验板,打开串口调试助手,复位开发板,发现串口调试助手打印 hello world 字符。通过串口调试助手,向 STM32 芯片发送一个字符串,在 PC 端该字符串又被接收。

3. 典型硬件电路设计

典型硬件电路设计如图 14 - 4 所示。

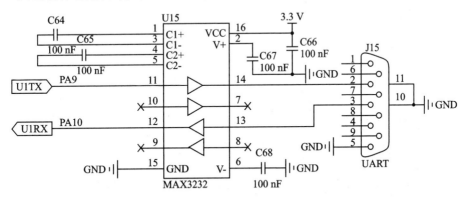

图 14 - 4 硬件电路设计

14.5 例程源码分析

1. 工程组详情

工程组详情如图 14 - 5 所示。

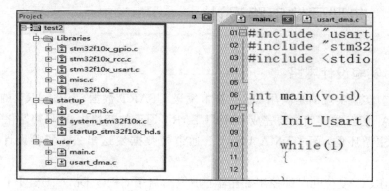

图 14 - 5　工程组详情

2. 例程源码分析

① User 组的 main. c 文件。

```
/ * * * * * * * * * * * * * * * *头文件 * * * * * * * * * * * * * * * * */
# include "usart_dma. h"
# include "stm32f10x. h"
# include <stdio. h>
/ * * * * * * * * * * * * * * * *主函数 * * * * * * * * * * * * * * * * */
int main(void)
{
    Init_Usart();
    while(1)
    {}
}
```

② 自定义的. h 文件。

```
# ifndef __usart_poll
# define __usart_poll
# include "stm32f10x. h"
//函数申明
void Init_Usart(void);
//USART 发送字符
void Usart_SendChar(USART_TypeDef * USARTx,char dat);
//USART 接收数据
char Usart_GetCahr(USART_TypeDef * USARTx);
# endif
```

③ usart_dma. c 文件。

```
# include "usart_dma. h"
# include "stm32f10x. h"
void Init_Usart(void)
{   /* 串口初始化程序 */
    GPIO_InitTypeDef GPIO_InitStruct;
    USART_InitTypeDef USART_InitStruct;
    NVIC_InitTypeDef NVIC_InitStruct;
    DMA_InitTypeDef DMA_InitStruct;
    char buf[] = "hello world \r\n";
    RCC_APB2PeriphClockCmd(RCC_APB2Periph_GPIOA|RCC_APB2Periph_USART1,ENABLE);
    RCC_AHBPeriphClockCmd(RCC_AHBPeriph_DMA1,ENABLE);                //打开 DMA1 的时钟
    //串口的 I/O 初始化
    GPIO_InitStruct.GPIO_Pin = GPIO_Pin_9;                          //选择引脚
    GPIO_InitStruct.GPIO_Speed = GPIO_Speed_50_MHz;                 //输出频率
    GPIO_InitStruct.GPIO_Mode = GPIO_Mode_AF_PP;                    //复用推挽输出
    GPIO_Init(GPIOA,&GPIO_InitStruct);                             //TX
    GPIO_InitStruct.GPIO_Pin = GPIO_Pin_10;
    GPIO_InitStruct.GPIO_Mode = GPIO_Mode_IN_FLOATING;             //浮空输入
    GPIO_Init(GPIOA,&GPIO_InitStruct);                            //RX
    //串口初始
    USART_InitStruct.USART_BaudRate    = 9600;                     //波特率
    USART_InitStruct.USART_WordLength   = USART_WordLength_8b;      //数据长度
    USART_InitStruct.USART_StopBits    = USART_StopBits_1;         //停止位
    USART_InitStruct.USART_Parity   = USART_Parity_No;             //无奇偶校验
    USART_InitStruct.USART_Mode    = USART_Mode_Rx|USART_Mode_Tx;
    USART_InitStruct.USART_HardwareFlowControl = USART_HardwareFlowControl_None;
    USART_Init(USART1,&USART_InitStruct);
    //使能接收中断
    USART_ITConfig(USART1,USART_IT_RXNE,ENABLE);
    NVIC_InitStruct.NVIC_IRQChannel = USART1_IRQn;
    NVIC_InitStruct.NVIC_IRQChannelPreemptionPriority = 1;          //先占优先级配置
    NVIC_InitStruct.NVIC_IRQChannelSubPriority = 2;                //响应优先级配置
    NVIC_InitStruct.NVIC_IRQChannelCmd = ENABLE;                   //开启中断通道
    NVIC_Init(&NVIC_InitStruct);
    USART_Cmd(USART1,ENABLE);
    USART_DMACmd(USART1,USART_DMAReq_Tx,ENABLE);                   //使能串口 1 的 DMA 的请求
    //DMA
```

```
    DMA_InitStruct.DMA_PeripheralBaseAddr = (u32)(&USART1->DR);    //外设的地址
    DMA_InitStruct.DMA_MemoryBaseAddr = (u32)buf;                   //内存的地址
    DMA_InitStruct.DMA_DIR = DMA_DIR_PeripheralDST;
                                        //方向设定,外设作为数据传输的目的地
    DMA_InitStruct.DMA_BufferSize = sizeof(buf)-1;        //设置 DMA 缓冲区大小
    DMA_InitStruct.DMA_PeripheralInc = DMA_PeripheralInc_Disable;
                                        //外设地址寄存器不递增
    DMA_InitStruct.DMA_MemoryInc = DMA_MemoryInc_Enable;      //内存地址寄存器递增
    DMA_InitStruct.DMA_PeripheralDataSize = DMA_PeripheralDataSize_HalfWord;
                                        //设置外设的数据宽度
    DMA_InitStruct.DMA_MemoryDataSize = DMA_PeripheralDataSize_Byte;
                                        //设置内存的数据宽度
    DMA_InitStruct.DMA_Mode = DMA_Mode_Normal;               //DMA 的模式
    DMA_InitStruct.DMA_Priority = DMA_Priority_High;         //DMA 的优先级高
    DMA_InitStruct.DMA_M2M = DMA_M2M_Disable;                //失能内存到内存传输
    DMA_Init(DMA1_Channel4,&DMA_InitStruct);                //初始化 DMA 通道 4
    DMA_Cmd(DMA1_Channel4,ENABLE);                          //使能 DMA
    USART_ITConfig(USART1,USART_IT_TC,ENABLE);             //开启串口中断
}
//USART 发送字符
void Usart_SendChar(USART_TypeDef * USARTx,char dat)
{
    while(! USART_GetFlagStatus(USARTx,USART_FLAG_TXE));
    USART_SendData(USARTx,dat);
}
//USART 接收数据
char Usart_GetCahr(USART_TypeDef * USARTx)
{
    char dat;
    while(! USART_GetFlagStatus(USARTx,USART_FLAG_RXNE));
    dat = (char)(USART_ReceiveData(USARTx)&0xff);
    return dat;
}
//中断
void USART1_IRQHandler(void)
{
    if(USART_GetFlagStatus(USART1,USART_FLAG_RXNE))          //判断是否有接收
    {
        Usart_SendChar(USART1,USART_ReceiveData(USART1));    //将接收的数据发送出去
```

```
}
    if(USART_GetFlagStatus(USART1,USART_FLAG_TXE))        //判断是否发送完成
    {
        USART_ClearFlag(USART1,USART_FLAG_TC);            //清除发送完成标志
    }
}
```

★ 程序分析

① 在主函数中调用 Init_Usart()子函数,该函数实现了 GPIO、USART、DMA 的初始化配置以及中断服务函数的配置,有关 USART 的配置在前面章节已经讲述,这里不再重复。

② 在开启外设时钟的时候,要注意 DMA 的时钟是挂在 AHB(系统总线)上的,这也是其具有高速搬运数据功能的原因之一。

③ 还有一个需要注意的地方就是在串口 USART1 初始化配置完成之后,要调用 USART_DMACmd(USART1,USART_DMAReq_Tx,ENABLE)函数,该个函数的功能是使能串口 1 的 DMA 的请求,也就是将 DMA 和串口进行了"绑定"。

④ 对于 DMA 的工作模式的设置,我们选择的是普通模式,普通模式是在 DMA 传输结束时,DMA 通道被自动关闭,进一步的 DMA 请求将不被满足。另外一种模式是循环模式,循环模式用于处理一个环形的缓冲区,每轮传输结束时,数据传输的配置会自动地更新为初始状态,DMA 传输会连续不断地进行。

⑤ USART 的 DMA 方式主要用于传递大的数据包,如果是很少的数据,那么用 DMA 方式并没有多大的优势和必要性。

3. 用到的库函数

① 函数 DMA_Init,如表 14-3 所列。

表 14-3 DMA_Init 函数简介

函数名	DMA_Init
函数原型	void DMA_Init(DMA_Channel_TypeDef * DMA_Channelx,DMA_InitTypeDef * DMA_InitStruct)
功能描述	根据 DMA_InitStruct 中指定的参数初始化 DMA 的通道 x 寄存器
输入参数 1	DMA Channelx:x 可以是 1,2...,或者 7 来选择 DMA 通道 x
输入参数 2	DMA_InitStruct:指向结构 DMA_InitTypeDef 的指针,包含了 DMA 通道 x 的配置信息 参阅:Section:DMA_InitTypeDef 查阅更多该参数允许取值范围
输出参数	无
返回值	无
先决条件	无
被调用函数	无

DMA_InitTypeDef 定义于文件"stm32f10x_dma.h":

```
typedef struct
{
u32 DMA_PeripheralBaseAddr;
u32 DMA_MemoryBaseAddr;
u32 DMA_DIR;
u32 DMA_BufferSize;
u32 DMA_PeripheralInc;
u32 DMA_MemoryInc;
u32 DMA_PeripheralDataSize;
u32 DMA_MemoryDataSize;
u32 DMA_Mode;
u32 DMA_Priority;
u32 DMA_M2M;
} DMA_InitTypeDef;
```

➢ DMA_PeripheralBaseAddr:该参数用以定义 DMA 外设基地址。

➢ DMA_MemoryBaseAddr:该参数用以定义 DMA 内存基地址。

➢ DMA_DIR:规定了外设是作为数据传输的目的地还是来源,如表 14 - 4
   所列。

表 14 - 4　DMA_DIR 参数列表

DMA_DIR	描　述
DMA_DIR_PeripheraIDST	外设作为数据传输的目的的
DMA_DIR_PeripheraISRC	外设作为数据传输的来源

➢ DMA_BufferSize:用以定义指定 DMA 通道的 DMA 缓存的大小,单位为数据
   单位。根据传输方向,数据单位等于结构中参数 DMA_PeripheralDataSize 或
   者参数 DMA_MemoryDataSize 的值。

➢ DMA_PeripheralInc:用来设定外设地址寄存器递增与否,如表 14 - 5 所列。

表 14 - 5　DMA_PeripheralInc 参数列表

DMA_PeripheraIInc	描　述
DMA_PeripheraIInc_Enable	外设地址寄存器递增
DMA_PeripheraIInc_Disable	外设地址寄存器不变

➤ DMA_MemoryInc 用来设定内存地址寄存器递增与否,如表 14 - 6 所列。

表 14 - 6　DMA_MemoryInc 参数列表

DMA_MemoryInc	描　　述
DMA_PeripheraiInc_Enable	外设地址寄存器递增
DMA_PeripheraiInc_Disable	外设地址寄存器不变

➤ DMA_PeripheralDataSize 设定了外设数据宽度,如表 14 - 7 所列。

表 14 - 7　DMA_PeripheralDataSize 参数列表

DMA_PeripheraIDataSize	描　　述
DMA_PeripheraIDataSize_Byte	数据宽度为 8 位
DMA_PeripheraIDataSize_HalfWord	数据宽度为 16 位
DMA_PeripheraIDataSize_Word	数据宽度为 32 位

➤ DMA_MemoryDataSize 设定了内存数据宽度,如表 14 - 8 所列。

表 14 - 8　DMA_MemoryDataSize 参数列表

DMA_MemoryDataSize	描　　述
DMA_MemoryDataSize_Byte	数据宽度为 8 位
DMA_MemoryDataSize_HalfWord	数据宽度为 16 位
DMA_MemoryDataSize_Word	数据宽度为 32 位

➤ DMA_Mode 设置了 DMA 的工作模式,如表 14 - 9 所列。

表 14 - 9　DMA_Mode 参数列表

DMA_Mode	描　　述
DMA_Mode_Circular	工作在循环缓存模式
DMA_Mode_Normal	工作在正常缓存模式

➤ DMA_Priority 设定 DMA 通道 x 的软件优先级,如表 14 - 10 所列。

表 14 - 10　DMA_Priority 参数列表

DMA_Mode	描　　述
DMA_Priority_VeryHigh	DMA 通道 x 拥有非常高优先级
DMA_Priority_High	DMA 通道 x 拥有高优先级
DMA_Priority_Medium	DMA 通道 x 拥有中优先级
DMA_Priority_Low	DMA 通道 x 拥有低优先级

➤ DMA_Priority 设定 DMA 通道 x 的软件优先级,如表 14 - 11 所列。

表 14 - 11　DMA_Priority 参数列表

DMA_M2M	描　述
DMA_M2M_Enable	DMA 通道 x 设置为内存到内存传输
DMA_M2M_Disable	DMA 通道 x 没有设置为内存到内存传输

② 函数 DMA_Cmd,如表 14 - 12 所列。

表 14 - 12　DMA_Cmd 函数简介

函数名	DMA_Cmd
函数原型	void DMA_Cmd(DMA_Channel_TypeDef * DMA_Channelx,FunctionalState NewState)
功能描述	使能或者失能指定的通道 x
输入参数 1	DMA Channelx:x 可以是 1,2...,或者 7 来选择 DMA 通道 x
输入参数 2	NewState:DMA 通道 x 的新状态 这个参数可以取:ENABLE 或者 DISABLE
输出参数	无
返回值	无
先决条件	无
被调用函数	无

③ 函数 DMA_ITConfig,如表 14 - 13 所列。

表 14 - 13　DMA_ITConfig 函数简介

函数名	DMA_ITConfig
函数原型	void DMA_ITConfig(DMA_Channel_TypeDef * DMA_Channelx,u32 DMA_IT,FunctionalState NewState)
功能描述	使能或者失能指定的通道 x 中断
输入参数 1	DMA Channelx:x 可以是 1,2...,或者 7 来选择 DMA 通道 x
输入参数 2	DMA_IT:待使能或者失能的 DMA 中断源,使用操作符"|"可以同时选择中多个 DMA 中断源 参阅 Section:DMA_IT 查阅更多该参数允许取值范围
输入参数 3	NewState:DMA 通道 x 中断的新状态 这个参数可以取:ENABLE 或者 DISABLE
输出参数	无
返回值	无
先决条件	无
被调用函数	无

输入参数 DMA_IT 使能或者失能 DMA 通道 x 的中断,可以取下表的一个或者多个取值的组合作为该参数的值,如表 14 - 14 所列。

表 14 - 14　参数列表

DMA_IT	描　　述
DMA_IT_TC	传输完成中断屏蔽
DMA_IT_HT	传输过半中断屏蔽
DMA_IT_TE	传输错误中断屏蔽

④ 函数 DMA_GetCurrDataCounte,如表 14 - 15 所列。

表 14 - 15　DMA_GetCurrDataCounte 函数简介

函数名	DMA_GetCurrDataCounte
函数原型	u16DMA_GetCurrDataCounter(DMA_Channel_TypeDef * DMA_Channelx)
功能描述	返回当前 DMA 通道 x 剩余的待传输数据数目
输入参数 1	DMA Channelx:x 可以是 1,2…,或者 7 来选择 DMA 通道 x
输出参数	无
返回值	当前 DMA 通道 x 剩余的待传输数据数目
先决条件	无
被调用函数	无

⑤ 函数 DMA_GetFlagStatus,如表 14 - 16 所列。

表 14 - 16　DMA_GetFlagStatus 函数简介

函数名	DMA_GetFlagStatus
函数原型	FlagStatus DMA_GetFlagStatus(u32DMA_FLAG)
功能描述	检查指定的 DMA 通道 x 标志位设置与否
输入参数	DMA_FLAG:待检查的 DMA 标志位 参阅 Section:DMA_FLAG 查阅更多该参数允许取值范围
输出参数	无
返回值	DMA_FLAG 的新状态(SET 或者 RESET)
先决条件	无
被调用函数	无

参数 DMA_FLAG 定义了待检察的标志位类型。

⑥ 函数 DMA_ClearFlag,如表 14 - 17 所列。

表 14 - 17　DMA_ClearFlag 函数简介

函数名	DMA_ClearFlag
函数原型	void DMA_ClearFlag(u32 MDA_FLAG)
功能描述	清除 DMA 通道 x 待处理标志位
输入参数	DMA_FLAG:待检查的 DMA 标志位 使用操作符"|"可以同时先中多个 DMA 标志位 参阅 Section:DMA_FLAG 查阅更多该参数允许取值范围 用户可以使用或操作选中多个标志位
输出参数	无
返回值	无
先决条件	无
被调用函数	无

4. 实验现象

编译完成后,将程序载入实验板,打开串口调试助手,复位开发板,发现串口调试助手打印 hello world 字符,通过串口调试助手,向 STM32 芯片发送字符串"ji lin nong ye ke ji xue yuan",PC 机又将该字符串接收回来,如图 14 - 6 所示。

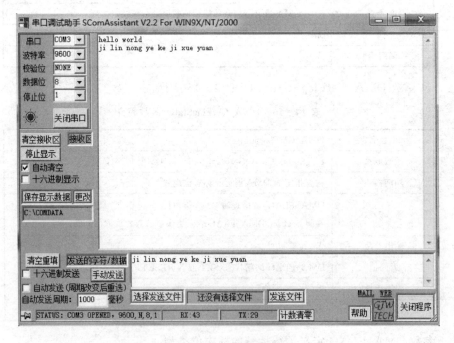

图 14 - 6　实验现象截图

第15章

窗口看门狗

STM32 微控制器内置两只看门狗,分别是窗口看门狗和独立看门狗。由于独立看门狗和其他单片机看门狗的原理和使用方式区别不大,这里不再讲述,本章主要向大家介绍 STM32 窗口看门狗的原理、特性及使用方法。在本章的实验中,将讲述窗口看门狗的中断功能,通过一个 LED 灯来提示程序的运行状态。

15.1 概 述

1. 看门狗概述

在以单片机为核心构成的微型计算机系统中,单片机常常会受到来自外界的各种干扰,造成程序跑飞,导致程序的正常运行状态被打断而陷入死循环,从而使得系统无法继续正常工作,整个系统处于停滞状态,产生不可预料的后果。出于对单片机运行状态进行实时监测的需要,产生了专门用于监测单片机程序运行状态的硬件结构,俗称"看门狗"。

2. STM32 窗口看门狗

对于一般的看门狗,程序可以在它产生复位前的任意时刻刷新看门狗,但这有一个隐患,有可能程序跑乱了又跑回到正常的地方,或跑乱的程序正好执行了刷新看门狗操作,这样的情况下一般的看门狗就检测不出来了,于是,STM32 为我们提供了窗口看门狗(简称 WWDG),我们可以根据程序正常执行的时间设置刷新看门狗的一个时间窗口,保证不会提前刷新看门狗也不会滞后刷新看门狗,这样可以检测出程序没有按照正常的路径运行非正常地跳过了某些程序段的情况。

窗口看门狗通常被用来监测由外部干扰或不可预见的逻辑条件造成的应用程序背离正常的运行序列而产生的软件故障。除非递减计数器的值在 T6 位变成 0 前被刷新,看门狗电路在达到预置的时间周期时会产生一个 MCU 复位。在递减计数器达到窗口寄存器数值之前,如果 7 位的递减计数器数值(在控制寄存器中)被刷新,那么也将产生一个 MCU 复位。这表明递减计数器需要在一个有限的时间窗口中被刷新。

3. STM32 窗口看门狗特性

① 可编程的自由运行递减计数器。

② 条件复位：

➤ 当递减计数器的值小于 0x40,(若看门狗被启动)则产生复位。

➤ 当递减计数器在窗口外被重新装载,(若看门狗被启动)则产生复位。

③ 如果启动了看门狗并且允许中断,当递减计数器等于 0x40 时产生早期唤醒中断(EWI),它可以被用于重装载计数器以避免 WWDG 复位。

15.2 窗口看门狗的工作原理

1. 窗口看门狗的工作原理

窗口看门狗被启动后,存放于看门狗控制寄存器(WWDG_CR)中 T[6:0]的计数值会在 PCLK1 经过分频器之后产生的时钟驱动下进行递减计数,当计数器减至 0x40 时,会请求一次看门狗早期唤醒中断,我们可以在中断服务程序中进行喂狗操作,而当 7 位(T[6:0])递减计数器从 0x40 翻转到 0x3F(T6 位清零)时,则会产生一个复位。

位于窗口看门狗配置寄存器(WWDG_CFR)中的 W[6:0]存放的是计数比较值,如果计数值大于比较值的时候就进行了喂狗操作,则认为是"非法喂狗"操作,同样会产生一个复位。所谓的窗口可以理解为计数比较值与 0X40 的一个计数区间。应用程序在正常运行过程中必须定期地写入 WWDG_CR 寄存器以防止 MCU 发生复位。只有当计数器值小于窗口寄存器的值时,才能进行写操作。储存在 WWDG_CR 寄存器中的数值必须在 0xFF 和 0xC0 之间。

窗口看门狗的功能框图如图 15-1 所示。

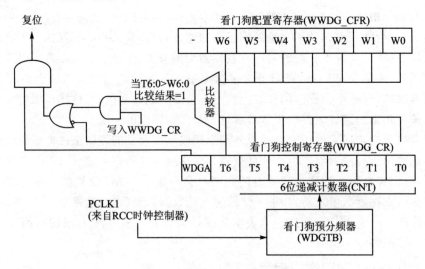

图 15-1 窗口看门狗的功能框图

所以为了避免产生复位,递减计数器必须在其值小于窗口寄存器的数值并且大于 0x3F 时被重新装载(即喂狗操作)。另一个喂狗的方法是利用早期唤醒中断 (EWI)。设置 WWDG_CFR 寄存器中的位开启该中断。当递减计数器到达 0x40 时,则产生此中断,相应的中断服务程序来进行喂狗操作以防止 WWDG 复位。

2. 看门狗时序及超时计算

看门狗时序及超时计算,如图 15 - 2 所示和表 15 - 1 所列。

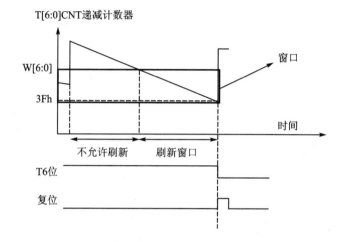

图 15 - 2 看门狗时序及超时计算示意图

计算越时的公式如下:

$$T_{WWDG} = T_{PCLK1} \times 4\,096 \times 2^{WDGTB} \times (T[5:0] + 1)$$

其中,T_{WWDG} 为 WWDG 超时时间,单位 ms;T_{PCLK1} 为 APB1 以 ms 为单位的时钟间隔。在 PCLK1=36 MHz 时的最小-最大超时值。

表 15 - 1 看门狗时序及超时计算公式

WDGTB	最小超时值/μs	最大超时值/ms
0	113	7.28
1	227	14.56
2	455	29.12
3	910	58.25

15.3 相关寄存器介绍

与窗口看门狗相关的寄存器有 3 个,它们分别是:

① 控制寄存器(WWDG_CR),如图 15 - 3 所示。

31	30	29	28	27	26	25	24	23	22	21	20	19	18	17	16
保留														

15	14	13	12	11	10	9	8	7	6	5	4	3	2	1	0
保留									WDGA	T6	T5	T4	T3	T2	T1	T0
								rs	rw	rw	rw	rw	rw	rw	rw

位31:8	保留
位7	WDGA:激活位(Activalion bit) 此位由软件置'1',但仅能由硬件在复位后清'0'。当WDGA=1时,看门狗可以产生复位 0: 禁止看门狗 1: 启用看门狗
位6:0	T[6:0]:7位计数器(MSB至LSB)(7-bit counter) 这些位用来存储看门狗的计数器值。每($4\,096×2^{WDGTB}$)个PCLK1周期减1。当计数器值从40h变 为3Fh时(T6变成0),产生看门狗复位

图 15-3　控制寄存器(WWDG_CR)简介

② 配置寄存器(WWDG_CFR),如图 15-4 所列。

31	30	29	28	27	26	25	24	23	22	21	20	19	18	17	16
保留														

15	14	13	12	11	10	9	8	7	6	5	4	3	2	1	0
保留						EWI	WDG TB1	WDG TB0	W6	W5	W4	W3	W2	W1	W0
						rs	rw	rw	rw	rw	rw	rw	rw	rw	rw

图 15-4　配置寄存器(WWDG_CFR)简介

③ 状态寄存器(WWDG_SR),如图 15-5 所列。

31	30	29	28	27	26	25	24	23	22	21	20	19	18	17	16
保留														

15	14	13	12	11	10	9	8	7	6	5	4	3	2	1	0
保留															EWIF
															rc w0

位31:1	保留
位0	EWIF:提前唤醒中断标志(Early wakeup interrupt flag) 当计数器值达到40h时,此位由硬件置'1'。它必须通过软件写'0'来清除。对此位写 '1'无效。若中断未被使能,此位也会被置'1'

图 15-5　状态寄存器(WWDG_SR)简介

15.4 典型硬件电路设计

1. 实验设计思路

本节实验将向大家介绍窗口看门狗的配置方法,实验中采取了两种方式,即窗口内和中断服务程序,程序设计的大致思路如下:

① 初始化系统时钟,设置 PCLK1 为 36 MHz。

② 配置 GPIO 外设。

③ 中断初始化及优先级设置。

④ 窗口看门狗初始化。

⑤ 等待。

2. 实验预期效果

如果是窗口内,则 LED 灯常亮。如果是自动中断,则 LED 灯闪烁。

3. 硬件电路设计

本实验用到的是用于提示看门狗状态的 LED 灯。

15.5 例程源码分析

1. 工程组详情

工程组详情如图 15-6 所示。

图 15-6 工程组详情

2. 例程源码分析

① User 组的 main.c 文件。

```
# include "stm32f10x.h"
# include <stdio.h>
# include "SystemClock.h"
# include "Nvic.h"
# include "Wwdg.h"
//# define FeedDogTest0                                    //自动中断喂狗
# define FeedDogTest1                                      //窗口内喂狗
/* * * * 主函数 * * * */
int main(void)
{
    u32 counter = 0;
    /* 系统时钟初始化 */
    RCC_Configuration();
    /* 中断参数初始化 */
    NVIC_Configuration();
    /* 窗口看门狗初始化 */
    Wwdg_Init();
    while(1)
    {
        # ifdef FeedDogTest1                               //窗口内喂狗
        if(counter + + > = 124755)
        {
            counter = 0;
            Wwdg_Feed(127);
        }
        # endif
    }
}
```

★ 源码分析

进入主函数后,先对系统时钟初始化,配置 PCLK1 始终频率为 36 MHz,然后是中断参数的初始化 NVIC_Configuration(),在这里实现的功能是设置窗口看门狗的中断优先级,然后是窗口看狗的初始化 Wwdg_Init(),这个函数的功能是初始化窗口看门狗,使能看门狗中断,具体实现方法后面会介绍。

进入主循环后之后,如果是使用的窗口内喂狗,则会在计数值加到"窗口区"执行喂操作,如果设置的是自动中断喂狗,程序将在这里等待喂狗,而在中断服务程序中,每喂一次狗,会对 LED 灯实施一次亮灭翻转。

② 用户自定义的.h 文件。

➤ Nvic. h：

```
#ifndef _NVIC_H_
#define _NVIC_H_
void NVIC_Configuration(void);
#endif
```

➤ Wwdg. h：

```
#ifndef _WWDG_H_
#define _WWDG_H_
/ * * * * *led1 接口声明 * * * * */
#define LED1_RCC_APB2Periph    RCC_APB2Periph_GPIOF
#define LED1_GPIO              GPIOF
#define LED1_GPIO_Pin          GPIO_Pin_8
void Wwdg_Init(void);
void Wwdg_Feed(u8 Value);
void Wwdg_Irq(void);
#endif
```

③ BaseDriver 组的.c 文件。

★ 注：包含 RCC_Configuration() 函数设的 SystemClock. c 文件前面章节已经讲述,这里不再列出。

➤ Nvic. c：

```
***********************************************/
#include "stm32f10x.h"
#include <stdio.h>
#include "Nvic.h"
#include "TimTest.h"
/ ******************************************
* 函数名称:void NVIC_Configuration(void)
* 入口参数:无
* 出口参数:无
* 功能说明:中断参数配置
××**********************************************/
void NVIC_Configuration(void)
{
    NVIC_InitTypeDef NVIC_InitStructure;
#ifdef  VECT_TAB_RAM
/ * Set the Vector Table base location at 0x20000000 * /
```

```
NVIC_SetVectorTable(NVIC_VectTab_RAM, 0x0);
#else     /* VECT_TAB_FLASH    */
/* Set the Vector Table base location at 0x08000000 */
NVIC_SetVectorTable(NVIC_VectTab_FLASH, 0x0);
#endif
    NVIC_InitStructure.NVIC_IRQChannel = WWDG_IRQn;                       //使能窗口看门狗中断通道
    NVIC_InitStructure.NVIC_IRQChannelPreemptionPriority = 0;             //先占优先级
    NVIC_InitStructure.NVIC_IRQChannelSubPriority = 1;                    //从优先级
    NVIC_InitStructure.NVIC_IRQChannelCmd = ENABLE;                       //使能
    NVIC_Init(&NVIC_InitStructure);                                       //载入配置
}
```

➤ Wwdg.c：

```
#include "stm32f10x.h"
#include <stdio.h>
#include "Wwdg.h"
/***********************************************
* 函数名称:static void GpioTest_Init(void)
* 入口参数:无
* 出口参数:无
* 功能说明:led 灯初始化配置 窗体看门狗用到一个 LED 作为测试
***********************************************/
static void GpioTest_Init(void)
{
    GPIO_InitTypeDef GPIO_InitStructure;
    RCC_APB2PeriphClockCmd(LED1_RCC_APB2Periph , ENABLE);// 使能 APB2 外设 LED1 时钟
    GPIO_InitStructure.GPIO_Pin   = LED1_GPIO_Pin;                   //选择 led1
    GPIO_InitStructure.GPIO_Speed = GPIO_Speed_50 MHz;           //引脚频率为 50 MHz
    GPIO_InitStructure.GPIO_Mode = GPIO_Mode_Out_PP;             //模式为推挽输出
    GPIO_Init(LED1_GPIO, &GPIO_InitStructure);                   //初始化 led1 寄存器
}
/***********************************************
* 函数名称:void Wwdg_Init(void)
* 入口参数:无
* 出口参数:无
* 功能说明:窗口看门狗初始化
***********************************************/
void Wwdg_Init(void)
```

```
{
    /* I/O 初始化，窗口看门狗用到一个 LED 作为测试 */
    GpioTest_Init();

    /* 检测是否发生了窗口看门狗复位标志 */
    if (RCC_GetFlagStatus(RCC_FLAG_WWDGRST) != RESET)
    {
        RCC_ClearFlag();
    }
    else
    {
        /* 窗口看门狗复位标志未发生 */
    }
    /* 窗口看门狗时钟使能 */
    RCC_APB1PeriphClockCmd(RCC_APB1Periph_WWDG, ENABLE)
    /* WWDG clock counter = (1/PCLK1) * 4096) * 8 = 910 us */
    WWDG_SetPrescaler(WWDG_Prescaler_8);
    /* 喂狗窗口值 100 */
    WWDG_SetWindowValue(100);
    /* 使能窗口看门狗 并设置初值 127 */
    WWDG_Enable(127);
    /* 清除 EWI 标志位 */
    WWDG_ClearFlag();
    /* 使能 EW */
    WWDG_EnableIT();
}
/**************************************************
* 函数名称:void Wwdg_Feed(u8 Value)
* 入口参数:u8 Value:喂狗值
* 出口参数:无
* 功能说明:喂狗
**************************************************/
void Wwdg_Feed(u8 Value)
{
    /* 喂狗操作 */
    WWDG_SetCounter(Value);
}
/**************************************************
```

```
* 函数名称:void Wwdg_Irq(Void)
* 入口参数:无
* 出口参数:无
* 功能说明:窗口看门狗中断处理函数
*********************************************************/
void Wwdg_Irq(void)
{
    /*  喂狗 */
    Wwdg_Feed(0x7F);
    /*  清除 EWI 标志位 */
    WWDG_ClearFlag();
    /*  LED 引脚取反 */
    GPIO_WriteBit(LED1_GPIO, LED1_GPIO_Pin, ( BitAction )( 1  - GPIO_ReadOutputDat-
            aBit(LED1_GPIO, LED1_GPIO_Pin)));
}
```

★程序分析:

在"void Wwdg_Init();"中首先要判断程序是否发生了窗口看门狗复位,如果是,要将窗口看门狗复位标志清除。在配置完看门狗初始化各参数后,要记着再清除中断标志后开启看门狗唤醒中断。

窗口看门狗是否发生复位操作,取决于定时计数器的值是否小于 0x40,也就是窗口看门狗控制寄存器中的 T6 位是否为 0,因此,写入的计数比较值要大于 0x40,否则会立刻发生复位。

3. 使用到的库函数

① 函数 WWDG_SetPrescaler,如表 15-2 所列。WWDG_Prescaler 该参数设置 WWDG 预分频值如表 15-3 所列。

表 15-2 WWDG_SetPrescaler 函数简介

函数名	WWDG_SetPrescaler
函数原型	void WWDG_SetPrescaler(u32 WWDG_Prescaler)
功能描述	设置 WWDG 预分频道
输入参数	WWDG_Prescaler:指定 WWDG 预分频 参阅 Section:WWDG_Perscaler 查阅更多该参数允许取值范围
输出参数	无
返回值	无
先决条件	无
被调用函数	无

表 15 - 3　WWDG_Prescaler 参数列表

WWDG_Prescaler	描　　述
WWDG_Prescaler_1	WWDG 计数器时钟为(PCLK/4 096)/1
WWDG_Prescaler_2	WWDG 计数器时钟为(PCLK/4 096)/2
WWDG_Prescaler_4	WWDG 计数器时钟为(PCLK/4 096)/4
WWDG_Prescaler_8	WWDG 计数器时钟为(PCLK/4 096)/8

② 函数 WWDG_SetWindowValue，如表 15 - 4 所列。

表 15 - 4　WWDG_SetWindowValue 函数简介

函数名	WWDG_SetWindowValue
函数原型	void WWDG_SetWindowValue(u8 WindowValue)
功能描述	设置 WWDG 窗口值
输入参数	WindowValuer:指定的窗口值。该参数取值必须在 0x40~0x7F 之间
输出参数	无
返回值	无
先决条件	无
被调用函数	无

③ 函数 WWDG_EnableIT，如表 15 - 5 所列。

表 15 - 5　WWDG_EnableIT 函数简介

函数名	WWDG_EnableIT
函数原型	void WWDG_EnableIT(void)
功能描述	使能 WWDG 早期唤醒中断(EWI)
输入参数	无
输出参数	无
返回值	无
先决条件	无
被调用函数	无

④ 函数 WWDG_SetCounter，如表 15 - 6 所列。

表 15 - 6　WWDG_SetCounter 函数简介

函数名	WWDG_SetCounter
函数原型	void WWDG_SetCounter(u8 Counter)
功能描述	设置 WWDG 计数值
输入参数	Coumter:指定看门狗计数器值。该参数取值必须在 0x40·~0x7F 之间
输出参数	无
返回值	无
先决条件	无
被调用函数	无

⑤ 函数 WWDG_Enable,如表 15 - 7 所列。

表 15 - 7　WWDG_Enable 函数简介

函数名	WWDG_Enable
函数原型	void WWDG_Enable(u8 Counter)
功能描述	使能 WWDG 并装入计数值
输入参数	Coumter:指定看门狗计数器值。该参数取值必须在 0x40～0x7F 之间
输出参数	无
返回值	无
先决条件	无
被调用函数	无

⑥ 函数 WWDG_GetFlagStatus,如表 15 - 8 所列。

表 15 - 8　函数简介

函数名	WWDG_GetFlagStatus
函数原型	FlagStatus WWDG_GetFlagFlagStatus(void)
功能描述	检查 WWDG 早期唤醒中断标志位被设置与否
输入参数	无
输出参数	无
返回值	早期唤醒中断标志位的新状态(SET 或者 RESET)
先决条件	无
被调用函数	无

⑦ 函数 WWDG_ClearFlag,如表 15 - 9 所列。

表 15 - 9　WWDG_ClearFlag 函数简介

函数名	WWDG_ClearFlag
函数原型	void WWDG_ClearFlag(void)
功能描述	清除早期唤醒中断标志位
输入参数	无
输出参数	无
返回值	无
先决条件	无
被调用函数	无

4. 实验现象

编译完成后,将程序载入实验板,♯define FeedDogTest0(自动中断喂狗)时,LED 灯闪烁,♯define FeedDogTest1(窗口内喂狗)时,LED 灯常亮。

第 **16** 章

ADC 转换

本章介绍 STM32 的 ADC 原理、功能、特性以及使用要点。在本章中,通过实验利用 STM32 ADC1 不同通道来采样外部电压、内核电压的值,并通过串口发送给 PC 上位机将数据打印出来。

16.1 ADC 转换原理

1. STM32 ADC 模块概述

将模拟量转换为数字量的过程称为 A/D 模数转换,完成这一转换功能的器件称为模数转换器(简称 ADC),STM32 使用的 ADC 是一种提供可选择多通道输入,逐次逼近型的模数转换器。STM32 拥有 1～3 个 ADC,这些 ADC 可以独立使用,也可以使用双重模式(提高采样率)。STM32 的 ADC 是 12 位逐次逼近型的模拟数字转换器,有 18 个通道,可测量 16 个外部信号和两个内部信号源,各通道的 A/D 转换可以单次、连续、扫描或间断模式执行。ADC 的结果可以以左对齐或右对齐方式存储在 16 位数据寄存器中。模拟看门狗特性允许应用程序检测输入电压是否超出用户定义的高/低阈值。而 STM32F103 系列芯片最少拥有两个 ADC,这些 ADC 可以独立使用,也可以使用双重模式。

使用的实验板 STM32F103ZE 内部有 3 个 12 位逐次逼近型模数转换器,它有多达 18 个通道,可测量 16 个外部信号和两个内部信号。

2. STM32 ADC 的主要参数

① 分辨率:分辨率是指 ADC 输出数字量的最低位变化一个数码时,对应输入模拟量的变化量,显然,ADC 的位数越多,分辨最小模拟电压的值就越小。

② 相对精度:是指 ADC 实际输出数字量与理论输出数字量之间的最大差值。

③ 转换速度:转换速度是指 ADC 完成一次转换所需要的时间。转换时间是可编程的。采样一次至少要用 14 个 ADC 时钟周期,而 ADC 的时钟频率最高为 14 MHz,也就是说,它的采样时间最短为 1 μs。

3. STM32 ADC 原理及硬件构造

STM32 ADC 的硬件构造如图 16-1 所示,可以分为 5 大模块,这 5 大模块在图中已用虚线框标出。

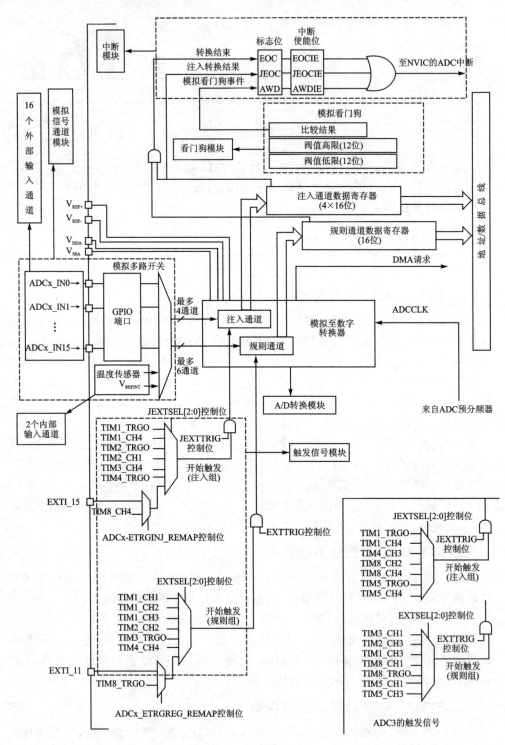

图 16 - 1 STM32 ADC 原理及硬件构造示意图

① 模拟信号通道模块:共 18 个通道,可测 16 个外部通道和两个内部信号源,其中 16 个外部通道对应 ADCx_IN0 到 ADCx_IN15;两个内部通道连接到温度传感器和内部参考电压。

② A/D 转换模块:转换原理为逐次逼近型 A/D 转换,分为注入通道和规则通道。

③ 触发信号模块:为注入通道或规则通道选择不同的触发方式。

④ 模拟看门狗模块:用于监控高点电压阈值,可作用于一个、多个或全部转换通道,当检测到的电压低于或高于设定的电压阈值,可以产生中断。

⑤ 中断电路模块:有 3 种情况可以产生中断,即转换结束、注入转换结束和模拟看门狗事件。

ADC 的相关引脚如表 16 - 1 所列。可以看到,STM32 的 ADC 参考电压输入。

表 16 - 1   ADC 的相关引脚表列表

名　称	信号类型	注　解
V_{REF+}	输入,模拟参考正极	ADC 使用的高端/正极参考电压,$2.4\,V \leqslant V_{REF+} \leqslant V_{DDA}$
V_{DDA}	输入,模拟电源	等效于 V_{DD} 的模拟电源且:$2.4V \leqslant V_{DDA} \leqslant V_{DD}(3.6\,V)$
V_{REF-}	输入,模拟参考负极	ADC 使用的低端/负极参考电压,$V_{REF-} = V_{SSA}$
V_{SSA}	输入,模拟电源地	等效于 V_{SS} 的模拟电源地
ADCx_IN[15:0]	模拟输入信号	16 个模拟输入通道

4. STM32 ADC 系统功能及特性

① 12 位分辨率。

② 转换结束、注入转换结束和发生模拟看门狗事件时产生中断。

③ 单次和连续转换模式。

④ 从通道 0 到通道 n 的自动扫描模式。

⑤ 自校准。

⑥ 带内嵌数据一致性的数据对齐。

⑦ 采样间隔可以按通道分别编程。

⑧ 规则转换和注入转换均有外部触发选项。

⑨ 间断模式。

⑩ 双重模式(带两个或以上 ADC 的器件)。

⑪ ADC 转换时间:

STM32F103xx 增强型产品:时钟为 56 MHz 时为 1 μs(时钟为 72 MHz 为 1.17 μs)。

⑫ ADC 供电要求:2.4~3.6 V。

⑬ ADC 输入范围:$V_{REF-} \leqslant V_{IN} \leqslant V_{REF+}$。

⑭ 规则通道转换期间有 DMA 请求产生。

5. 通道选择

STM32 将 ADC 的转换分为两个通道组:规则通道组和注入通道组。规则通道相当于运行的程序,而注入通道就相当于中断。在程序正常执行的时候,中断是可以打断程序正常执行的。同这个类似,注入通道的转换可以打断规则通道的转换,在注入通道被转换完成之后,规则通道才得以继续转换。在任意多个通道上以任意顺序进行的一系列转换构成成组转换。例如,可以如下顺序完成转换:通道 3、通道 8、通道 2、通道 2、通道 0、通道 2、通道 2、通道 15。

① 规则组。

由多达 16 个转换组成。规则通道和它们的转换顺序在 ADC_SQRx 寄存器中选择。规则组中转换的总数应写入 ADC_SQR1 寄存器的 L[3:0]位中。

② 注入组。

由多达 4 个转换组成。注入通道和它们的转换顺序在 ADC_JSQR 寄存器中选择。注入组里的转换总数目应写入 ADC_JSQR 寄存器的 L[1:0]位中。

如果 ADC_SQRx 或 ADC_JSQR 寄存器在转换期间被更改,当前的转换被清除,一个新的启动脉冲将发送到 ADC 以转换新选择的组。

③ 温度传感器/VREFINT 内部通道。

温度传感器和通道 ADC1_IN16 相连接,内部参照电压 VREFINT 和 ADC1_IN17 相连接。可以按注入或规则通道对这两个内部通道进行转换。

注意:温度传感器和 VREFINT 只能出现在主 ADC1 中。

6. STM32 ADC 工作模式

① 单次转换模式如图 16-2 所示。在单次转换模式下,ADC 只执行一次转换。

② 连续转换模式如图 16-3 所示。在连续转换模式中,当前面 ADC 转换一结束马上就启动另一次转换。

③ 扫描模式如图 16-4 所示。此模式用来扫描一组模拟通道。

④ 间断模式如图 16-5 所示。

图 16-2　单次转换模式

图 16-3　连续转换模式

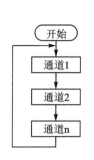

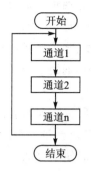

图 16 - 4　扫描模式　　　　　图 16 - 5　间断模式

间断模式分为规则组道组和注入通道组。

（a）规则组。

此模式通过设置 ADC_CR1 寄存器上的 DISCEN 位激活。它可以用来执行一个短序列的 n 次转换（n<=8），此转换是 ADC_SQRx 寄存器所选择的转换序列的一部分。数值 n 由 ADC_CR1 寄存器的 DISCNUM[2:0] 位给出。

一个外部触发信号可以启动 ADC_SQRx 寄存器中描述的下一轮 n 次转换，直到此序列所有的转换完成为止。总的序列长度由 ADC_SQR1 寄存器的 L[3:0] 定义。

举例：

n=3，被转换的通道＝ 0、1、2、3、6、7、9、10；

第一次触发：转换的序列为 0、1、2；

第二次触发：转换的序列为 3、6、7；

第三次触发：转换的序列为 9、10，并产生 EOC 事件；

第四次触发：转换的序列 0、1、2。

注意，当以间断模式转换一个规则组时，转换序列结束后不自动从头开始。当所有子组被转换完成，下一次触发启动第一个子组的转换。在上面的例子中，第四次触发重新转换第一子组的通道 0、1 和 2。

（b）注入组。

此模式通过设置 ADC_CR1 寄存器的 JDISCEN 位激活。在一个外部触发事件后，该模式按通道顺序逐个转换 ADC_JSQR 寄存器中选择的序列。

一个外部触发信号可以启动 ADC_JSQR 寄存器选择的下一个通道序列的转换，直到序列中所有的转换完成为止。总的序列长度由 ADC_JSQR 寄存器的 JL[1:0] 位定义。

例子：

n=1，被转换的通道＝ 1、2、3。

第一次触发:通道 1 被转换。

第二次触发:通道 2 被转换。

第三次触发:通道 3 被转换,并且产生 EOC 和 JEOC 事件。

第四次触发:通道 1 被转换。

★注意:

① 当完成所有注入通道转换,下个触发启动第一个注入通道的转换。在上述例第 4 个触发重新转换第一个注入通道 1。

② 不能同时使用自动注入和间断模式。

③ 必须避免同时为规则组和注入组设置间断模式。间断模式只能作用于一组转换。

7. 可编程的通道采样时间

ADC 使用若干个 ADC_CLK 周期对输入电压采样,采样周期数目可以通过 ADC_SMPR1 和 ADC_SMPR2 寄存器中的 SMP[2:0] 位更改。每个通道可以分别用不同的时间采样。

总转换时间如下计算:

$$T_{conv} = 采样时间 + 12.5 \text{ 个周期}$$

例如:

当 ADCCLK=14 MHz,采样时间为 1.5 周期,则:

$$T_{CONV} = 1.5 + 12.5 = 14 \text{ 周期} = 1 \text{ } \mu s$$

8. ADC 校准

ADC 有一个内置自校准模式。校准可大幅减小因内部电容器组的变化而造成的精度误差。在校准期间,在每个电容器上都会计算出一个误差修正码(数字值),这个码用于消除在随后的转换中每个电容器上产生的误差。

通过设置 ADC_CR2 寄存器的 CAL 位启动校准。一旦校准结束,CAL 位被硬件复位,可以开始正常转换。建议在上电时执行一次 ADC 校准。校准阶段结束后,校准码储存在 ADC_DR 中。

★注意:

① 建议在每次上电后执行一次校准。

② 启动校准前,ADC 必须处于关电状态(ADON='0')超过至少两个 ADC 时钟周期。

9. 双 ADC 模式

在有两个或以上 ADC 模块的产品中,可以使用双 ADC 模式(见图 16-6)。在双 ADC 模式里,根据 ADC1_CR1 寄存器中 DUALMOD[2:0] 位所选的模式,转换的启动可以是 ADC1 主和 ADC2 从的交替触发或同步触发。

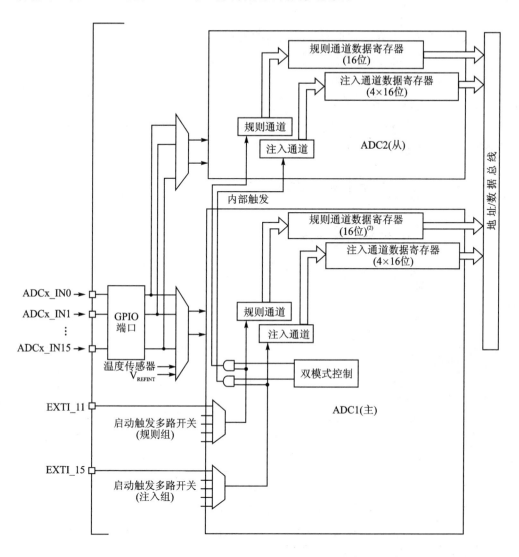

图 16-6 双 ADC 框图

注意:在双 ADC 模式里,当转换配置成由外部事件触发时,用户必须将其设置成仅触发主 ADC,从 ADC 设置成软件触发,这样可以防止意外的触发从转换。但是,主和从 ADC 的外部触发必须同时被激活。共有 6 种可能的模式:

① 同步注入模式。

② 同步规则模式。

③ 快速交叉模式。

④ 慢速交叉模式。

⑤ 交替触发模式。

⑥ 独立模式。

还有可以用下列方式组合使用上面的模式：

① 同步注入模式＋同步规则模式。

② 同步规则模式＋交替触发模式。

③ 同步注入模式＋交叉模式。

注意,在双 ADC 模式里,为了在主数据寄存器上读取从转换数据,必须使能 DMA 位,即使不使用 DMA 传输规则通道数据。

16.2　ADC 控制寄存器介绍

1. 与 ADC 相关的寄存器

与 ADC 相关的寄存器(必须以字(32 位)的方式操作这些外设寄存器)可如表 16 - 2 所列。

表 16 - 2　与 ADC 相关的寄存器

寄存器	描　述	寄存器	描　述
SR	ADC 状态寄存器	LTR	ADC 看门狗低阈值寄存器
CR1	ADC 控制寄存器 1	SQR1	ADC 规则序列寄存器 1
CR2	ADC 控制寄存器 2	SQR2	ADC 规则序列寄存器 2
SMPR1	ADC 采样时间寄存器 1	SQR3	ADC 规则序列寄存器 3
SMPR2	ADC 采样时间寄存器 2	JSQR1	ADC 注入序列寄存器
JOFR1	ADC 注入通道偏移寄存器 1	DR1	ADC 规则数据寄存器 1
JOFR2	ADC 注入通道偏移寄存器 2	DR2	ADC 规则数据寄存器 2
JOFR3	ADC 注入通道偏移寄存器 3	DR3	ADC 规则数据寄存器 3
JOFR4	ADC 注入通道偏移寄存器 4	DR4	ADC 规则数据寄存器 4
HTR	ADC 看门狗高阈值寄存器		

2. ADC 寄存器地址映像

ADC 寄存器地址映像如表 16 - 3 所列。

表 16 − 3　ADC 寄存器地址映像

偏移	寄存器	31	30	29	28	27	26	25	24	23	22	21	20	19	18	17	16	15	14	13	12	11	10	9	8	7	6	5	4	3	2	1	0
00h	ADC_SR	保留																											STRT	JSTRT	JEOC	EOC	AWD
	复位值																												0	0	0	0	0
04h	ADC_CR1	保留								AWDEN	JAWDEN	保留		DUALMOD[3:0]				DISCNUM[2:0]			JDISCEN	DISCEN	JAUTC	AWDSGL	SCAN	JEOCIE	AWDIE	EOCIE	AWDCH[4:0]				
	复位值									0	0			0	0	0	0	0	0	0	0	0	0	0	0	0	0	0	0	0	0	0	0
08h	ADC_CR2	保留								TSVREFE	SWSTART	JSWSTART	EXTTRIG	EXTSEL[2:0]			保留	JEXTTRIG	JEXTSEL[2:0]			ALIGN	保留		DMA	保留				RSTCAL	CAL	CONT	ADDN
	复位值									0	0	0	0	0	0	0		0	0	0	0	0			0					0	0	0	0
0Ch	ADC_SMPR1	采样时间位SMPx_x																															
	复位值	0	0	0	0	0	0	0	0	0	0	0	0	0	0	0	0	0	0	0	0	0	0	0	0	0	0	0	0	0	0	0	0
10h	ADC_SMPR2	采样时间位SMPx_x																															
	复位值	0	0	0	0	0	0	0	0	0	0	0	0	0	0	0	0	0	0	0	0	0	0	0	0	0	0	0	0	0	0	0	0
14h	ADC_JOFR1	保留																				J0FFSET1[11:0]											
	复位值																					0	0	0	0	0	0	0	0	0	0	0	0
18h	ADC_JOFR2	保留																				J0FFSET2[11:0]											
	复位值																					0	0	0	0	0	0	0	0	0	0	0	0
1Ch	ADC_JOFR3	保留																				J0FFSET3[11:0]											
	复位值																					0	0	0	0	0	0	0	0	0	0	0	0
20h	ADC_JOFR4	保留																				J0FFSET4[11:0]											
	复位值																					0	0	0	0	0	0	0	0	0	0	0	0
1Ch	ADC_HTR	保留																				HT[11:0]											
	复位值																					0	0	0	0	0	0	0	0	0	0	0	0
20h	ADC_LTR	保留																				LT[11:0]											
	复位值																					0	0	0	0	0	0	0	0	0	0	0	0
2Ch	ADC_SQR1	保留								L[3:0]				规则通道序列SQx_x位																			
	复位值									0	0	0	0	0	0	0	0	0	0	0	0	0	0	0	0	0	0	0	0	0	0	0	0
30h	ADC_SQR2	保留				规则通道序列SQx_x位																											
	复位值					0	0	0	0	0	0	0	0	0	0	0	0	0	0	0	0	0	0	0	0	0	0	0	0	0	0	0	0
34h	ADC_SQR3	保留				规则通道序列SQx_x位																											
	复位值					0	0	0	0	0	0	0	0	0	0	0	0	0	0	0	0	0	0	0	0	0	0	0	0	0	0	0	0
38h	ADC_JSQR	保留										JL[1:0]		注入通道序列JSQx_x位																			
	复位值																																

偏移	寄存器	31	30	29	28	27	26	25	24	23	22	21	20	19	18	17	16	15	14	13	12	11	10	9	8	7	6	5	4	3	2	1	0
3Ch	ADC_JDR1	保留																JDATA[15:0]															
	复位值																	0	0	0	0	0	0	0	0	0	0	0	0	0	0	0	0
40h	ADC_JDR2	保留																JDATA[15:0]															
	复位值																	0	0	0	0	0	0	0	0	0	0	0	0	0	0	0	0
44h	ADC_JDR3	保留																JDATA[15:0]															
	复位值																	0	0	0	0	0	0	0	0	0	0	0	0	0	0	0	0
48h	ADC_JDR4	保留																JDATA[15:0]															
	复位值																	0	0	0	0	0	0	0	0	0	0	0	0	0	0	0	0
4Ch	ADC_DR	ADC2DATA[15:0]																规则DATA[15:0]															
	复位值	0	0	0	0	0	0	0	0	0	0	0	0	0	0	0	0	0	0	0	0	0	0	0	0	0	0	0	0	0	0	0	0

16.3 典型硬件电路设计

1. 实验设计思路

本实验演示外部模拟信号输入,并且通过串口打印转换后的数字量及电压值。改变输入通道可以获取内核电压和温度传感器转换后的电压值。

2. 实验预期效果

JLINK 下载运行后,扭动可调电阻,USART1 打印的电压数据跟随变化。

3. 硬件电路连接

硬件电路连接如图 16 - 7 所示。

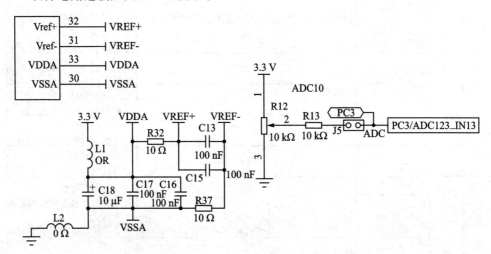

图 16 - 7 硬件电路设计

16.4 例程源代码分析

1. 工程组详情

工程组详情如图 16 - 8 所示。

2. 源码分析

① 先看 User 组的 main. c 文件。

/ ＊＊＊＊＊＊＊＊＊＊＊头文件＊＊＊＊＊＊＊＊＊＊＊＊/

include ＜stdio. h＞

include "stm32f10x. h"

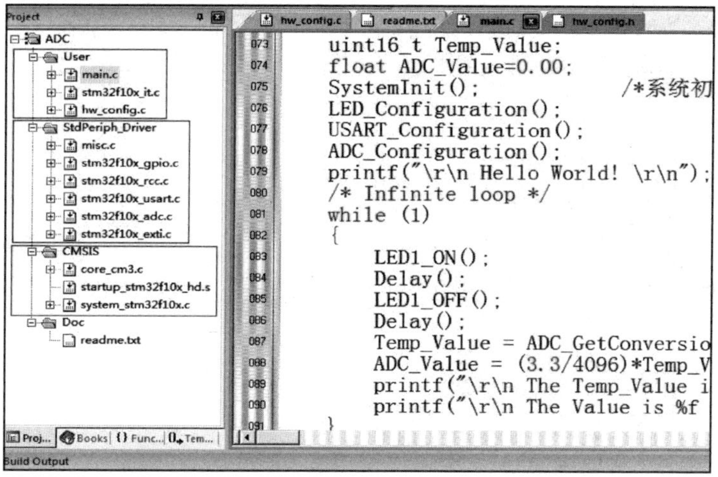

图 16 - 8　工程组详情

```
# include "hw_config. h"
# ifdef __GNUC__
/ * With GCC/RAISONANCE, small printf (option LD Linker - >Libraries - >Small printf
    set to 'Yes') calls __io_putchar() * /
# define PUTCHAR_PROTOTYPE int __io_putchar( int ch)
# else
# define PUTCHAR_PROTOTYPE int fputc( int ch, FILE * f)
# endif / *  __GNUC__  * /
/ * *
    * 名称:void Delay(void)
    * 功能:简单延时
* * /
void Delay( void)
{
int x,y;
for( x = 1000;x>0;x - - )
        for( y = 1000;y>0;y - - );
}
/ * * 主函数 * * /
int main( void)
{
```

```
    uint16_t Temp_Value;                              //用于存储 ADC 转换后的数值
    float ADC_Value = 0.00;                           //转换结果,浮点类型变量
    SystemInit();                                     //系统初始化
    LED_Configuration();                              //LED 初始化配置
    USART_Configuration() ;                           //串口配置函数
    ADC_Configuration();                              //ADC 初始化并启动 ADC 转换
    printf("\r\n Hello World! \r\n");                 //用于验证串口正常工作
    while (1)                                         //LED 灯亮灭闪烁
    {
        LED1_ON();
        Delay();
        LED1_OFF();
        Delay();                                      //提示信号,说明进入了主循环
        Temp_Value = ADC_GetConversionValue(ADC1);    //获取 ADC 转换后的数字量
        ADC_Value = (3.3/4096) * Temp_Value;          /* 将 AD 值转换为电压值 */
        printf("\r\n The Temp_Value is % d \r\n",Temp_Value);   //向串口打印数数值
        printf("\r\n The Value is % f \r\n",ADC_Value);         //向串口打印数数值
    }
}
```

★ 程序分析:

➤ 这里加入了头文件<stdio.h>它声明了 ANSI C 的标准库函数,这样可以依赖于 KEILL MDD 开发环境,将 USART 绑定到 C 语言标准库函数 printf 上,在条件编译中,定义了函数宏:# define PUTCHAR_PROTOTYPE int fputc(int ch, FILE * f),其函数原型:

```
PUTCHAR_PROTOTYPE
{
/* Place your implementation of fputc here */
/* e.g. write a character to the USART */
USART_SendData(UsartPort, (uint8_t) ch);
/* Loop until the end of transmission */
while (USART_GetFlagStatus(UsartPort, USART_FLAG_TC) == RESET)
{}
return ch;
}
```

这里不必深究它的实现方式,学习 C 语言时,只需要会用 printf 函数就行了。

➤ 在一个简单的延时函数的声明之后,便进入了主函数,在 main()函数里,首先

是各个模块的初始化配置。接着进入了主循环,ADC 通道不断采集外部电压并将其转换为数字量,通过串口发送给 PC 上位机打印出来。

➤ 由硬件电路可以看到,红龙开发板 ADC 使用的参考电压是3.3 V。

② 在进行子函数的分析之前,先看用户自定义的.h 文件。

```
# ifndef __HW_CONFIG_H_
# define __HW_CONFIG_H_
# include "stm32f10x_conf.h"
//I/O 口地址映射
# define GPIOA_ODR_Addr        (GPIOA_BASE + 12) //0x4001080C
# define GPIOB_ODR_Addr        (GPIOB_BASE + 12) //0x40010C0C
# define GPIOC_ODR_Addr        (GPIOC_BASE + 12) //0x4001100C
# define GPIOD_ODR_Addr        (GPIOD_BASE + 12) //0x4001140C
# define GPIOE_ODR_Addr        (GPIOE_BASE + 12) //0x4001180C
# define GPIOF_ODR_Addr        (GPIOF_BASE + 12) //0x40011A0C
# define GPIOG_ODR_Addr        (GPIOG_BASE + 12) //0x40011E0C
# define GPIOA_IDR_Addr        (GPIOA_BASE + 8) //0x40010808
# define GPIOB_IDR_Addr        (GPIOB_BASE + 8) //0x40010C08
# define GPIOC_IDR_Addr        (GPIOC_BASE + 8) //0x40011008
# define GPIOD_IDR_Addr        (GPIOD_BASE + 8) //0x40011408
# define GPIOE_IDR_Addr        (GPIOE_BASE + 8) //0x40011808
# define GPIOF_IDR_Addr        (GPIOF_BASE + 8) //0x40011A08
# define GPIOG_IDR_Addr        (GPIOG_BASE + 8) //0x40011E08
# define PFout(n)  * ((volatile unsigned long * )(0x42000000 + ((GPIOF_ODR_Addr -
0x40000000)<<5) + (n<<2)))
    / * ----------LED----------* /
# define RCC_APB2Periph_LED    RCC_APB2Periph_GPIOF
# define GPIO_LedPort    GPIOF
# define LED1     GPIO_Pin_6
# define LED2     GPIO_Pin_7
# define LED3     GPIO_Pin_8
# define LED4     GPIO_Pin_9
# define LED1_ON()    GPIO_ResetBits(GPIO_LedPort,LED1)
# define LED1_OFF()   GPIO_SetBits(GPIO_LedPort,LED1)
# define LED2_ON()    GPIO_ResetBits(GPIO_LedPort,LED2)
# define LED2_OFF()   GPIO_SetBits(GPIO_LedPort,LED2)
# define LED3_ON()    GPIO_ResetBits(GPIO_LedPort,LED3)
# define LED3_OFF()   GPIO_SetBits(GPIO_LedPort,LED3)
```

```
#define LED4_ON()      GPIO_ResetBits(GPIO_LedPort,LED4)
#define LED4_OFF()     GPIO_SetBits(GPIO_LedPort,LED4)


/* -----------USART------------*/
/* 使用串口之前先打开相应时钟
 * USART          TX           RX
   USART1         PA9          PA10
   USART2         PA2          PA3 */
#define GPIO_UsartPort      GPIOA
#define UsartPort     USART1
#define UsartTX       GPIO_Pin_9
#define UsartRX       GPIO_Pin_10
/* 函数声明 */
void LED_Configuration(void);
void USART_Configuration(void);
void ADC_Configuration(void);
#endif
```

★程序分析:

这个头文件里用到了位绑定操作,定义了关于 LED 的函数宏以及有关 USART 的参数宏,之后完成子函数的声明。

③ 被主函数调用的.c 文件。

```
/*****************************************************
* 配置文件
*****************************************************/
#include "hw_config.h
/* *
    * 函数名称:void LED_Configuration(void)
    * 功能说明:LED 初始化配置
* */
void LED_Configuration(void)
{
    GPIO_InitTypeDef GPIO_InitStructure;
    RCC_APB2PeriphClockCmd(RCC_APB2Periph_LED, ENABLE);              //使能时钟
    GPIO_InitStructure.GPIO_Pin = LED1 | LED2 | LED3 | LED4 ;       //选择引脚
    GPIO_InitStructure.GPIO_Speed = GPIO_Speed_50 MHz;          // 输出频率为 50 MHz
    GPIO_InitStructure.GPIO_Mode = GPIO_Mode_Out_PP;                //推挽输出
    GPIO_Init(GPIO_LedPort,&GPIO_InitStructure);            //载入配置初始化寄存器
```

```
    /* ------------初始状态 所有 LED 全 OFF--------------*/
    LED1_OFF();
    LED2_OFF();
    LED3_OFF();
    LED4_OFF();
}
/* *
    * 函数名称:void USART_Configuration(void)
    * 功能说明:USART 初始化配置 包括 GPIO 初始化 TX 必须配置为复用输出
* */
void USART_Configuration(void)
{
    GPIO_InitTypeDef  GPIO_InitStructure;
    USART_InitTypeDef USART_InitStructure;
/* 打开各外设时钟 */
    RCC_APB2PeriphClockCmd(RCC_APB2Periph_GPIOA|RCC_APB2Periph_USART1,ENABLE);
    RCC_APB1PeriphClockCmd(RCC_APB1Periph_USART2,ENABLE);
    /* USART1 端口配置
      PA9 TX  复用推挽输出 PA10 RX  浮空输入模式 */
    GPIO_InitStructure.GPIO_Pin    = UsartTX ;
    GPIO_InitStructure.GPIO_Mode   = GPIO_Mode_AF_PP;             //复用推挽输出
    GPIO_InitStructure.GPIO_Speed = GPIO_Speed_50 MHz;            //输出频率
    GPIO_Init(GPIO_UsartPort,&GPIO_InitStructure);
    GPIO_InitStructure.GPIO_Pin    = UsartRX ;
    GPIO_InitStructure.GPIO_Mode   = GPIO_Mode_IN_FLOATING;       //浮空输入
    GPIO_Init(GPIO_UsartPort,&GPIO_InitStructure);
    /* ------------USART1 配置 ------------*/
    USART_InitStructure.USART_BaudRate = 115200;                 //波特率的设置
    USART_InitStructure.USART_WordLength = USART_WordLength_8b;   //8 位数据长度
    USART_InitStructure.USART_StopBits = USART_StopBits_1;        //1 位停止位
    USART_InitStructure.USART_Parity = USART_Parity_No;           //无奇偶校验
    USART_InitStructure.USART_HardwareFlowControl     = USART_HardwareFlowControl_
None;                                                            //无硬件流控制
    USART_InitStructure.USART_Mode = USART_Mode_Rx | USART_Mode_Tx;
                                                                 //发送和接收模式使能
    USART_Init(UsartPort,&USART_InitStructure);
    USART_Cmd(UsartPort,ENABLE);                                 //开启 USART 外设
```

```
    }
/* *
    * 这里外接的是 PC3/ADC123_IN13 使用 AD 通道的 13,
    测内核电压使用 ADC_Channel_17
    测温度传感器输出电压使用 ADC_Channel_16
*/
void ADC_Configuration(void)
{
    GPIO_InitTypeDef GPIO_InitStructure;                          //定义结构体
    ADC_InitTypeDef ADC_InitStructure;
    /* -------------使能时钟-------------*/
    RCC_APB2PeriphClockCmd(RCC_APB2Periph_AFIO | RCC_APB2Periph_ADC1 | RCC_
APB2Periph_GPIOC,ENABLE);
    /* -------------端口配置 模拟输入模式-------------*/
    GPIO_InitStructure.GPIO_Pin = GPIO_Pin_3;
    GPIO_InitStructure.GPIO_Speed = GPIO_Speed_50 MHz;
    GPIO_InitStructure.GPIO_Mode = GPIO_Mode_AIN;                 //模拟输入
    GPIO_Init(GPIOC,&GPIO_InitStructure);
    ADC_InitStructure.ADC_Mode = ADC_Mode_Independent;           //ADC1 独立工作模式
    ADC_InitStructure.ADC_ScanConvMode = ENABLE;                 //多通道扫描
    ADC_InitStructure.ADC_ContinuousConvMode = ENABLE;           //连续模数转换
    ADC_InitStructure.ADC_ExternalTrigConv = ADC_ExternalTrigConv_None;
                                                                 //软件触发模
    ADC_InitStructure.ADC_DataAlign = ADC_DataAlign_Right;       //ADC 数据右对齐
    ADC_InitStructure.ADC_NbrOfChannel = 1;            //进行改则转换的 ADC 通道数目为 1
    ADC_Init(ADC1, &ADC_InitStructure);
    /* ADC1 regular channel13 configuration
        PC3(ADC123_IN13)这里使用 ADC1 的第 13 个 AD 通道,测量外部可调电阻的电压
        ADC_Channel_16 测量内部温度传感器转化的电压
        ADC_Channel_17 测量内核电压
    */
/* 设置 ADC1 使用 13 通道,转换顺序 1,采样时间 55.5 周期 */
    ADC_RegularChannelConfig(ADC1, ADC_Channel_13, 1, ADC_SampleTime_55Cycles5);
    ADC_Cmd(ADC1, ENABLE);                                       /* 使能 ADC1 */
    ADC_ResetCalibration(ADC1);                                  /* 复位 ADC1 的校准寄存器 */
    while(ADC_GetResetCalibrationStatus(ADC1));
                                                   /* 等待 ADC1 校准寄存器复位完成 r */
    ADC_StartCalibration(ADC1);                                  /* 开启 ADC1 校准 */
```

```
while(ADC_GetCalibrationStatus(ADC1));          /* 等待 ADC1 校准完成 */
ADC_SoftwareStartConvCmd(ADC1, ENABLE);         /* 启动软件转换,这句必须加上去 */
}
```

★注意事项:

开启 ADC1 时钟时,还要开启复用功能时钟和 GPIO 时钟。这里的自动校准功能函数不是必须的,建议在每次上电后执行一次校准。在配置 GPIO_Pin_3 时,要将其配置成模拟输入模式,这是专为 ADC 通道设计的模式。

3. 使用到的 GPIO 固件库函数:

① 函数 ADC_Init,如表 16-4 所列。

表 16-4　ADC_Init 函数简介

函数名	ADC_Iint
函数原型	void ADC_Init(ADC_TypeDef * ADCx, ADC_InitTypeDef * ADC_Init-Struct)
功能描述	根据 ADC_InitStruct 中指定的参数初始化外设 ADCx 的寄存器
输入参数 1	ADCx:x 可以是 1 或者 2 来选择 ADC 外设 ADC1 或 ADC2
输入参数 2	ADC_InitStruct:指向结构 ADC_InitTypeDef 的指针,包含了指定外设 ADC 的配置信息 参阅:4.2.3 小节获得 ADC_InitStruct 值的完整描述
输出参数	无
返回值	无
先决条件	无
被调用函数	无

ADC_InitTypeDef 定义于文件"stm32f10x_adc.h"。

```
typedef struct
{
u32 ADC_Mode;
FunctionalState ADC_ScanConvMode;
FunctionalState ADC_ContinuousConvMode;
u32 ADC_ExternalTrigConv;
u32 ADC_DataAlign;
u8 ADC_NbrOfChannel;
} ADC_InitTypeDef
```

➤ ADC_Mode。

ADC_Mode 设置 ADC 工作在独立或者双 ADC 模式,如表 16-5 所列。

表 16 - 5　ADC_Mode 参数列表

ADC_Mode	描　述
ADC_Mode_Independent	ADC1 和 ADC2 工作在独立模式
ADC_Mode_RegInjecSimult	ADC1 和 ADC2 工作在同步规则和同步注入模式
ADC_Mode_RegSimult_AlterTrig	ADC1 和 ADC2 工作在同步规则模式和交替触发模式
ADC_Mode_InjecSimult_FastInterl	ADC1 和 ADC2 工作在同步规则模式和快速交替模式
ADC_Mode_IniecSimult_SlowInterl	ADC1 和 ADC2 工作在同步注入模式和慢速交替模式
ADC_Mode_InjecSimult	ADC1 和 ADC2 工作在同步注入模式
ADC_Mode_RegSimult	ADC1 和 ADC2 工作在同步规则模式
ADC_Mode_FastInterl	ADC1 和 ADC2 工作在快速交替模式
ADC_Mode_SlowInterl	ADC1 和 ADC2 工作在慢速交替模式
ADC_Mode_AlterTrig	ADC1 和 ADC2 工作在交替触发模式

➢ ADC_ScanConvMode。

ADC_ScanConvMode 规定了模数转换工作在扫描模式(多通道)还是单次(单通道)模式,可以设置这个参数为 ENABLE 或者 DISABLE。

➢ ADC_ContinuousConvMode。

ADC_ContinuousConvMode 规定了模数转换工作在连续还是单次模式。可以设置这个参数为 ENABLE 或者 DISABLE,如表 16 - 6 所列。

表 16 - 6　ADC_ContinuousConvMode 参数列表

ADC_ExternalTrigConv	描　述
ADC_ExternalTrigConv_T1_CC1	选择定时器 1 的捕获比较 1 作为转换外部触发
ADC_ExternalTrigConv_T1_CC2	选择定时器 1 的捕获比较 2 作为转换外部触发
ADC_ExternalTrigConv_T1_CC3	选择定时器 1 的捕获比较 3 作为转换外部触发
ADC_ExternalTrigConv_T2_CC2	选择定时器 2 的捕获比较 2 作为转换外部触发
ADC_ExternalTrigConv_T3_TRGO	选择定时器 3 的的 TRGO 作为转换外部触发
ADC_ExternalTrigConv_T4_CC4	选择定时器 4 的捕获比较 4 作为转换外部触发
ADC_ExternalTrigConv_Ext_IT11	选择外部中断线 11 事件作为转换外部触发
ADC_ExternalTrigConv_None	转换由软件而不是外部触发启动

➢ ADC_ExternalTrigConv。

ADC_ExternalTrigConv 定义了使用外部触发来启动规则通道的模数转换。

➢ ADC_DataAlign。

ADC_DataAlign 规定了 ADC 数据向左边对齐还是向右边对齐,如表 16 - 7 所列。

表 16 - 7　ADC_ExternalTrigConv 参数列表

ADC_DataAlign	描　述
ADC_DataAlign_Right	ADC 数据右对齐
ADC_DataAlign_Left	ADC 数据左对齐

➢ ADC_NbrOfChannel。

ADC_NbreOfChannel 规定了顺序进行规则转换的 ADC 通道的数目。这个数目的取值范围是 1～16。

② 函数 ADC_Cmd,如表 16 - 8 所列。

表 16 - 8　ADC_Cmd 函数简介

函数名	ADC_Cmd
函数原型	void ADC_Cmd(ADC_TypeDef * ADCx,FunctionalSytate NewState)
功能描述	使能或者失能指定的 ADC
输入参数 1	ADCx:x 可以是 1 或者 2 来选择 ADC 外设 ADC1 或 ADC2
输入参数 2	NewState:外设 ADCx 的新状态 这个参数可以取:ENABLE 或者 DISABLE
输出参数	无
返回值	无
先决条件	无
被调用函数	无

例:

```
/ * Enable ADC1 * /
ADC_Cmd(ADC1,ENABLE);
```

注意:函数 ADC_Cmd 只能在其他 ADC 设置函数之后被调用。

③ 函数 ADC_ResetCalibration,如表 16 - 9 所列。

表 16 - 9　ADC_ResetCalibration 函数简介

函数名	ADC_ResetCalibration
函数原型	void ADC_ResetCalibration(ADC_TypeDef * ADCx)
功能描述	重置指定的 ADC 的校准寄存器
输入参数	ADCx:x 可以是 1 或者 2 来选择 ADC 外设 ADC1 或 ADC2
输出参数	无
返回值	无
先决条件	无
被调用函数	无

例:

```
/ * Reset the ADC1 Calibration registers * /
ADC_ResetCalibration(ADC1);
```

4. 实验结果

编译完成后将程序载入实验板,打开串口调试助手,将波特率设为 115 200,打开电源开关,可以看到实验板上 LED 等在闪烁,说明进入了 while(1){}循环,同时,串口调试助手收到数据如图 16-9(a)所示;当我们旋转电位器旋钮时,发现串口调试助手上数据跟随变化,这里把旋钮的两个边界情况截图如图 16-9(b)、(c)所示。

(a)

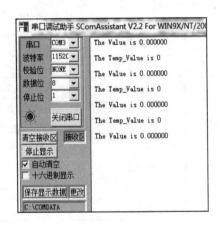

(b)

(c)

图 16-9 实验结果图

第 17 章

DAC 实验

在前面章节中学习了 STM32 的 ADC 模块，即模拟量到数字量的转换，本章将介绍 STM32 的数模转换模块 ADC 的功能和使用方法。

17.1 概　述

1. STM32 DAC 概述

数字/模拟转换模块（DAC）是 12 位数字输入，电压输出的数字/模拟转换器。DAC 可以配置为 8 位或 12 位模式，也可以与 DMA 控制器配合使用。DAC 工作在 12 位模式时，数据可以设置成左对齐或右对齐。DAC 模块有两个输出通道，每个通道都有单独的转换器。在双 DAC 模式下，两个通道可以独立地进行转换，也可以同时进行转换并同步地更新两个通道的输出。DAC 可以通过引脚输入参考电压 V_{REF+} 以获得更精确的转换结果。

2. STM32 DAC 的特性

① 两个 DAC 转换器：每个转换器对应一个输出通道。

② 8 位或者 12 位单调输出。

③ 12 位模式下数据左对齐或者右对齐。

④ 同步更新功能。

⑤ 噪声波形生成。

⑥ 三角波形生成。

⑦ 双 DAC 通道同时或者分别转换。

⑧ 每个通道都有 DMA 功能。

⑨ 外部触发转换。

⑩ 输入参考电压 V_{REF+}。

3. DAC 引脚介绍及功能

DAC 引脚介绍如表 17-1 所列，功能框图如图 17-1 所示。

表 17 - 1   DAC 引脚介绍

名　称	型号类型	注　释
V_{REF+}	输入,正模拟参考电压	DAC 使用的高端/正极参考电压,2.4 V $\leqslant$ $V_{REF+} \leqslant V_{DDA}$ (3.3 V)
V_{DDA}	输入,模拟电源	模拟电源
V_{SSA}	输入,模拟电源地	模拟电源的地线
DAC_OUTx	模拟输出信号	DAC 通道 x 的模拟输出

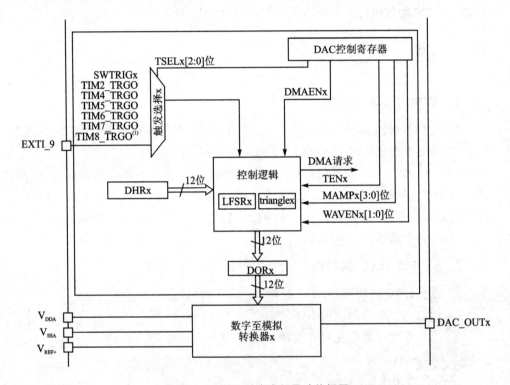

图 17 - 1   DAC 引脚介绍及功能框图

注意:一旦使能 DACx 通道,相应的 GPIO 引脚(PA4 或者 PA5)就会自动与 DAC 的模拟输出相连(DAC_OUTx)。为了避免寄生的干扰和额外的功耗,引脚 PA4 或者 PA5 在之前应当设置成模拟输入(AIN)。

17.2   STM32 DAC 的功能

1. 使能 DAC 通道

将 DAC_CR 寄存器的 ENx 位置'1'即可打开对 DAC 通道 x 的供电。经过一段启动时间 tWAKEUP,DAC 通道 x 即被使能。

注意:ENx 位只会使能 DAC 通道 x 的模拟部分,即便该位被置'0',DAC 通道 x 的数字部分仍然工作。

2. 使能 DAC 输出缓存

DAC 集成了两个输出缓存,可以用来减少输出阻抗,无需外部运放即可直接驱动外部负载。每个 DAC 通道输出缓存可以通过设置 DAC_CR 寄存器的 BOFFx 位来使能或者关闭。

3. DAC 数据格式

DAC 输出是受 DORx 寄存器直接控制的,但是不能直接往 DORx 寄存器写入数据,而是通过 DHRx 间接的传给 DORx 寄存器,从而实现对 DAC 输出的控制。根据选择的配置模式,数据按照下文所述写入指定的寄存器:

① 单 DAC 通道 x,有 3 种情况,如图 17-2 所示。

➤ 8 位数据右对齐:用户须将数据写入寄存器 DAC_DHR8Rx[7:0]位(实际是存入寄存器 DHRx[11:4]位)。

➤ 12 位数据左对齐:用户须将数据写入寄存器 DAC_DHR12Lx[15:4]位(实际是存入寄存器 DHRx[11:0]位)。

➤ 12 位数据右对齐:用户须将数据写入寄存器 DAC_DHR12Rx[11:0]位(实际是存入寄存器 DHRx[11:0]位)。

根据对 DAC_DHRyyyx 寄存器的操作,经过相应的移位后,写入的数据被转存到 DHRx 寄存器中(DHRx 是内部的数据保存寄存器 x)。随后,DHRx 寄存器的内容或被自动地传送到 DORx 寄存器,或通过软件触发或外部事件触发被传送到 DORx 寄存器。

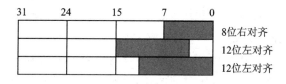

图 17-2 单 DAC 通道的数据对齐方式

② 双 DAC 通道,有 3 种情况,如图 17-3 所示。

➤ 8 位数据右对齐:用户须将 DAC 通道 1 数据写入寄存器 DAC_DHR8RD[7:0]位(实际是存入寄存器 DHR1[11:4]位),将 DAC 通道 2 数据写入寄存器 DAC_DHR8RD[15:8]位(实际是存入寄存器 DHR2[11:4]位)。

➤ 12 位数据左对齐:用户须将 DAC 通道 1 数据写入寄存器 DAC_DHR12LD[15:4]位(实际是存入寄存器 DHR1[11:0]位),将 DAC 通道 2 数据写入寄存器 DAC_DHR12LD[31:20]位(实际是存入寄存器 DHR2[11:0]位)。

➢ 12 位数据右对齐:用户须将 DAC 通道 1 数据写入寄存器 DAC_DHR12RD
[11:0]位(实际是存入寄存器 DHR1[11:0]位),将 DAC 通道 2 数据写入寄
存器 DAC_DHR12RD[27:16]位(实际是存入寄存器 DHR2[11:0]位)。

根据对 DAC_DHRyyyD 寄存器的操作,经过相应的移位后,写入的数据被转存
到 DHR1 和 DHR2 寄存器中(DHR1 和 DHR2 是内部的数据保存寄存器 x)。随后,
DHR1 和 DHR2 的内容或被自动地传送到 DORx 寄存器,或通过软件触发或外部事
件触发被传送到 DORx 寄存器。

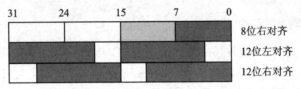

图 17-3 单 DAC 通道的数据对齐方式

4. DAC 输出电压

数字输入经过 DAC 被线性地转换为模拟电压输出,其范围为 0 到 VREF+。任
一 DAC 通道引脚上的输出电压满足下面的关系:DAC 输出 = VREF x (DOR /
4095)。

5. DAC 转换

不能直接对寄存器 DAC_DORx 写入数据,任何输出到 DAC 通道 x 的数据都必
须写入 DAC_DHRx 寄存器(数据实际写入 DAC_DHR8Rx、DAC_DHR12Lx、DAC_
DHR12Rx、DAC_DHR8RD、DAC_DHR12LD、或者 DAC_DHR12RD 寄存器)。

如果没有选中硬件触发(寄存器 DAC_CR1 的 TENx 位置'0'),存入寄存器
DAC_DHRx 的数据会在一个 APB1 时钟周期后自动传至寄存器 DAC_DORx。如
果选中硬件触发(寄存器 DAC_CR1 的 TENx 位置'1'),数据传输在触发发生以后 3
个 APB1 时钟周期后完成。

一旦数据从 DAC_DHRx 寄存器装入 DAC_DORx 寄存器,在经过时间 tSET-
TLING 之后,输出即有效,这段时间的长短依电源电压和模拟输出负载的不同会有
所变化。

图 17-4 是 TEN=0 触发失能时转换的时间框图。

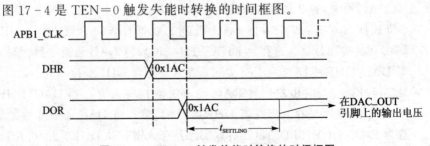

图 17-4 TEN=0 触发使能时转换的时间框图

17.3 相关寄存器简介

相关寄存器的名称及描述如表 17-2 所列。

表 17-2 寄存器的名称及描述

寄存器	描 述
DAC_CR	DAC 控制寄存器
DAC_SWTRIGR	DAC 软件触发寄存器
DAC_DHR12R1	DAC 通道 1 的 12 位右对齐数据保持寄存器
DAC_DHR12L1	DAC 通道 1 的 12 位左对齐数据保持寄存器
DAC_DHR8R1	DAC 通道 1 的 8 位右对齐数据保持寄存器
DAC_DHR12R2	DAC 通道 2 的 12 位右对齐数据保持寄存器
DAC_DHR12L2	DAC 通道 2 的 12 位左对齐数据保持寄存器
DAC_DHR8R2	DAC 通道 2 的 8 位右对齐数据保持寄存器
DAC_DHR12RD	双 DAC 的 12 位右对齐数据保持寄存器
DAC_DHR12LD	双 DAC 的 12 位左对齐数据保持寄存器
DAC_DHR8RD	双 DAC 的 8 位右对齐数据保持寄存器
DAC_DOR1	DAC 通道 1 数据输出寄存器
DAC_DOR2	DAC 通道 2 数据输出寄存器

17.4 典型硬件电路设计

1. 实验设计思路

本实验使用双 DAC 模式,两个通道均输出转换后的波形,使用定时器触发功能,可以调节输出波形的频率,实际测量可达到 140.623 kHz。本实验使用了 DMA 数据通道,传输速度更快,无需 MCU 进行处理。

2. 实验预期效果

接上示波器,则可以看到幅值 3 V 左右的正弦波。

3. 典型硬件电路设计

典型硬件电路设计如图 17-5 所示。

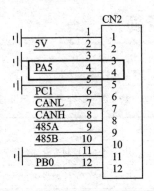

图 17 - 5 典型硬件电路设计

17.5 例程源码分析

1. 工程组详情

工程组详情如图 17 - 6 所示。

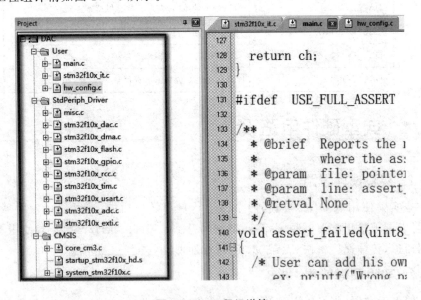

图 17 - 6 工程组详情

2. 例程源码分析

① 先看 User 组的 main. c 文件。

/ * * 头文件 * * /

```c
#include <stdio.h>
#include "stm32f10x.h"
#include "hw_config.h"
/* DAC 地址 0x4000 7400 - 0x4000 77FF,
   0x40007420 地址属于 DAC_DHR12RD
   双 DAC 的 12 位右对齐数据保持寄存器
*/
uint32_t DAC_DHR12RD_Address = 0x40007420;

const uint16_t Sine12bit[32] = {
                    2047, 2447, 2831, 3185, 3498, 3750, 3939, 4056, 4095, 4056,
                    3939, 3750, 3495, 3185, 2831, 2447, 2047, 1647, 1263, 909,
                    599, 344, 155, 38, 0, 38, 155, 344, 599, 909, 1263, 1647};
uint32_t DualSine12bit[32];
#ifdef __GNUC__
#define PUTCHAR_PROTOTYPE int __io_putchar(int ch)
#else
#define PUTCHAR_PROTOTYPE int fputc(int ch, FILE * f)
#endif
/**
    * 名称:void Delay(void)
    * 参数: 无
    * 返回: 无
    * 功能:简单延时
**/
void Delay(void)
{
    int x,y;
    for(x = 1600;x>0;x--)
        for(y = 1000;y>0;y--);
}
/** 主函数 **/
int main(void)
{
    uint8_t Idx;                        //变量定义
    SystemInit();                       /* 系统初始化 */
    LED_Configuration();                /* LED 灯的配置 */
    USART_Configuration();              /* 串口的配置函数 */
```

```
    DMA_Configuration();                                            /* DAM 配置函数 */
    TIM_Configuration();                                            /* TIM 配置函数 */
    DAC_Configuration();                                  /* DAC 初始化配置并启动 DAC 转换 */
    printf("\r\n Hello World! \r\n");                               //打印欢迎语句
    for (Idx = 0; Idx < 32; Idx + +)
    {
        DualSine12bit[Idx] = (Sine12bit[Idx] << 16) + (Sine12bit[Idx]);
    }
    while (1)                                                       //LED 的闪烁
    {
        LED1_ON();                                                  //打开 LED1
        Delay();
        LED1_OFF();                                                 //关闭 LED1
        Delay();
    }
}
```

② 自定义的.h 文件。

```
# ifndef __HW_CONFIG_H_
# define __HW_CONFIG_H_
# include "stm32f10x_conf.h"
/* *
    * 说明:这里使用位带操作
* */
# define GPIOA_ODR_Addr      (GPIOA_BASE + 12) //0x4001080C
# define GPIOB_ODR_Addr      (GPIOB_BASE + 12) //0x40010C0C
# define GPIOC_ODR_Addr      (GPIOC_BASE + 12) //0x4001100C
# define GPIOD_ODR_Addr      (GPIOD_BASE + 12) //0x4001140C
# define GPIOE_ODR_Addr      (GPIOE_BASE + 12) //0x4001180C
# define GPIOF_ODR_Addr      (GPIOF_BASE + 12) //0x40011A0C
# define GPIOG_ODR_Addr      (GPIOG_BASE + 12) //0x40011E0C
# define GPIOA_IDR_Addr      (GPIOA_BASE + 8) //0x40010808
# define GPIOB_IDR_Addr      (GPIOB_BASE + 8) //0x40010C08
# define GPIOC_IDR_Addr      (GPIOC_BASE + 8) //0x40011008
# define GPIOD_IDR_Addr      (GPIOD_BASE + 8) //0x40011408
# define GPIOE_IDR_Addr      (GPIOE_BASE + 8) //0x40011808
# define GPIOF_IDR_Addr      (GPIOF_BASE + 8) //0x40011A08
# define GPIOG_IDR_Addr      (GPIOG_BASE + 8) //0x40011E08
```

```
#define PFout(n)      *  ((volatile unsigned long *)(0x42000000 + ((GPIOF_ODR_Addr
 - 0x40000000)<<5)+(n<<2)))
/* ------------LED-------------*/
#define RCC_APB2Periph_LED      RCC_APB2Periph_GPIOF
#define GPIO_LedPort      GPIOF
#define LED1      GPIO_Pin_6
#define LED2      GPIO_Pin_7
#define LED3      GPIO_Pin_8
#define LED4      GPIO_Pin_9
#define LED1_ON()      GPIO_WriteBit(GPIO_LedPort, LED1, Bit_RESET)
#define LED1_OFF()      GPIO_WriteBit(GPIO_LedPort, LED1, Bit_SET)
#define LED2_ON()      GPIO_WriteBit(GPIO_LedPort, LED2, Bit_RESET)
#define LED2_OFF()      GPIO_WriteBit(GPIO_LedPort, LED2, Bit_SET)
#define LED3_ON()      GPIO_WriteBit(GPIO_LedPort, LED3, Bit_RESET)
#define LED3_OFF()      GPIO_WriteBit(GPIO_LedPort, LED3, Bit_SET)
#define LED4_ON()      GPIO_WriteBit(GPIO_LedPort, LED4, Bit_RESET)
#define LED4_OFF()      GPIO_WriteBit(GPIO_LedPort, LED4, Bit_SET)
/* ------------USART-------------*/
/* 使用串口之前先打开相应时钟
 * USART        TX        RX
   USART1        PA9        PA10
   USART2        PA2        PA3 */
#define GPIO_UsartPort      GPIOA
#define UsartPort      USART1
#define UsartTX      GPIO_Pin_9
#define UsartRX      GPIO_Pin_10
/* ------------BUTTON-------------*/
#define RCC_APB2Periph_BUTTON      RCC_APB2Periph_GPIOD
#define GPIO_ButtonPort      GPIOD
#define BUTTON1      GPIO_Pin_8
/* 函数声明 */
void LED_Configuration(void);
void USART_Configuration(void);
void DAC_Configuration(void);
void TIM_Configuration(void);
void DMA_Configuration(void);
#endif
```

③ 用户编写的 hw_config 文件。

```
/*****************************************************
配置文件
*****************************************************/
#include "hw_config.h"
extern uint32_t DAC_DHR12RD_Address ;
extern uint32_t DualSine12bit[32];
/**
    * 名称:void LED_Configuration(void)
    * 参数:无
    * 返回:无
    * 功能:LED 初始化配置
**/
void LED_Configuration(void)
{
    GPIO_InitTypeDef GPIO_InitStructure;                         //定义结构体
    RCC_APB2PeriphClockCmd(RCC_APB2Periph_LED, ENABLE);
    GPIO_InitStructure.GPIO_Pin = LED1 | LED2 | LED3 | LED4 ;
    GPIO_InitStructure.GPIO_Speed = GPIO_Speed_50 MHz;          //输出频率设置
    GPIO_InitStructure.GPIO_Mode = GPIO_Mode_Out_PP;             //推挽输出
    GPIO_Init(GPIO_LedPort,&GPIO_InitStructure);

    /* -------------初始化 4 个 LED 全灭-------------*/
    LED1_OFF();
    LED2_OFF();
    LED3_OFF();
    LED4_OFF();
}
/*****************************************************
* 函数名称:void USART_Configuration(void)
* 入口参数:无
* 出口参数:无
* 功能说明:USART 初始化配置 包括 GPIO 初始化 TX 必须配置为复用输出
*****************************************************/
void USART_Configuration(void)
{
    GPIO_InitTypeDef  GPIO_InitStructure;                       //定义 GPIO 结构体
    USART_InitTypeDef USART_InitStructure;                     //定义 USART 初始化结构体
    /*开启相应外设的时钟*/
```

```
RCC_APB2PeriphClockCmd(RCC_APB2Periph_GPIOA|RCC_APB2Periph_USART1,ENABLE);
RCC_APB1PeriphClockCmd(RCC_APB1Periph_USART2,ENABLE);
/* ------------PA9 TX  复用推挽输出 PA10 RX  浮空输入 ------------*/
GPIO_InitStructure.GPIO_Pin    = UsartTX ;
GPIO_InitStructure.GPIO_Mode   = GPIO_Mode_AF_PP;              //复用推挽输出
GPIO_InitStructure.GPIO_Speed  = GPIO_Speed_50 MHz;           //输出频率设置
GPIO_Init(GPIO_UsartPort,&GPIO_InitStructure);
GPIO_InitStructure.GPIO_Pin    = UsartRX ;
GPIO_InitStructure.GPIO_Mode   = GPIO_Mode_IN_FLOATING;       //浮空输入模式
GPIO_Init(GPIO_UsartPort,&GPIO_InitStructure);

USART_InitStructure.USART_BaudRate = 115200;                  //波特率设置
USART_InitStructure.USART_WordLength = USART_WordLength_8b;   //数据长度
USART_InitStructure.USART_StopBits = USART_StopBits_1;        //停止位
USART_InitStructure.USART_Parity = USART_Parity_No;           //无奇偶校验
USART_InitStructure.USART_HardwareFlowControl = USART_HardwareFlowControl_None;
                                                              //无硬件流控制
USART_InitStructure.USART_Mode = USART_Mode_Rx | USART_Mode_Tx;
                                                              //使能发送和接收
USART_Init(UsartPort,&USART_InitStructure);
USART_Cmd(UsartPort,ENABLE);
}
/* *
   * 名称:void DAC_Configuration(void)
   * 参数:无
   * 返回:无
   * 功能:DAC 初始化
 * */
void DAC_Configuration(void)
{
GPIO_InitTypeDef GPIO_InitStructure;
DAC_InitTypeDef DAC_InitStructure;
/* 开启相应外设的时钟 */
RCC_APB1PeriphClockCmd(RCC_APB1Periph_DAC ,ENABLE);
RCC_APB2PeriphClockCmd(RCC_APB2Periph_GPIOA  | RCC_APB2Periph_AF1O,ENABLE);
/* ------------DAC 端口配置 复用输出模式 ------------*/
GPIO_InitStructure.GPIO_Pin = GPIO_Pin_5;                    //选择引脚
GPIO_InitStructure.GPIO_Mode = GPIO_Mode_AF_PP;              //复用推挽输出
GPIO_InitStructure.GPIO_Speed = GPIO_Speed_50 MHz;           //输出频率
```

```
    GPIO_Init(GPIOA ,&GPIO_InitStructure);
    DAC_DeInit();                                                /* 还原到初始状态 */
    /* DAC channel1 Configuration */
    DAC_InitStructure.DAC_Trigger = DAC_Trigger_T2_TRGO;              /* TIMER2 触发 */
    DAC_InitStructure.DAC_WaveGeneration = DAC_WaveGeneration_None;
                                                             /* 自定义波形产生 */
    DAC_InitStructure.DAC_OutputBuffer = DAC_OutputBuffer_Disable;  //使能输出缓冲
    DAC_Init(DAC_Channel_1, &DAC_InitStructure);              //载入配置初始化寄存器
    DAC_Cmd(DAC_Channel_1,  ENABLE);                              //使能 DAC 通道
    DAC_SoftwareTriggerCmd(DAC_Channel_1, ENABLE);          //软件开启 DAC 转换
    /* DAC channel2 Configuration */
    /* 通道 2 的配置和通道 1 一致 */
    DAC_Init(DAC_Channel_2, &DAC_InitStructure);              //载入配置初始化寄存器
    DAC_Cmd(DAC_Channel_2,  ENABLE);                              //使能 DAC 通道
    DAC_SoftwareTriggerCmd(DAC_Channel_2, ENABLE);                //软件开启 DAC 换
}
/* *
    * 名称:void TIMER_Configuration(void)
    * 参数:无
    * 返回:无
    * 功能:TIMER 初始化
* */
void TIM_Configuration(void)
{
    TIM_TimeBaseInitTypeDef     TIM_TimeBaseStructure;
    RCC_APB1PeriphClockCmd(RCC_APB1Periph_TIM2 ,ENABLE);
    TIM_DeInit(TIM2);                                //将 TIM 相关寄存器复位为默认值
    TIM_TimeBaseStructure.TIM_Period = 0x01;
                                    /* 改变这个值能改变正弦波的频率比例变化 */
    TIM_TimeBaseStructure.TIM_Prescaler = 0x0;        /* 这个值要为零 否则无输出 */
    TIM_TimeBaseStructure.TIM_ClockDivision = 0x0;  /* 这个值要为零 否则无输出 */
    TIM_TimeBaseStructure.TIM_CounterMode = TIM_CounterMode_Up;      /* 向上计数 */
    TIM_TimeBaseInit(TIM2, &TIM_TimeBaseStructure);                    /* 载入配置 */
    TIM_SelectOutputTrigger(TIM2, TIM_TRGOSource_Update);
                                                /* 使用更新事件作为触发输出 */
    TIM_Cmd(TIM2, ENABLE);                                        /* 使能 TIM2 */
}
/* *
    * 名称:void DMA_Configuration(void)
```

```
    * 参数:无
    * 返回:无
    * 功能:DMA 初始化
* */
void DMA_Configuration(void)
{
    DMA_InitTypeDef DMA_InitStructure;
    RCC_AHBPeriphClockCmd(RCC_AHBPeriph_DMA2 ,ENABLE);                  //开启时钟
    DMA_DeInit(DMA2_Channel4);                            /* 使用 DAM 通道 4 */
    DMA_InitStructure.DMA_PeripheralBaseAddr = DAC_DHR12RD_Address;
                                                  /* DAC 数据寄存器地址 */
    DMA_InitStructure.DMA_MemoryBaseAddr = (uint32_t)&DualSine12bit ;
                                                  /* 待送入 DAC 的数字量 */
    DMA_InitStructure.DMA_DIR = DMA_DIR_PeripheralDST;
                                              /* 外设作为数据传输的目的地 */
    DMA_InitStructure.DMA_BufferSize = 32;                 /* DMA 缓存的大小 */
    DMA_InitStructure.DMA_PeripheralInc = DMA_PeripheralInc_Disable;
                                                  /* 外设地址寄存器不变 */
    DMA_InitStructure.DMA_MemoryInc = DMA_MemoryInc_Enable;
                                                  /* 内存地址寄存器递增 */
    DMA_InitStructure.DMA_PeripheralDataSize = DMA_PeripheralDataSize_Word;
                                                  /* 外设数据宽度 */
    DMA_InitStructure.DMA_MemoryDataSize = DMA_MemoryDataSize_Word;
                                                  /* 内存数据宽度 */
    DMA_InitStructure.DMA_Mode = DMA_Mode_Circular;
                                              /* 设置 DMA 工作在循环缓存模式 */
    DMA_InitStructure.DMA_Priority = DMA_Priority_High;      /* 拥有高优先级 */
    DMA_InitStructure.DMA_M2M = DMA_M2M_Disable; /* 使能 DMA 通道内存到内存传输 */
    DMA_Init(DMA2_Channel4, &DMA_InitStructure);        /* 初始化 DMA 第四号通道 */
    DMA_Cmd(DMA2_Channel4, ENABLE);                 /* 使能 DMA2 的第四号通道 */
    DAC_Cmd(DAC_Channel_1, ENABLE);                    /* 使能 DAC 通道 1 */
    DAC_Cmd(DAC_Channel_2, ENABLE);                    /* 使能 DAC 通道 2 */
    DAC_DMACmd(DAC_Channel_2, ENABLE);          /* 将 DAC 通道 2 设置为 DMA 模 */
}
```

3. 实验现象

编译完成后,将程序载入实验板,接上示波器,看到示波器上显示幅值为 3 V 左右的正弦波。

第 18 章

I²C 总线设备

在前面章节中,学习了 USART 通信,下面将学习另外一种常用的通信接口设备——IIC(又称 I²C)总线通信接口。本章介绍了 I²C 总线的工作原理及其模式的选择,通过实验向大家演示 STM32 I²C 总线设备是如何工作的。

18.1 概　述

1. I²C 简介

I²C 总线是 PHLIPS 公司推出的一种串行总线,是具备多主机系统所需的包括总线裁决和高低速器件同步功能的高性能串行总线。它提供多主机功能,控制所有 I²C 总线特定的时序、协议、仲裁和定时,支持标准和快速两种模式,同时与 SMBus 2.0 兼容。I²C 模块有多种用途,包括 CRC 码的生成和校验、SMBus(系统管理总线,System Management Bus)和 PMBus(电源管理总线——Power Management Bus)。

I²C 总线只有两根双向信号线,一根是数据线 SDA,另一根是时钟线 SCL。使用 I²C 接口可以很轻易地在 I²C 总线上实现数据存取,用户要通过软件来控制 I²C 启动,实现不同器件间的通信。

2. I²C 总线的功能

每个接到 I²C 总线上的器件都有唯一的地址,主机与其他器件间的数据传送可以是由主机发送数据到其他器件,这时主机即为发送器,由总线上接收数据的器件则为接收器。I²C 模块接收和发送数据,并将数据从串行转换成并行,或并行转换成串行,接口通过数据引脚(SDA)和时钟引脚(SCL)连接到 I²C 总线。

3. I²C 总线术语定义

① 发送器:发送数据到总线的器件。

② 接收器:从总线接收数据的器件。

③ 主机:初始化发送产生时钟信号和终止发送的器件。

④ 从机:被主机寻址的器件。

⑤ 多主机:同时有多于一个主机尝试控制总线但不破坏报文。

⑥ 仲裁:在多主机系统中,可能同时有几个主机企图启动总线传送数据。为了

避免混乱,I²C 总线要通过总线仲裁,以决定由哪一台主机控制总线。

⑦ 同步:两个或多个器件同步时钟信号的过程。

4. STM32 I²C 的特点

① 并行总线 I²C 总线协议转换器。

② 多主机功能:该模块既可做主设备也可做从设备。

③ I²C 主设备功能:

➤ 产生时钟。

➤ 产生起始和停止信号。

④ I²C 从设备功能:

➤ 可编程的 I²C 地址检测。

➤ 可响应两个从地址的双地址能力。

➤ 停止位检测。

⑤ 产生和检测 7 位/10 位地址和广播呼叫。

⑥ 支持不同的通信速度:

➤ 标准速度(高达 100 kHz)。

➤ 快速(高达 400 kHz)。

⑦ 状态标志:

➤ 发送器/接收器模式标志。

➤ 字节发送结束标志。

➤ I²C 总线忙标志。

⑧ 错误标志:

➤ 主模式时的仲裁丢失。

➤ 地址/数据传输后的应答(ACK)错误。

➤ 检测到错位的起始或停止条件。

➤ 禁止拉长时钟功能时的上溢或下溢。

⑨ 两个中断向量:

➤ 一个中断用于地址/数据通信成功。

➤ 一个中断用于错误。

⑩ 可选的拉长时钟功能。

⑪ 具单字节缓冲器的 DMA I²C 接口。

⑫ 可配置的 PEC(信息包错误检测)的产生或校验:

➤ 发送模式中 PEC 值可以作为最后一字节传输。

➤ 用于最后一个接收字节的 PEC 错误校验。

⑬ 兼容 SMBus 2.0:

➤ 25 ms 时钟低超时延时。

> 10 ms 主设备累积时钟低扩展时间。
> 25 ms 从设备累积时钟低扩展时间。
> 带 ACK 控制的硬件 PEC 产生/校验。
> 支持地址分辨协议(ARP)。
⑭ 兼容 SMBus。

18.2 I²C 总线工作原理

1. 起始、终止及应答信号

SCL 线为高电平期间,SDA 线由高电平向低电平的变化表示起始信号;SCL 线为高电平期间,SDA 线由低电平向高电平的变化表示终止信号,如图 18-1 所示。

数据和地址按 8 位/字节进行传输,高位在前。跟在起始条件后的 1 或 2 字节是地址(7 位模式为 1 字节,10 位模式为 2 字节),地址只在主模式发送。

在一字节传输的 8 个时钟后的第 9 个时钟期间,接收器必须回送一个应答位(ACK)给发送器。

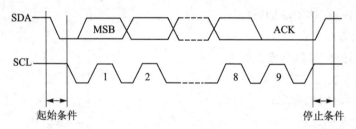

图 18-1 其实信号和终止信号示意图

I²C 总线进行数据传送时,时钟信号为高电平期间,数据线上的数据必须保持稳定,只有在时钟线上的信号为低电平期间,数据线上的高电平或低电平状态才允许变化,如图 18-2 所示。

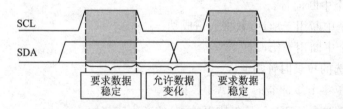

图 18-2 I²C 传送数据的要求

2. STM32 I²C 的功能

STM32 I²C 的功能框图如图 18-3 所示。

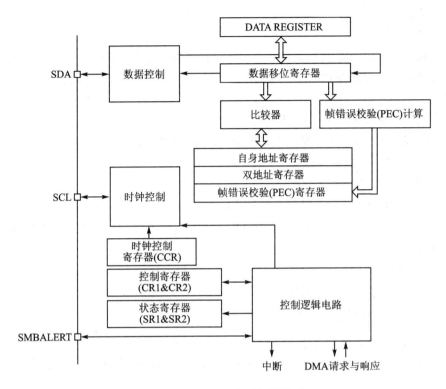

图 18-3　STM32 I²C 的功能框图

3. 模式选择：

I²C 接口可以从下述 4 种模式中的一种运行：从发送器模式、从接收器模式、主发送器模式、主接收器模式。

STM32 I²C 模块默认地工作于从模式。接口在生成起始条件后自动地从从模式切换到主模式；当仲裁丢失或产生停止信号时，则从主模式切换到从模式。

在主模式时，I²C 接口启动数据传输并产生时钟信号，串行数据传输总是以起始条件开始并以停止条件结束，起始条件和停止条件都是在主模式下由软件控制产生。

在从模式时，I²C 接口能识别它自己的地址（7 位或 10 位）和广播呼叫地址，软件能够控制开启或禁止广播呼叫地址的识别。

（a）从模式。

为了产生正确的时序，必须在 I²C_CR2 寄存器中设定该模块的输入时钟，输入时钟的频率必须至少是：

➤ 标准模式下为 2 MHz。

➤ 快速模式下为 4 MHz。

一旦检测到起始条件，在 SDA 线上接收到的地址被送到移位寄存器，然后与芯片自己的地址 OAR1 和 OAR2（当 ENDUAL＝1）或者广播呼叫地址（如果 ENGC＝

1)相比较。

(b) 主模式。

在主模式时,I²C 接口启动数据传输并产生时钟信号,串行数据传输总是以起始条件开始并以停止条件结束。当通过 START 位在总线上产生了起始条件,设备就进入了主模式。

以下是主模式所要求的操作顺序:

① 在 I²C_CR2 寄存器中设定该模块的输入时钟以产生正确的时序。

② 配置时钟控制寄存器。

③ 配置上升时间寄存器。

④ 编程 I²C_CR1 寄存器启动外设。

⑤ 置 I²C_CR1 寄存器中的 START 位为 1,产生起始条件 I²C 模块的输入时钟频率必须至少是:

➤ 标准模式下为 2 MHz。

➤ 快速模式下为 4 MHz。

4. I²C 中断请求

I²C 的中断请求如表 18-1 所列。

注:① SB、ADDR、ADD10、STOPF、BTF、RxNE 和 TxE 通过逻辑或汇到同一个中断通道中。

② BERR、ARLO、AF、OVR、PECERR、TIMEOUT 和 SMBALERT 通过逻辑或汇到同一个中断通道中。

表 18-1 I²C 的中断请求

中断事件	事件标志	开启控制位
起始位已发送(主)	SB	ITEVFEN
地址已发送(主)或地址匹配(从)	ADDR	
10 位头段已发送(主)	ADD10	
已收到停止(从)	STOPF	
数据字节传输完成	BTF	
接收缓冲区非空	RxNE	ITEVFEN 和 ITBUFEN
发送缓冲区空	TxE	
总线错误	BERR	ITERREN
仲裁丢失(主)	ARLO	
响应失败	AF	
过载/欠载	OVR	
PEC 错误	PECERR	
超过/Tlow 错误	TIMEOUT	
SMBus 提醒	SMBALERT	

5. STM32 I²C 中断映射

STM32 I²C 中断映射如图 18-4 所示。

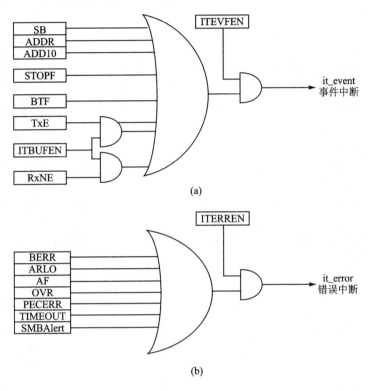

(a)

(b)

图 18-4   STM32 I²C 中断映射图

18.3   相关寄存器

1. I²C 相关寄存器名称及描述

I²C 相关寄存器名称及描述如表 18-2 所列。

表 18-2   I²C 相关寄存器名称及描述

寄存器	描　述	寄存器	描　述
CR1	I²C 控制寄存器 1	SR1	I²C 状态寄存器 1
CR2	I²C 控制寄存器 2	SR2	I²C 状态寄存器 2
OAR1	I²C 自身地址寄存器 1	CCR	I²C 时钟控制寄存器
OAR2	I²C 自身地址寄存器 2	TRISE	I²C 上升时间寄存器
DR	I²C 数据寄存器		

2. I²C 寄存器地址映像

I²C 寄存器地址映像如表 18-3 所列。

表 18-3　I²C 寄存器地址映像

编移	寄存器	31-16	15	14	13	12	11	10	9	8	7	6	5	4	3	2	1	0
0x00	I2C_CR1	保留	SWRST	保留	ALERT	PEC	POS	ACK	STOP	START	NOSTRETCH	ENGC	ENPEC	ENARP	SMBTYPE	保留	SMBUS	PE
	复位值		0		0	0	0	0	0	0	0	0	0	0	0		0	0
0x04	I2C_CR2	保留				LAST	DMAEN	ITBUFEN	ITEVTEV	ITERREN	保留		FREQ[5:0]					
	复位值					0	0	0	0	0			0	0	0	0	0	0
0x08	I2C_OAR1	保留	ADDMODE	保留	保留				ADD[9:8]		ADD[7:1]							ADD0
	复位值		0	1					0	0	0	0	0	0	0	0	0	0
0x0C	I2C_OAR2	保留								ADD2[7:1]								ENDUAL
	复位值								0	0	0	0	0	0	0	0		0
0x10	I2C_DR	保留								DR[7:0]								
	复位值								0	0	0	0	0	0	0	0		
0x14	I2C_SR1	保留	SMBALERT	TIEMOUT	保留	PECERR	OVR	AF	ARLO	BERR	TxE	RxNE	保留	STOPF	ADD10	BTF	ADDR	SB
	复位值		0	0		0	0	0	0	0	0	0		0	0	0	0	0
0x18	I2C_SR2	保留	PEC[7:0]								DUALF	SMBHOST	SMBDEFAU	GENCALL	保留	TRA	BUSY	MSL
	复位值		0	0	0	0	0	0	0	0	0	0	0	0		0	0	0
0x1C	I2C_CCR	保留	F/S	DUTY	保留		CCR[11:0]											
	复位值		0	0	0	0	0	0	0	0	0	0	0	0	0	0	0	0
0x20	I2C_TRISE	保留											TRISE[5:0]					
	复位值												0	0	0	0	1	0

18.4 典型硬件电路设计

1. 实验设计思路

本节通过对 I²C 设备的 EEPROM 进行读/写,实验现象由串口发送给上位机打印。

2. 实验预期效果

编译完成后,将程序载入开发板,串口通过上位机打印出起始菜单,通过串口由上位机发送命令,向 EEPROM 指定地址写数据,并将该地址的数据读出。

3. 硬件电路设计

硬件电路设计如图 18-5 所示。

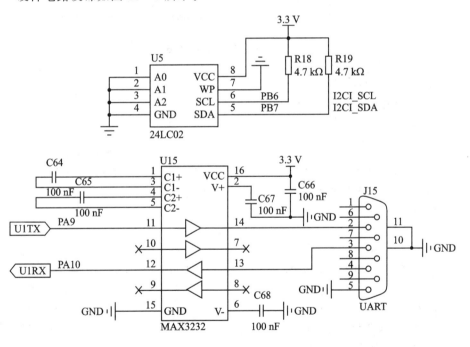

图 18-5 硬件电路设计图

18.5 例程源代码分析

1. 工程组详情

工程组详情如图 18-6 所示。

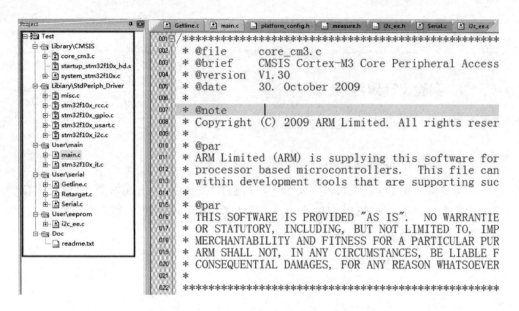

图 18-6　工程组详情

2. 例程源码分析

① 首先看 User 组的 main. c 文件。

```
/* 头文件 ------------------------------------*/
# include <stdio.h>                              /* 标准的 I/O 相关函数头文件 */
# include <ctype.h>                              /* 字符测试与映射函数头文件 */
# include "stm32f10x.h"
# include "platform_config.h"
# include "i2c_ee.h"
# include "measure.h"
typedef enum {FAILED = 0, PASSED = ! FAILED} TestStatus;
                                                 //定义枚举类型变量
uint8_t Tx1_Buffer[256];                         //发送字节缓冲数组
uint8_t Rx1_Buffer[256];                         //接收字节缓冲数组
volatile TestStatus TransferStatus1 = FAILED;
                                                 //不进行编译优化
USART_InitTypeDef USART_InitStructure;
char ERROR_STR [] = "\n 输入错误：% s\n";          /* 错误信息代码,整串输入或输出 */
const char menu[] =
    "\n"
    "+ **********红龙开发板 24C02 读写测试程序 ***********+ \n"
    "|    这个程序实现了对 24C02 芯片的完整读写测试。24C02 共 |\n"
```

```
"| 256 字节的存储空间,页大小为 8 字节,可以按字节或页进行 |\n"
"| 读写。本程序在 Keil MDK 4.23  ST 库 v3.50 下测试通过。    |\n"
"|     使用举例:                                        |\n"
"|     r 50:20  从 0x50 地址读 0x20(32)个字节数据          |\n"
"|     w 50:02  在 0x50 地址处写入 0x02(2)个字节数据        |\n"
"|             然后输入要写入的数据如:55 AA(以空格分隔)|\n"
"|                                                       |\n"
"+ 说明 - - + 语法 ---------------------+ \n"
"| 读     | R(r)dd:tt  地址(0x00 - - 0xFF):长度(0x01 - - 0x100)|\n"
"| 写     | W(w)dd:tt  地址(0x00 - - 0xFF):长度(0x01 - - 0x100)|\n"
"+ 注意:操作(包括读写)的数,全部是 16 进制                 + \n"
"+ -------+ ---------------------------+ \n";
void RCC_Configuration(void);                           //配置系统时钟声明
void GPIOUTx_Configuration(void);                       //配置 GPIO 口声明
void USARTx_configuration(void);                        //USART 的配置声明
TestStatus Buffercmp(uint8_t * pBuffer1, uint8_t * pBuffer2, uint16_t BufferLength);
void read_eeprom (char * buffer);
void write_eeprom (char * buffer);
/* *
  * 描述  主函数
  * 参数   无
  * 返回值 : 无
  */
int main(void)
{
  char cmdbuf [15];                                     /* 缓冲命令数组 */
  int i;                                                /* 定义缓冲区命令索引变量 */
  RCC_Configuration();                                  //配置系统时钟
  GPIOUTx_Configuration();                              //配置 GPIO
  USARTx_configuration();                               //配置 USART
  I2C_EE_Init();                                        //初始化 I²C 设备 EEPROM
  printf ( menu );                                      /* 显示命令菜单 */
  while (1)
  {
    printf ("\n 命令: ");
    getline (&cmdbuf[0], sizeof (cmdbuf));              /* 输入命令行 */
    for (i = 0; cmdbuf[i] != 0; i + +)
    {
```

```
            cmdbuf[i] = toupper(cmdbuf[i]);                         /* 小写转换为大写 */
        }
        for (i = 0; cmdbuf[i] == ' '; i++);                         /* 忽略空白 */
        switch (cmdbuf[i]) {
            case 'R':                                                /* 读取缓冲块 */
                read_eeprom(&cmdbuf[i+1]);
                break;
            case 'W':                                                /* 写入缓冲块 */
                write_eeprom(&cmdbuf[i+1]);
                break;
            default:                                                 /* 错误操作 */
                printf (ERROR_STR, "未知命令。");
                printf (menu);                                       /* 显示菜单 */
                break;
    }}}
/* 配置系统时钟,并开启对应外设的时钟 */
void RCC_Configuration(void)
{
    SystemInit();
/* 开启相应外设时钟 */
    RCC_APB2PeriphClockCmd(RCC_APB2Periph_GPIOB, ENABLE);
    RCC_APB1PeriphClockCmd(RCC_APB1Periph_I2C1, ENABLE);
    RCC_APB2PeriphClockCmd(RCC_APB2Periph_GPIOx, ENABLE);


#ifdef USE_USART1
    RCC_APB2PeriphClockCmd(RCC_APB2Periph_USART1, ENABLE);
#else
    RCC_APB1PeriphClockCmd(RCC_APB1Periph_USARTx, ENABLE);
#endif
}
/* GPIO 的配置 */
void GPIOUTx_Configuration(void)
{
    GPIO_InitTypeDef GPIO_InitStructure;
#if define USE_USART2      && define USE_STM3210B_EVAL
    RCC_APB2PeriphClockCmd(RCC_APB2Periph_AFIO, ENABLE);            /* 开启复用时钟 */
    GPIO_PinRemapConfig(GPIO_Remap_USART2, ENABLE);                //开启 USART2de 重映射功能
#endif
```

```
   GPIO_InitStructure.GPIO_Pin = GPIO_TxPin;
   GPIO_InitStructure.GPIO_Speed = GPIO_Speed_50_MHz;
   GPIO_InitStructure.GPIO_Mode = GPIO_Mode_AF_PP;                        //复用推挽输出
   GPIO_Init(GPIOx, &GPIO_InitStructure);
   GPIO_InitStructure.GPIO_Pin = GPIO_RxPin;
   GPIO_InitStructure.GPIO_Mode = GPIO_Mode_IN_FLOATING;                  //浮空输入
   GPIO_Init(GPIOx, &GPIO_InitStructure);
}
/* *
 * 描述： 配置 USARTx.
 * 形参：无
 * 返回值：无
 */
void USARTx_configuration(void)
{
/* USARTx 的配置 ------------------------------* /
   USART_InitStructure.USART_BaudRate = 57600;                           //波特率
   USART_InitStructure.USART_WordLength = USART_WordLength_8b;            //数据长度
   USART_InitStructure.USART_StopBits = USART_StopBits_1;                //一位停止位
   USART_InitStructure.USART_Parity = USART_Parity_No ;                  //无奇偶校验
  USART_InitStructure.USART_HardwareFlowControl = USART_HardwareFlowControl_None;
                                                                //无硬件流控制
   USART_InitStructure.USART_Mode = USART_Mode_Rx | USART_Mode_Tx;
   USART_Init(USARTx, &USART_InitStructure);
   USART_Cmd(USARTx, ENABLE);
}
/* 比较两个缓冲区的数据,相同返回值为 PASSED,否则返回值为 FAILED * /
TestStatus Buffercmp(uint8_t * pBuffer1, uint8_t * pBuffer2, uint16_t BufferLength)
{
   while(BufferLength - - )
   {
     if( * pBuffer1 != * pBuffer2)
                         //比较 pBuffer1 和 pBuffer2 指针地址的数据是否相同
     {
       return FAILED;
     }
     pBuffer1 + + ;
     pBuffer2 + + ;
```

```
    }
    return PASSED;
}
*/ ------------------------------------------------
    Read EEPROM
*------------------------------------------------/ *
void read_eeprom (char * buffer)
{
    int adr, num;                                    / * 定义局部变量 * /
    int args;                                        / * 定义参数的长度 * /
    int i, j;
    args = sscanf (buffer, "% x:% x",      / * 在 buffer 中读进与指定格式相符的数据 * /
                    &adr,                             / * adr, num * /
                    &num);
    if (adr > 255  ||  num > 256 ||args < 1    ||  args == EOF)
                                                   /* 检查输入的形式参数 * /

    {
        printf (ERROR_STR, "非法的地址和数据个数");
    }
Else
    {                                              / * 如果输入正确 * /
        / * 从 I²C 设备地址读数据 * /
        I2C_EE_BufferRead(Rx1_Buffer, adr, num);
        if(num < = 16){
            printf("0x% 2X ",adr + i * 16);
            for(j = 0; j<num; j + +)
                printf("% 2X ",Rx1_Buffer[i * 16 + j]);
            for(j = 0; j<num; j + +)
                printf("% c",Rx1_Buffer[i * 16 + j]);
            printf("\n");
        }//num 小于 16 的情况
        else
        {
            for(i = 0; i<(num/16); i + +)
            {
                printf("0x% 2X ",adr + i * 16);
                for(j = 0; (j<16); j + +)
```

```
            printf(" % 2X ",Rx1_Buffer[i * 16 + j]);
        if((num - 16 * (i + 1))< = 16){
            for(j = 0; (j<num % 16); j + + )
                printf(" 2X ",Rx1_Buffer[(i + 1) * 16 + j]);
        }
        for(j = 0; (j<16); j + + )
          printf(" % c",Rx1_Buffer[i * 16 + j]);
        if((num - 16 * (i + 1))< = 16){
            for(j = 0; (j<num % 16); j + + )
                printf(" % c",Rx1_Buffer[(i + 1) * 16 + j]);
        }
        printf("\n");
      }
    } //num 大于 16 的情况
  }}
/ *------------------------------------------------
  写 EEPROM
*------------------------------------------------*/
void write_eeprom (char * buffer)
{
  int adr, num;
  int args;                                                /* 参数的数目 */
  int i;
  char buf[256];
  int tmp;
  args = sscanf (buffer, " % x: % x", &adr,  &num);          //获取参数的数目
  if (adr > 255  ||  num > 256 ||args < 1   ||  args == EOF)
                                                /* 检查是否为有效输人数据 */
  {
    printf (ERROR_STR, "非法的地址和数据个数");
  }
  else
  {                                                         /* 输人数据正确 */
    getline (&buf[0], sizeof (buf));                       /* 输人命令行 */
    for (i = 0; buf[i] != 0; i + + )
    {
      buf[i] = toupper(buf[i]);                            /* 小写转换为大写 */
    }
```

```
    for (i = 0; buf[i] == ' '; i++);                              /* 跳过空白区 */
    for(i = 0; i<num; i++)
    {
      args = sscanf (&buf[i * 3], " % x ",&tmp);
      Tx1_Buffer[i] = tmp;
    }
    /* 写 I2C EEPROM EEPROM_WriteAddress1 */
    I2C_EE_BufferWrite(Tx1_Buffer, adr, num);
  }
}
```

② 用户自定义的.h 文件。

➢ i2c_ee.h：

```
#ifndef __I2C_EE_H
#define __I2C_EE_H
/* Includes --------------------------------*/
#include "stm32f10x.h"
#define EEPROM_Block_ADDRESS 0xA0                              /* Device Address */
void I2C_EE_Init(void);
void I2C_EE_ByteWrite(uint8_t * pBuffer, uint8_t WriteAddr);
void I2C_EE_PageWrite(uint8_t * pBuffer, uint8_t WriteAddr, uint8_t NumByteToWrite);
void I2C_EE_BufferWrite(uint8_t * pBuffer, uint8_t WriteAddr, uint16_t NumByteToW-
              rite);
void I2C_EE_BufferRead(uint8_t * pBuffer, uint8_t ReadAddr, uint16_t NumByteToRead);
void I2C_EE_WaitEepromStandbyState(void);
#endif /* __I2C_EE_H */
```

➢ measure.h：

```
/* external 函数： */
extern int   sendchar (int ch);                              /* 向串口写入字符 */
extern int   getkey (void);                                  /* 从串口读取字符 */
extern void getline (char * line, int n);
```

③ 用户自定义编写的.c 文件：

➢ i2c_ee.c：

```
/* 头文件 --------------------------------*/
#include "i2c_ee.h"
#define I2C_Speed                    400000
#define I2C1_SLAVE_ADDRESS7          0xA0
#define I2C_PageSize                 8
```

```
uint16_t EEPROM_ADDRESS;                                          //定义全局变量
/* 子函数的声明 ----------------------------------------* /
void GPIO_Configuration(void);
void I2C_Configuration(void);
/* 配置所使用的 I / O 端口引脚 */
void GPIO_Configuration(void)
{
  GPIO_InitTypeDef  GPIO_InitStructure;
  /* 配置 I2C1 引脚：SCL 和 SDA */
  GPIO_InitStructure.GPIO_Pin =   GPIO_Pin_6 | GPIO_Pin_7;
  GPIO_InitStructure.GPIO_Speed = GPIO_Speed_50 MHz;              //输出频率为 50 MHz
  GPIO_InitStructure.GPIO_Mode = GPIO_Mode_AF_OD;                 //复用开漏输出
  GPIO_Init(GPIOB，&GPIO_InitStructure);                          //载入配置
}
/* *
  * 描述   I2C 配置
  * 参数   无
  * 返回值：无
* */
void I2C_Configuration(void)
{
  I2C_InitTypeDef  I2C_InitStructure;
  /* I2C 配置 */
  I2C_InitStructure.I2C_Mode = I2C_Mode_I2C;                     //设置 I2C 的模式
  I2C_InitStructure.I2C_DutyCycle = I2C_DutyCycle_2;
                                                                 // 设置 I2C 的占空比
  I2C_InitStructure.I2C_OwnAddress1 = I2C1_SLAVE_ADDRESS7;
                                                                 //设置第一个设备自身地址
  I2C_InitStructure.I2C_Ack = I2C_Ack_Enable;                    //使能应答
  I2C_InitStructure.I2C_AcknowledgedAddress = I2C_AcknowledgedAddress_7bit;
  I2C_InitStructure.I2C_ClockSpeed = I2C_Speed;
                                                                 //设置时钟频率
  I2C_Cmd(I2C1，ENABLE);                                         /* I2C 外设使能 */
  I2C_Init(I2C1，&I2C_InitStructure);                            /* 启用后,应用 I2C 配置 */
}
/* 初始化 I2C EEPROM 驱动程序所使用的外设 */
void I2C_EE_Init()
```

```
{
    /* GPIO 配置 */
    GPIO_Configuration();
    /* I2C 配置 */
    I2C_Configuration();
    /* 具体的选择依据 i2c_ee.h 文件在 EEPROM 地址而定 */
    EEPROM_ADDRESS = EEPROM_Block_ADDRESS;
}
/* *
    * 简述 I2C EEPROM 数据写入缓冲区。
    * 参数 pBuffer  包含数据的缓冲区指针写入 EEPROM。
    * 参数 WriteAddr,EEPROM 的内部地址写。
    * 参数 NumByteToWrite:字节数写入 EEPROM。
    * 返回:无
    * /
void I2C_EE_BufferWrite(uint8_t * pBuffer, uint8_t WriteAddr, uint16_t NumByteToW-
rite)
{
    uint8_t NumOfPage = 0, NumOfSingle = 0, Addr = 0, count = 0;
    Addr = WriteAddr % I2C_PageSize;
    count = I2C_PageSize - Addr;
    NumOfPage =  NumByteToWrite / I2C_PageSize;
    NumOfSingle = NumByteToWrite % I2C_PageSize;
    /* 如果 WriteAddr 与 I2C_PageSize 对齐   */
    if(Addr == 0)
    {
        /* 如果 NumByteToWrite<I2C_PageSize */
        if(NumOfPage == 0)
        {
            I2C_EE_PageWrite(pBuffer, WriteAddr, NumOfSingle);
            I2C_EE_WaitEepromStandbyState();
        }
        /* I 如果 NumByteToWrite > I2C_PageSize */
        else
        {
            while(NumOfPage - -)
            {
```

```
    I2C_EE_PageWrite(pBuffer, WriteAddr, I2C_PageSize);

    I2C_EE_WaitEepromStandbyState();

    WriteAddr + =   I2C_PageSize;

    pBuffer + = I2C_PageSize;

  }

  if(NumOfSingle! = 0)

  {

    I2C_EE_PageWrite(pBuffer, WriteAddr, NumOfSingle);

    I2C_EE_WaitEepromStandbyState();

  }

  }

}
/ *  如果 WriteAddr 与 I2C_PageSize 不对齐   * /
else
{
  / *  如果 NumByteToWrite < I2C_PageSize * /
  if(NumOfPage = =  0)
  {
    I2C_EE_PageWrite(pBuffer, WriteAddr, NumOfSingle);
    I2C_EE_WaitEepromStandbyState();
  }
  / *  如果 NumByteToWrite > I2C_PageSize * /
  else
  {
    NumByteToWrite − = count;
    NumOfPage =   NumByteToWrite / I2C_PageSize;
    NumOfSingle = NumByteToWrite % I2C_PageSize;
    if(count != 0)
    {
      I2C_EE_PageWrite(pBuffer, WriteAddr, count);
      I2C_EE_WaitEepromStandbyState();
      WriteAddr + = count;
      pBuffer + = count;
    }
    while(NumOfPage − − )
    {
      I2C_EE_PageWrite(pBuffer, WriteAddr, I2C_PageSize);
```

```
        I2C_EE_WaitEepromStandbyState();

        WriteAddr + =   I2C_PageSize;

        pBuffer + = I2C_PageSize;

    }

    if(NumOfSingle != 0)

    {

        I2C_EE_PageWrite(pBuffer, WriteAddr, NumOfSingle);

        I2C_EE_WaitEepromStandbyState();

    } } }   }
```

```
/ * *
 * 功能   写一个字节到 IIC EEPROM
 * 参数 pBuffer :指向 EEPROM 缓冲器进行写入的指针
 * 参数 WriteAddr : 写入到 EEPROM 的内部地址.
 * 返回值 : 无
 * /
void I2C_EE_ByteWrite(uint8_t * pBuffer, uint8_t WriteAddr)
{
    I2C_GenerateSTART(I2C1, ENABLE);                           / * 发送 STRAT 起始信号 * /
    / * 检查 EV5 位 * /
    while(! I2C_CheckEvent(I2C1, I2C_EVENT_MASTER_MODE_SELECT));
    / * 发送要写入数据的 EEPROM 的器件地址 * /
    I2C_Send7bitAddress(I2C1, EEPROM_ADDRESS, I2C_Direction_Transmitter);
    / * 检查 VE6 位 * /
    while(! I2C_CheckEvent(I2C1, I2C_EVENT_MASTER_TRANSMITTER_MODE_SELECTED));
    I2C_SendData(I2C1, WriteAddr);                          / * 发送写入 EEPROM 内部的地址 * /
    / * 检查 EV8 位 * /
    while(! I2C_CheckEvent(I2C1, I2C_EVENT_MASTER_BYTE_TRANSMITTED));
    I2C_SendData(I2C1, * pBuffer);                          / * 发送要写入的字节 * /
    / * 检查 EV8 位  * /
    while(! I2C_CheckEvent(I2C1, I2C_EVENT_MASTER_BYTE_TRANSMITTED));
    I2C_GenerateSTOP(I2C1, ENABLE);                          / * 发送停止信号 * /
}
```

```
/ * *
 * 在一个写周期向 EEPROM 写入多个字节,字节的数目不能超过 EEPROM 的大小
 * 参数 pBuffer : 指向 EEPROM 缓冲器进行写入的指针
 * 参数 WriteAddr : 写入到 EEPROM 的内部地址.
 * 参数 NumByteToWrite : 写入 EEPRO 的字节数.
```

```
 * 无返回值
 */
void I2C_EE_PageWrite(uint8_t * pBuffer, uint8_t WriteAddr, uint8_t NumByteToWrite)
{
    while(I2C_GetFlagStatus(I2C1, I2C_FLAG_BUSY));               /* 当总线处于忙状态 */
    I2C_GenerateSTART(I2C1, ENABLE);                            /* 发送开始信号 */
    while(! I2C_CheckEvent(I2C1, I2C_EVENT_MASTER_MODE_SELECT));
                                                    /* 检查 EV5 并将其清除 */
    /* 发送要写入的 EEPROM 的器件地址 */
    I2C_Send7bitAddress(I2C1, EEPROM_ADDRESS, I2C_Direction_Transmitter);
    while(! I2C_CheckEvent(I2C1,I2C_EVENT_MASTER_TRANSMITTER_MODE_SELECTED));
                                                    /* 检查 EV6 并将其清除 */
    I2C_SendData(I2C1, WriteAddr);                  /* 发送写入 EEPROM 内部的地址 */
                                                    /* 检查 EV8 并将其清除 */
    while(! I2C_CheckEvent(I2C1, I2C_EVENT_MASTER_BYTE_TRANSMITTED));
    /* 当有数据被写入 */
    while(NumByteToWrite--)
    {
        I2C_SendData(I2C1, * pBuffer);              /* 发送当前的字节 */
        pBuffer++;                                  /* 指向下一个要写入的字节 */
        /* 检查 EV8 并将其清除 */
        while (! I2C_CheckEvent(I2C1, I2C_EVENT_MASTER_BYTE_TRANSMITTED));
    }
    I2C_GenerateSTOP(I2C1, ENABLE);                 /* 发送停止信号 */
}
/* *
 * 功能   读取 EEPROM 中的数据块.
 * 参数 pBuffer : 指向接收从 EEPROM 读取的数据的缓冲区的指针.
 * 参数 ReadAddr : 从 EEPROM 内部读取的地址.
 * 参数 NumByteToRead :从 EEPROM 读取字节的数目.
 * 返回值：无
 */
void I2C_EE_BufferRead(uint8_t * pBuffer, uint8_t ReadAddr, uint16_t NumByteToRead)
{
    while(I2C_GetFlagStatus(I2C1, I2C_FLAG_BUSY));              /* 等待 I²C 空闲 */
    I2C_GenerateSTART(I2C1, ENABLE);                           /* 发送起始信号 */
    while(! I2C_CheckEvent(I2C1, I2C_EVENT_MASTER_MODE_SELECT));
                                                    /* 检查 EV5 并将其清除 */
```

```
/* 发送已写入的 EEPROM 的器件地址 */
I2C_Send7bitAddress(I2C1, EEPROM_ADDRESS, I2C_Direction_Transmitter);
/* 检查 EV6 并将其清除 */
while(! I2C_CheckEvent(I2C1, I2C_EVENT_MASTER_TRANSMITTER_MODE_SELECTED));
I2C_Cmd(I2C1, ENABLE);                              /* 通过重新设置 PE 位清除 V6 */
I2C_SendData(I2C1, ReadAddr);              /* 发送要写入的 EEPROM 的内部地址 */
/* 检查 EV5 并将其清除 */
while(! I2C_CheckEvent(I2C1, I2C_EVENT_MASTER_BYTE_TRANSMITTED));
I2C_GenerateSTART(I2C1, ENABLE);                       /* 第二次发送开始信号 */
/* 检查 EV5 并将其清除 */
while(! I2C_CheckEvent(I2C1, I2C_EVENT_MASTER_MODE_SELECT));
/* 发送要读数据的 EEPROM 的器件地址 */
I2C_Send7bitAddress(I2C1, EEPROM_ADDRESS, I2C_Direction_Receiver);
/* 检查 EV6 并将其清除 */
while(! I2C_CheckEvent(I2C1, I2C_EVENT_MASTER_RECEIVER_MODE_SELECTED));
/* 当有数据在读取时 */
while(NumByteToRead)
{
  if(NumByteToRead == 1)
  {
    I2C_AcknowledgeConfig(I2C1, DISABLE);                          /* 无应答 */
    I2C_GenerateSTOP(I2C1, ENABLE);                          /* 发送停止信号 */
  }
  /* 检查 EV7 并将其清除 */
  if(I2C_CheckEvent(I2C1, I2C_EVENT_MASTER_BYTE_RECEIVED))
  {
    * pBuffer = I2C_ReceiveData(I2C1);                /* 从 EEPROM 读一个字节 */
    pBuffer ++;                      /* 指向下一个将要读取保存的字节的地址 */
    NumByteToRead --;                                     /* 读字节计数器减 1 */
  } }
/* 使能应答准备下一次的接收 */
I2C_AcknowledgeConfig(I2C1, ENABLE);
}
/* *
  * 简述  等待 EEPROM 待机状态
  * 参数  无
  * 返回值：无
```

```
    * /
void I2C_EE_WaitEepromStandbyState(void)
{
    __IO uint16_t SR1_Tmp = 0;
    do
    {
        I2C_GenerateSTART(I2C1, ENABLE);                              /* 发送起始信号 */
        SR1_Tmp = I2C_ReadRegister(I2C1, I2C_Register_SR1);
                                                               /* 读取 I²C1 的 SR1 寄存器 */
        I2C_Send7bitAddress(I2C1, EEPROM_ADDRESS, I2C_Direction_Transmitter);
                                                        /* 发送要写入的 EEPROM 的器件地址 */
    }while(! (I2C_ReadRegister(I2C1, I2C_Register_SR1) & 0x0002));
    I2C_ClearFlag(I2C1, I2C_FLAG_AF);                              /* 清除 AF 标志 */
    I2C_GenerateSTOP(I2C1, ENABLE);                               /* 停止信号 */
}
```

➤ Getline.c：

```
#include <stdio.h>
#include "measure.h"
#define CNTLQ        0x11
#define CNTLS        0x13
#define DEL          0x7F
#define BACKSPACE    0x08
#define CR           0x0D
#define LF           0x0A
/*-------------------------------------------
  Line Editor
  -----------------------------------------*/
void getline (char * line, int n)
{
    int  cnt = 0;
    char c;
    do  {
        if ((c = getkey ()) == CR)  c = LF;                          /* 读取字符 */
if (c == BACKSPACE  ||  c == DEL)
{   /* 进程倒退 */
        if (cnt != 0)
        {
            cnt--;                                                  /* 减计数 */
            line--;                                              /* 行指针 */
```

```
        putchar (BACKSPACE);                                    /* 退格 */
        putchar (' ');
        putchar (BACKSPACE);
    }
  }
else if (c ! = CNTLQ && c ! = CNTLS)
{    /* 忽略控制的 S/Q */
        putchar ( * line = c);                                  /* 存储字符 */
        line + + ;                                              /* 增量行指针 */
        cnt + + ;                                               /* 计数 */
    }
} while (cnt < n - 1   &&   c ! = LF);                           /* 检查限制和换行 */
  * (line - 1) = 0;                                             /* 标记字符串结束 */
}
```

3. 相关 I²C 的库函数

① 函数 I2C_ Init，如表 18 - 4 所列。

表 18 - 4　函数 I2C_ Init 简介

函数名	I2C_Init
函数原型	void I2C_Init(I2C_TypeDef * I2Cx, I2C_InitTypeDef * I2C_InitStruct)
功能描述	根据 I2C_InitStruct 中指定的参数初始化外设 I²Cx 寄存器
输入参数 1	I2Cx 可以是 1 或者 2，来选择 I²C 外设
输入参数 2	I2C_InitStruct:指向结构 I2C_InitTypeDef 的指针,包含了外设 GPIO 的配置信息 参阅 Section:I2C_InitTypeDef 查阅更多该参数允许取值范围
输出参数	无
返回值	无
先决条件	无
被调用函数	无

I2C_InitTypeDef 定义于文件"stm32f10x_i2c. h"：

```
typedef struct
{
u16 I2C_Mode;
u16 I2C_DutyCycle;
u16 I2C_OwnAddress1;
u16 I2C_Ack;
```

```
u16 I2C_AcknowledgedAddress;
u32 I2C_ClockSpeed;
} I2C_InitTypeDef;
```

➤ I2C_Mode 用以设置 I²C 的模式,如表 18-5 所列。

表 18-5 **I2C_Mode 参数列表**

I2C_Mode	描　述
I2C_Mode_I2C	设置 I2C 为 I2C 模式
I2C_Mode_SMBusDevice	设置 I2C 为 SMBus 设备模式
I2C_Mode_SMBusHost	设置 I2C 为 SMBus 主控模式

➤ I2C_DutyCycle 用以设置 I²C 的占空比,如表 18-6 所列。

表 18-6 **I2C_DutyCycle 参数列表**

I2C_DutyCycle	描　述
I2C_DutyCycle_16_9	I2C 快速模式 TloW/Thigh＝16/9
I2C_DutyCycle_2	I2C 快速模式 Tlow/Thigh＝2

➤ I2C_OwnAddress1,该参数用来设置第一个设备自身地址,可以是一个 7 位地址或者一个 10 位地址。

➤ I2C_Ack 使能或者失能应答(ACK),如表 18-7 所列。

表 18-7 **I2C_Ack 参数列表**

I2C_Ack	描　述
I2C_Ack_Enable	使能应答(ACK)
I2C_Ack_Disable	失能应答(ACK)

➤ I2C_AcknowledgedAddres 定义了应答 7 位地址还是 10 位地址,如表 18-8 所列。

表 18-8 **I2C_AcknowledgedAddres 参数列表**

I2C_AcknowledgedAddres	描　述
I2C_AcknowledgeAddress_7bit	应答 7 位地址
I2C_AcknowledgeAddress_10bit	应答 10 位地址

② 函数 I2C_ Cmd,如表 18-9 所列。

表 18 - 9 I2C_ Cmd 函数简介

函数名	I2C_Cmd
函数原型	void I2C_Cmd(I2C_TypeDef * I2Cx,FunctionalState NewState)
功能描述	使能或者失能 I2C 外设
输入参数 1	I2Cx:x 可以是 1 或者 2,来选择 I²C 外设
输入参数 2	NewState:外设 I2Cx 的新状态 这个参数可以取:ENABLE 或者 DISABLE
输出参数	无
返回值	无
先决条件	无
被调用函数	无

③ 函数 I2C_ GenerateSTART,如表 18 - 10 所列。

表 18 - 10 I2C_ GenerateSTART 函数简介

函数名	I2C_GenerateSTART
函数原型	void I2C_GenerateSTART(I2C_TypeDef * I2Cx,FunctionalState NewState)
功能描述	产生 I2Cx 传输 START 条件
输入参数 1	I2Cx:x 可以是 1 或者 2,来选择 I²C 外设
输入参数 2	NewStata:I2x START 条件的新状态 这个参数可以取:ENABLE 或者 DISABLE
输出参数	无
返回值	无
先决条件	无
被调用函数	无

④ 函数 I2C_ GenerateSTOP,如表 18 - 11 所列。

表 18 - 11 I2C_ GenerateSTOP 函数简介

函数名	I2C_GenerateSTOP
函数原型	void I2C_GenerateSTOP(I2C_TypeDef * I2Cx,FunctionalState NewState)
功能描述	产生 I2Cx 传输 STOP 条件
输入参数 1	I2Cx:x 可以是 1 或者 2,来选择 I²C 外设
输入参数 2	NewState:I2Cx STOP 条件的新状态 这个参数可以取:ENABLE 或者 DISABLE
输出参数	无
返回值	无
先决条件	无
被调用函数	无

⑤ 函数 I2C_ SendData,如表 18 - 12 所列。

表 18-12 I2C_SendData 函数简介

函数名	I2C_SendData
函数原型	void I2C_SendData(I2C_TypeDef * I2Cx,u8 Data)
功能描述	通过外设 I2Cx 发送一个数据
输入参数 1	I2Cx:x 可以是 1 或者 2,来选择 I²C 外设
输入参数 2	Data:待发送的数据
输出参数	无
返回值	无
先决条件	无
被调用函数	无

⑥ 函数 I2C_ReceiveData,如表 18-13 所列。

表 18-13 I2C_ReceiveData 函数简介

函数名	I2C_ReceiveData
函数原型	u8 I2C_ReceiveData(I2C_TypeDef * I2Cx)
功能描述	返回通过 I2Cx 最近接收的数据
输入参数	I2Cx:x 可以是 1 或者 2,来选择 I²C 外设
输出参数	无
返回值	接收到的字
先决条件	无
被调用函数	无

⑦ 函数 I2C_Send7bitAddress,如表 18-14 所列。

表 18-14 I2C_Send7bitAddress 函数简介

函数名	I2C_Send7bitAddress
函数原型	voed I2C_Send7bitAddress(I2C_TypeDef * I2Cx,u8 Address,u8 I2C_Direction)
功能描述	向指定的从 I2C 设备传送地址字
输入参数 1	I2Cx:x 可以是 1 或者 2,来选择 I²C 外设
输入参数 2	Address:待传输的从 I²C 地址
输入参数 3	I2C_Direction:设置指定的 I²C 设备工作为发射端还是接收端 参阅 Section:I2C_Direction 查阅更多该参数允许取值范围
输出参数	无
返回值	无
先决条件	无
被调用函数	无

I2C_Direction 参数设置 I²C 界面为发送端模式或者接收端模式,如表 18-15 所列。

表 18 - 15   I2C_Direction 参数列表

I2C_Direction	描　述
I2C_Direction_Transmitter	选择发送方向
I2C_Direction_Receiver	选择接收方向

⑧ 函数 I2C_ ARPCmd,如表 18 - 16 所列。

表 18 - 16   I2C_ ARPCmd 函数简介

函数名	I2C_ARPCmd
函数原型	voed I2C_ARPCmd(I2C_TypeDef * I2Cx,FunctionalState NewStatwe)
功能描述	使能或者失能指定 I^2C 的 ARP
输入参数 1	I2Cx:x 可以是 1 或者 2,来选择 I^2C 外设
输入参数 2	NewState:I2Cx ARP 的新状态 这个参数可以取:ENABLE 或者 DISABLE
输出参数	无
返回值	无
先决条件	无
被调用函数	无

3. 实验现象

编译完成后,将程序载入开发板。打开计算机超级终端,设波特率;重新开关电源按钮,串口打印开始菜单;输入写命令并输入数据,输入读命令,串口打印了写入的数据,说明读/写成功,实验现象截图如图 18 - 7 所示。

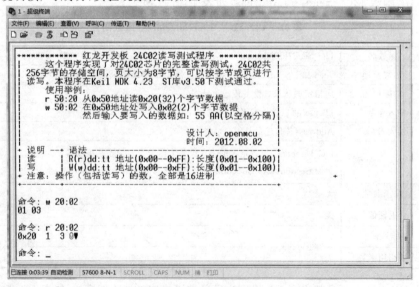

图 18 - 7   实验现象截图

第 **19** 章

CAN 总线

本章主要介绍 CAN 总线的知识要点以及 STM32 的 CAN 总线接口,介绍如何使用 STM32 自带的 CAN 控制器来实现两个开发板之间的 CAN 通信,并将结果用串口发送给 PC 上位机打印。

19.1 概　述

1. CAN 总线

CAN (Controller Area Network)是 20 世纪 80 年代初德国 Bosch 公司为解决现代汽车中众多电控单元(ECU)之间的数据交换而开发的一种串行通信协议。在当前的汽车产业中,出于对安全性、舒适性、方便性、低公害、低成本的要求,各种各样的电子控制系统被开发了出来。由于这些系统之间通信所用的数据类型及对可靠性的要求不尽相同,由多条总线构成的情况很多,线束的数量也随之增加。为适应"减少线束的数量"、"通过多个 LAN,进行大量数据的高速通信"的需要,1986 年德国电气商博世公司开发出面向汽车的 CAN 通信协议。此后,CAN 通过 ISO11898 及 ISO11519 进行了标准化,现在在欧洲已是汽车网络的标准协议。

现在,CAN 的高性能和可靠性已被认同,并被广泛地应用于工业自动化、船舶、医疗设备、工业设备等领域。

2. CAN 总线的网络拓扑结构

CAN 控制器根据两根线上的电位差来判断总线电平,总线电平分为显性电平和隐性电平,二者必居其一。发送方通过使总线电平发生变化,将消息发送给接收方。和 RS232 和 RS485 一样,CAN 作为总线技术,它也有总线电平的概念,CAN2.0A/B 标准规定:

① 总线空闲时:CAN_H 和 CAN_L 上的电压为 2.5 V。

② 在数据传输时,显性电平(逻辑 0):CAN_H 3.5 V,CAN_L 1.5 V。

③ 隐性电平(逻辑 1):CAN_H 2.5 V,CAN_L 2.5 V。

CAN 总线的两种电平信号之间的关系:

> ➤ 若隐性电平相遇,则总线表现为隐性电平。

> ➤ 若显性电平相遇,则总线表现为显性电平。

> ➤ 若隐性电平和显性电平相遇,则总线表现为显性电平。

CAN 总线拓扑图,如图 19-1 所示。

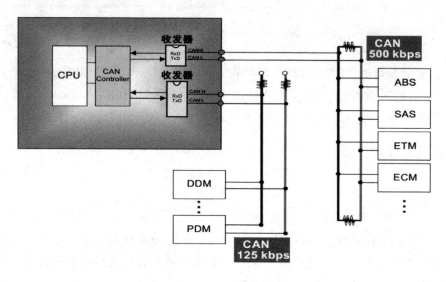

图 19-1　CAN 总线拓扑图

3. CAN 总线帧的种类

CAN 协议是通过以下 5 种类型的帧进行的:数据帧、要控帧、错误帧、过载帧、帧间隔。各帧的用途如表 19-1 所列。

表 19-1　各帧的用途

帧类型	帧用途
数据帧	用于发送单元向接收单元传送数据的帧
遥控帧	用于接收单元向具有相同 ID 的发送单元请求数据的帧
错误帧	用于当检测出错误时向其他单元通知错误的帧
过载帧	用于接收单元通知其尚未做好接收准备的帧
间隔帧	用于将数据帧及遥控帧与前面的帧分离开开来的帧

4. 数据帧的类型

数据帧有如下 4 种类型:

① 标准数据帧,如图 19-2 所示。

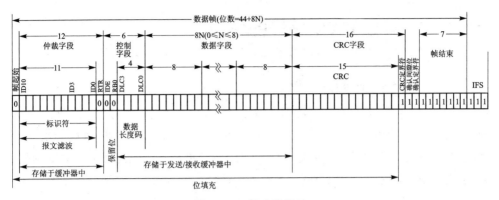

图 19 - 2　标准数据帧

② 扩展数据帧,如图 19 - 3 所示。

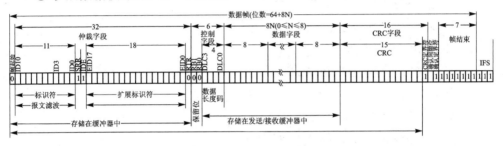

图 19 - 3　扩展数据帧

③ 标准远程帧,如图 19 - 4 所示。

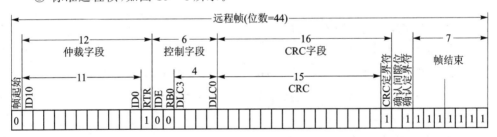

图 19 - 4　标准远程帧

④ 扩展远程帧,如图 19 - 5 所示。

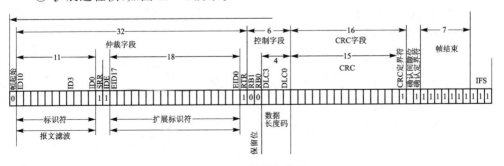

图 19 - 5　扩展远程帧

19.2　STM32 CAN 总线的特点

1. STM32 CAN 简介

STM32 自带的是 bxCAN,即基本扩展 CAN。它支持 CAN 协议 2.0A 和 2.0B,最高数据传输速率可达到 1 Mbps,支持 11 位标准帧格式和 29 位扩展帧格式的接收与发送。它的设计目标是,以最小的 CPU 负荷来高效处理大量收到的报文。它也支持报文发送的优先级要求(优先级特性可软件配置)。对于安全紧要的应用,bxCAN 提供所有支持时间触发通信模式所需的硬件功能。

2. STM32 bxCAN 主要特点

① 支持 CAN 协议 2.0A 和 2.0B 主动模式。

② 波特率最高可达 1 Mbps。

③ 支持时间触发通信功能。

◇发送:

④ 3 个发送邮箱。

⑤ 发送报文的优先级特性可软件配置。

⑥ 记录发送 SOF 时刻的时间戳。

◇接收:

⑦ 3 级深度的两个接收 FIFO。

⑧ 可变的过滤器组:

➤ 在互联型产品中,CAN1 和 CAN2 分享 28 个过滤器组。

➤ 其他 STM32F103xx 系列产品中有 14 个过滤器组。

⑨ 标识符列表。

⑩ FIFO 溢出处理方式可配置。

⑪ 记录接收 SOF 时刻的时间戳。

◇时间触发通信模式:

⑫ 禁止自动重传模式。

⑬ 16 位自由运行定时器。

⑭ 可在最后两个数据字节发送时间戳管理。

⑮ 中断可屏蔽。

⑯ 邮箱占用单独一块地址空间,便于提高软件效率。

19.3 STM32 bxCAN 的功能

1. 屏蔽滤波器

CAN 控制其的每个过滤器都具备一个寄存器,简称屏蔽寄存器。其中标识符寄存器的每一位都与屏蔽寄存器的每一相对应,事实上也对应着 CAN 标准数据帧中的标识符段,如图 19 - 6 所示。

ID	CAN_FxR1[31:24]	CAN_FxR1[23:16]	CAN_FxR1[15:8]	CAN_FxR1[7:0]		
屏蔽	CAN_FxR2[31:24]	CAN_FxR2[23:16]	CAN_FxR2[15:8]	CAN_FxR2[7:0]		
映像	STID[10:3]	STID[2:0] EXID[17:13]	EXID[12:5]	EXID[4:0]	IDE	RTR 0

图 19 - 6 屏蔽滤波器

(1) 屏蔽位模式

在屏蔽位模式下,标识符寄存器和屏蔽寄存器一起,指定报文标识符的任何一位,应该按照"必须匹配"或"不用关心"处理。

(2) 标识符列表模式

在标识符列表模式下,屏蔽寄存器也被当作标识符寄存器用。因此,不是采用一个标识符加一个屏蔽位的方式,而是使用两个标识符寄存器。接收报文标识符的每一位都必须跟过滤器标识符相同。

为了过滤出一组标识符,应该设置过滤器组工作在屏蔽位模式。为了过滤出一个标识符,应该设置过滤器组工作在标识符列表模式。

2. CAN 的发送处理

CAN 发送流程为:程序选择一个空置的邮箱(TME＝1)设置标识符(ID),数据长度和发送数据设置 CAN_TIxR 的 TXRQ 位为 1,请求发送邮箱挂号(等待成为最高优先级)预定发送(等待总线空闲)发送邮箱空置,如图 19 - 7 所示。

CAN 的发送优先级是由标识符决定的,当有超过一个发送邮箱在挂号时,发送顺序由邮箱中报文的标识符决定。根据 CAN 协议,标识符数值最低的报文具有最高的优先级。如果标识符的值相等,那么邮箱号小的报文先被发送。

3. CAN 的接收管理

接收到的报文,被存储在 3 级邮箱深度的 FIFO 中。FIFO 完全由硬件来管理,从而节省了 CPU 的处理负荷,简化了软件并保证了数据的一致性。应用程序只能通过读取 FIFO 输出邮箱,来读取 FIFO 中最先收到的报文,如图 19 - 8 所示。

根据 CAN 协议,当报文被正确接收(直到 EOF 域的最后一位都没有错误),且通过了标识符过滤,那么该报文被认为是有效报文。

4. CAN 波特率计算

位时间特性逻辑通过采样来监视串行的 CAN 总线,并且通过与帧起始位的边

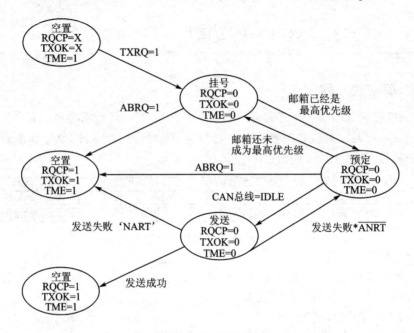

图 19-7   CAN 发送流程

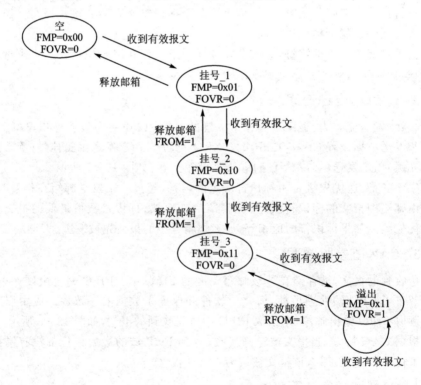

图 19-8   CAN 的接收管理

沿进行同步,及通过与后面的边沿进行重新同步,来调整其采样点。它的操作可以简单解释为,如下所述把名义上的每位时间分为 3 段:

① 同步段(SYNC_SEG):通常期望位的变化发生在该时间段内。

② 时间段 1(BS1):定义采样点的位置。它包含 CAN 标准里的 PROP_SEG 和 PHASE_SEG1。其值可以编程为 1~16 个时间单元,但也可以被自动延长,以补偿因为网络中不同节点的频率差异所造成的相位的正向漂移。

③ 时间段 2(BS2):定义发送点的位置。它代表 CAN 标准里的 PHASE_SEG2。其值可以编程为 1~8 个时间单元,但也可以被自动缩短以补偿相位的负向漂移。

CAN 波特率＝系统时钟/分频数$/(1 \cdot t_q + t_{BS1} + t_{BS2})$

其中:
$$t_{BS1} = t_q \times (TS1[3:0] + 1)$$
$$t_{BS2} = t_q \times (TS2[2:0] + 1)$$
$$t_q = (BRP[9:0] + 1) \times t_{PCLK}$$

这里 t_q 表示一个时间单元,t_{PCLK}＝APB 时钟的时间周期,BRP[9:0]、TS1[3:0] 和 TS2[2:0] 在 CAN_BTR 寄存器中定义。

5. bxCAN 工作模式

bxCAN 有 3 个主要的工作模式(如图 19-9 所示):初始化、正常和睡眠模式。在硬件复位后,bxCAN 工作在睡眠模式以节省电能,同时 CANTX 引脚的内部上拉电阻被激活。软件通过对 CAN_MCR 寄存器的 INRQ 或 SLEEP 位置'1',可以请求 bxCAN 进入初始化或睡眠模式。一旦进入了初始化或睡眠模式,bxCAN 就对 CAN_MSR 寄存器的 INAK 或 SLAK 位置'1'来进行确认,同时内部上拉电阻被禁用。当 INAK 和 SLAK 位都为'0'时,bxCAN 就处于正常模式。在进入正常模式前,bxCAN 必须跟 CAN 总线取得同步;为取得同步,bxCAN 要等待 CAN 总线达到空闲状态,即在 CANRX 引脚上监测到 11 个连续的隐性位。

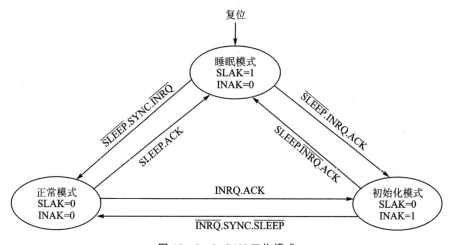

图 19-9 bxCAN 工作模式

19.4 相关寄存器简介

相关寄存器的名称及描述如表 19 - 2 所列。

表 19 - 2 CAN 相关寄存器

寄存器	描 述	寄存器	描 述
CAN_MCR	CAN 主控制寄存器	RIR	接收 FIFO 邮箱标识符寄存器
CAN_MSR	CAN 主状态寄存器	RIR	接收 FIFO 邮箱标识符寄存器
CAN_TSR	CAN 发送状态寄存器	RDTR	接收 FIFO 邮箱数据长度和时间戳寄存器
CAN_RF0R	CAN 接收 FIFO0 寄存器	RDLR	接收 FIFO 邮箱低字节数据寄存器
CAN_RF1R	CAN 接收 FIFO1 寄存器	RDHR	接收 FIFO 邮箱高字节数据寄存器
CAN_IER	CAN 中断允许寄存器	CAN_FMR	CAN 过滤器主控寄存器
CAN_ESR	CAN 错误状态寄存器	CAN_FM0R	CAN 过滤器模式寄存器
CAN_BTR	CAN 位时间特性寄存器	CAN_FSC0R	CAN 过滤器位宽寄存器
TIR	发送邮箱标识符寄存器	CAN_FFA0R	CAN 过滤器 FIFO 关联寄存器
TDTR	发送邮箱数据长度和时间戳寄存器	CAN_FA0R	CAN 过滤器激活寄存器
TDLR	发送邮箱低字节数据寄存器	CAN_FR0	过滤器组 0 寄存器
TDHR	发送邮箱高字节数据寄存器	CAN_FR1	过滤器组 1 寄存器

19.5 典型硬件电路设计

1. 实验设计思路

本例程需要两套开发板,分别将两套板子用串口线连接到计算机,两个板子之间用两根导线连接 CANH 和 CANL,若想测试远距离通信请使用双绞线。例程使用的是 UART1 和 CAN1。LED 灯用来指示程序得运行状态,其中:D1 表示程序运行正常,D2 表示 CAN 接收数据,D3 表示 UART 接收数据。

2. 典型硬件电路设计

典型硬件电路设计如图 19 - 10 所示。

本实验用两根导线连接两个板子之间 CANH 和 CANL,实验中还用到串口的电路,这里不再画出。

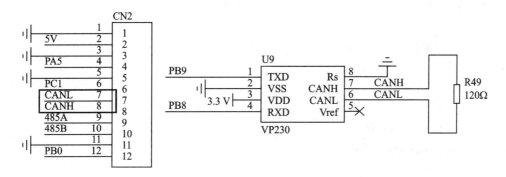

图 19 - 10　硬件电路设计

19.6　例程源码分析

1. 工程组详情

工程组详情如图 19 - 11 所示。

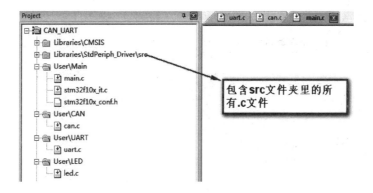

包含 **src** 文件夹里的所有 .c 文件

图 19 - 11　工程组详情

2. 例程源码分析

① 先看 User 组的 main.c 文件。

```
# include "stm32f10x.h"

# include "stm32f10x_conf.h"

# include "can.h"

# include "uart.h"

# include "led.h"

void RCC_Configuration(void);              //系统时钟配置函数声明
```

```c
/***********************************************************
* * 函数名:        main
* * 描述:          主函数
***********************************************************/
int main(void)
{
    uint32_t i,j;
    RCC_Configuration();                                    /* 配置系统时钟 */
    LED_Init();                                             /* 初始化 LED */
    User_CAN1Init();                                        /* 初始化 CAN1 */
    User_Uart1Init();                                       /* 初始化 Uart1 */
    User_Uart1SendString("  \r\n");
    User_Uart1SendString("欢迎使用本例程\r\n");             /* 输出欢迎信息测试串口 */
            User_Uart1SendString("www.openmcu.com\r\n");
                                                            /* 输出欢迎信息测试串口 */
    User_Uart1SendString("\r\n");                           /* 输出欢迎信息测试串口 */
    while(1)
    {
        for(i = 0;i<30000;i + + )                           /* 简单的延时函数 */
        {
            for(j = 0;j<30;j + + );
        }

        LED_Turn(GPIO_Pin_6);                               /* 闪烁 LED 表示系统无卡死 */
    }
}

/***********************************************************
* * 函数名:        RCC_Configuration
* * 描述:          系统时钟设置,PCLK1 = 9 MHz
***********************************************************/
void RCC_Configuration(void)
{
    ErrorStatus HSEStartUpStatus;
    RCC_DeInit();                                           /* 复位时钟设置 */
    RCC_HSEConfig(RCC_HSE_ON);                              /* 打开外部高速时钟源 */
    HSEStartUpStatus = RCC_WaitForHSEStartUp();             /* 等待外部高速时钟源就绪 */
    if(HSEStartUpStatus == SUCCESS)
```

```
    {
        FLASH_PrefetchBufferCmd(FLASH_PrefetchBuffer_Enable);
                                                        /* 开启预取指功能 */
        FLASH_SetLatency(FLASH_Latency_2);              /* 延迟 2 周期 */
        RCC_HCLKConfig(RCC_SYSCLK_Div1);                /* 设置 AHB 预分频 */
        RCC_PCLK2Config(RCC_HCLK_Div1);                 /* 设置 APB2 预分频 */
        RCC_PCLK1Config(RCC_HCLK_Div8);                 /* 设置 APB1 预分频 */
        RCC_PLLConfig(RCC_PLLSource_HSE_Div1, RCC_PLLMul_9);
                                                        /* 设置 PLL 输入源和倍频系数 */
        RCC_PLLCmd(ENABLE);                             /* 使能 PLL */
        while(RCC_GetFlagStatus(RCC_FLAG_PLLRDY) == RESET){}
        RCC_SYSCLKConfig(RCC_SYSCLKSource_PLLCLK);      /* 设置系统时钟源为 PLL */
        while(RCC_GetSYSCLKSource()!= 0x08){ }
    }
}
    RCC_APB1PeriphClockCmd(RCC_APB1Periph_CAN1, ENABLE);
}
```

② 自定义的.h 文件。

➤ can.h：

```
        # include "stm32f10x.h"
# include "stm32f10x_conf.h"
# ifndef __CAN_H__
# define __CAN_H__
Extern  CanRxMsg  RxMessage;                       /* 全局变量用来传递接收报文 */
/*************************************************
  外部接口函数声明
*************************************************/
extern void     User_CAN1Init(void);
extern void User_CANTransmit(uint16_t val);
extern void CAN1_RX0_ISR(void);
# endif
```

➤ usart.h：

```
# include "stm32f10x_conf.h"
# include "stm32f10x.h"
# ifndef __UART_H__
# define __UART_H__
/*************************************************
```

接口函数声明

```
******************************************************/
extern void User_Uart1Init(void);
extern void User_Uart1SendChar(unsigned char ch);
extern void User_Uart1SendString(unsigned char * s);
extern void UART1_RX0_ISR(void);
#endif
```

➤ led.h：

```
#include "stm32f10x.h"
#include "stm32f10x_conf.h"
#ifndef __LED_H__
#define __LED_H__
/*****************************************************
```
外部接口函数声明
```
******************************************************/
extern void   LED_Init (void);
extern void   LED_On    (uint16_t GPIO_Pin);
extern void   LED_Off   (uint16_t GPIO_Pin);
extern void   LED_Turn (uint16_t GPIO_Pin);
#endif
```

③ 用户编写的.c 文件。

➤ can.c：

```
#include "can.h"
#include "uart.h"
#include "led.h"
 CanRxMsg    RxMessage;                                    /* 全局变量用来传递接收报文 */
/*****************************************************
* * 函数名:        UserCAN1_NVIC_Config
* * 描述:          允许 CAN1 接收中断
******************************************************/
static void UserCAN1_NVIC_Config(void)
{
  NVIC_InitTypeDef   NVIC_InitStructure;
  NVIC_PriorityGroupConfig(NVIC_PriorityGroup_0);                   //设置优先级分组
  NVIC_InitStructure.NVIC_IRQChannel = USB_LP_CAN1_RX0_IRQn;        //使能 CAN1 中断
  NVIC_InitStructure.NVIC_IRQChannelPreemptionPriority = 0x0;       //先占优先级
  NVIC_InitStructure.NVIC_IRQChannelSubPriority = 0x0;              //次占优先级
```

```
    NVIC_InitStructure.NVIC_IRQChannelCmd = ENABLE;                    //使能通道
    NVIC_Init(&NVIC_InitStructure);                                    //载入配置
}
/***************************************************
* * 函数名：      User_CAN1Init
* * 描述：        CAN1 初始化,500kbps
****************************************************/
void User_CAN1Init(void)
{
    CAN_InitTypeDef CAN_InitStructure;                      /* 定义 CAN 初始化结构体 */
CAN_FilterInitTypeDef  CAN_FilterInitStructure;             /* 定义过滤器初始化结构体 */
    GPIO_InitTypeDef      GPIO_InitStructure;               /* 定义 GPIO 初始化结构体 */
    UserCAN1_NVIC_Config();                                 /* 允许 CAN1 接收中断 */
/* -----------将 CAN 引脚设置到相关模式-----------*/
    RCC_APB2PeriphClockCmd(RCC_APB2Periph_GPIOB | RCC_APB2Periph_AFIO,ENABLE);
                                                            /* 使能相关 CAN 引脚时钟 */
    GPIO_PinRemapConfig(GPIO_Remap1_CAN1,ENABLE);           /* 重映射 CAN 引脚 */
    GPIO_InitStructure.GPIO_Pin = GPIO_Pin_8;
    GPIO_InitStructure.GPIO_Mode = GPIO_Mode_IPU;           /* 上拉输入 */
    GPIO_Init(GPIOB, &GPIO_InitStructure);
    GPIO_InitStructure.GPIO_Pin = GPIO_Pin_9;
    GPIO_InitStructure.GPIO_Mode = GPIO_Mode_AF_PP;         /* 复用推挽输 */
    GPIO_InitStructure.GPIO_Speed = GPIO_Speed_10MHz;
    GPIO_Init(GPIOB, &GPIO_InitStructure);
/* -----------CAN 控制器初始化 -----------*/
    CAN_DeInit(CAN1);                                       /* 复位所有设置 */
    CAN_InitStructure.CAN_TTCM = DISABLE;                   /* 使能时间触发通信模式 */
    CAN_InitStructure.CAN_ABOM = ENABLE;                    /* 使能离线管理 */
    CAN_InitStructure.CAN_AWUM = DISABLE;                   /* 使能自动唤醒模式 */
    CAN_InitStructure.CAN_NART = ENABLE;                    /* 使能自动重传 */
    CAN_InitStructure.CAN_RFLM = DISABLE;                   /* 使能接收 FIFO 锁定模式 */
    CAN_InitStructure.CAN_TXFP = DISABLE;                   /* 优先级由什么决定 */
    CAN_InitStructure.CAN_Mode = CAN_Mode_Normal;           /* 设置为正常模式 */
    CAN_InitStructure.CAN_SJW = CAN_SJW_1tq;                /* 波特率相关设置 */
    CAN_InitStructure.CAN_BS1 = CAN_BS1_3tq;                /* 时间段 1 的时间单位数目 */
    CAN_InitStructure.CAN_BS2 = CAN_BS2_5tq;                /* 时间段 2 的时间单位数目 */
```

```
    CAN_InitStructure.CAN_Prescaler = 2;                            /*设定一个时间单位长度*/
    CAN_Init(CAN1, &CAN_InitStructure);                                 /*载入设置*/
/* -----------初始化滤波设置-----------*/
    CAN_FilterInitStructure.CAN_FilterNumber = 0;              /*指定待初始化的过滤器*/
    CAN_FilterInitStructure.CAN_FilterMode = CAN_FilterMode_IdMask;
                                                          /*过滤器设置为标识符屏蔽模式*/
    CAN_FilterInitStructure.CAN_FilterScale = CAN_FilterScale_32bit;
                                                              /*过滤器位宽为 32 位*/
    CAN_FilterInitStructure.CAN_FilterIdHigh = 0x0000;         /*过滤器标识符高位段*/
    CAN_FilterInitStructure.CAN_FilterIdLow = 0x0000;          /*过滤器标识符低位段*/
    CAN_FilterInitStructure.CAN_FilterMaskIdHigh = 0x0000;
                                                          /*过滤器屏蔽标识符高位段*/
    CAN_FilterInitStructure.CAN_FilterMaskIdLow = 0x0000;
                                                          /*过滤器屏蔽标识符低位段*/
    CAN_FilterInitStructure.CAN_FilterFIFOAssignment = 0;
    CAN_FilterInitStructure.CAN_FilterActivation = ENABLE;         /*使能过滤器*/
    CAN_FilterInit(&CAN_FilterInitStructure)                           /*载入设置*/
    CAN_ITConfig(CAN1, CAN_IT_FMP0, ENABLE);
                                                /*使能 CAN1 的 FIFO0 消息挂号中断屏蔽*/
}

/***************************************************
* * 函数名:        User_CANTransmit
* * 描述:          CAN1 发送数据
***************************************************/
void User_CANTransmit(uint16_t val){
    CanTxMsg    TxMessage;                                    /*定义 CAN 报文结构体*/
    uint8_t    TransmitMailbox;
    TxMessage.StdId = val&0x7FF;                        /*动态填充帧 ID,防止碰撞*/
    TxMessage.RTR = CAN_RTR_DATA;                                 /*数据帧*/
    TxMessage.IDE = CAN_ID_STD;                                   /*标准帧*/
    TxMessage.DLC = 2;                                          /*数据长度*/
    TxMessage.Data[0] = val;                                    /*填充数据*/
    TxMessage.Data[1] = (val>>8);                               /*填充数据*/
    TransmitMailbox = CAN_Transmit(CAN1,&TxMessage);       /*发送并获取邮箱号*/
    while((CAN_TransmitStatus(CAN1,TransmitMailbox) != CANTXOK));
                                                              /*等待发送完成*/
```

```
}
/******************************************************/
* * 函数名:        CAN1_RX0_ISR
* * 描述:          CAN1 接收中断服务程序
/******************************************************/
void CAN1_RX0_ISR(void)
{
    if(CAN_GetITStatus(CAN1,CAN_IT_FMP0)!= RESET)
    {
        uint16_t ch;
        CAN_ClearITPendingBit(CAN1,CAN_IT_FMP0);                /* 清除中断标志 */
        CAN_Receive(CAN1,CAN_FIFO0,&RxMessage);                 /* 读取数据 */
        ch =(RxMessage.Data[1]<<8)|RxMessage.Data[0];
        User_Uart1SendChar(ch);                                 /* 串口 1 转发数据 */
        LED_Turn(GPIO_Pin_7);                                   /* 指示 CAN 接收到数据 */
    }
}
```

➢ usart.c:
```
#include "uart.h"
#include "can.h"
#include "led.h"
/******************************************************/
* * 函数名:        UserUart1_NVIC_Config
* * 描述:          使能 UART1 接收中断
/******************************************************/
static void UserUart1_NVIC_Config(void)
{
  NVIC_InitTypeDef NVIC_InitStructure;
  NVIC_PriorityGroupConfig(NVIC_PriorityGroup_0);                //设置优先级分组
  NVIC_InitStructure.NVIC_IRQChannel = USART1_IRQn;              //使能 USART1 全局中断通道
  NVIC_InitStructure.NVIC_IRQChannelPreemptionPriority = 0x0;    //先占优先级
  NVIC_InitStructure.NVIC_IRQChannelSubPriority = 1;             //从优先级
  NVIC_InitStructure.NVIC_IRQChannelCmd = ENABLE;                //使能 USART1_IRQn 通道
  NVIC_Init(&NVIC_InitStructure);                                //根据指定的参数初始化外设 NVIC 寄存器
}
/******************************************************/
```

```
 * * 函数名:         User_Uart1Init
 * * 描述:           串口初始化
 ***************************************************/
void User_Uart1Init(void)
{
    GPIO_InitTypeDef GPIO_InitStructure;                /* 定义 GPIO 初始化结构体 */
    USART_InitTypeDefUSART_InitStructure;               /* 定义 USART 初始化结构体 */
    UserUart1_NVIC_Config();                            /* 允许 Uart1 外设中断 */
/* -使能相关模块时钟 - - */
    RCC_APB2PeriphClockCmd(RCC_APB2Periph_GPIOA, ENABLE); /* 使能 GPIO 外设时钟 */
    RCC_APB2PeriphClockCmd(RCC_APB2Periph_USART1, ENABLE);
                                                        /* 使能 USART1 外设时钟 */
/* 是否重映射端口连接模块 */
    GPIO_PinRemapConfig(GPIO_Remap_USART1,DISABLE);     /* 引脚连接模块不重映射 */
/***************\GPIO 引脚始化\ **************/
/*   设置 RX 引脚模式 */
    GPIO_InitStructure.GPIO_Pin   = GPIO_Pin_10;
    GPIO_InitStructure.GPIO_Mode = GPIO_Mode_IN_FLOATING;       //浮空输入
    GPIO_Init(GPIOA,&GPIO_InitStructure);
                                                        /* 设置 TX 引脚模式 */
  GPIO_InitStructure.GPIO_Pin = GPIO_Pin_9;
    GPIO_InitStructure.GPIO_Speed = GPIO_Speed_50 MHz;
    GPIO_InitStructure.GPIO_Mode = GPIO_Mode_AF_PP;            //复用推挽输出
    GPIO_Init(GPIOA,&GPIO_InitStructure);
/* -UART1 设置始化 */
    USART_InitStructure.USART_BaudRate = 9600 ;                /* 波特率 */
    USART_InitStructure.USART_WordLength = USART_WordLength_8b;
    USART_InitStructure.USART_StopBits = USART_StopBits_1;      //一位停止位
    USART_InitStructure.USART_Parity = USART_Parity_No;         //无奇偶校验
    USART_InitStructure.USART_Mode = USART_Mode_Rx|USART_Mode_Tx;
    USART_ InitStructure. USART_HardwareFlowControl = USART_HardwareFlowCo ntrol_
None;
    USART_Init(USART1,&USART_InitStructure);
    USART_ITConfig(USART1,USART_IT_RXNE,ENABLE);           /* 使能 UART1 接收中断 */
/* 启动外设运行 */
    USART_Cmd(USART1,ENABLE);                              /* 启动 USART1 外设 */
}
```

```
/ * * * * * * * * * * * * * * * * * * * * * * * * * * * * * * * * * * * * * * * * *
* * 函数名:        User_Uart1SendChar
* * 描述:         从串口发送数据
* 输入参数:        ch:发送的数据
* * * * * * * * * * * * * * * * * * * * * * * * * * * * * * * * * * * * * * * */
void User_Uart1SendChar(unsigned char ch)
{
    USART_SendData (USART1,ch);                              /* 发送字符 */
    while( USART_GetFlagStatus(USART1,USART_FLAG_TC) == RESET );
                                                        /* 等待发送完成 */
    USART_ClearFlag(USART1,USART_FLAG_TC);              /* 清除发送完成标识 */
}
/ * * * * * * * * * * * * * * * * * * * * * * * * * * * * * * * * * * * * * * * * *
* * 函数名:        User_Uart1SendString
* * 描述:         向串口发送字符串
* * 输入参数:     s:   要发送的字符串指针
* * * * * * * * * * * * * * * * * * * * * * * * * * * * * * * * * * * * * * * */
void User_Uart1SendString(unsigned char * s)
{
    while ( * s != '\0') {
        User_Uart1SendChar( * s + + );
    }
}
/ * * * * * * * * * * * * * * * * * * * * * * * * * * * * * * * * * * * * * * * * *
* * 函数名:        UART1_RX0_ISR
* * 描述:         UART1 接收中断服务程序
* * * * * * * * * * * * * * * * * * * * * * * * * * * * * * * * * * * * * * * */
void UART1_RX0_ISR(void)
{
    uint16_t   UART1_BUF;
    if(USART_GetITStatus(USART1, USART_IT_RXNE) != RESET)
    {
        USART_ClearITPendingBit(USART1,USART_IT_RXNE);   /* 清除接收中断标志 */
        UART1_BUF = USART_ReceiveData(USART1);              /* 读取数据 */
        User_Uart1SendChar(UART1_BUF);                      /* 串口回显数据 */
        User_CANTransmit(UART1_BUF);                        /* CAN1 转发数据 */
        LED_Turn(GPIO_Pin_8);                               /* 指示 UART 接收到数据 */
```

```
    }}
```

➢ led. c

```c
#include "led.h"
void   LED_Init (void)
{
    GPIO_InitTypeDef GPIO_InitStructure;                      /* 定义 GPIO 初始化结构体 */
/* -----------使能相关模块时钟 -----------*/
    RCC_APB2PeriphClockCmd(RCC_APB2Periph_GPIOF, ENABLE);  /* 使能 GPIO 外设时钟 */
/* -----------GPIO 引脚始化 -----------*/
    GPIO_InitStructure.GPIO_Pin    = GPIO_Pin_6|GPIO_Pin_7|
                                     GPIO_Pin_8|GPIO_Pin_9|
                                     GPIO_Pin_10;
    GPIO_InitStructure.GPIO_Mode = GPIO_Mode_Out_PP;
    GPIO_InitStructure.GPIO_Speed = GPIO_Speed_50 MHz;
    GPIO_Init(GPIOF,&GPIO_InitStructure);                      /* 载入配置 */
    GPIO_SetBits(GPIOF,GPIO_Pin_6|GPIO_Pin_7|
                 GPIO_Pin_8|GPIO_Pin_9|
                 GPIO_Pin_10);                                 /* 熄灭所有灯 */
}
void   LED_On (uint16_t GPIO_Pin)
{
    GPIO_ResetBits(GPIOF,GPIO_Pin);                           /* 点亮指定 LED 灯 */
}
void   LED_Off (uint16_t GPIO_Pin)
{
    GPIO_SetBits(GPIOF,GPIO_Pin);                             /* 熄灭指定 LED 灯 */
}
void   LED_Turn (uint16_t GPIO_Pin)
{
    uint16_t a,b,c;
    a = GPIO_ReadOutputData(GPIOF);                           /* 读取端口状态 */
    b = ((~a)&  GPIO_Pin);                                    /* 翻转过滤相关位 */
    c = (  a &(~GPIO_Pin));                                   /* 过滤无关位 */
    GPIO_Write(GPIOF,b|c);                                    /* 组合并写入 */
}
```

④ 中断服函数 stm32f10x_it.c:

```c
#include "stm32f10x_it.h"
void USB_LP_CAN1_RX0_IRQHandler(void)
{
```

```
    CAN1_RX0_ISR();
}
void USART1_IRQHandler(void)
{
    UART1_RX0_ISR();
}
```

3. 用到的库函数解析

① 函数 CAN_DeInit，如表 19-3 所列。

表 19-3 CAN_DeInit 函数简介

函数名	CAN_DeInit
函数原型	void CAN_DeInit(void)
功能描述	将外设 CAN 的全部寄存器重设为默认值
输入参数	无
输出参数	无
返回值	无
先决条件	无
被调用函数	RCC_APB1PeriphResetCmd()

② 函数 CAN_Init，如表 19-4 所列。

表 19-4 CAN_Init 函数简介

函数名	CAN_Init
函数原型	u8 CAN_Init(CAN_InitTypeDef * CAN_InitStruct)
功能描述	根据 CAN_InitStruct 中指定的参数初始化外设 CAN 的寄存器
输入参数	CAN_InitStruct:指向结构 CAN_InitTypeDef 的指针,包含了指定外设 CAN 的配置信息 查阅 Section CAN_InitTypeDef 可以看到更多该参数允许取值范围
输出参数	无
返回值	指示 CAN 初始化成功的常数 CANINITFAILED=初始化失败 CANINITOK=初始化成功
先决条件	无
被调用函数	无

CAN_InitTypeDef 定义于文件"stm32f10x_can. h":

```
typedef struct
{
FunctionnalState CAN_TTCM;
FunctionnalState CAN_ABOM;
FunctionnalState CAN_AWUM;
FunctionnalState CAN_NART;
FunctionnalState CAN_RFLM;
FunctionnalState CAN_TXFP;
u8 CAN_Mode;
u8 CAN_SJW;
u8 CAN_BS1;
u8 CAN_BS2;
u16 CAN_Prescaler;
} CAN_InitTypeDef;
```

➢ CAN_TTCM。

CAN_TTCM 用来使能或者失能时间触发通讯模式,可以设置这个参数的值为 ENABLE 或者 DISABLE。

➢ CAN_ABOM。

CAN_ABOM 用来使能或者失能自动离线管理,可以设置这个参数的值为 EN-ABLE 或者 DISABLE。

➢ CAN_AWUM。

CAN_AWUM 用来使能或者失能自动唤醒模式,可以设置这个参数的值为 EN-ABLE 或者 DISABLE。

➢ CAN_NART。

CAN_NARM 用来使能或者失能非自动重传输模式,可以设置这个参数的值为 ENABLE 或者 DISABLE。

➢ CAN_RFLM。

CAN_RFLM 用来使能或者失能接收 FIFO 锁定模式,可以设置这个参数的值为 ENABLE 或者 DISABLE。

➢ CAN_TXFP。

CAN_TXFP 用来使能或者使能发送 FIFO 优先级,可以设置这个参数的值为 ENABLE 或者 DISABLE。

➢ CAN_Mode。

CAN_Mode 设置了 CAN 的工作模式,如表 19 - 5 所列。

表 19－5　CAN_Mode 参数列表

CAN_Mode	描　述
CAN_Mode_Normal	CAN 硬件工作在正常模式
CAN_Mode_Silent	CAN 硬件工作在静默模式
CAN_Mode_LoopBack	CAN 硬件工作在环回模式
CAN_Mode_Silent_LoopBack	CAN 硬件工作在静默环回模式

➢ CAN_SJW。

CAN_SJW 定义了重新同步跳跃宽度（SJW），即在每位中可以延长或缩短多少个时间单位的上限，如表 19－6 所列。

表 19－6　CAN_SJW 参数列表

CAN_SJW	描　述
CAN_SJW_1tq	重新同步跳跃宽度一个时间单位
CAN_SJW_2tq	重新同步跳跃宽度 2 个时间单位
CAN_SJW_3tq	重新同步跳跃宽度 3 个时间单位
CAN_SJW_4tq	重新同步跳跃宽度 4 个时间单位

➢ CAN_BS1。

CAN_BS1 设定了时间段 1 的时间单位数目，如表 19－7 所列。

表 19－7　CAN_BS1 参数列表

CAN_BS1	描　述
CAN_BS1_1tq	时间段 1 为一个时间单位
…	…
CAN_BS1_16tq	时间段 1 为 16 个时间单位

➢ CAN_BS2。

CAN_BS2 设定了时间段 1 的时间单位数目，如表 19－8 所列。

表 19－8　CAN_BS2 参数列表

CAN_BS1	描　述
CAN_BS2_1tq	时间段 2 为一个时间单位
…	…
CAN_BS2_8tq	时间段 2 为 8 个时间单位

➢ CAN_Prescaler。

CAN_Prescaler 设定了一个时间单位的长度，它的范围是 1～1 024。

③ 函数 CAN_FilterInit，如表 19－9 所列。

表 19 - 9　CAN_FilterInit 函数简介

函数名	CAN_DeInit
函数原型	void CAN_FilterInit(CAN_FilterInitTypeDef * CAN_FilterInitStruct)
功能描述	根据 CAN_FilterInitStruct 中指定的参数初始化外设 CAN 的寄存器
输入参数	CAN_FilterInitStruct:指向结构 CAN_FilterInitTypeDef 的指针,包含了相关配置信息 参阅:Section:CAN_FilterInitTypeDef 结构查阅更多该参数允许取值范围
输出参数	无
返回值	无
先决条件	无
被调用函数	无

CAN_FilterInitTypeDef 定义于文件"stm32f10x_can.h":

```
typedef struct
{
u8 CAN_FilterNumber;
u8 CAN_FilterMode;
u8 CAN_FilterScale;
u16 CAN_FilterIdHigh;
u16 CAN_FilterIdLow;
u16 CAN_FilterMaskIdHigh;
u16 CAN_FilterMaskIdLow;
u16 CAN_FilterFIFOAssignment;
FunctionalState CAN_FilterActivation;
} CAN_FilterInitTypeDef;
```

➢ CAN_FilterNumber。

CAN_FilterNumber 指定了待初始化的过滤器,它的范围是 1～13。

➢ CAN_FilterMode。

CAN_FilterMode 指定了过滤器将被初始化到的模式,如表 19 - 10 所列。

表 19 - 10　CAN_FilterMode 参数列表

CAN_FilterMode	描　　述
CAN_FilterMode_IdMask	标识符屏蔽位模式
CAN_FilterMode_IdList	标识符列表模式

➢ CAN_FilterScale。

CAN_FilterScale 给出了过滤器位宽,如表 19 - 11 所列。

表 19 - 11 CAN_FilterScale 参数列表

CAN_FilterScale	描　述
CAN_FilterScale_Two16bit	2 个 16 位过滤器
CAN_FilterScale_One32bit	一个 32 位过滤器

➤ CAN_FilterIdHigh。

CAN_FilterIdHigh 用来设定过滤器标识符（32 位位宽时为其高段位，16 位位宽时为第一个）。它的范围是 0x0000～0xFFFF。

➤ CAN_FilterIdLow。

CAN_FilterIdHigh 用来设定过滤器标识符（32 位位宽时为其低段位，16 位位宽时为第二个）。它的范围是 0x0000～0xFFFF。

➤ CAN_FilterMaskIdHigh。

CAN_FilterMaskIdHigh 用来设定过滤器屏蔽标识符或者过滤器标识符（32 位位宽时为其高段位，16 位位宽时为第一个）。它的范围是 0x0000～0xFFFF。

➤ CAN_FilterMaskIdLow。

CAN_FilterMaskIdLow 用来设定过滤器屏蔽标识符或者过滤器标识符（32 位位宽时为其低段位，16 位位宽时为第二个）。它的范围是 0x0000～0xFFFF。

➤ CAN_FilterFIFO。

CAN_FilterFIFO 设定了指向过滤器的 FIFO（0 或 1），如表 19 - 12 所列。

表 19 - 12 CAN_FilterFIFO 参数列表

CAN_FilterFIFO	描　述
CAN_FilterFIFO0	过滤器 FIFO0 指向过滤器 x
CAN_FilterFIFO1	过滤器 FIFO1 指向过滤器 x

④ 函数 CAN_ITConfig，如表 19 - 13 所列。

表 19 - 13 CAN_ITConfig 函数简介

函数名	CAN_ITConfig
函数原型	void CAN_ITConfig(u32CAN_IT,FunctionalState NewState)
功能描述	使能或者失能指定的 CAN 中断
输入参数 1	CAN_IT：待使能或者失能的 CAN 中断 参阅：Section：CAN_IT 查阅更多参数允许取值范围
输入参数 2	NewState：CAN 中断的新状态 这个参数可以取：ENABLE 或者 DISABLE
输出参数	无
返回值	无
先决条件	无
被调用函数	无

输入参数 CAN_IT 为待使能或者使能的 CAN 中断。可以使用表 19 - 14 中的一个参数,或者它们的组合。

表 19 - 14　CAN_IT 参数列表

CAN_IT	描　述
CAN_IT_TME	发送邮箱空中断屏蔽
CAN_IT_FMP0	FIFO0 消息挂号中断屏蔽
CAN_IT_FF0	FIFO0 满中断屏蔽
CAN_IT_FOV0	FIFO0 溢出中断屏蔽
AN_IT_FMP1	FIFO1 消息挂号中断屏蔽
CAN_IT_FF1	FIFO1 满中断屏蔽
CAN_IT_FOV1	FIFO1 溢出中断屏蔽
CAN_IT_EWG	错误警告中断屏蔽
CAN_IT_EPV	错误被动中断屏蔽
CAN_IT_BOF	离线中断屏蔽
CAN_IT_LEC	上次错误号中断屏蔽
CAN_IT_ERR	错误中断屏蔽
CAN_IT_WKU	唤醒中断屏蔽
CAN_IT_SLK	睡眠标志位中断屏蔽

⑤ 函数 CAN_Transmit,如表 19 - 15 所列。

表 19 - 15　CAN_Transmit 函数简介

函数名	CAN_Transmit
函数原型	u8 CAN_Transmit(CanTxMsg * TxMessage)
功能描述	开始一个消息的传输
输入参数	TxMessage:指向某结构的指针,该结构包含 CAN id,CAN DLC 和 CAN data
输出参数	无
返回值	所使用邮箱的号码,如果没有空邮箱返回 CAN_NO_MB
先决条件	无
被调用函数	无

⑥ 函数 CAN_TransmitStatus,如表 19 - 16 所列。

表 19 - 16 **CAN_TransmitStatus** 函数简介

函数名	CAN_TransmitStatus
函数原型	u8 CAN_TransmitStatus(u8 TransmitMailbox)
功能描述	检查消息传输的状态
输入参数	TransmitMailbox:用来传输的邮箱号码
输出参数	无
返回值	CANTXOK CAN 驱动是否在传输数据 CANTXPENDING 消息是否挂号 CANTXFAILED 其他
先决条件	传输进行中
被调用函数	无

⑦ 函数 CAN_MessagePending,如表 19 - 17 所列。

表 19 - 17 **CAN_MessagePending** 函数简介

函数名	CAN_MessagePending
函数原型	u8 CAN_MessagePending(u8 FIFONumber)
功能描述	返回挂号的信息数量
输入参数	FIFO number:接收 FIFO,CANFIFO0 或者 CANFIFO0
输出参数	无
返回值	NbMessage 为挂号的信息数量
先决条件	无
被调用函数	无

⑧ 函数 CAN_Receive,如表 19 - 18 所列。

表 19 - 18 函数简介

函数名	CAN_Receive
函数原型	void CAN_Receive(u8 FIFONumber,CanRxMsg * RxMessage)
功能描述	接收一个消息
输入参数	FIFO number:接收 FIFO,CANFIFO0 或者 CANFIFO0
输出参数	RxMessage:指向某结构的指针,该结构包含 CAN id,CAN DLC 和 CAN data
返回值	无
先决条件	无
被调用函数	无

结构 CanRxMsg 定义于文件"stm32f10x_can.h":

typedef struct

```
{
u32 StdId;
u32 ExtId;
u8 IDE;
u8 RTR;
u8 DLC;
u8 Data[8];
u8 FMI;
} CanRxMsg;
```

➤ StdId。

StdId 用来设定标准标识符,它的取值范围为 0～0x7FF。

➤ ExtId。

ExtId 用来设定扩展标识符,它的取值范围为 0～0x3FFFF。

➤ IDE。

IDE 用来设定消息标识符的类型。

➤ RTR。

RTR 用来设定待传输消息的帧类型。

➤ DLC。

DLC 用来设定待传输消息的帧长度,它的取值范围是 0～0x8。

➤ Data[8]。

Data[8]包含了待传输数据,它的取值范围为 0～0xFF。

➤ FMI。

FMI 设定为消息将要通过的过滤器索引,这些消息存储于邮箱中。该参数取值范围 0～0xFF。

4. 实验现象

编译完成后,将程序载入实验板,两个串口上打印出欢迎信息,向第一块实验板的 CAN 发送"Ji lin nong ye ke ji xue yuan",第二块实验板收到数据,发送给上位机打印,实验结果截图如图 19-12 所示。

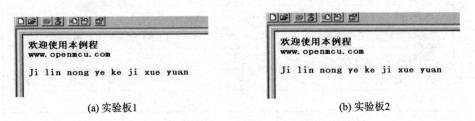

(a) 实验板1   (b) 实验板2

图 19-12 实验现象截图

第 20 章

STM32 的系统时钟

在前面章节中配置系统时钟的时候,我们调用了 RCC_Configuration() 函数来实现对系统时钟的配置,本章将向大家介绍 STM32 的系统时钟,并教大家使用另外一种更简单的方法来配置系统时钟。

20.1 STM32 的时钟树

1. STM32 时钟树概述

STM32 的正常工作需要时钟来驱动,就像大树将养料通过枝干传给各个部位一样,把 STM32 的时钟系统称为时钟树,如图 20 - 1 标示了 STM32 的时钟走向,从图的左边开始,将时钟源一步步分配到外设时钟。

对于 STM32 有 3 种不同的时钟源可被用来驱动系统时钟(SYSCLK):

① HSI 振荡器时钟,为高速内部时钟,RC 振荡器,频率 8 MHz。

② HSE 振荡器时钟,为高速外部时钟,可接石英/陶瓷谐振器,或者接外部时钟源,频率为 4～16 MHz。

③ PLL 时钟,即锁相环倍频输出时钟,其时钟输入源可以选择 HIS/2、HSE 或者 HSE/2,倍频可以选择 2～16 倍,但是输出频率最大不超过 72 MHz。

这些设备有以下两种二级时钟源:

➢ 40 kHz 低速内部 RC,可以用于驱动独立看门狗和通过程序选择驱动 RTC。
RTC 用于从停机/待机模式下自动唤醒系统。

➢ 32.768 kHz 低速外部晶体也可用来通过程序选择驱动 RTC(RTCCLK)。

2. STM32 系统时钟的设置

时钟的设置首先要考虑系统时钟的来源,是内部时钟、外部晶振、还是来自外部的振荡器,是否需要 PLL,然后考虑是内部总线还是外部总线,最后考虑外设的时钟信号,应遵循先倍频作为处理器的时钟,然后再由内向外分频的原则。

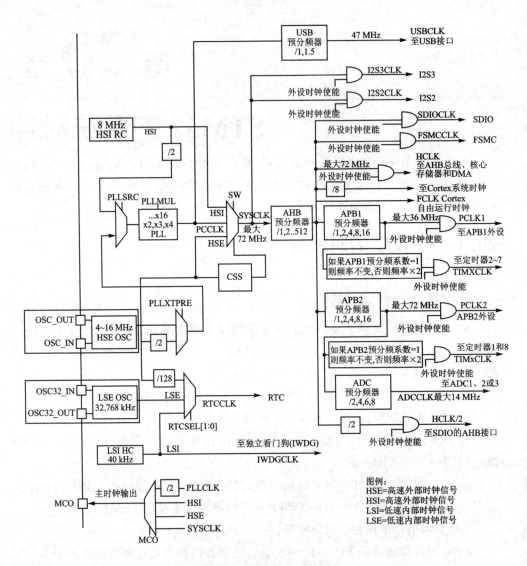

图 20-1 STM32 时钟树

20.2 系统时钟

STM32 作为大部分器件的时钟来源,系统时钟最大频率为 72 MHz,主要由 AHB 预分频器分配到各个部件。

① HCLK:由 AHB 预分频器直接输出得到,它是高速总线 AHB 的时钟信号,提供给存储器,DMA 及 Cortex 内核,是 Cortex 内核运行的时钟,CPU 主频就是这个信号,它的大小与 STM32 运算速度、数据存取速度密切相关。

② FCLK：同样由 AHB 预分频器输出得到，是内核的"自由运行时钟"。"自由"表现在它不来自时钟 HCLK，因此，在 HCLK 时钟停止时 FCLK 也继续运行。它的存在，可以保证在处理器休眠时，也能够采样到中断和跟踪休眠事件，它与 HCLK 互相同步。

③ PCLK1：外设时钟，由 APB1 预分频器输出得到，最大频率为 36 MHz，提供给挂载在 APB1 总线上的外设。

④ PCLK2：外设时钟，由 APB2 预分频器输出得到，最大频率可为 72 MHz，提供给挂载在 APB2 总线上的外设。

★ 注意：

➢ 在以上的时钟中，有很多是带有使能控制的，如 AHB 总线时钟、内核时钟、各种 APB1 外设、APB2 外设等，当需要使用某模块时，一定要先使能对应的时钟。例如我们前面章节利用 GPIO 控制 LED 灯的时候，首先要使能 GPIOF 时钟，采用如下语句实现：

```
RCC_APB2PeriphClockCmd(RCC_APB2Periph_GPIOF, ENABLE);
```

➢ 连接在 APB1（低速外设）上的设备有：电源接口、备份接口、CAN、USB、I2C1、I2C2、USART2、USART3、SPI2、窗口看门狗、Timer2、Timer3 和 Timer4。USB 模块虽然需要一个单独的 48 MHz 的时钟信号，但它不是供 USB 模块工作的时钟，而是提供给串行接口引擎使用的时钟，USB 模块工作的时钟应该是 APB1 提供的。

➢ 连接在 APB2（高速外设）上的设备有：USART1、SPI1、Timer1、ADC1、ADC2、所有普通 I/O 口、第二功能 I/O 口。

为什么 STM32 的时钟系统如此复杂？有倍频、分频及一系列的外设时钟的开关。原因之一是使外设和微处理器协调工作，随着芯片工艺的快速发展，PC 和嵌入式系统的处理器频率越来越快，而外设接口的时钟并没有那么快，如果处理器与外设接口共用同样的时钟，那么处理器在同一时间内要作很多事情，外设接口才能做一件事情，若处理器等了很久外设才传来一个数据，处理器的性能就不能发挥出来。其次是要倍频并考虑到电磁兼容性，如外部直接提供一个 72 MHz 的晶振，太高的振荡频率可能会给制作电路板带来一定的难度。分频是因为 STM32 既有高速外设又有低速外设，各种外设的工作频率不尽相同，如同 PC 机上的南北桥，把高速的和低速的设备分开来管理。最后，每个外设都配备了外设时钟的开关，当我们不使用某个外设时，可以把这个外设时钟关闭，从而降低 STM32 的整体功耗。

20.3　相关寄存器

与系统时钟相关的寄存器名称及描述如表 20-1 所列。

表 20-1   与系统时钟相关的寄存器名称及描述

寄存器	描 述
CR	时钟控制寄存器
CFGR	时钟配置寄存器
CIR	时钟中断寄存器
APB2RSTR	APB2 外设复位寄存器
APB1RSTR	APB1 外设复位寄存器
AHBENR	AHB 外设时钟使能寄存器
APB2ENR	AHB2 外设时钟使能寄存器
APB1ENR	AHB1 外设时钟使能寄存器
BDCR	备份域控制寄存器
CSR	控制/状态寄存器

20.4   典型硬件电路设计

1. 实验设计思路

本节实验设计比较简单,因为使用的库函数版本是 3.5,对于系统时钟的配置,可以直接调用库函数实现,本实验实现的功能是控制 LED 灯的亮灭闪烁。

2. 实验预期效果

编译完成后,将程序载入实验板,发现 LED1 灯亮灭闪烁。

3. 典型硬件电路设计

典型硬件电路设计如图 20-2 所示。

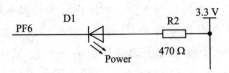

图 20-2   硬件电路设计

20.5   例程源码分析

1. 工程组详情

工程组详情如图 20-3 所示。

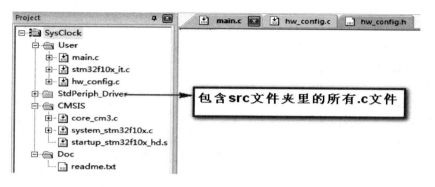

图 20-3　工程组详情

2. 例程源码分析

① User 组的 main.c 文件。

```
/* * 头文件 * */
# include <stdio.h>
# include "stm32f10x.h"
# include "hw_config.h"
/* *
    * 函数名称:void Delay(void)
    * 入口参数:无
    * 出口参数:无
    * 功能说明:简单延时函数
* */
void Delay(void)
{
    int x,y;
    for(x = 1000;x>0;x--)
        for(y = 1000;y>0;y--);
}
/* * 主函数 * */
int main(void)
{
    SystemInit();                          /* 系统初始化 */
    LED_Configuration();                   /* LED 灯的配置函数 */
    while(1)
    {
        LED1_ON();                         //点亮 LED
        Delay();
        LED1_OFF();                        //熄灭 LED
        Delay();
```

}}

② 自定义的 hw_config.h 文件。

```
#ifndef __HW_CONFIG_H_
#define __HW_CONFIG_H_
#include "stm32f10x_conf.h"
/*使用位带操作,对单个 IO 灵活操作*/
#define GPIOA_ODR_Addr      (GPIOA_BASE+12) //0x4001080C
#define GPIOB_ODR_Addr      (GPIOB_BASE+12) //0x40010C0C
#define GPIOC_ODR_Addr      (GPIOC_BASE+12) //0x4001100C
#define GPIOD_ODR_Addr      (GPIOD_BASE+12) //0x4001140C
#define GPIOE_ODR_Addr      (GPIOE_BASE+12) //0x4001180C
#define GPIOF_ODR_Addr      (GPIOF_BASE+12) //0x40011A0C
#define GPIOG_ODR_Addr      (GPIOG_BASE+12) //0x40011E0C
#define GPIOA_IDR_Addr      (GPIOA_BASE+8) //0x40010808
#define GPIOB_IDR_Addr      (GPIOB_BASE+8) //0x40010C08
#define GPIOC_IDR_Addr      (GPIOC_BASE+8) //0x40011008
#define GPIOD_IDR_Addr      (GPIOD_BASE+8) //0x40011408
#define GPIOE_IDR_Addr      (GPIOE_BASE+8) //0x40011808
#define GPIOF_IDR_Addr      (GPIOF_BASE+8) //0x40011A08
#define GPIOG_IDR_Addr      (GPIOG_BASE+8) //0x40011E08
#define PFout(n)     *((volatile unsigned long *)(0x42000000+((GPIOF_ODR_Addr-
0x40000000)<<5)+(n<<2)))
/* ----------------------------LED--------------------------- */
#define RCC_APB2Periph_LED      RCC_APB2Periph_GPIOF
#define GPIO_LedPort     GPIOF
#define LED1      GPIO_Pin_6
#define LED2      GPIO_Pin_7
#define LED3      GPIO_Pin_8
#define LED4      GPIO_Pin_9
#define LED1_ON()     GPIO_WriteBit(GPIO_LedPort, LED1, Bit_RESET)
#define LED1_OFF()     GPIO_WriteBit(GPIO_LedPort, LED1, Bit_SET)
#define LED2_ON()     GPIO_WriteBit(GPIO_LedPort, LED2, Bit_RESET)
#define LED2_OFF()     GPIO_WriteBit(GPIO_LedPort, LED2, Bit_SET)
#define LED3_ON()     GPIO_WriteBit(GPIO_LedPort, LED3, Bit_RESET)
#define LED3_OFF()     GPIO_WriteBit(GPIO_LedPort, LED3, Bit_SET)
#define LED4_ON()     GPIO_WriteBit(GPIO_LedPort, LED4, Bit_RESET)
#define LED4_OFF()     GPIO_WriteBit(GPIO_LedPort, LED4, Bit_SET)
/* ----------------------------BUTTON--------------------------- */
#define RCC_APB2Periph_BUTTON      RCC_APB2Periph_GPIOD
#define GPIO_ButtonPort     GPIOD
#define BUTTON1     GPIO_Pin_8
```

```
/* 函数声明 */
void LED_Configuration(void);

#endif
```

③ hw_config.c 文件。

```
#include "hw_config.h"
/* *
    * 函数名称:void LED_Configuration(void)
    * 入口参数:无
    * 出口参数:无
    * 功能说明:LED 初始化配置
* */
void LED_Configuration(void)
{
    GPIO_InitTypeDef GPIO_InitStructure;
    RCC_APB2PeriphClockCmd(RCC_APB2Periph_LED, ENABLE);
    GPIO_InitStructure.GPIO_Pin = LED1 | LED2 | LED3 | LED4 ;
    GPIO_InitStructure.GPIO_Speed = GPIO_Speed_50 MHz;            //输出频率
    GPIO_InitStructure.GPIO_Mode = GPIO_Mode_Out_PP;              //推挽输出模式
    GPIO_Init(GPIO_LedPort,&GPIO_InitStructure);
    /* ---------初始化状态 4 个 LED 全 OFF------------*/
    LED1_OFF();
    LED2_OFF();
    LED3_OFF();
    LED4_OFF();
}
```

★程序分析:

在进入主函数后,首先调用了 SystemInit()函数来配置系统时钟,这个函数的定义在 system_stm32f10x.c 文件之中,它的作用是设置系统时钟 SYSCLK,函数的执行流程是先将与配置时钟相关的寄存器都复位为默认值。

第 21 章

FSMC 控制器

使用的旺宝-红龙开发板上的芯片是 stm32f10x_zet 系列的（144 引脚）、带有 FSMC 接口的，STM32 的 FMSC 相当于 51 单片机里的总线技术（数据总线、地址总线和控制总线）。本章主要介绍 STM32 FSMC 的功能，并以 SRAM 简单读取的实验向大家介绍 FMSC 的配置方式，为以后 TFT 彩屏、NOR Flash、NAND Flash 的学习打下基础。

21.1 概 述

FSMC（Flexible Static Memory Controller），译为静态存储控制器，是针对 STM32 系列中内部集成 256 KB 以上的 Flash，后缀为 xC、xD 和 xE 的高存储密度微控制器特有的存储控制机制。通过对特殊功能寄存器的设置，FMSC 能够根据不同的外部存储器类型，发出相应的数据\地址\控制信号类型以匹配信号的速度，从而使得 STM32 系列微控制器不仅能够应用各种不同类型、不同速度的外部静态存储器，而且能够在不增加外部器件的情况下同时扩展多种不同类型的静态存储器，满足系统设计对存储容量、产品体积以及成本的综合要求。

FSMC 能够与同步或异步存储器和 16 位 PC 存储器卡接口，STM32 的 FSMC 接口支持包括 SRAM、NAND FLASH、NOR FLASH 和 PSRAM 等存储器。

21.2 FSMC 功能描述

1. FSMC 功能描述

FSMC 模块能够与同步或异步存储器和 16 位 PC 存储器卡接口，它的主要作用是：

① 将 AHB 传输信号转换到适当的外部设备协议。

② 满足访问外部设备的时序要求。

　　所有的外部存储器共享控制器输出的地址、数据和控制信号,每个外部设备可以通过一个唯一的片选信号加以区分。FSMC 在任一时刻只访问一个外部设备。

　　FSMC 具有下列主要功能:

　　① 具有静态存储器接口的器件包括:

　　➤ 静态随机存储器(SRAM);

　　➤ 只读存储器(ROM);

　　➤ NOR 闪存;

　　➤ PSRAM(4 个存储器块)。

　　② 两个 NAND 闪存块,支持硬件 ECC 并可检测多达 8 KB 数据。

　　③ 16 位的 PC 卡兼容设备。

　　④ 支持对同步器件的成组(Burst)访问模式,如 NOR 闪存和 PSRAM。

　　⑤ 8 或 16 位数据总线。

　　⑥ 每一个存储器块都有独立的片选控制。

　　⑦ 每一个存储器块都可以独立配置。

　　⑧ 时序可编程以支持各种不同的器件:

　　➤ 等待周期可编程(多达 15 个周期);

　　➤ 总线恢复周期可编程(多达 15 个周期);

　　➤ 输出使能和写使能延迟可编程(多达 15 周期);

　　➤ 独立的读/写时序和协议,可支持宽范围的存储器和时序。

　　⑨ PSRAM 和 SRAM 器件使用的写使能和字节选择输出。

　　⑩ 将 32 位的 AHB 访问请求,转换到连续的 16 位或 8 位的,对外部 16 位或 8 位器件的访问。

　　⑪ 具有 16 个字,每个字 32 位宽的写入 FIFO,允许在写入较慢存储器时释放 AHB 进行其他操作。在开始一次新的 FSMC 操作前,FIFO 要先被清空。

2. FSMC 功能框

　　FSMC 功能框图 21 - 1 所示。从图 21 - 1 可以看出,STM32 的 FSMC 将外部设备分为 3 类:NOR/PSRAM 设备、NAND 设备和 PC 卡设备。它们共用地址数据总线等信号,具有不同的 CS 以区分不同的设备。

　　FSMC 可以请求 AHB 进行数据宽度的操作。如果 AHB 操作的数据宽度大于外部设备(NOR 或 NAND 或 LCD)的宽度,此时 FSMC 将 AHB 操作分割成几个连续的较小的数据宽度,以适应外部设备的数据宽度。

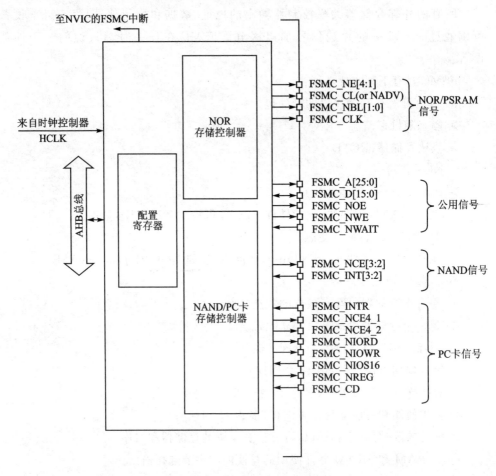

图 21 - 1   FSMC 功能框图

21.3   FSMC 外部设备地址映像

1. 外部设备地址映像

从 FSMC 的角度看,可以把外部存储器划分为固定大小为 256 MB 的 4 个存储块,如图 21 - 2 所示。

① 存储块 1 用于访问最多 4 个 NOR 闪存或 PSRAM 存储设备。这个存储区被划分为 4 个 NOR/PSRAM 区并有 4 个专用的片选。

② 存储块 2 和 3 用于访问 NAND 闪存设备,每个存储块连接一个 NAND 闪存。

③ 存储块 4 用于访问 PC 卡设备,每一个存储块上的存储器类型是由用户在配置寄存器中定义的。

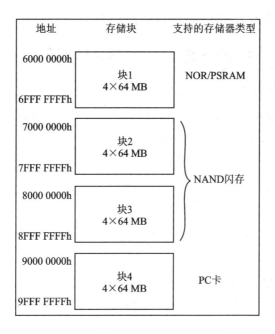

图 21 - 2　STM32 FSMC 外部设备地址映像

2. NOR 和 PSRAM 地址映像

HADDR[27:26]位用于选择 4 个存储块之一，NOR/PSRAM 存储块选择如表 21-1 所列。

表 21 - 1　NOR 和 PSRAM 地址映像

HADDR[27:26]	选择的存储块
00	存储块 1 NOR/PSRAM1
01	存储块 1 NOR/PSRAM2
10	存储块 1 NOR/PSRAM3
11	存储块 1 NOR/PSRAM4

3. NOR 闪存和 PSRAM 控制器

FSMC 可以产生适当的信号时序,驱动下述类型的存储器:

① 异步 SRAM 和 ROM:8 位、16 位和 32 位。

② PSRAM(Cellular RAM)、异步模式和突发模式。

③ NOR 闪存:异步模式或突发模式和复用模式或非复用模式。FSMC 对每个存储块输出一个唯一的片选信号 NE[4:1],所有其他的(地址、数据和控制)信号则是共享的。

在同步方式中,FSMC 向选中的外部设备产生时钟(CLK),该时钟的频率是

HCLK 时钟的整除因子。每个存储块的大小固定为 64 MB。

21.4　FSMC 扩展 SRAM 时序的分析

1. SRAM 简介

SRAM 是英文 Static RAM 的缩写,是一种具有静止存取功能的内存,不需要刷新电路即能保存它内部存储的数据。旺宝-红龙开发板使用的 SRAM 芯片是 IS61LV25616。

2. 时序规则

① 所有的控制器输出信号在内部时钟(HCLK)的上升沿变化。

② 在同步写模式(PSRAM)下,输出的数据在存储器时钟(CLK)的下降沿变化。

3. 时序介绍

在扩展 SRAM 时,一般使用模式 1 或模式 A,模式 A 与模式 1 的主要区别有两点:模式 1 时,读/写的时序可以独立调整;模式 A 时,NOE 在地址建立延时以后才变为有效。

模式 1 与模式 A 的配置上仅 EXTMOD 位不同。因此,在 STM32 的固件库里面并没有模式 1,只有模式 A,当不使用扩展模式时就是模式 1。

图 21-3 是读时序图,从图中可以看到:

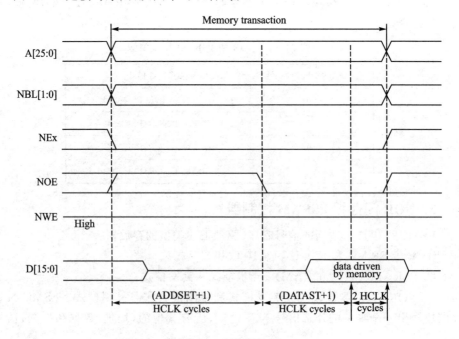

图 21-3　读时序图

① FSMC 扩展 SRAM 基本时间单位为 HCLK。

② 地址建立时间为 ADDSET+1,其中 ADDSET 的取值范围是 0~15。

③ 数据设置为 DATSET+1,其中 DATSET 的取值范围是 1~15。

④ 在数据就绪后,还要两个 HCLK 周期用于读取数据。

图 21-4 是写时序图,从图中可以看到:

① 地址建立时间为 ADDSET+1,其中 ADDSET 的取值范围是 0~15。

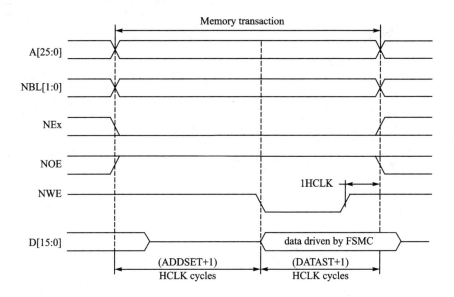

图 21-4 写时序图

② 数据设置为 DATSET+1,其中 DATSET 的取值范围是 1~15。

21.5 典型硬件电路设计

1. 实验设计思路

本实验实现的功能是对 SRAM 的简单读/写,用 LED 灯来显示读写状态。

2. 实验预期效果

编译完成后,将程序载入实验板,LED1 点亮。

3. 典型硬件电路设计

典型硬件电路设计如图 21-5 所示。

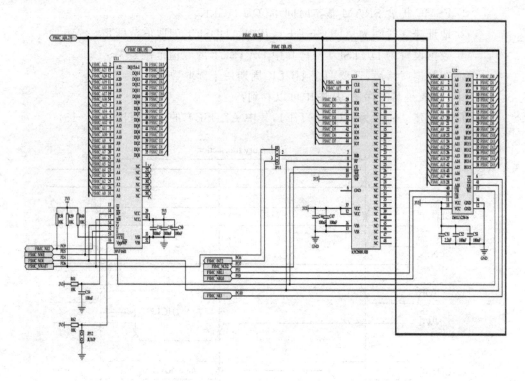

图 21 - 5　典型硬件电路设计

21.6　例程源码分析

1. 工程组详情

工程组详情如图 21 - 6 所示。

2. 例程源码分析

① User 组的 main. c 文件。

```
/* 头文件 ------------------------------------------------*/
# include "fsmc_sram. h"
/* Private typedef -----------------------------------------*/
/* Private define ------------------------------------------*/
# define BUFFER_SIZE          0x400
# define WRITE_READ_ADDR      0x8000
GPIO_InitTypeDef GPIO_InitStructure;
ErrorStatus HSEStartUpStatus;
u16 TxBuffer[BUFFER_SIZE];                              //发送缓冲数组
u16 RxBuffer[BUFFER_SIZE];                              //接收缓冲数组
```

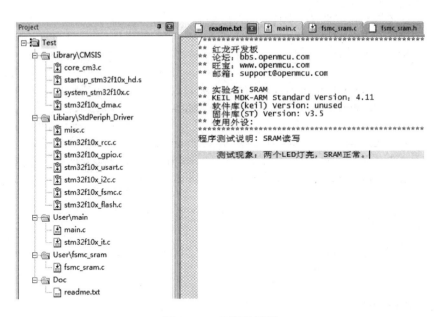

图 21-6　工程组详情

```
u32 WriteReadStatus = 0, Index = 0;
/* 函数声明 ----------------------------------------------*/
void RCC_Configuration(void);

void NVIC_Configuration(void);

void Fill_Buffer(u16 * pBuffer, u16 BufferLenght, u32 Offset);
/***************************************************
* 函数名称:主
* 说明:主要程序
* 输入:无
* 输出:无
* 返回参数:无
***************************************************/
int main(void)
{
  RCC_Configuration();                                    /* 系统时钟配置 */
  NVIC_Configuration();                                   /* NVIC 配置 */
  /* PF.06 和 PF.07 的配置来驱动 LD1、LD2 */
  RCC_APB2PeriphClockCmd(RCC_APB2Periph_GPIOF, ENABLE);   /* 使能 GPIOF 时钟 */
                                                          /* 配置 PF.06 和 PF.07 为推挽输出 */
  GPIO_InitStructure.GPIO_Pin = GPIO_Pin_6 | GPIO_Pin_7 | GPIO_Pin_8;
  GPIO_InitStructure.GPIO_Mode = GPIO_Mode_Out_PP;
  GPIO_InitStructure.GPIO_Speed = GPIO_Speed_50 MHz;
  GPIO_Init(GPIOF, &GPIO_InitStructure);
  GPIO_SetBits(GPIOF,GPIO_Pin_6 | GPIO_Pin_7 | GPIO_Pin_8);    //置 1 操作
```

```
          /* 从 FSMC SRAM 存储器的读/写/ *****/
      RCC_AHBPeriphClockCmd(RCC_AHBPeriph_FSMC, ENABLE);            /* 启用 FSMC 时钟 */
  FSMC_SRAM_Init();                                      /* 配置 FSMC Bank1 NOR / SRAM3 */
                                                       /* 向 FSMC SRAM 内存写入数据 */
  Fill_Buffer(TxBuffer, BUFFER_SIZE, 0x3212);              /* 填写要发送的缓冲区 */
  FSMC_SRAM_WriteBuffer(TxBuffer, WRITE_READ_ADDR, BUFFER_SIZE);
                                                 /* 从 FSMC SRAM 内存中读取数据 */
  FSMC_SRAM_ReadBuffer(RxBuffer, WRITE_READ_ADDR, BUFFER_SIZE);
                                            /* 回读 SRAM 存储器和检查内容的正确性 */
  for (Index = 0x00; (Index < BUFFER_SIZE) && (WriteReadStatus == 0); Index++)
  {
     if (RxBuffer[Index] != TxBuffer[Index])
     {
       GPIO_ResetBits(GPIOF, GPIO_Pin_8);    //如果读出来的和写进去的不相同则 LD3 亮
       WriteReadStatus = Index + 1;
     }}
  if (WriteReadStatus == 0)
  {/* 开启 LD1 */
     GPIO_ResetBits(GPIOF, GPIO_Pin_6);
                                        //LD1 亮的话说明写进去的和读出来的完全一样
  }
  else
  {/* 关闭 LD2 */
     GPIO_ResetBits(GPIOF, GPIO_Pin_7);       //如果读出来的和写进去的不相同则 LD2 亮
  }
  while (1);
}
/* ********************************************************
* 函数名称:RCC_Configuration
* 说明:配置不同的系统时钟
********************************************************/
void RCC_Configuration(void)
{
     和前面章节相同,这里不再列出
}
/* ********************************************************
* 函数名称:NVIC_Configuration
* 说明:配置矢量表的基本位置
********************************************************/
void NVIC_Configuration(void)
{
# ifdef  VECT_TAB_RAM
```

```
/* 在 0x20000000 设置基向量表中的位置 */
NVIC_SetVectorTable(NVIC_VectTab_RAM, 0x0);
#else   /* VECT_TAB_FLASH */
                                /* 将向量表的基本位置设置在 0x08000000 */
NVIC_SetVectorTable(NVIC_VectTab_FLASH, 0x0);
#endif
}
/******************************************************
* 函数名称:Fill_Buffer
* 说明:填写全局缓冲区
* 输入: - pBuffer 中:缓冲区的指针,以填补
*       - BUFFERSIZE:缓冲区的大小,以填补
*       - 偏移:第一个值,以填补缓冲区
******************************************************/
void Fill_Buffer(u16 * pBuffer, u16 BufferLenght, u32 Offset)
{
  u16 IndexTmp = 0;
  /* 放全局缓冲区相同的值 */
  for (IndexTmp = 0; IndexTmp < BufferLenght; IndexTmp + + )
  {
    pBuffer[IndexTmp] = IndexTmp + Offset;
  }
}
```

② 自定义的.h 文件。

```
#include "stm32f10x_lib.h"
void FSMC_SRAM_Init(void);
void FSMC_SRAM_WriteBuffer(u16 * pBuffer, u32 WriteAddr, u32 NumHalfwordToWrite);
void FSMC_SRAM_ReadBuffer(u16 * pBuffer, u32 ReadAddr, u32 NumHalfwordToRead);
#endif
```

③ 用户编写的 fsmc_sram.c 文件。

```
#include "fsmc_sram.h"
#define Bank1_SRAM3_ADDR    ((u32)0x68000000)
/******************************************************
* 函数名称:FSMC_SRAM_Init
* 说明:配置 FSMC 与 SRAM 存储器接口和 GPIO。
*       此功能之前,对 SRAM 必须调用任何读/写操作
******************************************************/
void FSMC_SRAM_Init(void)
{
  FSMC_NORSRAMInitTypeDef FSMC_NORSRAMInitStructure;
```

```
FSMC_NORSRAMTimingInitTypeDef p;
GPIO_InitTypeDef GPIO_InitStructure;
/*开启外设时钟*/
RCC_APB2PeriphClockCmd(RCC_APB2Periph_GPIOD | RCC_APB2Periph_GPIOG |
RCC_APB2Periph_GPIOE |RCC_APB2Periph_GPIOF, ENABLE);
/****GPIO 配置 ****/
/* SRAM 数据线配置 */
GPIO_InitStructure.GPIO_Pin = GPIO_Pin_0 | GPIO_Pin_1 | GPIO_Pin_8 | GPIO_
Pin_9 |GPIO_Pin_10 | GPIO_Pin_14 | GPIO_Pin_15;
GPIO_InitStructure.GPIO_Mode = GPIO_Mode_AF_PP;              //复用推挽输出模式
GPIO_InitStructure.GPIO_Speed = GPIO_Speed_50 MHz;
GPIO_Init(GPIOD, &GPIO_InitStructure);
GPIO_InitStructure.GPIO_Pin = GPIO_Pin_7 | GPIO_Pin_8 | GPIO_Pin_9 | GPIO_Pin_10 |
GPIO_Pin_11 | GPIO_Pin_12 | GPIO_Pin_13 | GPIO_Pin_14 |  GPIO_Pin_15;
GPIO_Init(GPIOE, &GPIO_InitStructure);
/* SRAM 地址线配置 */
GPIO_InitStructure.GPIO_Pin = GPIO_Pin_0 | GPIO_Pin_1 | GPIO_Pin_2 | GPIO_Pin_3 |
GPIO_Pin_4 | GPIO_Pin_5 | GPIO_Pin_12 | GPIO_Pin_13 |  GPIO_Pin_14 | GPIO_Pin_15;
GPIO_Init(GPIOF, &GPIO_InitStructure);
GPIO_InitStructure.GPIO_Pin = GPIO_Pin_0 | GPIO_Pin_1 | GPIO_Pin_2 | GPIO_Pin_3 |
GPIO_Pin_4 | GPIO_Pin_5;
GPIO_Init(GPIOG, &GPIO_InitStructure);
GPIO_InitStructure.GPIO_Pin = GPIO_Pin_11 | GPIO_Pin_12 | GPIO_Pin_13;
GPIO_Init(GPIOD, &GPIO_InitStructure);
/* NOE and NWE 配置 */
GPIO_InitStructure.GPIO_Pin = GPIO_Pin_4 |GPIO_Pin_5;
GPIO_Init(GPIOD, &GPIO_InitStructure);
GPIO_InitStructure.GPIO_Pin = GPIO_Pin_10;
GPIO_Init(GPIOG, &GPIO_InitStructure);
GPIO_InitStructure.GPIO_Pin = GPIO_Pin_0 | GPIO_Pin_1;
GPIO_Init(GPIOE, &GPIO_InitStructure);
/*-- FSMC 配置 ------------------------------------------------*/
/* FSMC_Bank1_NORSRAM4 configuration */
p.FSMC_AddressSetupTime = 0;                             /*地址建立时间*/
p.FSMC_AddressHoldTime = 0;                              /*地址保持时间*/
p.FSMC_DataSetupTime = 2;                                /*数据建立时间*/
p.FSMC_BusTurnAroundDuration = 0;                        /*总线恢复时间*/
p.FSMC_CLKDivision = 0;                                    /*时钟分频*/
p.FSMC_DataLatency = 0;                                  /*数据保持时间*/
p.FSMC_AccessMode = FSMC_AccessMode_A;                   /*访问模式选择*/
/**************************************************************
```

液晶屏配置如下：

－数据或地址 MUX = 禁用

－内存类型 = 静态随机存取存储器

－数据宽度 = 16 位

－写操作 = 启用

－扩展模式 = 启用

－异步等待 = 禁用

**/

```
    FSMC_NORSRAMInitStructure.FSMC_Bank = FSMC_Bank1_NORSRAM3;
    /* NORSRAM3 的 BANK1 */
    FSMC_NORSRAMInitStructure.FSMC_DataAddressMux =
    FSMC_DataAddressMux_Disable;                      /* 数据线与地址线不复用 */
FSMC_NORSRAMInitStructure.FSMC_MemoryType = FSMC_MemoryType_SRAM;
                                                      /* 存储器类型 SRAM */
    FSMC_NORSRAMInitStructure.FSMC_MemoryDataWidth = FSMC_MemoryDataWidth_16b;
                                                      /* 数据宽度为 16 位 */
    FSMC_NORSRAMInitStructure.FSMC_BurstAccessMode = FSMC_BurstAccessMode_Disable;
                                          /* 使用异步写模式,禁止突发模式 */
    FSMC_NORSRAMInitStructure.FSMC_WaitSignalPolarity =
    FSMC_WaitSignalPolarity_Low;
                  /* 本成员的配置只在突发模式下有效,等待信号极性为低 */
    FSMC_NORSRAMInitStructure.FSMC_WrapMode = FSMC_WrapMode_Disable;
                                                  /* 禁止非对齐突发模式 */
    FSMC_NORSRAMInitStructure.FSMC_WaitSignalActive = FSMC_WaitSignalActive_Before-
WaitState;
                  /* 本成员配置仅在突发模式下有效。NWAIT 信号在什么时期产生 */
    FSMC_NORSRAMInitStructure.FSMC_WriteOperation = FSMC_WriteOperation_Enable;/* 本成
员的配置只在突发模式下有效,禁用 NWAIT 信号 */
    FSMC_NORSRAMInitStructure.FSMC_WaitSignal = FSMC_WaitSignal_Disable;/* 禁止突发
写操作 */
    FSMC_NORSRAMInitStructure.FSMC_ExtendedMode = FSMC_ExtendedMode_Disable;
                                                          /* 写使能 */
    FSMC_NORSRAMInitStructure.FSMC_WriteBurst = FSMC_WriteBurst_Disable;
                          /* 禁止扩展模式,扩展模式可以使用独立的读、写模式 */
    FSMC_NORSRAMInitStructure.FSMC_ReadWriteTimingStruct = &p;   /* 配置读写时序 */
    FSMC_NORSRAMInitStructure.FSMC_WriteTimingStruct = &p;       /* 配置写时序 */
    FSMC_NORSRAMInit(&FSMC_NORSRAMInitStructure);
    FSMC_NORSRAMCmd(FSMC_Bank1_NORSRAM3, ENABLE);
                              /* BANK 3 (of NOR/SRAM Bank 1～4)使能 */
}
/**********************************************
* 函数名称:FSMC_SRAM_WriteBuffer
* 说明:写一个半字 FSMC SRAM 存储器缓冲区。
```

* pBuffer 中输入: - :指向 buffer 的指针。

* WriteAddr:SRAM 存储器内部地址的数据将被写入。

* NumHalfwordToWrite:半字来写。

**/

```
void FSMC_SRAM_WriteBuffer(u16 * pBuffer, u32 WriteAddr, u32 NumHalfwordToWrite)
{
  for(; NumHalfwordToWrite != 0; NumHalfwordToWrite - -)
                                                    /* while there is data to write */
  {
    *(u16 *)(Bank1_SRAM3_ADDR + WriteAddr) = * pBuffer + +;
                                                    /*传输数据到内存*/
    WriteAddr + = 2;                                /*递增的地址*/
  }
}
/*********************************************************
* 函数名称:FSMC_SRAM_ReadBuffer
* 说明:读取的数据从 FSMC 的 SRAM 内存块。
* 输入参数: - pBuffer 中:接收数据的缓冲区的指针读
*     从 SRAM 存储器。
* - ReadAddr:SRAM 存储器内部读取的地址。
* - NumHalfwordToRead:半字读。
**********************************************************/
void FSMC_SRAM_ReadBuffer(u16 * pBuffer, u32 ReadAddr, u32 NumHalfwordToRead)
{
  for(; NumHalfwordToRead != 0; NumHalfwordToRead - -)
                                                    /* while there is data to read */
  {
    * pBuffer + + = *(vu16 *)(Bank1_SRAM3_ADDR + ReadAddr);
                                                    /*从存储器中读取一个半字*/
    ReadAddr + = 2;                                 /*递增的地址*/
  }
}
```

3. 实验现象

编译完成后,将程序载入实验板,只有 LED1 灯被点亮,说明读/写正确。

第 22 章

NOR Flash 实验

在前面章节中,学习了 FSMC 控制器,本章主要讲解官方移植的利用 FSMC 技术实现 NOR Flash 的读写实验。

22.1 概　述

1. NOR Flash 简介

NOR Flash 是 INTEL 在 1988 年推出的一款商业性闪存芯片,它需要很长的时间进行抹写,能够提供完整的寻址与数据总线,并允许随机存取存储器上的任何区域,而且可以忍受一万次到一百万次抹写循环,是早期的可移除式闪存储媒体的基础。

2. NOR Flash 的访问方式

在 NOR Flash 的读取数据的方式来看,它与 RAM 的方式是相近的,只要能够提供数据的地址,数据总线就能够正确的发出数据。考虑到以上的种种原因,多数微处理器将 NOR Flash 作为存储器使用,这其实意味着存储在 NOR Flash 上的程序不需要复制到 RAM 就可以直接运行。由于 NOR Flash 没有本地坏区管理,所以一旦存储区块发生毁损,软件或驱动程序必须接手这个问题,否则可能会导致设备发生异常。在解锁、抹除或写入 NOR Flash 区块时,特殊的指令会先写入已绘测的记忆区的第一页(Page)。接着快闪记忆芯片会提供可用的指令清单给实体驱动程序,而这些指令是由一般性闪存接口(Common Flash memory Interface,CFI)所界定的。与用于随机存取的 ROM 不同,NOR Flash 也可以用在存储设备上。

22.2 FSMC NOR Flash 的配置说明

旺宝－红龙 STM32F103ZET6 开发板提供的 NOR Flash 型号为 SSST39VF1601。

控制一个 NOR 闪存存储器,需要 STM32 FSMC 提供下述功能:

① 选择合适的存储块映射 NOR 闪存存储器:共有 4 个独立的存储块可以用于与 NOR 闪存、SRAM 和 PSRAM 存储器接口,每个存储块都有一个专用的片选

引脚。

② 使用或禁止地址/数据总线的复用功能。

③ 选择所用的存储器类型:NOR 闪存、SRAM 或 PSRAM。

④ 定义外部存储器的数据总线宽度:8 或 16 位。

⑤ 使用或关闭同步 NOR 闪存存储器的突发访问模式。

⑥ 配置等待信号的使用:开启或关闭,极性设置,时序配置。

⑦ 使用或关闭扩展模式:扩展模式用于访问那些具有不同读写操作时序的存储器。

因为 NOR 闪存/SRAM 控制器可以支持异步和同步存储器,用户只须根据存储器的参数配置使用到的参数。FSMC 提供了一些可编程的参数,可以正确地与外部存储器接口。依存储器类型的不同,有些参数是不需要的。当使用一个外部异步存储器时,用户必须按照存储器的数据手册给出的时序数据,计算和设置下列参数:

① ADDSET:地址建立时间。

② ADDHOLD:地址保持时间。

③ DATAST:数据建立时间。

④ ACCMOD:访问模式这个参数允许 FSMC 可以灵活地访问多种异步的静态存储器。共有 4 种扩展模式允许以不同的时序分别读写存储器。在扩展模式下,FSMC_BTR 用于配置读操作,FSMC_BWR 用于配置写操作。(如果读时序与写时序相同,只须使用 FSMC_BTR 即可。)如果使用了同步的存储器,用户必须计算和设置下述参数:

① CLKDIV:时钟分频系数。

② DATLAT:数据延时。

如果存储器支持的话,NOR 闪存的读操作可以是同步的,而写操作仍然是异步的。当对一个同步的 NOR 闪存编程时,存储器会自动地在同步与异步之间切换;因此,必须正确地设置所有的参数。

22.3 典型硬件电路设计

1. 实验设计思路

本程序是移植的官方例程,在系统时钟以及 FSMC 的 I/O 口配置之后,开始对进行 NOR Flsah 进行读/写,读写状态可以用 3 个 LED 灯来表示。

2. 实验预期效果

编译完成后,载入实验板观察:LED1 亮,说明读出和写入的数据相同;LED2、LED3 亮,说明读出和写入的数据不同。

3. 典型硬件电路设计

典型硬件电路设计如图 22 - 1 所示。

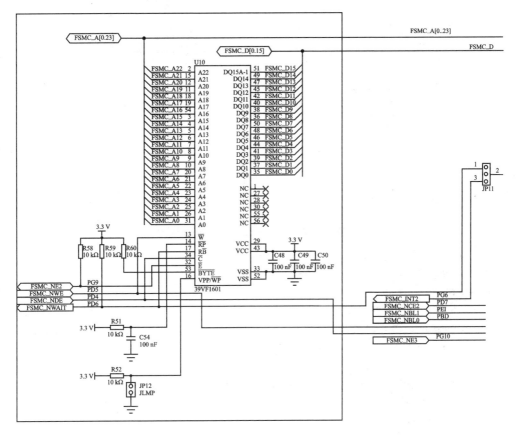

图 22 - 1　硬件电路设计

22.4　例程源码分析

1. 工程组详情

工程组详情如图 22 - 2 所示。

2. 例程源码分析

① User 组的 main.c 文件。

```
# include "stm32f10x.h"
# include <stdio.h>
# include "SystemClock.h"
# include "fsmc_nor.h"
```

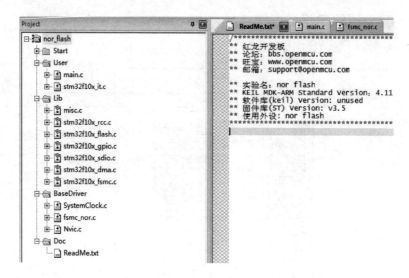

图 22-2　NOR Flash 读/写 Keil 调试

```c
#define BUFFER_SIZE        0x400
#define WRITE_READ_ADDR    0x8000
GPIO_InitTypeDef GPIO_InitStructure;
u16 TxBuffer[BUFFER_SIZE];                              //定义发送缓冲数组
u16 RxBuffer[BUFFER_SIZE];                              //定义接收缓冲数组
u32 WriteReadStatus = 0, Index = 0;
NOR_IDTypeDef NOR_ID;
void Fill_Buffer(u16 * pBuffer, u16 BufferLenght, u32 Offset);
/***    主函数    ***/
int main(void)
{
    /* 系统时钟初始化 */
    RCC_Configuration();
    /* PF.06 PF.07 PF.08:对应引脚 LED1 LED2   LED3 */
    /* PF 时钟使能 */
    RCC_APB2PeriphClockCmd(RCC_APB2Periph_GPIOF, ENABLE);
    /* LED 引脚初始化 */
    GPIO_InitStructure.GPIO_Pin = GPIO_Pin_6 | GPIO_Pin_7 | GPIO_Pin_8;
    GPIO_InitStructure.GPIO_Speed = GPIO_Speed_50 MHz;
    GPIO_InitStructure.GPIO_Mode = GPIO_Mode_Out_PP;              //推挽输出模式
    GPIO_Init(GPIOF, &GPIO_InitStructure);
    GPIO_SetBits(GPIOF, GPIO_Pin_6 | GPIO_Pin_7 | GPIO_Pin_8);      //3 个灯均灭
    /* FSMC 时钟使能 */
    RCC_AHBPeriphClockCmd(RCC_AHBPeriph_FSMC, ENABLE);
    /* 初始化 FSMC Bank1 NOR/SRAM2 */
```

```
    FSMC_NOR_Init();
    /* 读 NOR FALSH ID */
    FSMC_NOR_ReadID(&NOR_ID);
    FSMC_NOR_ReturnToReadMode();
    /* NOR 块擦除 */
    FSMC_NOR_EraseBlock(WRITE_READ_ADDR);
    /* 通过 FSMC 写 NOR FALSH */
    /* 写入数据到暂存 TXBUFFER 然后写入 NOR FLASH */
    Fill_Buffer(TxBuffer, BUFFER_SIZE, 0x3210);
    FSMC_NOR_WriteBuffer(TxBuffer, WRITE_READ_ADDR, BUFFER_SIZE);
    /* 通过 FSMC 读 NOR FALSH 数据 */
    FSMC_NOR_ReadBuffer(RxBuffer, WRITE_READ_ADDR, BUFFER_SIZE);
    /* 检测读出和写入的数据是否相同 */
    for (Index = 0x00; (Index < BUFFER_SIZE) && (WriteReadStatus == 0); Index++)
    {
      if (RxBuffer[Index] != TxBuffer[Index])
      {
        GPIO_ResetBits(GPIOF, GPIO_Pin_8);
                                            //如果读出来的和写进去的不相同则 LD3 亮
        WriteReadStatus = Index + 1;
      }
    }
    if (WriteReadStatus == 0)
    {
      GPIO_ResetBits(GPIOF, GPIO_Pin_6);
                                  //LD1 亮的话说明写进去的和读出来的全部完全一样
    }
    else
    {
      GPIO_ResetBits(GPIOF, GPIO_Pin_7);
                                  //如果读出来的和写进去的不相同则 LD2 亮
    }
    while (1)
    {}
}
/****************************************************
* 函数名称:void Fill_Buffer(u16 * pBuffer, u16 BufferLenght, u32 Offset)
* 入口参数:u16 * pBuffer      : 要写入数据的地址
*          u16 BufferLenght: 要写入的长度
*          u32 Offset        : 从 Offset 开始累加
* 出口参数:无
* 功能说明:向指定地址,写指定长度 指定累加的值
```

```
**********************************************/
void Fill_Buffer(u16 * pBuffer, u16 BufferLenght, u32 Offset)
{
  u16 IndexTmp = 0;
  for (IndexTmp = 0; IndexTmp < BufferLenght; IndexTmp + + )
  {
    pBuffer[IndexTmp] = IndexTmp + Offset;
  }
}
```

② 用户自定义的 fsmc_nor. h 文件。

```
ifndef __FSMC_NOR_H
#define __FSMC_NOR_H
/ * Includes -------------------------------------------*/
# include "stm32f10x. h"
typedef struct
{
  u16 Manufacturer_Code;
  u16 Device_Code1;
  u16 Device_Code2;
  u16 Device_Code3;
}NOR_IDTypeDef;
/ * NOR  状态 * /
typedef enum
{
  NOR_SUCCESS = 0,
  NOR_ONGOING,
  NOR_ERROR,
  NOR_TIMEOUT
}NOR_Status;
/ * 子函数的声明 * /
void FSMC_NOR_Init(void);
void FSMC_NOR_ReadID(NOR_IDTypeDef * NOR_ID);
NOR_Status FSMC_NOR_EraseBlock(u32 BlockAddr);
NOR_Status FSMC_NOR_EraseChip(void);
NOR_Status FSMC_NOR_WriteHalfWord(u32 WriteAddr, u16 Data);
NOR_Status FSMC_NOR_WriteBuffer(u16 * pBuffer, u32 WriteAddr, u32 NumHalfwordToW-
rite);
  NOR_Status FSMC_NOR_ProgramBuffer(u16 * pBuffer, u32 WriteAddr, u32 NumHalfwordToW-
rite);
```

u16 FSMC_NOR_ReadHalfWord(u32 ReadAddr);

void FSMC_NOR_ReadBuffer(u16 * pBuffer, u32 ReadAddr, u32 NumHalfwordToRead);

NOR_Status FSMC_NOR_ReturnToReadMode(void);

NOR_Status FSMC_NOR_Reset(void);

NOR_Status FSMC_NOR_GetStatus(u32 Timeout);

#endif

③ 用户编写的 fsmc_nor.c 文件。

```
/* 头文件 --------------------------------------------------*/
#include "fsmc_nor.h"
#define Bank1_NOR2_ADDR         ((u32)0x64000000)
/* Delay definition */
#define BlockErase_Timeout      ((u32)0x00A00000)
#define ChipErase_Timeout       ((u32)0x30000000)
#define Program_Timeout         ((u32)0x00001400)
#define ADDR_SHIFT(A) (Bank1_NOR2_ADDR + (2 * (A)))
#define NOR_WRITE(Address, Data)  (*(vu16 *)(Address) = (Data))
/*************************************************
* 函数名称：FSMC_NOR_Init
* 说明：配置要由 NOR 内存接口的 FSMC 和 gpio 决定
* 此函数必须在调用之前写入和读取操作
*************************************************/
void FSMC_NOR_Init(void)
{
  FSMC_NORSRAMInitTypeDef    FSMC_NORSRAMInitStructure;
  FSMC_NORSRAMTimingInitTypeDef   p;
  GPIO_InitTypeDef GPIO_InitStructure;
  RCC_APB2PeriphClockCmd(RCC_APB2Periph_GPIOD|RCC_APB2Periph_GPIOE|
  RCC_APB2Periph_GPIOF | RCC_APB2Periph_GPIOG, ENABLE);
  /* -- GPIO Configuration -----------------------*/
  /* NOR 数据线配置 */
  GPIO_InitStructure.GPIO_Pin = GPIO_Pin_0 | GPIO_Pin_1 | GPIO_Pin_8 |
  GPIO_Pin_9 |GPIO_Pin_10 | GPIO_Pin_14 | GPIO_Pin_15;
  GPIO_InitStructure.GPIO_Mode = GPIO_Mode_AF_PP;
  GPIO_InitStructure.GPIO_Speed = GPIO_Speed_50 MHz;
  GPIO_Init(GPIOD, &GPIO_InitStructure);
  GPIO_InitStructure.GPIO_Pin = GPIO_Pin_7 | GPIO_Pin_8 | GPIO_Pin_9 |
  GPIO_Pin_10 | GPIO_Pin_11 | GPIO_Pin_12 |
  GPIO_Pin_13 | GPIO_Pin_14 | GPIO_Pin_15;
```

```
GPIO_Init(GPIOE, &GPIO_InitStructure);
/* NOR A 地址线配置 */
GPIO_InitStructure.GPIO_Pin = GPIO_Pin_0 | GPIO_Pin_1 | GPIO_Pin_2 |
GPIO_Pin_3 |GPIO_Pin_4 | GPIO_Pin_5 | GPIO_Pin_12 | GPIO_Pin_13 |GPIO_Pin_14
| GPIO_Pin_15;
GPIO_Init(GPIOF, &GPIO_InitStructure);
GPIO_InitStructure.GPIO_Pin = GPIO_Pin_0 | GPIO_Pin_1 | GPIO_Pin_2 |
                             GPIO_Pin_3 | GPIO_Pin_4 | GPIO_Pin_5;
GPIO_Init(GPIOG, &GPIO_InitStructure);
GPIO_InitStructure.GPIO_Pin = GPIO_Pin_11 | GPIO_Pin_12 | GPIO_Pin_13;
GPIO_Init(GPIOD, &GPIO_InitStructure);
GPIO_InitStructure.GPIO_Pin = GPIO_Pin_3 | GPIO_Pin_4 | GPIO_Pin_5 | GPIO_Pin_6;
GPIO_Init(GPIOE, &GPIO_InitStructure);
/* NOE 和 NWE 配置 */
GPIO_InitStructure.GPIO_Pin = GPIO_Pin_4 | GPIO_Pin_5;
GPIO_Init(GPIOD, &GPIO_InitStructure);
/* NE2 配置 */
GPIO_InitStructure.GPIO_Pin = GPIO_Pin_9;
GPIO_Init(GPIOG, &GPIO_InitStructure);
/* - - FSMC 配置 -----------------------*/
p.FSMC_AddressSetupTime = 0x05;
p.FSMC_AddressHoldTime = 0x00;
p.FSMC_DataSetupTime = 0x07;
p.FSMC_BusTurnAroundDuration = 0x00;
p.FSMC_CLKDivision = 0x00;
p.FSMC_DataLatency = 0x00;
p.FSMC_AccessMode = FSMC_AccessMode_B;
FSMC_NORSRAMInitStructure.FSMC_Bank = FSMC_Bank1_NORSRAM2;
FSMC_NORSRAMInitStructure.FSMC_DataAddressMux =
FSMC_DataAddressMux_Disable;
FSMC_NORSRAMInitStructure.FSMC_MemoryType = FSMC_MemoryType_NOR;
FSMC_NORSRAMInitStructure.FSMC_MemoryDataWidth =
FSMC_MemoryDataWidth_16b;
FSMC_NORSRAMInitStructure.FSMC_BurstAccessMode =
FSMC_BurstAccessMode_Disable;
FSMC_NORSRAMInitStructure.FSMC_WaitSignalPolarity =
FSMC_WaitSignalPolarity_Low;
FSMC_NORSRAMInitStructure.FSMC_WrapMode = FSMC_WrapMode_Disable;
FSMC_NORSRAMInitStructure.FSMC_WaitSignalActive =
```

```
FSMC_WaitSignalActive_BeforeWaitState;
FSMC_NORSRAMInitStructure.FSMC_WriteOperation =
FSMC_WriteOperation_Enable;
FSMC_NORSRAMInitStructure.FSMC_WaitSignal = FSMC_WaitSignal_Disable;
FSMC_NORSRAMInitStructure.FSMC_ExtendedMode = FSMC_ExtendedMode_Disable;
//FSMC_NORSRAMInitStructure.FSMC_AsyncWait = FSMC_AsyncWait_Disable;
FSMC_NORSRAMInitStructure.FSMC_AsynchronousWait = FSMC_AsynchronousWait_Disable;
FSMC_NORSRAMInitStructure.FSMC_WriteBurst = FSMC_WriteBurst_Disable;
FSMC_NORSRAMInitStructure.FSMC_ReadWriteTimingStruct = &p;
FSMC_NORSRAMInitStructure.FSMC_WriteTimingStruct = &p;
FSMC_NORSRAMInit(&FSMC_NORSRAMInitStructure);
/* Enable FSMC Bank1_NOR Bank */
FSMC_NORSRAMCmd(FSMC_Bank1_NORSRAM2, ENABLE);
}
/*********************************************
*  函数名称：FSMC_NOR_ReadID
*  说明：读取 NOR 内存制造商和设备代码。
*  输入：- NOR_ID：指向一个 NOR_IDTypeDef 结构的指针
*  制造商和设备代码。
*  输出：无
*  返回：无
*********************************************/
void FSMC_NOR_ReadID(NOR_IDTypeDef * NOR_ID)
{
  NOR_WRITE(ADDR_SHIFT(0x05555), 0x00AA);
  NOR_WRITE(ADDR_SHIFT(0x02AAA), 0x0055);
  NOR_WRITE(ADDR_SHIFT(0x05555), 0x0090);
  NOR_ID->Manufacturer_Code = *(vu16 *) ADDR_SHIFT(0x0000);
  NOR_ID->Device_Code1 = *(vu16 *) ADDR_SHIFT(0x0001);
  NOR_ID->Device_Code2 = *(vu16 *) ADDR_SHIFT(0x000E);
  NOR_ID->Device_Code3 = *(vu16 *) ADDR_SHIFT(0x000F);
}
/*********************************************
*  函数名称：FSMC_NOR_EraseBlock
*  描述：清除指定的内存块
*  输入：BlockAddr：要擦除的块的地址。
*  输出：无
*  返回：NOR_Status：返回的值可以是：NOR_SUCCESS、NOR_ERROR
*  或 NOR_TIMEOUT
```

```
****************************************/
NOR_Status FSMC_NOR_EraseBlock(u32 BlockAddr)
{
  NOR_WRITE(ADDR_SHIFT(0x05555), 0x00AA);
  NOR_WRITE(ADDR_SHIFT(0x02AAA), 0x0055);
  NOR_WRITE(ADDR_SHIFT(0x05555), 0x0080);
  NOR_WRITE(ADDR_SHIFT(0x05555), 0x00AA);
  NOR_WRITE(ADDR_SHIFT(0x02AAA), 0x0055);
  NOR_WRITE((Bank1_NOR2_ADDR + BlockAddr), 0x30);
  return (FSMC_NOR_GetStatus(BlockErase_Timeout));
}
/ ************************************************
 *  函数名称：FSMC_NOR_EraseChip
 *  说明：擦除整个芯片。
 *  输入：无
 *  输出：无
 *  返回：NOR_Status：返回的值可以是：NOR_SUCCESS、NOR_ERROR
 ****************************************************/
NOR_Status FSMC_NOR_EraseChip(void)
{
  NOR_WRITE(ADDR_SHIFT(0x05555), 0x00AA);
  NOR_WRITE(ADDR_SHIFT(0x02AAA), 0x0055);
  NOR_WRITE(ADDR_SHIFT(0x05555), 0x0080);
  NOR_WRITE(ADDR_SHIFT(0x05555), 0x00AA);
  NOR_WRITE(ADDR_SHIFT(0x02AAA), 0x0055);
  NOR_WRITE(ADDR_SHIFT(0x05555), 0x0010);
  return (FSMC_NOR_GetStatus(ChipErase_Timeout));
}
/ ************************************************
 *  函数名称：FSMC_NOR_WriteHalfWord
 *  说明：一个半字节写入内存。
 *  输入：- WriteAddr：要写入的内存内部地址。
 *  - 数据：要写入数据。
 *  输出：无
 *  返回：NOR_Status：返回的值可以是：NOR_SUCCESS、NOR_ERROR
 *  或 NOR_TIMEOUT
 ****************************************************/
NOR_Status FSMC_NOR_WriteHalfWord(u32 WriteAddr, u16 Data)
{
```

```
    NOR_WRITE(ADDR_SHIFT(0x05555), 0x00AA);

    NOR_WRITE(ADDR_SHIFT(0x02AAA), 0x0055);

    NOR_WRITE(ADDR_SHIFT(0x05555), 0x00A0);

    NOR_WRITE((Bank1_NOR2_ADDR + WriteAddr), Data);

    return (FSMC_NOR_GetStatus(Program_Timeout));

}

/ * * * * * * * * * * * * * * * * * * * * * * * * * * * * * * * * * * * * *
 *  函数名称：FSMC_NOR_WriteBuffer
 *  说明：将半字缓冲区写入 FSMC NOR 记忆。
 *  输入：- pBuffer：指向缓冲区的指针。
 *  - WriteAddr：不从该内存内部地址数据
 *  将被写入。
 *  - NumHalfwordToWrite：数字半字写。
 *  输出：无
 *  返回：NOR_Status：返回的值可以是：NOR_SUCCESS、NOR_ERROR
 *  或 NOR_TIMEOUT
 * * * * * * * * * * * * * * * * * * * * * * * * * * * * * * * * * * * * */
NOR_Status FSMC_NOR_WriteBuffer(u16 * pBuffer, u32 WriteAddr, u32 NumHalfwordToWrite)
{
    NOR_Status status = NOR_ONGOING;
    do
    {
        / *  Transfer data to the memory * /
        status = FSMC_NOR_WriteHalfWord(WriteAddr, * pBuffer + + );
        WriteAddr = WriteAddr + 2;
        NumHalfwordToWrite - - ;
    }
    while((status == NOR_SUCCESS) && (NumHalfwordToWrite != 0));
    return (status);
}

/ * * * * * * * * * * * * * * * * * * * * * * * * * * * * * * * * * * * * *
 *  函数名称：FSMC_NOR_ProgramBuffer
 *  说明：将半字缓冲区写入 FSMC NOR 记忆。
 *  此函数必须只与 S29GL128P NOR 内存使用。
 *  输入：- pBuffer：指向缓冲区的指针。
 *  - WriteAddr：不从该内存内部地址数据
 *  将被写入。
 *  - NumHalfwordToWrite：数字半字节。
 *  的最大允许值为的 32 全字节（64 字节）。
```

```
*  输出：无
*  返回：NOR_Status：返回的值可以是：NOR_SUCCESS
*************************************************************/
NOR_Status FSMC_NOR_ProgramBuffer(u16 * pBuffer, u32 WriteAddr, u32 NumHalfwordToW-
rite)
{
    u32 lastloadedaddress = 0x00;
    u32 currentaddress = 0x00;
    u32 endaddress = 0x00;
    /* 初始化变量 */
    currentaddress = WriteAddr;
    endaddress = WriteAddr + NumHalfwordToWrite - 1;
    lastloadedaddress = WriteAddr;
    /* 解锁命令序列 */
    NOR_WRITE(ADDR_SHIFT(0x005555), 0x00AA);
    NOR_WRITE(ADDR_SHIFT(0x02AAA), 0x0055);
    /* 写入缓冲区加载命令 */
    NOR_WRITE(ADDR_SHIFT(WriteAddr), 0x0025);
    NOR_WRITE(ADDR_SHIFT(WriteAddr), (NumHalfwordToWrite - 1));
    /* 将数据装入 NOR 缓冲 */
    while(currentaddress < = endaddress)
    {
        /* 存储最后加载的地址的数据值（轮询） */
        lastloadedaddress = currentaddress;
        NOR_WRITE(ADDR_SHIFT(currentaddress), * pBuffer + +);
        currentaddress + = 1;
    }
    NOR_WRITE(ADDR_SHIFT(lastloadedaddress), 0x29);
    return(FSMC_NOR_GetStatus(Program_Timeout));
}
/*************************************************************
*  函数名称：FSMC_NOR_ReadHalfWord
*  说明：从 NOR 内存中读取一个半字。
*  输入：- ReadAddr：也没有内存内部地址，并从读取。
*  输出：无
*  返回：半字读从 NOR 内存
*************************************************************/
u16 FSMC_NOR_ReadHalfWord(u32 ReadAddr)
{
```

```
    NOR_WRITE(ADDR_SHIFT(0x005555), 0x00AA);

    NOR_WRITE(ADDR_SHIFT(0x002AAA), 0x0055);

    NOR_WRITE((Bank1_NOR2_ADDR + ReadAddr), 0x00F0 );

    return ( * (vu16 * )((Bank1_NOR2_ADDR + ReadAddr)));

}
```

```
/ * * * * * * * * * * * * * * * * * * * * * * * * * * * * * * * * * * * * *
 *  函数名称：FSMC_NOR_ReadBuffer
 *  说明：从 FSMC NOR  内存中读取数据的块。
 *  输入：- pBuffer：指向接收读取的数据的缓冲区的指针
 *  从 NOR  记忆。
 *  - ReadAddr：也没有内存内部地址，并从读取。
 *  - NumHalfwordToRead：数目一半的 word  来读取。
 * * * * * * * * * * * * * * * * * * * * * * * * * * * * * * * * * * * * * */
void FSMC_NOR_ReadBuffer(u16 * pBuffer, u32 ReadAddr, u32 NumHalfwordToRead)
{
    NOR_WRITE(ADDR_SHIFT(0x05555), 0x00AA);

    NOR_WRITE(ADDR_SHIFT(0x02AAA), 0x0055);

    NOR_WRITE((Bank1_NOR2_ADDR + ReadAddr), 0x00F0);

    for(; NumHalfwordToRead != 0x00; NumHalfwordToRead - - )

                                    / * while there is data to read * /
    {
      / * Read a Halfword from the NOR * /
      * pBuffer + + = * (vu16 * )((Bank1_NOR2_ADDR + ReadAddr));

      ReadAddr = ReadAddr + 2;
    }  }
```

```
/ * * * * * * * * * * * * * * * * * * * * * * * * * * * * * * * * * * * * *
 * 函数名称：FSMC_NOR_ReturnToReadMode
 * 说明：返回的 NOR  内存读取模式。
 * 输入：无
 * 输出：无
 * 返回：NOR_SUCCESS
 * * * * * * * * * * * * * * * * * * * * * * * * * * * * * * * * * * * * * */
NOR_Status FSMC_NOR_ReturnToReadMode(void)
{
    NOR_WRITE(Bank1_NOR2_ADDR, 0x00F0);

    return (NOR_SUCCESS);
}
```

```
/ * * * * * * * * * * * * * * * * * * * * * * * * * * * * * * * * * * * * *
 * 函数名称：FSMC_NOR_Reset
```

```
*  说明：NOR  内存返回读取模式和重置中的错误
*  NOR  记忆状态注册。
*  输入：无
*  输出：无
*  返回：NOR_SUCCESS
***************************************************/
NOR_Status FSMC_NOR_Reset(void)
{
  NOR_WRITE(ADDR_SHIFT(0x005555), 0x00AA);
  NOR_WRITE(ADDR_SHIFT(0x002AAA), 0x0055);
  NOR_WRITE(Bank1_NOR2_ADDR, 0x00F0);
  return (NOR_SUCCESS);
}

/*************************************************

*  函数名称：FSMC_NOR_GetStatus
*  说明：返回值的操作状态。
*  输入：-超时：也不 progamming  超时
*  输出：无
*  返回：NOR_Status：返回的值可以是：NOR_SUCCESS、NOR_ERROR
*  或 NOR_TIMEOUT
***************************************************/
NOR_Status FSMC_NOR_GetStatus(u32 Timeout)
{
  u16 val1 = 0x00, val2 = 0x00;
  NOR_Status status = NOR_ONGOING;
  u32 timeout = Timeout;
  /* 测验对 NOR  记忆准备好/忙信号 ------------------------------*/
  while((GPIO_ReadInputDataBit(GPIOD, GPIO_Pin_6) != RESET) && (timeout > 0))
  {
    timeout--;
  }
  timeout = Timeout;
  while((GPIO_ReadInputDataBit(GPIOD, GPIO_Pin_6) == RESET) && (timeout > 0))
  {
    timeout--;
  }
  /* 获取 NOR  内存操作状态 --------------------*/
  while((Timeout != 0x00) && (status != NOR_SUCCESS))
  {
```

```
          Timeout－－;
            /* Read DQ6 and DQ5 */
          val1 = *(vu16 *)(Bank1_NOR2_ADDR);
          val2 = *(vu16 *)(Bank1_NOR2_ADDR);
          /* 如果 DQ6 未完成两次读取之间切换返回 NOR_Success */
          if((val1 & 0x0040) == (val2 & 0x0040))
          {
            return NOR_SUCCESS;
          }
          if((val1 & 0x0020) != 0x0020)
          {
            status = NOR_ONGOING;
          }
          val1 = *(vu16 *)(Bank1_NOR2_ADDR);
          val2 = *(vu16 *)(Bank1_NOR2_ADDR);
          if((val1 & 0x0040) == (val2 & 0x0040))
          {
            return NOR_SUCCESS;
          }
          else if((val1 & 0x0020) == 0x0020)
          {
            return NOR_ERROR;
          }
        }
        if(Timeout == 0x00)
        {
          status = NOR_TIMEOUT;
        }
        /* 返回操作状态 */
        return (status);
      }
```

3. 实验现象

编译完成后,将程序载入实验板,仅有 LED1 亮,说明读出和写入的数据相同。

第 23 章

NAND Flash 实验

上一章学习了 NOR Flash,而 NAND 是现在市场上另一种常见的的非易失闪存技术,本章将介绍 STM32 NAND Flash 实验。

23.1 概 述

1. NAND Flash 概述

1989 年,东芝公司发布了 NAND Flash 结构,强调降低每比特的成本,更高的性能,并且像磁盘一样可以通过接口轻松升级。NAND Flash 内存是 Flash 内存的一种,其内部采用非线性宏单元模式,为固态大容量内存的实现提供了廉价有效的解决方案。NAND Flash 存储器具有容量较大、改写速度快等优点,适用于大量数据的存储,因而在业界得到了越来越广泛的应用,如嵌入式产品中包括数码相机、MP3 随身听记忆卡、体积小巧的 U 盘等。

2. NAND Flash 与 NOR Flash

NAND Flash 与 NOR Flash 的区别:

① NOR 读取速度比 NAND 稍快。

② NAND 写入速度比 NOR 快很多。

③ NAND 擦除速度(4 ms)远快于 NOR(5 s)。

④ NOR 带有 SRAM 接口,有足够的地址引脚来寻址,可以很轻松的挂接到 CPU 地址和数据总线上,对 CPU 要求低。

⑤ NAND 用 8 个(或 16 个)引脚串行读取数据,数据总线地址总线复用,通常需要 CPU 支持驱动,且较为复杂。

⑥ NOR 主要占据 1～16 MB 容量市场,并且可以片内执行,适合代码存储。

⑦ NAND 占据 8～128 MB 及以上市场,通常用来作数据存储。

⑧ NAND 便宜一些。

⑨ NAND 寿命比 NOR 长。

⑩ NAND 会产生坏块,需要做坏块处理和 ECC。

23.2　NAND Flash 的存储结构

1. NAND Flash 的物理组成

NAND Flash 的数据是以 bit 的方式保存在 memory cell，一般来说，一个 cell 中只能存储一个 bit。这些 cell 以 8 个或者 16 个为单位，连成 bit line，形成所谓的 byte（×8）/word（×16），这就是 NAND Device 的位宽。这些 Line 会再组成 Page（NAND Flash 有多种结构，这里使用的 NAND Flash 是 K9F1208，下面内容针对三星的 K9F1G08U0B），每页 528 字节（512 字节（Main Area）＋16 字节（Spare Area）），每 32 个 page 形成一个 Block（32×528 字节）。具体一片 Flash 上有多少个 Block 视需要所定。三星 k9f1208U0M 具有 4 096 个 block，故总容量为 4 096×（32×528 字节）＝66 MB，但是其中的 2 MB 是用来保存 ECC 校验码等额外数据的，故实际中可使用的为 64 MB。

2. NAND Flash 的存储结构

NAND 存储结构为立体式，正如硬盘的盘片被分为磁道，每个磁道又分为若干扇区，一块 NADN Flash 也分为若干 block，每个 block 分为如干 page。一般而言，block、page 之间的关系随着芯片的不同而不同。需要注意的是，对于 Flash 的读/写都是以一个 page 开始的，但是在读/写之前必须进行 Flash 的擦写，而擦写则是以一个 block 为单位的。

NAND 结构能提供极高的单元密度，可以达到高存储密度，并且写入和擦除的速度也很快。应用 NAND 的困难在于 Flash 的管理需要特殊的系统接口。

23.3　典型硬件电路设计

1. 实验设计思路

本实验实现的功能是对 NAND Flash 进行读/写操作，并通过串口显示 NAND Flash 读/写信息。

2. 实验预期效果

编译完成后，载入实验板，打开计算机串口调试软件，显示 NAND Flash 读/写信息。

3. 典型硬件电路设计

典型硬件电路设计如图 23-1 所示。

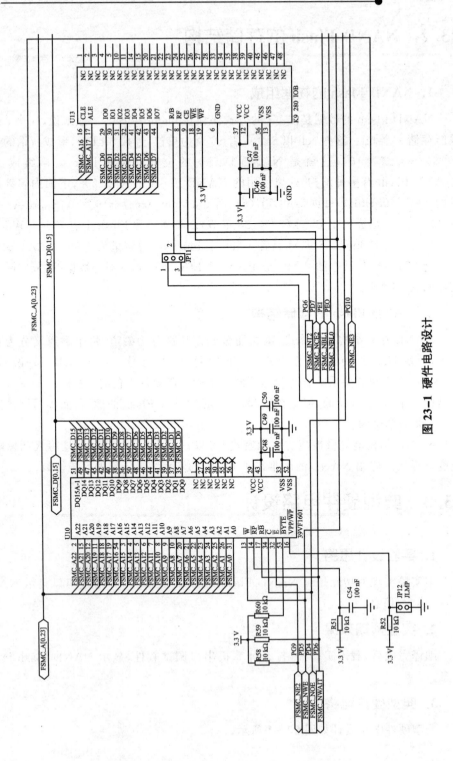

图 23-1 硬件电路设计

23.4 例程源码分析

1. 工程组详情

工程组详情如图 23-2 所示。

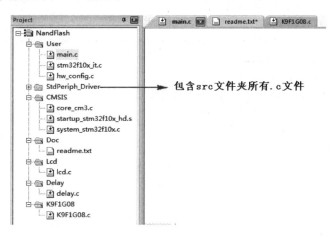

包含 src 文件夹所有. c 文件

图 23-2 工程组详情

2. 例程源码分析

① User 组的 main. c 文件。

```
/* 头文件 --------------------------------------------*/
# include <stdio. h>
# include "stm32f10x. h"
# include "lcd. h"
# include "K9F1G08. h"
# include "hw_config. h"
/* 宏定义 --------------------------------------------*/
# define BUFFER_SIZE        0x800
u8 TxBuffer[BUFFER_SIZE], RxBuffer[BUFFER_SIZE];
# ifdef __GNUC__
# define PUTCHAR_PROTOTYPE int __io_putchar(int ch)
# else
# define PUTCHAR_PROTOTYPE int fputc(int ch, FILE * f)
# endif /* __GNUC__ */
/* *
    * 名称:void Delay(void)
    * 参数:无
    * 返回:无
```

```
    * 功能:简单延时
* * /
void Delay(void)
{
    int x,y;
    for(x = 2000;x>0;x - - )
        for(y = 1000;y>0;y - - );
}
/ ******************************************************
*  函数名称：Fill_Buffer
*  说明：填充缓冲区
*  输入：- pBuffer：上要填充的缓冲区的指针
* - BufferSize：要填充的缓冲区的大小
* 偏移量：填补对缓冲区的第一个值
*  输出参数：无
******************************************************/
void Fill_Buffer(u8 * pBuffer, u16 BufferLenght, u32 Offset)
{
  u16 IndexTmp = 0;
  /* 放全局缓冲区相同的值 */
  for (IndexTmp = 0; IndexTmp < BufferLenght; IndexTmp + + )
  {
    pBuffer[IndexTmp] = IndexTmp + Offset;
  }
}
/ * *
    * 名称:void NAND_Test(void)
    * 参数:无
    * 返回:无
    * 功能:NAND 读/写操作
    * 备注:
* * /
void NAND_Test(void)
{
    NAND_ADDRESS WriteReadAddr;
    vu32 PageNumber = 1, WriteReadStatus = 0, status = 0;
    u32 j;
    /* 要写入的 NAND 内存地址 */
    WriteReadAddr.Zone = 0x00;
    WriteReadAddr.Block = 0x00;
    WriteReadAddr.Page = 0x00;
    /* 擦除 NAND 的第一个块 */
```

```
FSMC_NAND_EraseBlock(WriteReadAddr);
/* 向 FSMC NAND 内存写入数据 */
/* 填写要发送的缓冲区 */
Fill_Buffer(TxBuffer, BUFFER_SIZE , 0x00);
FSMC_NAND_WriteSmallPage(TxBuffer, WriteReadAddr, PageNumber); /* 写满一页 */
/* 读回被写入的数据 */
FSMC_NAND_ReadSmallPage (RxBuffer, WriteReadAddr, PageNumber);
/* 验证写入的数据 */
for(j = 0; j < BUFFER_SIZE; j++)
{
    printf("\r\n The RxBuffer[%d] is 0x%x \r\n", j, RxBuffer[j]);
}
}
/*****主函数******/
int main(void)
{
    NAND_IDTypeDef NAND_ID;
    SystemInit();                                    //系统初始化
    LED_Configuration();                             //LED 的配置
    USART_Configuration();                           //配置 USART
    printf("\r\n Hello World! \r\n");                //打印欢迎语句
    FSMC_NAND_Init();                                //FSMC_NAND 初始化函数
    FSMC_NAND_ReadID(&NAND_ID);
    if((NAND_ID.Maker_ID == 0XEC) && (NAND_ID.Device_ID == 0XF1))
    {
        printf("\r\n K9F1G08U Init OK! \r\n");
        NAND_Test();
    }
    else printf("\r\n NAND Init Failure! \r\n");
    while (1)
    {
        LED1_ON();
        Delay();
        LED1_OFF();
        Delay();
    }}
```

② 自定义的 K9F1G08.h 文件。

```
#ifndef __K9F1G08_H
#define __K9F1G08_H
#include "stm32f10x_conf.h"
typedef struct
```

```
{
    uint8_t Maker_ID;
    uint8_t Device_ID;
    uint8_t Third_ID;
    uint8_t Fourth_ID;
    uint8_t Fifth_ID;
}NAND_IDTypeDef;
typedef struct
{
    u16 Zone;
    u16 Block;
    u16 Page;
} NAND_ADDRESS;
#define CMD_AREA                    (u32)(1<<16)    /* A16 = CLE  high */
#define ADDR_AREA                   (u32)(1<<17)    /* A17 = ALE high */
#define DATA_AREA                   ((u32)0x00000000)
/* FSMC NAND 内存地址的计算 */
#define ADDR_1st_CYCLE(ADDR)   (u8)((ADDR)& 0xFF) /* 第 1  次处理周期 */
#define ADDR_2nd_CYCLE(ADDR)    (u8)(((ADDR)& 0xFF00) >> 8) /* 第 2 次处理周期 */
#define ADDR_3rd_CYCLE(ADDR)    (u8)(((ADDR)& 0xFF0000) >> 16)
                                                   /* 第 3 次处理周期 */
#define ADDR_4th_CYCLE(ADDR)    (u8)(((ADDR)& 0xFF000000) >> 24)
                                                   /* 第 4 次处理周期 */
/* FSMC NAND 内存命令 */
#define    NAND_CMD_READ_1           ((u8)0x00)
#define    NAND_CMD_READ_TRUE        ((u8)0x30)
#define    NAND_CMD_RDCOPYBACK       ((u8)0x00)
#define    NAND_CMD_RDCOPYBACK_TRUE  ((u8)0x35)
#define NAND_CMD_PAGEPROGRAM         ((u8)0x80)
#define NAND_CMD_PAGEPROGRAM_TRUE    ((u8)0x10)
#define NAND_CMD_COPYBACKPGM         ((u8)0x85)
#define NAND_CMD_COPYBACKPGM_TRUE    ((u8)0x10)
#define NAND_CMD_ERASE0              ((u8)0x60)
#define NAND_CMD_ERASE1              ((u8)0xD0)
#define NAND_CMD_READID              ((u8)0x90)
#define NAND_CMD_STATUS              ((u8)0x70)
#define NAND_CMD_RESET               ((u8)0xFF)
#define NAND_CMD_CACHEPGM            ((u8)0x80)
#define NAND_CMD_CACHEPGM_TRUE       ((u8)0x15)
#define NAND_CMD_RANDOMIN            ((u8)0x85)
#define NAND_CMD_RANDOMOUT           ((u8)0x05)
#define NAND_CMD_RANDOMOUT_TRUE      ((u8)0xE0)
```

```
#define NAND_CMD_CACHERD_START        ((u8)0x00)
#define NAND_CMD_CACHERD_START2       ((u8)0x31)
#define NAND_CMD_CACHERD_EXIT         ((u8)0x34)
/* NAND 内存状态 */
#define NAND_VALID_ADDRESS            ((u32)0x00000100)
#define NAND_INVALID_ADDRESS          ((u32)0x00000200)
#define NAND_TIMEOUT_ERROR            ((u32)0x00000400)
#define NAND_BUSY                     ((u32)0x00000000)
#define NAND_ERROR                    ((u32)0x00000001)
#define NAND_READY                    ((u32)0x00000040)
/* FSMC NAND 内存参数 */
#define NAND_PAGE_SIZE          ((u16)0x0800)
#define NAND_BLOCK_SIZE         ((u16)0x0040)            /* 每个块 64×2 KB 页 */
#define NAND_ZONE_SIZE          ((u16)0x0400)            /* 每个区域的 1 024 年块 */
#define NAND_SPARE_AREA_SIZE    ((u16)0x0040)  /* 作为备用区域最后一个 64 字节 */
#define NAND_MAX_ZONE           ((u16)0x0001)            /* 1 区的 1 024 年块 */
/* FSMC NAND 内存地址的计算 */
#define ADDR_1st_CYCLE(ADDR)    (u8)((ADDR)& 0xFF)              /* 第 1 次处理周期 */
#define ADDR_2nd_CYCLE(ADDR)    (u8)(((ADDR)& 0xFF00) >> 8)    /* 第 2 次处理周期 */
#define ADDR_3rd_CYCLE(ADDR)    (u8)(((ADDR)& 0xFF0000) >> 16)
                                                               /* 第 3 次处理周期 */
#define ADDR_4th_CYCLE(ADDR)    (u8)(((ADDR)& 0xFF000000) >> 24)
                                                               /* 第 4 次处理周期 */
void FSMC_NAND_Init(void);
void FSMC_NAND_ReadID(NAND_IDTypeDef * NAND_ID);
u32 FSMC_NAND_EraseBlock(NAND_ADDRESS Address);
u32 FSMC_NAND_WriteSmallPage(u8 * pBuffer, NAND_ADDRESS Address, u32 NumPageToWrite);
u32 FSMC_NAND_ReadSmallPage(u8 * pBuffer, NAND_ADDRESS Address, u32 NumPageToRead);
u32 FSMC_NAND_AddressIncrement(NAND_ADDRESS * Address);
u32 FSMC_NAND_GetStatus(void);
u32 FSMC_NAND_ReadStatus(void);
#endif
```

③ 用户编写的 K9F1G08.c 文件。

```
#include "K9F1G08.h"
#include "stm32f10x_conf.h"
#define FSMC_Bank_NAND      FSMC_Bank2_NAND
#define Bank_NAND_ADDR      Bank2_NAND_ADDR
#define Bank2_NAND_ADDR     ((u32)0x70000000)
#define ROW_ADDRESS (Address.Page + (Address.Block + (Address.Zone * NAND_ZONE_
        SIZE)) * NAND_BLOCK_SIZE)
```

```
/ ********************************************************
 *  函数名称：FSMC_NAND_Init
 *  说明：配置要与 NAND 内存接口的 FSMC 和 gpio 决定。
 *  此函数必须在调用之前任何写入和读取操作
 ********************************************************/
void FSMC_NAND_Init(void)
{
    GPIO_InitTypeDef GPIO_InitStructure;
    FSMC_NANDInitTypeDef FSMC_NANDInitStructure;
    FSMC_NAND_PCCARDTimingInitTypeDef
    FSMC_NAND_PCCARDTimingInitStructure;
    RCC_AHBPeriphClockCmd(RCC_AHBPeriph_FSMC, ENABLE);          / * 开发 FSMC 时钟 * /
    RCC_APB2PeriphClockCmd ( RCC _ APB2Periph _ GPIOD | RCC _ APB2Periph _ GPIOE | RCC _
APB2Periph_GPIOF | RCC_APB2Periph_GPIOG | RCC_APB2Periph_AFIO, ENABLE);
    / * - - GPIO 配置 --------------------*/
    / * - - IO2, IO3, RE, WE, CE, CLE, ALE, IO0, IO1 引脚 配置  * /
    GPIO_InitStructure.GPIO_Pin = GPIO_Pin_0 | GPIO_Pin_1 | GPIO_Pin_4 | GPIO_Pin_5 |
                                 GPIO_Pin_7 | GPIO_Pin_11 | GPIO_Pin_12 | GPIO_Pin_
                                 14 | GPIO_Pin_15;
    GPIO_InitStructure.GPIO_Speed = GPIO_Speed_50 MHz;
    GPIO_InitStructure.GPIO_Mode = GPIO_Mode_AF_PP;
    GPIO_Init(GPIOD, &GPIO_InitStructure);
    / * - - IO4, IO5, IO6, IO7 引脚 配置  * /
    GPIO_InitStructure.GPIO_Pin = GPIO_Pin_7 | GPIO_Pin_8 | GPIO_Pin_9 | GPIO_Pin_10;
    GPIO_Init(GPIOE, &GPIO_InitStructure);
    / * NWAIT 引脚 配置 * /
    GPIO_InitStructure.GPIO_Pin = GPIO_Pin_6;
    GPIO_InitStructure.GPIO_Mode = GPIO_Mode_IPU;
    GPIO_Init(GPIOD, &GPIO_InitStructure);
    / * INT2 引脚 配置 * /
    GPIO_InitStructure.GPIO_Pin = GPIO_Pin_6;
    GPIO_Init(GPIOG, &GPIO_InitStructure);
    / * - - FSMC 配置 --------------------*/
    FSMC_NAND_PCCARDTimingInitStructure.FSMC_SetupTime = 0x1;
    FSMC_NAND_PCCARDTimingInitStructure.FSMC_WaitSetupTime = 0x3;
    FSMC_NAND_PCCARDTimingInitStructure.FSMC_HoldSetupTime = 0x2;
    FSMC_NAND_PCCARDTimingInitStructure.FSMC_HiZSetupTime = 0x1;
    FSMC_NANDInitStructure.FSMC_Bank = FSMC_Bank2_NAND;
```

```
    FSMC_NANDInitStructure.FSMC_Waitfeature = FSMC_Waitfeature_Enable;

    FSMC_NANDInitStructure.FSMC_MemoryDataWidth = FSMC_MemoryDataWidth_8b;

    FSMC_NANDInitStructure.FSMC_ECC = FSMC_ECC_Enable;

    FSMC_NANDInitStructure.FSMC_ECCPageSize = FSMC_ECCPageSize_2048Bytes;

    FSMC_NANDInitStructure.FSMC_TCLRSetupTime = 0x00;

    FSMC_NANDInitStructure.FSMC_TARSetupTime = 0x00;

    FSMC_NANDInitStructure.FSMC_CommonSpaceTimingStruct =
  &FSMC_NAND_PCCARDTimingInitStructure;
FSMC_NANDInitStructure.FSMC_AttributeSpaceTimingStruct =
&FSMC_NAND_PCCARDTimingInitStructure;

    FSMC_NANDInit(&FSMC_NANDInitStructure);
    /* FSMC NAND  Cmd 测试 */
    FSMC_NANDCmd(FSMC_Bank2_NAND, ENABLE);
}
/*****************************************************
* 函数名称：FSMC_NAND_ReadID
* 说明：读取 NAND 内存 id。
* 输入：- NAND_ID：指向一个 NAND_IDTypeDef 结构的指针
* 制造商和设备 id。
*****************************************************/
void FSMC_NAND_ReadID(NAND_IDTypeDef * NAND_ID)
{
    u32 data = 0;
    /* 将命令发送到命令区 */
    *(vu8 *)(Bank_NAND_ADDR | CMD_AREA) = 0x90;
    *(vu8 *)(Bank_NAND_ADDR | ADDR_AREA) = 0x00;
    /* 要从 NAND 闪存读取 ID 序列 */
    data = *(vu32 *)(Bank_NAND_ADDR | DATA_AREA);
    NAND_ID->Maker_ID    = ADDR_1st_CYCLE(data);
    NAND_ID->Device_ID   = ADDR_2nd_CYCLE(data);
    NAND_ID->Third_ID    = ADDR_3rd_CYCLE(data);
    NAND_ID->Fourth_ID   = ADDR_4th_CYCLE(data);
}
/*****************************************************
* 函数名称：FSMC_NAND_EraseBlock
* 说明：此例程擦除从 NAND FLASH 完整块
* 输入：- 地址：任何地址变为要擦除的块
* 输出：无
```

```
*  返回:NAND  操作的新状态。此参数可以是:
*  - NAND_TIMEOUT_ERROR:当以前的操作生成超时错误
*  - NAND_READY:当内存是准备下一次操作
*****************************************************/
u32 FSMC_NAND_EraseBlock(NAND_ADDRESS Address)
{
   * (vu8 * )(Bank_NAND_ADDR | CMD_AREA) = NAND_CMD_ERASE0;
   * (vu8 * )(Bank_NAND_ADDR | ADDR_AREA) = ADDR_1st_CYCLE(ROW_ADDRESS);
   * (vu8 * )(Bank_NAND_ADDR | ADDR_AREA) = ADDR_2nd_CYCLE(ROW_ADDRESS);
   * (vu8 * )(Bank_NAND_ADDR | CMD_AREA) = NAND_CMD_ERASE1;
   while( GPIO_ReadInputDataBit(GPIOG, GPIO_Pin_6) == 0 );
   return (FSMC_NAND_GetStatus());
}

/*****************************************************
*  函数名称:FSMC_NAND_WriteSmallPage
*  说明:此例程是写入一个或几个 512  字节的页大小。
*  输入:- pBuffer:包含的数据要被写入的缓冲区的指针
*  - 地址:第一页地址
*  - NumPageToWrite:要写入页的数目
*  输出:无
*  返回:NAND  操作的新状态。此参数可以是:
*  - NAND_TIMEOUT_ERROR:当以前的操作生成超时错误
*  - NAND_READY:当内存是准备下一次增量地址操作的新状态。它可以是:
*  * - NAND_VALID_ADDRESS:当新的地址是有效地址
*  * - NAND_INVALID_ADDRESS:当新的地址是无效的地址
*****************************************************/
u32 FSMC_NAND_WriteSmallPage(u8 * pBuffer, NAND_ADDRESS Address, u32 NumPageToWrite)
{
   u32 index = 0x00, numpagewritten = 0x00, addressstatus = NAND_VALID_ADDRESS;
   u32 status = NAND_READY, size = 0x00;
   while((NumPageToWrite != 0x00) && (addressstatus == NAND_VALID_ADDRESS) && (sta-
tus == NAND_READY))
   {
      /*  页写命令和地址 */
      * (vu8 * )(Bank_NAND_ADDR | CMD_AREA) = NAND_CMD_PAGEPROGRAM;
      * (vu8 * )(Bank_NAND_ADDR | ADDR_AREA) = 0x00;
      * (vu8 * )(Bank_NAND_ADDR | ADDR_AREA) = 0X00;
      * (vu8 * )(Bank_NAND_ADDR | ADDR_AREA) = ADDR_1st_CYCLE(ROW_ADDRESS);
```

```
            * (vu8 * )(Bank_NAND_ADDR | ADDR_AREA) = ADDR_2nd_CYCLE(ROW_ADDRESS);
            /* 计算大小 */
            size = NAND_PAGE_SIZE + (NAND_PAGE_SIZE * numpagewritten);
            /* 写数据 */
            for(; index < size; index + +)
            {
                * (vu8 * )(Bank_NAND_ADDR | DATA_AREA) = pBuffer[index];
            }
        * (vu8 * )(Bank_NAND_ADDR | CMD_AREA) = NAND_CMD_PAGEPROGRAM_TRUE;
            while( GPIO_ReadInputDataBit(GPIOG, GPIO_Pin_6) == 0 );
            /* 成功操作的复选状态 */
            status = FSMC_NAND_GetStatus();
            if(status == NAND_READY)
            {
                numpagewritten + +;
                NumPageToWrite - -;
                /* 计算下一个小页面地址 */
                addressstatus = FSMC_NAND_AddressIncrement(&Address);
            }
        }
    return (status | addressstatus);
}
/*****************************************************
*  函数名称：FSMC_NAND_ReadSmallPage
*  说明：此例程是为从一个或几个顺序读 512 字节页面的大小。
*  输入：- pBuffer：上要填充的缓冲区的指针
*  - 地址：第一页地址
*  - NumPageToRead：的页读取数
*  输出：无
*  返回：NAND 操作的新状态。此参数可以是：
*  - NAND_TIMEOUT_ERROR：当以前的操作生成超时错误
*  - NAND_READY：当内存是准备下一次操作和增量地址操作的新状态。它可以是：
*       - NAND_VALID_ADDRESS：当新的地址是有效地址
*       - NAND_INVALID_ADDRESS：当新的地址是无效的地址
*****************************************************/
u32 FSMC_NAND_ReadSmallPage(u8 * pBuffer, NAND_ADDRESS Address, u32 NumPageToRead)
{
    u32 index = 0x00, numpageread = 0x00, addressstatus = NAND_VALID_ADDRESS;
```

```
u32 status = NAND_READY, size = 0x00;
while((NumPageToRead != 0x0) && (addressstatus == NAND_VALID_ADDRESS))
{
    /* 页面读取命令和页面地址 */
    *(vu8 *)(Bank_NAND_ADDR | CMD_AREA) = NAND_CMD_READ_1;
    *(vu8 *)(Bank_NAND_ADDR | ADDR_AREA) = 0x00;
    *(vu8 *)(Bank_NAND_ADDR | ADDR_AREA) = 0X00;
    *(vu8 *)(Bank_NAND_ADDR | ADDR_AREA) = ADDR_1st_CYCLE(ROW_ADDRESS);
    *(vu8 *)(Bank_NAND_ADDR | ADDR_AREA) = ADDR_2nd_CYCLE(ROW_ADDRESS);
    *(vu8 *)(Bank_NAND_ADDR | CMD_AREA) = NAND_CMD_READ_TRUE;
    while( GPIO_ReadInputDataBit(GPIOG, GPIO_Pin_6) == 0 );
    /* 计算大小 */
    size = NAND_PAGE_SIZE + (NAND_PAGE_SIZE * numpageread);
    /* 获取数据到缓冲区 */
    for(; index < size; index++)
    {
        pBuffer[index] = *(vu8 *)(Bank_NAND_ADDR | DATA_AREA);
    }
    numpageread++;
    NumPageToRead--;
    /* 计算页面地址 */
    addressstatus = FSMC_NAND_AddressIncrement(&Address);
}
status = FSMC_NAND_GetStatus();
return (status | addressstatus);
}

/******************************************************
* 函数名称: NAND_AddressIncrement
* 说明: 增量的 NAND 内存地址
* 输入: -地址: 地址将递增。
* 输出: 无
* 返回: 增量地址操作的新状态。它可以是:
* - NAND_VALID_ADDRESS: 当新的地址是有效地址
* - NAND_INVALID_ADDRESS: 当新的地址是无效的地址
******************************************************/
u32 FSMC_NAND_AddressIncrement(NAND_ADDRESS * Address)
{
    u32 status = NAND_VALID_ADDRESS;
```

```
Address - >Page + + ;
if(Address - >Page = = NAND_BLOCK_SIZE)
{
  Address - >Page = 0;
  Address - >Block + + ;
  if(Address - >Block = = NAND_ZONE_SIZE)
  {
    Address - >Block = 0;
    Address - >Zone + + ;
    if(Address - >Zone = = NAND_MAX_ZONE)
    {
      status = NAND_INVALID_ADDRESS;
    } } }
return (status);
}
```

```
/ * * * * * * * * * * * * * * * * * * * * * * * * * * * * * * * * * * * * * * * * * * * * * *
* 函数名称：FSMC_NAND_GetStatus
* 说明：获得 NAND 操作状态
* 输入：无
* 输出：无
* 返回：NAND 操作的新状态。此参数可以是：
* - NAND_TIMEOUT_ERROR：当以前的操作生成超时错误
* - NAND_READY：当内存是准备下一次操作
* * * * * * * * * * * * * * * * * * * * * * * * * * * * * * * * * * * * * * * * * * * * * * /
u32 FSMC_NAND_GetStatus(void)
{
  u32 timeout = 0x1000000，status = NAND_READY;
  status = FSMC_NAND_ReadStatus();
  / * 等待 NAND 操作完成或超时发生 * /
  while ((status != NAND_READY) &&( timeout != 0x00))
  {
    status = FSMC_NAND_ReadStatus();
    timeout - - ;
  }
  if(timeout = = 0x00)
  {
    status = NAND_TIMEOUT_ERROR;
  }
```

```
    /*  返回操作状态  */
  return (status);
}
/*********************************************************
*  函数名称：FSMC_NAND_ReadStatus
*  说明：读取 NAND  内存状态使用读取状态命令
*  返回：NAND  内存的状态。此参数可以是：
*  - NAND_BUSY：内存是忙时
*  - NAND_READY：当内存是准备下一次操作
*  - NAND_ERROR：当先前的操作 gererates  错误
*********************************************************/
u32 FSMC_NAND_ReadStatus(void)
{
  u32 data = 0x00, status = NAND_BUSY;
  /*  读取状态操作 --------------- */
  *(vu8 *)(Bank_NAND_ADDR | CMD_AREA) = NAND_CMD_STATUS;
  data = *(vu8 *)(Bank_NAND_ADDR);
  if((data & NAND_ERROR) == NAND_ERROR)
  {
    status = NAND_ERROR;
  }
  else if((data & NAND_READY) == NAND_READY)
  {
    status = NAND_READY;
  }
  else
  {
    status = NAND_BUSY;
  }
  return (status);
}
```

3. 实验现象

编译完成后,将程序载入实验板,打开计算机串口调试助手,设置好波特率等参数,按下复位键,串口调试助手显示 NAND Flash 读/写信息。

第 **24** 章

TFT 彩屏 FSMC 驱动

在学习 51 单片机时,就学习过 1602 和 12864 等液晶显示屏,但是这些显示屏只能显示单色,本章将向大家介绍一种可以显示多彩的液晶显示屏——TFT 彩屏,本章中的实验例程是用 FSMC 来驱动彩屏,屏幕显示指定的字样。

24.1 概 述

TFT-LCD 即薄膜晶体管液晶显示器,英文全称为 Thin Film Transistor-Liquid Crystal Display。TFT-LCD 与无源 TN-LCD、STN-LCD-的简单矩阵不同,它在液晶显示屏的每一个像素上有一个薄膜晶体管(TFT),可有效地克服非选通时的串扰,使显示液晶屏的静态特性与扫描线数无关,因此大大提高了图像质量。

24.2 TFT 彩屏工作原理

1. TFT 彩屏的工作原理

TFT 彩屏采用背光源发光(荧光灯管投射出光源),这些光源先经过偏光板,再经过液晶分子,液晶分子的排列方式改变穿透液晶的光线角度,然后这些光经过前方的彩色滤光板与另一块偏光滤色玻璃导出;可以通过改变液晶的电压值控制最后出现的光线强度与色彩,进而能在位于底层的薄膜式晶体管液晶面板上组合出不同深浅的颜色,如图 24-1 所示。

液晶屏的控制芯片内部结构非常复杂。最主要的是位于中间 GRAM(Graphics RAM),可以理解为显存。GRAM 中每个存储元都对应着液晶面板的一个像素点。它右侧的各种模块共同作用把 GRAM 存储元的数据转化成液晶面板的控制信号,使像素点呈现特定的颜色,而像素点合起来则成为一幅完整的图像。

2. 像素点的数据格式

图像数据的像素点由红(R)、绿(G)、蓝(B)三原色组成,三原色根据其深浅程度被分为 0~255 个级别,它们按不同比例的混合可以得出各种色彩。如 R255,G255,B255 混合后为白色。根据描述像素点数据的长度,主要分为 8、16、24 及 32 位。如以 8 位来描述的像素点可表示 $2^8=256$ 色,16 位描述的为 $2^{16}=65\,536$ 色,称为真彩

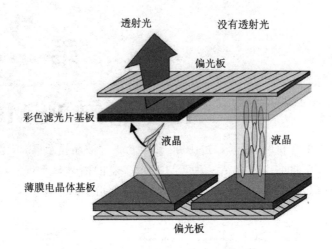

图 24 - 1　TFT 彩屏的工作原理

色,也称为 64K 色。实际上受人眼对颜色的识别能力的限制,16 位色与 12 位色已经难以分辨了。

　　TFT 模块有个控制器,旺宝-红龙开发板使用的是彩屏驱动芯片是 SSD1289。它是一块集成了 RAM、电源电路、门驱动的 TFT LCD 驱动控制芯片,可以驱动多达 262K 彩色非晶 TFT 面板,分辨率为 240 RGB×320,彩屏模块数据线与显存的对应关系为 565 方式,这里采用的是 16 位模式,如图 24 - 2 所示。

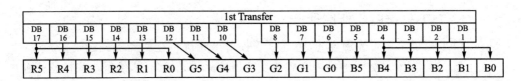

图 24 - 2　16 位模式

　　图 24 - 2 中的是默认 18 条数据线时,像素点三原色的分配状况,D1～D5 为蓝色,D6～D11 为绿色,D13～D17 为红色。这样分配有 D0 和 D12 位是无效的。若使用 16 根数据线传送像素点的数据,则 D0～D4 为蓝色,D5～D10 为绿色,D11～D15 为红色,使得刚好使用完整的 16 位。

　　RGB 比例为 5∶6∶5 是一个通用的颜色标准,在 GRAM 相应的地址中填入该颜色的编码,即可控制 LCD 输出该颜色的像素点。如黑色的编码为 0x0000,白色的编码为 0xffff,红色为 0xf800。

3. 常用命令介绍

　　常用命令介绍如表 24 - 1 所列。

表 24 - 1 常用命令介绍

编号	指令 HEX	D15	D14	D13	D12	D11	D10	D9	D8	D7	D6	D5	D4	D3	D2	D1	D0	命令
R0	0X00	1	*	*	*	*	*	*	*	*	*	*	*	*	*	*	OSC	打开振荡器/读取控制器型号
		1	0	0	1	0	0	1	1	0	0	1	0	0	0	0	0	
R3	0X03	TRI	DFM	0	BGR	0	0	HWM	0	ORG	0	I/D1	I/D0	AM	0	0	0	入口模式
R7	0X07	0	0	PTDE1	PTDE0	0	0	0	BASEE	0	0	GON	DTE	CL	0	D1	D0	显示控制
R32	0X20	0	0	0	0	0	0	0	0	AD7	AD6	AD5	AD4	AD3	AD2	AD1	AD0	行地址(X)设置
R33	0X21	0	0	0	0	0	0	0	AD16	AD15	AD14	AD13	AD12	AD11	AD10	AD9	AD8	列地址(Y)设置
R34	0X22	NC	NC	NC	NC	NC	NC	NC	NC	NC	NC	NC	NC	NC	NC	NC	NC	写数据到GRAM
R80	0X50	0	0	0	0	0	0	0	0	HSA7	HSA6	HSA5	HSA4	HSA3	HSA2	HSA1	HSA0	行起始地址(X)设置
R81	0X51	0	0	0	0	0	0	0	0	HEA7	HEA6	HEA5	HEA4	HEA3	HEA2	HEA1	HEA0	行结束地址(X)设置
R82	0X52	0	0	0	0	0	0	0	VSA8	VSA7	VSA6	VSA5	VSA4	VSA3	VSA2	VSA1	VSA0	列起始地址(Y)设置
R83	0X53	0	0	0	0	0	0	0	VEA8	VEA7	VEA6	VEA5	VEA4	VEA3	VEA2	VEA1	VEA0	列结束地址(Y)设置

SGRAM (Synchronous Graphics Random - Access Memory),同步图形随机存储器,是一种专为显卡设计的显存、一种图形读写能力较强的显存,由 SDRAM 改良而成。SGRAM 读/写数据时不是一一读取,而是以"块"(Block)为单位,从而减少了内存整体读写的次数,提高了图形控制器的效率。同 SDRAM 一样,SGRAM 也分普通 SGRAM 与 DDR SGRAM 两种。

R0,这个命令有两个功能,如果对它写,则最低位位 OSC,用于开启或关闭振荡器,而如果对它读,返回控制器型号。我们知道了控制器型号,可以针对不同型号的控制器,进行不同对的初始化。

R3,入口模式命令。重点关注 I/D0,I/D1,AM 这 3 个位,因为这 3 个位控制了屏幕的显示方向。AM:控制 GRAM 更新方向,当 AM=0 的时候,地址以行方向更新,当为 1 的时候,地址以列方向更新。I/D[1:0]:当更新了一个数据之后,根据这两个位的设置来控制地址计数器自动增加/减少1,其关系图 24 - 3 所示。

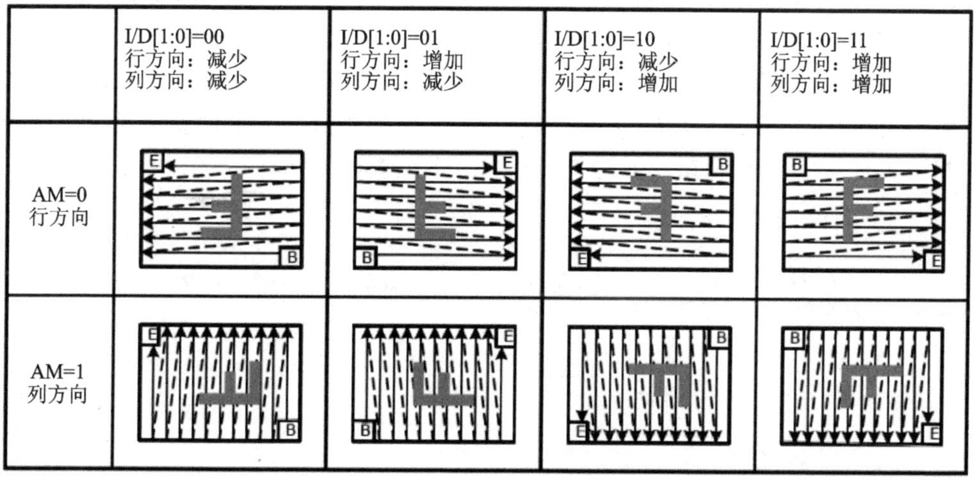

图 24 - 3 关系图

R7,显示控制命令。该命令 CL 位用来控制是 8 位彩色,还是 26 万色。为 0 是

26 万色,为 1 时 8 位色。D1,D0,BASEE 这 3 个位用来控制显示开关与否的。

当全部置 1 的时候开启显示,全 0 是关闭。一般通过该命令的设置来开启或关闭显示器,以降低功耗。

R22,(读/写)数据(到/从)GRAM。

R32、R33,设置 GRAM 的行地址和列地址。R32 用于设置列地址(X 坐标,0~239),R33 用于设置行地址(Y 坐标,0~319)。当我们要在某个指定点写入一个颜色的时候,先通过这两个命令设置到改点,然后写入颜色值就可以了。

R34,写数据到 GRAM 命令,当写入了这个命令之后,地址计数器才会自动的增加和减少。

R80~R83,行列 GRAM 地址位置设置。这几个命令用于设定你显示区域的大小,整个屏的大小 240×320,但是有时候只需要在其中一部分区域写入数据,如果用先写坐标,后写数据这样的方式来实现,则速度大打折扣。

此时可以通过这几个命令,在其中开辟一个区域,然后不停地丢数据,地址计数器就会根据 R3 的设置自动增加/减小,这样就不需要频繁地写地址了,大大提高了刷新的速度。

24.3 TFT 的 FSMC 接口

1. FSMC 驱动 TFT 彩屏

可以通过使用 GPIO 来模拟 8080 时序来驱动彩屏,这里使用一种更快的控制方法:使用 FSMC 来模拟 8080 时序来。STM32 的 FSMC 将外部设备分为 3 类:NOR/PSRAM 设备、NAND 设备、PC 卡设备。它们共用地址数据总线等信号,具有不同的 CS 以区分不同的设备,本章用到的 TFT 彩屏就是 FSMC_NE4 做片选,就是将 TFT 彩屏当成 SRAM 来控制,有关 FSMC 的介绍在前面章节已经讲述,这里不再重复,下面就介绍一下 FSMC 读/写 SRAM 的时序。

2. 时序介绍

(1) 读时序

读时序如图 24-4 所示。

(2) 写时序

写时序如图 24-5 所示。

3. FSMC 提供的 TFT 彩屏控制信号

FSMC_D[16:0]:16 bit 的数据总线。

FSMC NEx:分配给 NOR 的 256 MB,再分为 4 个区,每个区用来分配一个外设,这 4 个外设的片选分为是 NE1~NE4,对应的引脚为:PD7—NE1,PG9—NE2,PG10—

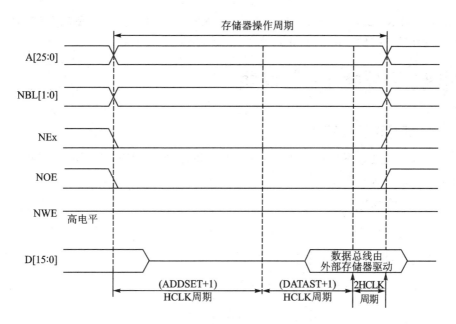

图 24 - 4 读时序如图

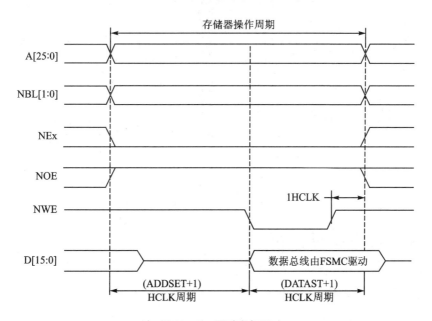

图 24 - 5 写时序如图

NE3 和 PG12—NE4。FSMC NOE:输出使能,连接 LCD 的 RD 脚。

FSMC NWE:写使能,连接 LCD 的 RW 脚。

FSMC Ax:用在 LCD 显示 RAM 和寄存器之间进行选择的地址线,即该线用于选择 LCD 的 RS 脚,该线可用地址线的任意一根线,范围为 FSMC_A[25:0]。

正如操作 12864 的命令/数据选择端口 RS 一样,对于 FSMC 驱动 TFT:RS = 0 时,表示读写寄存器;RS=1,表示读/写数据 RAM。

24.4 典型硬件电路设计

1. 实验设计思路

本程序先是对系统时钟以及各端口的初始化,然后是 TFT 彩屏的初始化操作,这里演示的是汉字的显示。

2. 实验预期效果

编译完成后,将程序载入实验板,TFT 彩屏显示指定的字样。

3. 典型硬件电路设计

典型硬件电路设计如图 24－6 所示。

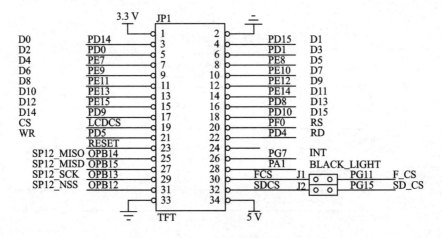

图 24－6 硬件电路设计

24.5 例程源码分析

1. 工程组详情

工程组详情如图 24－7 所示。

2. 例程源码分析

限于篇幅,这里只讲解 User 组 main. c 函数文件,完整代码读者可自行下载分析。

```
# include "stm32f10x. h"
```

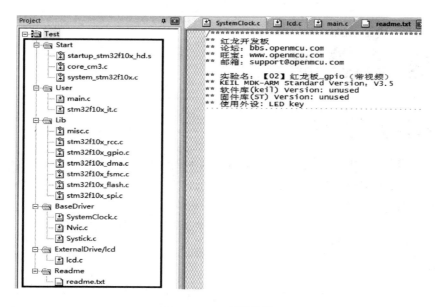

图 24-7　工程组详情

```
#include <stdio.h>
#include "SystemClock.h"
#include "Nvic.h"
#include "Systick.h"
#include "lcd.h"
#include "Config.h"
/***　主函数　***/
int main(void)
{
    RCC_Configuration();                          //系统时钟初始化
    STM3210E_LCD_Init();                          //LCD屏初始化
    LCD_Clear(Green);                             //清屏
    ShowLineChinese(0,11,80,72,Red,Black);        //红龙开发板字模测试程序
    ShowLineChinese(11,6,150,112,Red,Green);      //深圳旺宝电子
    while (1)
    {}
}
```

3. 实验现象

编译完成后,将程序载入实验板,LCD屏幕上显示出指定的字样。

第 25 章

SDIO 介绍

前面介绍了利用红龙 STM32 开发板实验读取 SD 卡根目录文件的实验,本章将对 STM32 SDIO 接口进行介绍,并通过移植官方 SDIO 的程序来演示 STM32 SDIO 的功能和使用方法。

25.1 概　述

SDIO(Input/Ouput)是一种 I/O 接口规范,目前,最主要的用途是为带有 SD 卡槽的设备进行外设功能扩展。SDIO 卡是一种 I/O 外设,而不是内存。SDIO 卡外形与 SD 卡一致,可直接插入 SD 卡槽中。目前市场上有多种 SDIO 接口的外设,它们的底部带有和 SD 卡外形一致的插头,可直接插入带 SDIO 卡槽(即 SD 卡槽)的智能手机、PDA 中,为这些智能手机、PDA 带来丰富的扩展功能。SDIO 已成为数码产品外设功能扩展的标准接口。

SDIO 卡插入带有 SD 卡槽的设备后,如果该设备不支持 SDIO,SDIO 卡不会对 SD 卡的命令做出响应,处于非激活状态,不影响设备的正常工作;如果该设备支持 SDIO 卡,则按照规范的要求激活 SDIO 卡。SDIO 卡允许设别按 IO 的方式直接对寄存器进行访问,无需执行 FAT 文件结构或收 sector 等复杂操作,此外,SDIO 卡还向设备发出中断。

25.2 SDIO 功能介绍

1. SDIO 主要功能

SDIO 主要功能有:

① 与多媒体卡系统规格书版本 4.2 全兼容。支持 3 种不同的数据总线模式:1 位(默认)、4 位和 8 位。

② 与较早的多媒体卡系统规格版本全兼容(向前兼容)。

③ 与 SD 存储卡规格版本 2.0 全兼容。

④ 与 SD I/O 卡规格版本 2.0 全兼容:支持良种不同的数据总线模式:1 位(默认)和 4 位。

⑤ 完全支持 CE‑ATA 功能(与 CE‑ATA 数字协议版本 1.1 全兼容)。

⑥ 8 位总线模式下数据传输速率可达 48 MHz。

⑦ 数据和命令输出使能信号,用于控制外部双向驱动器。

2. SDIO 功能描述

SDIO 包含两个部分:

① SDIO 适配器模块:实现所有 MMC/SD/SD I/O 卡的相关功能,如时钟的产生、命令和数据传送。

② AHB 总线接口:操作 SDIO 适配器模块中的寄存器,并产生中断和 DMA 请求信号。

SDIO 框图如图 25 - 1 所示。

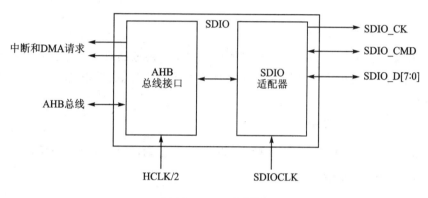

图 25 - 1 SDIO 框图

复位后默认情况下 SDIO_D0 用于数据传输。初始化后主机可以改变数据总线的宽度。如果一个多媒体卡接到了总线上,则 SDIO_D0、SDIO_D[3:0]或 SDIO_D[7:0]可以用于数据传输。MMC 版本 V3.31 和之前版本的协议只支持 1 位数据线,所以只能用 SDIO_D0。

如果一个 SD 或 SD I/O 卡接到了总线上,可以通过主机配置数据传输使用 SDIO_D0 或 SDIO_D[3:0]。所有的数据线都工作在推挽模式。

SDIO_CMD 有两种操作模式:

① 用于初始化时的开路模式(仅用于 MMC 版本 V3.31 或之前版本)。

② 用于命令传输的推挽模式(SD/SD I/O 卡和 MMC V4.2 在初始化时也使用推挽驱动)SDIO_CK 是卡的时钟:每个时钟周期在命令和数据线上传输一位命令或数据。对于多媒体卡 V3.31 协议,时钟频率可以在 0~20 MHz 间变化;对于多媒体卡 V4.0/4.2 协议,时钟频率可以在 0~48 MHz 间变化;对于 SD 或 SD I/O 卡,时钟频率可以在 0~25 MHz 间变化。

SDIO 使用两个时钟信号:

① SDIO 适配器时钟(SDIOCLK=HCLK)。

② AHB 总线时钟(HCLK/2)。

SDIO 引脚定义如表 25-1 所列。

表 25-1 SDIO 引脚定义

引　脚	方　向	说　明
SDIO_CK	输出	多媒体卡/SD/SDIO 卡时钟。这是从主机至卡的时钟线
SDIO_CMD	双向	多媒体卡/SD/SDIO 卡命令。这是双向的命令/响应信号线
SDIO[7:0]	双向	多媒体卡/SD/SDIO 卡数据。这些是双向的数据总线

25.3 典型硬件电路设计

1. 程序设计思路

本例程是从官方 SDIO 例程移植而来的,大致思路如下:先是系统时钟、SD、LED 模块的初始化操作,然后进行对 SD 卡的读写控制,并将状态用 3 个 LED 灯显示出来。

2. 实验预期效果

编译完成后,将程序载入实验板,如果读/写正确,3 个 LED 灯全部点亮。

3. 典型硬件电路设计

典型硬件电路设计如图 25-2 所示。

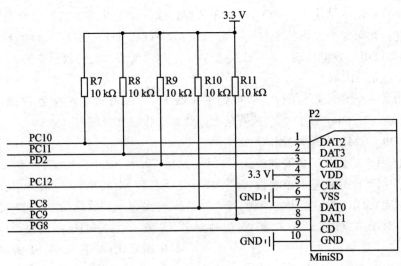

图 25-2 硬件电路设计

25.4 例程源码分析

1. 工程组详情

工程组详情如图 25-3 所示。

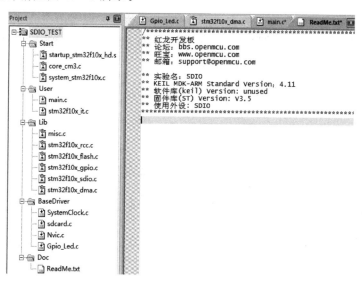

图 25-3 工程组详情

2. 例程源码分析

本例程是移植的官方 SDIO 的程序,这里只将 main.c 列出。

```c
# include "stm32f10x.h"
# include <stdio.h>
# include "SystemClock.h"
# include "Nvic.h"
# include "sdcard.h"
# include "Gpio_Led.h"
typedef enum {FAILED = 0, PASSED = ! FAILED} TestStatus;
# define BlockSize            512
# define BufferWordsSize      (BlockSize >> 2)
# define NumberOfBlocks       2
# define MultiBufferWordsSize ((BlockSize * NumberOfBlocks) >> 2)
SD_CardInfo SDCardInfo;
u32 Buffer_Block_Tx[BufferWordsSize], Buffer_Block_Rx[BufferWordsSize];
u32  Buffer_MultiBlock_Tx[MultiBufferWordsSize],
```

```
Buffer_MultiBlock_Rx[MultiBufferWordsSize];
volatile TestStatus EraseStatus = FAILED, TransferStatus1 = FAILED, TransferStatus2
= FAILED;
SD_Error Status = SD_OK;
ErrorStatus HSEStartUpStatus;
TestStatus eBuffercmp(u32 * pBuffer, u16 BufferLength);
void Fill_Buffer(u32 * pBuffer, u16 BufferLenght, u32 Offset);
TestStatus Buffercmp(u32 * pBuffer1, u32 * pBuffer2, u16 BufferLength);
int main(void)
{
  / * ------------系统时钟初始化函数 ------------ * /
  RCC_Configuration();
  / * ------------中断向量配置函数 ------------* /
  NVIC_Configuration();
  / * ------------用于标示 SDIO 读/写状态 ------------ * /
  GpioLed_Init();
  Close_Led(1);
  Close_Led(2);
  Close_Led(3);
  / * ------------SD 卡初始化函数 ------------ * /
  Status = SD_Init();
  if (Status == SD_OK)
  {
    / * ------------Read CSD/CID MSD registers------------* /
    Status = SD_GetCardInfo(&SDCardInfo);
  }
  if (Status == SD_OK)
  {
    / * ------------选择卡------------* /
    Status = SD_SelectDeselect((u32) (SDCardInfo.RCA << 16));
  }
  if (Status == SD_OK)
  {
    Status = SD_EnableWideBusOperation(SDIO_BusWide_4b);
  }
  / * ------------数据块擦除------------* /
  if (Status == SD_OK)
  {
```

```
        /* Erase NumberOfBlocks Blocks of WRITE_BL_LEN(512 Bytes) */
        Status = SD_Erase(0x00, (BlockSize * NumberOfBlocks));
    }
    if (Status == SD_OK)/* 选择传输模式为 DMA 模式 */
    {
        Status = SD_SetDeviceMode(SD_DMA_MODE);
    }
    if (Status == SD_OK)/* 读数据信息 */
    {
        Status = SD_ReadMultiBlocks(0x00, Buffer_MultiBlock_Rx, BlockSize, NumberOf-
Blocks);
    }
    if (Status == SD_OK)      /* 检查擦除函数是否完全擦除 */
    {
        EraseStatus = eBuffercmp(Buffer_MultiBlock_Rx, MultiBufferWordsSize);
    }
    if(EraseStatus != FAILED)          /* 判断是否擦除成功,如果成功,点亮 LED1 */
    {
        Set_Led(1);
    }
    /* 将数据放入发送缓冲区 */
    Fill_Buffer(Buffer_Block_Tx, BufferWordsSize, 0xFFFF);
    if (Status == SD_OK)
    {
        /* 向块地址 0x00 写 */
        Status = SD_WriteBlock(0x00, Buffer_Block_Tx, BlockSize);
    }
    if (Status == SD_OK)
    {
        /* 从块地址 0x00 读 */
        Status = SD_ReadBlock(0x00, Buffer_Block_Rx, BlockSize);
    }
    if (Status == SD_OK)
    {
        /* 检查读和写的内容是否相同 */
        TransferStatus1 = Buffercmp(Buffer_Block_Tx, Buffer_Block_Rx, BufferWordsSize);
    }
    if(TransferStatus1 != FAILED)/* 如果相同,点亮 LED2 */
```

```
{
    Set_Led(2);
}
/* --------------多数据块读写--------------*/
/* 将数据放入发送缓存区 */
Fill_Buffer(Buffer_MultiBlock_Tx, MultiBufferWordsSize, 0x0);
if (Status == SD_OK)
{
    /* 写数据 */
    Status = SD_WriteMultiBlocks(0x00, Buffer_MultiBlock_Tx, BlockSize, NumberOf-
Blocks);
}
if (Status == SD_OK)
{
    /* 读数据 */
    Status = SD_ReadMultiBlocks(0x00, Buffer_MultiBlock_Rx, BlockSize, NumberOf-
Blocks);
}
if (Status == SD_OK)
{
    /* 检查读和写的内容是否相同 */
    TransferStatus2 = Buffercmp(Buffer_MultiBlock_Tx, Buffer_MultiBlock_Rx, Mul-
tiBufferWordsSize);
}
if(TransferStatus2 != FAILED)/* 如果相同,点亮 LED3 */
{
    Set_Led(3);
}
while (1)
{}
}
/*********************************************************
* 函数名称: Fill_Buffer
* 说明:填充缓冲区与预定义的用户数据。
* 输入: - pBuffer:上要填充的缓冲区的指针
* - BufferLenght:要填充的缓冲区的大小
* - 偏移量:填补对缓冲区的第一个值
* 输出:无
```

* 返回:无

**/

```
void Fill_Buffer(u32 * pBuffer, u16 BufferLenght, u32 Offset)
{
  u16 index = 0;
  / * Put in global buffer same values * /
  for (index = 0; index < BufferLenght; index + + )
  {
    pBuffer[index] = index + Offset;
  }
}
```

/ ***

* 函数名称: Buffercmp

* 说明:比较两个缓冲区。

* 输入:- pBuffer1,pBuffer2:缓冲区进行比较。

* :- BufferLength:缓冲区的长度

* 输出:无

* 返回:传递 pBuffer1 与 pBuffer2 相同

* 失败: pBuffer1 与 pBuffer2 不同

**/

```
TestStatus Buffercmp(u32 * pBuffer1, u32 * pBuffer2, u16 BufferLength)
{
  while (BufferLength - - )
  {
    if ( * pBuffer1 != * pBuffer2)
    {
      return FAILED;
    }
    pBuffer1 + + ;
    pBuffer2 + + ;
  }
  return PASSED;
}
```

/ ***

* 函数名称: eBuffercmp

* 说明:如果一个缓冲区具有其所有值的检查是等于零。

* 输入:- pBuffer:缓冲区进行比较。

* :- BufferLength:缓冲区的长度

* 输出:无

* 返回:传递: pBuffer 值均为零

* 失败:至少一个值从 pBuffer 缓冲区是不同的

***/

```
static TestStatus eBuffercmp(u32 * pBuffer, u16 BufferLength)
{
  while (BufferLength - -)
  {
    if ( * pBuffer != 0xffffffff)
    {
      return FAILED;
    }
    pBuffer + + ;
  }
    return PASSED;
}
```

3. 实验现象

编译完成后载入实验板,3 个 LED 灯全部被点亮,说明 SD 卡的读/写正确。

第**26**章

SD 卡的读取

SD 卡为单片机和嵌入式系统提供一种低成本、高性能、使用灵活的数据存储数据交换平台,已经得到了广泛的应用。本章介绍如何在红龙 STM32 开发板上实现 SD 卡目录下文件名读取。

26.1 概 述

1. SD 卡简介

SD 卡(Secure Digital Memory Card)是一种为满足安全性、容量、性能和使用环境等各方面的需求而设计的一种新型存储器件,广泛地在便携式装置上使用,如数码相机、个人数码助理(PDA)和多媒体播放器等。SD 卡由日本松下、东芝及美国 SanDisk 公司于 1999 年 8 月共同开发研制,其大小犹如一张邮票的 SD 记忆卡,重量只有 2 克,但却拥有高记忆容量、快速数据传输率、极大的移动灵活性以及很好的安全性。

SD 卡的结构能保证数字文件传动的可靠性和安全性,也容易重新格式化,所以有着广泛的应用领域,音乐、电影和新闻等多媒体文件都可以方便的保存到 SD 卡中,并且很多数码相机也支持 SD 卡。

2. Mini SD 卡简介

Mini SD 卡相比普通的 SD 卡在外形上更小,比普通 SD 卡节省了 60% 的空间,Mini SD 卡是由松下和 SanDisk 共同开发,它只有普通 SD 卡 37% 的大小,却拥有着和其一样的大容量和读写性能,且与标准的 SD 卡完全兼容,旺宝-红龙开发板配备的就是 Mini SD 卡接口的卡槽,如图 26 - 1 所示。

图 26 - 1 Mini SD 卡接口的卡槽

26.2　SD 卡的结构

1. SD 卡的引脚定义

SD 卡允许在两种模式下工作,即 SD 模式和 SPI 模式。主机可以选择以上任意一种模式同 SD 卡通信,SD 卡模式允许 4 线的高速数据传输。SPI 模式允许简单的通过 SPI 接口来和 SD 卡通信,这种模式同 SD 卡模式相比就是丧失了速度。

2. SD 模式

SD 总线允许强大的 1～4 线数据信号设置。当上电后,SD 卡默认使用 DAT0,初始化之后,主机可以改变线宽(即可以使用 2 线,3 线或者 4 线模式)。混合的 SD 卡连接方式也适合主机,在混合连接中 VCC,VSS 和 CLK 的信号线可以通用,但是,命令、回复和数据这几根线,各个 SD 卡必须从主机分开。这个特性使得硬件和系统上可以交替使用。SD 总线上通信的命令和数据比特流从一个起始位开始,以停止位中止。

SD 模式下的引脚排说明如图 26－2所示。

SD 卡只能使用 3.3 V 的 I/O 电平,所以,MCU 一定要能够支持 3.3 V 的 I/O 端口输出。

3. SD 卡的信号主要包括

① 时钟信号,每个时钟周期传输一个命令货数据位,频率可在 0～25 MHz 之间变化,SD 卡的总线管理器可以不受任何限制的自由产生 0～25 MHz 的频率。

② CMD:双向命令和回复线,命令式一次主机到从卡操作的开始,命令可以是从主机到单卡的寻址,也可以是到所有卡;回复是对之前命令的回答,回复可以来自单卡或所有卡。

③ DAT0～3:数据线,数据可以是从卡传向主机也可以是主机传向从卡。

SD 卡以命令形式来控制 SD 卡的读写等操作。可以根据命令对多块或单块进行读写操作,在 SPI 模式下其命令由 6 字节构成,其中高位在前。

SPI 模式下引脚定义如表 26－1所列。

表 26－1　SPI 模式下引脚定义

针 脚	名 称	类 型	描 述
1	CS	I	片选(负有效)
2	DI	I	数据输入
3	V_{SS}	S	地
4	V_{CC}	S	供电电压
5	CLK	I	时钟
6	V_{SS2}	S	地
7	DO	O	数据输出
8	RSV	--	
9	RSV	--	

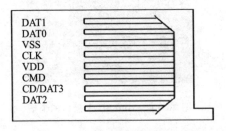

图 26－2　SD 模式下的引脚排说明

4. 引脚功能说明

CS:SD 卡片选端,低电平有效。

DS:数据输入端。

CLK:时钟信号。

DO:数据输出端。

26.3 典型硬件电路设计

1. 程序设计思路

本程序实现了读/写 SD 目录下的文件名,并将读取到的数据通过串口发送给上位机。文件在 SD 根目录(放置 TXT 文件)。

2. 典型硬件电路设计

典型硬件电路设计如图 26 - 3 所示。

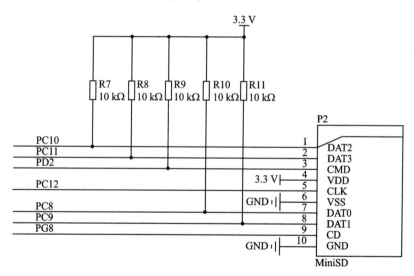

图 26 - 3　硬件电路设计

26.4 例程源码分析

1. 工程组详情

工程组详情如图 26 - 4 所示。

图 26-4　工程组详情

2. 例程源码分析

① main.c 文件。

```
# include "usart.h"
# include "stm32f10x.h"
# include <stdio.h>
//LED 定义
# define    LED1(x)    GPIOF->BSRR = (x)? (1<<6):(1<<22)
/****************************************************
* * Functoin name:    delay
* * Descriptions:    普通延时
* * input paraments:    i:可输入 0 - 2…^3 之间的数
* * output paraments:    无
* * Returned values:    无
****************************************************/
void delay(unsigned int i)
{
    unsigned j;
    for(j = j;j>0;j - -);
        for(j = 0;j<0x100000;j + +);
}
/****************************************************
* * 函数名:    LED_Init
* * 描述:    初始化 LED 的 IO
```

```
***************************************************/
void LED_Init(void)
{
    GPIO_InitTypeDef GPIO_InitStructure;                        //定义一个 GPIO 结构体变量
    RCC_APB2PeriphClockCmd(RCC_APB2Periph_GPIOF,ENABLE);        //开启时钟
    GPIO_InitStructure.GPIO_Pin = (GPIO_Pin_6|GPIO_Pin_7|GPIO_Pin_8);
                                                               //配置 LED 端口挂接到 PF6、PF7、PF8
    GPIO_InitStructure.GPIO_Mode = GPIO_Mode_Out_PP;           //通用输出推挽
    GPIO_InitStructure.GPIO_Speed = GPIO_Speed_2MHz;          //配置端口速度为 2M
    GPIO_Init(GPIOF, &GPIO_InitStructure);                    //将端口 GPIOD 进行初始化配置
}
/ * * * 函数名：          main
 * * 描述：          C 入口
***************************************************/
int main(void)
{
    / * 外部变量 * /
    extern unsigned char buff_filename[50][13];
    extern void ReadSDFile(void);
    extern void NVIC_Configuration(void);
    u8 menu[] = {
            "\t\t 本程序是测试 FATFS 文件系统\r\n"
            "\t\t 本程序会读出 SD 卡主目录下的文件然后将文件名打印到串口\r\n"
            "\t\n\tSD 卡和 stm32 通过 SDIO 接口方式传输\r\n"
    };
    unsigned char i;                                          //用于文件计数
    LED_Init();                                               //LED 初始化配置
    Init_Usart();                                             //串口的初始化配置
    printf(" % s",menu);
    printf("主目录文件名:\r\n");
    NVIC_Configuration();
    ReadSDFile();
    for(i = 0;buff_filename[i][0]!= 0;i + + ){
        printf(" % s\r\n",&buff_filename[i][0]);
    }
    while(1)                                                  //LED1 闪烁
    {
        LED1(1);
        delay(5000);
        LED1(0);
        delay(5000);
    }
}
```

② sd_sub.c 文件。

```
# include "usart. h"
# include "stm32f10x. h"
# include <stdio. h>
# include "sdcard. h"
# include "integer. h"
# include "ff. h"
# include "diskio. h"
/ * * * * * * * * * * * * * *SD 需要定义 * * * * * * * * * * * * * * /
SD_CardInfo SDCardInfo;
FATFS fs;                                        //逻辑驱动器的工作区(文件系统对象)
FRESULT res;                                     // FATFS 通用功能结果代码
UINT br, bw;                                      //文件读/写计数
FIL fsrc, fdst;                                   //文件对象
BYTE buffer[51];                                 //文件复制缓冲区
BYTE buff_filename[50][13];
            //最多只能读 9 个文件,保存 9 个文件名,文件名采用短文件名,最多 13 个字符
/ * * * * * * * * * * * * * * * * * * * * * * * * * * * * * * * * * * * * * * * *
* * Functoin name:        ReadSDFile
* * Descriptions:         将 buff_form 的字符复制到 buff_to
* * input paraments:      buff_to:目标地址
                          buff_from:来源地址
* * output paraments:     无
* * Returned values:      无
* * * * * * * * * * * * * * * * * * * * * * * * * * * * * * * * * * * * * * * /
u8 stringcopy(BYTE * buff_to,BYTE * buff_from)
{
   u8 i = 0;
   for(i = 0;i<13;i + +)
   buff_to[i] = buff_from[i];
   return 1;
}
/ * * * * * * * * * * * * * * * * * * * * * * * * * * * * * * * * * * * * * * * *
* * 函数名:           ReadSDFile
* * 描述:             读取 SD 卡的文件
* * * * * * * * * * * * * * * * * * * * * * * * * * * * * * * * * * * * * * * /
void ReadSDFile(void)
{
   FILINFO finfo;
   DIR dirs;
   int i_name = 0;
   char path[50] = {""};
   / * 挂载文件系统 * /
   f_mount(0, &fs);
   res =  f_opendir(&dirs, path);
   if (res == FR_OK)
   {
```

```
    while (f_readdir(&dirs, &finfo) == FR_OK)
    {
      if (finfo.fattrib & AM_ARC)
      {
        if(! finfo.fname[0]){
                    //文件名不为空,如果为空,则表明该目录下面的文件已经读完了
          break;
        }
        res = f_open(&fsrc, finfo.fname, FA_OPEN_EXISTING | FA_READ);
        stringcopy(buff_filename[i_name], (BYTE * )finfo.fname);
        i_name + + ;
        f_close(&fsrc);
      }
    }
  }
}
/ * * * * * * * * * * * * * * * * * * * * * * * * * * * * * * * * * * * * *
 *  函数名称:NVIC_Configuration
 *  说明:配置向量表的基本位置。
 * * * * * * * * * * * * * * * * * * * * * * * * * * * * * * * * * * * * */
void NVIC_Configuration(void)
{
// ------------zp2000 ------------------
  NVIC_InitTypeDef NVIC_InitStructure;
  / * Configure the NVIC Preemption Priority Bits * /
  NVIC_PriorityGroupConfig(NVIC_PriorityGroup_1);              //该函数调用了两次
  NVIC_InitStructure.NVIC_IRQChannel = SDIO_IRQn;              //选择使能中断通道
  NVIC_InitStructure.NVIC_IRQChannelPreemptionPriority = 0;         //先占优先级
  NVIC_InitStructure.NVIC_IRQChannelSubPriority = 0;             //响应优先级
  NVIC_InitStructure.NVIC_IRQChannelCmd = ENABLE;              //开启中断通道
  NVIC_Init(&NVIC_InitStructure);
# ifdef   VECT_TAB_RAM
  / * 设置向量表的基地位置为 0x20000000  * /
  NVIC_SetVectorTable(NVIC_VectTab_RAM, 0x0);
# else   / * VECT_TAB_FLASH   * /
  / * 设置向量表的基地位置为 0x08000000 * /
  NVIC_SetVectorTable(NVIC_VectTab_FLASH, 0x0);
# endif
}
```

3. 实验现象

首先,在 SD 的根目录下新建了 4 个 txt 格式的文件,将其插入旺宝—红龙开发板的卡槽,将程序编译完成后载入实验板,打开计算机的超级终端,设置波特率等参数后,按下复位键,发现 PC 机打印 STM32 读取到的 SD 卡上的文件名。

第 **27** 章

SPI 通信及 FAT32 文件读/写

本章主要介绍 STM32 SPI 通信原理,所用的实验是利用 SPI 接口来实现对 SD 卡 FAT32 文件系统的读写操作。

27.1 概　述

1. SPI 简介

SPI 是 Serial Peripheral interface 的缩写,翻译过来就是"串行设备通信接口"。它是一种高速的、全双工、同步的通信总线,并且在芯片的引脚上只占用 4 根线,节约了芯片的引脚,同时为 PCB 的布局节省空间,提供方便。正是出于这种简单易用的特性,如今越来越多的芯片集成了这种通信协议。

SPI 的通信原理很简单,以主从方式工作,这种模式通常有一个主设备和一个或多个从设备,需要至少 4 根线,事实上 3 根也可以(单向传输时)。也是所有基于 SPI 的设备共有的,它们是 SCLK、MOSI、MIAO 和 CS 线。

① MISO:Master Inpu SlaverOuput 主设备数据输入,从设备数据输出。

② MOSI:Master Ouput Slaver Input 主设备数据输出,从设备数据输入。

③ SCLK:Serial Clock 时钟信号,由主设备产生。

④ CS:Chip Select 从设备片选信号,由主设备控制。

2. SPI 主要特性

① 3 线全双工同步传输。

② 带或不带第三根双向数据线的双线单工同步传输。

③ 8 或 16 位传输帧格式选择。

④ 主或从操作。

⑤ 支持多主模式。

⑥ 8 个主模式波特率预分频系数(最大为 $f_{PCLK}/2$)。

⑦ 从模式频率(最大为 $f_{PCLK}/2$)。

⑧ 主模式和从模式的快速通信。

⑨ 主模式和从模式下均可以由软件或硬件进行 NSS 管理:主/从操作模式的动态改变。

⑩ 可编程的时钟极性和相位。

⑪ 可编程的数据顺序,MSB 在前或 LSB 在前。

⑫ 可触发中断的专用发送和接收标志。

⑬ SPI 总线忙状态标志。

27.2 SPI 工作原理

1. SPI 工作原理

图 27－1 所示是 SPI 的内部结构。

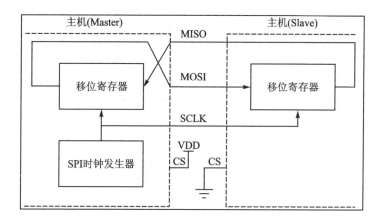

图 27－1 SPI 的内部结构图

当一个 SPI 从设备的 CS 线识别到了预先规定的片选电平,则表示该设备被选中,接下来的操作对其有效,显然,使用 CS 线可以完成"一主多从"的 SPI 网络架设。SPI 总线传输数据时,由主机的 SCLK 线提供时钟脉冲,从机的 SCLK 线被动接受时钟脉冲,每个脉冲周期传输一位数据。传输过程如下:SPI 主设备的数据会在 SCLK 的某个时钟边沿 MOSI 和 MISO 线准备就绪,接着在下一个时钟边沿分别被主从设备读取,完成一位数据的双工传输,这样可以在 8 个时钟功能脉冲后完成一字节的传输。

2. SPI 总线通信时序

SPI 总线通信时序,如图 27－2 及图 27－3 所示。

① 在 SPI 通信中,在全双工模式下,发送和接收是同时进行的。

② 数据传输的时钟基来自主控制器的时钟脉冲;Freescale 没有定义任何通用的 SPI 时钟的规范,最常用的时钟设置是基于时钟极性 CPOL 和时钟相位 CPHA 两个参数。

➤ CPOL＝0,表示时钟的空闲状态为低电平。

➢ CPOL＝1,表示时钟的空闲状态为高电。

➢ CPHA＝0,表示同步始终的第一个边沿(上升或者下降)数据被采样。

➢ CPHA＝1,表示同步始终的第二个边沿(上升或者下降)数据被采样。

即 CPOL 和 CPHA 的设置决定了数据采样的时钟沿。

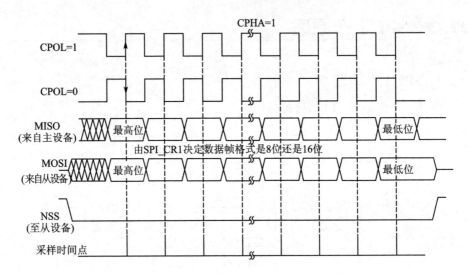

图 27－2　SPI 总线通信时序

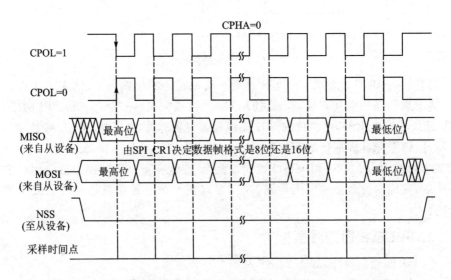

图 27－3　SPI 总线通信时序

③ 在多个从设备的系统中,每个设备需要独立的使能信号,硬件比 I²C 系统复杂。

④ 没有应答机制确定是否收到数据,没有 I²C 总线系统安全。

⑤ SPI 主机与之通信的从机的时钟极性和相位应该一致。

➤ 主设备 SPI 时钟和极性的配置由从机来决定。

➤ 主设备的 SDO、SDI 和从设备的 SDO、SDI 一致。

➤ 主从设备是在 SCLK 的控制下,同时发送和接收数据,并通过两个双向移位寄存器来交换数据。

27.3　FAT32 简介

FAT32 是 Windows 系统硬盘分区格式的一种,这种格式采用 32 位的文件分配表,使其对磁盘的管理能力大大增强,突破了 FAT16 对每一个分区的容量只有 2 GB 的限制。由于现在的硬盘生产成本下降,其容量越来越大,运用 FAT32 的分区格式后,可以将一个大硬盘定义成一个分区而不必分为几个分区使用,大大方便了对磁盘的管理。目前,已被性能更优异的 NTFS 分区格式所取代。

FAT32(File Allocation Table)具有一个最大的优点:在一个不超过 8 GB 的分区中,FAT32 分区格式的每个簇容量都固定为 4 KB;与 FAT16 相比,可以大大地减少磁盘的浪费,提高磁盘利用率。目前,支持这一磁盘分区格式的操作系统有 Win95、Win98、Win2000、Win2003 和 Win7。但是,这种分区格式也有它的缺点,首先是采用 FAT32 格式分区的磁盘,由于文件分配表的扩大,运行速度比采用 FAT16 格式分区的磁盘要慢。

27.4　典型硬件电路设计

1. 实验设计思路

本实验是利用 SPI 读写 FAT32 文件系统的,实验测试步骤如下:

第一步:插上跳线帽 J1 和 J2;

第二步:把 SD 卡格式成 FAT32 格式的,然后放入指定文件夹中的两个 txt 文件;

第三步:把 SD(以 2 G 为例)卡插在 LCD 后面的 SD 卡插槽上面;

第四步:下载测试。

2. 实验预期效果:

编译完成后,将程序载入实验板,如果运行错误,则显示屏会提示文件错误;程序运行成功,TFT 屏显示 OK!

3. 典型硬件电路设计

本实验用到的硬件电路为彩屏接口如图 27-4 所示。

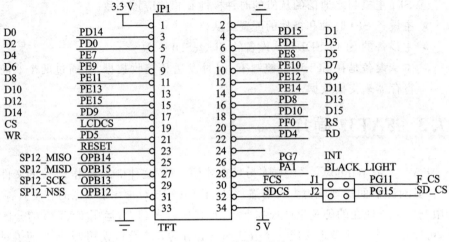

图 27 - 4　硬件电路设计

27.5　例程源码分析

1. 工程组详情

工程组详情如图 27 - 5 所示。

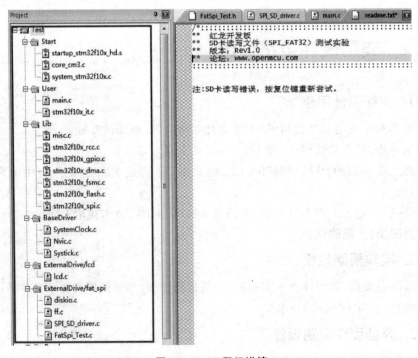

图 27 - 5　工程组详情

2. 例程源码分析

User 组的 main.c 文件：

```c
# include "stm32f10x.h"
# include <stdio.h>
# include "SystemClock.h"
# include "Nvic.h"
# include "Systick.h"
# include "lcd.h"
# include "FatSpi_Test.h"
# include "Config.h"
/ ***主函数 ***/
int main(void)
{
    RCC_Configuration();              //系统时钟配置函数
    STM3210E_LCD_Init();              //LCD 屏初始化
    SPI_Configuration();              //SPI 的配置
    SD_Init();                        //SD 卡初始化
    test();                           //测试函数
    while(1)                          //等待
    {
    }
}
```

限于篇幅,这里只讲解了 main.c 代码,完整代码可以到网站自行下载。

3. 实验预期效果

编译完成后,将程序载入实验板,程序运行成功则 TFT 屏显示"OK!",此时,SD 卡中的 test.txt 中数据被写入 wangbao.txt 中。

第 **28** 章

USB 转串口实验

现代工控领域最广泛的应该莫过于 RS232、RS485 和并口接口,发展历史悠久,现在很多领域都广泛应用,比如一些编程爱好者,在使用编程器的时候会用到串口,还有一些机械控制系统。门禁系统,都离不开使用 RS232、RS485 来通信,传统的主板都有这些接口,但由于现在主板市场定位不同,很多新主板并不带串口接口,比如便携式计算机就很少再带有这些老式接口,但是便携式计算机并没有串口接口,于是采用了 USB 转串口来实现单片机和 PC 机的串口通信,本章主要介绍 USB 转串口的相关知识,并通过一个 USB 转串口的实验实现 MCU 和 PC 机的串口通信。

28.1 概 述

USB 转串口即实现计算机 USB 接口到通用串口之间的转换,为没有串口的计算机提供快速的通道,而且,使用本产品等于将传统的串口设备变成了即插即用的 USB 设备。作为应用最广泛的 USB 接口,每台计算机必不可少的通信接口之一,它的最大特点是支持热插拔、即插即用、传输速度快。旺宝-红龙开发板使用的 USB 转串口的驱动芯片是 PL2303HX。

28.2 PL2303 的简介

1. PL2303 的简介

PL2303 是连接 USB 和标准 RS232 串口的芯片,在这个芯片上的数据缓存融合了两个不同的数据流,USB 批量数据类型适应最大数据传输方式,串口支持自动握手功能,这样与传统的 UART 控制器相比,能达到很高的波特率。

此控制芯片同样也适用 USB 电源管理和远程唤醒功能,使其在挂起时达到功耗最低,使用者只要将芯片挂在计算机或 USB 端口即可以连接 RS-232 设备。

2. PL2303 的特点

① 遵守 USB1.1 版和 USB CDC V1.1 规范。

② 支持 RS232 接口协议。

③ 支持自动握手模式。

④ 支持远程唤醒和电源管理。

⑤ 芯片的上行和下行数据流中都有 256 字节的缓冲区。

⑥ 支持默认 ROM 或外部 EEPROM 设备配置。

⑦ 支持 USB 收发功能。

⑧ 芯片的晶体振荡器运行在 12 MHz。

⑨ 支持 Windows98/SE、ME、2000、XP、Windows CE3.0、CE. NET 以及 Linux。

⑩ 28 脚的 SOIC 封装。

3. PL2303 引脚

PL2303 的引脚描述如图 28-1 所示。

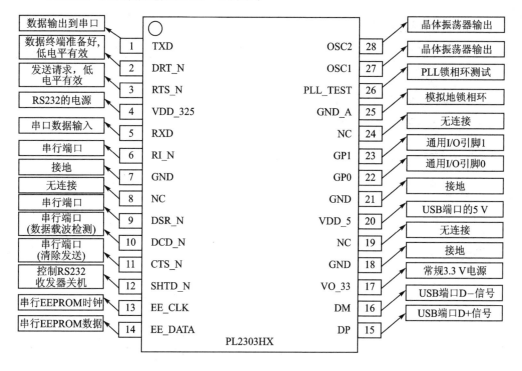

图 28-1　PL2303 的引脚描述

28.3　典型硬件电路设计

1. 实验设计思路

本实验通过 USB 转串口模块实现 MCU 和 PC 上位机通信。这里需要一根 USB 转串口线，如图 28-2 所示。

图 28 - 2   USB 转串口线

2. 实验预期效果

编译完成后,将程序载入实验板,通过 USB 转串口线连接 USB - 1 和计算机,PC 上位机打印来自 MCU 发送的信息。

3. 典型硬件电路设计

典型硬件电路设计如图 28 - 3 所示。

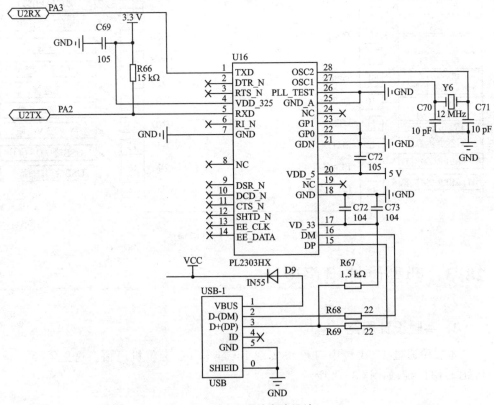

图 28 - 3   硬件电路设计

28.4 例程源码分析

1. 工程组详情

工程组详情如图 28-4 所示。

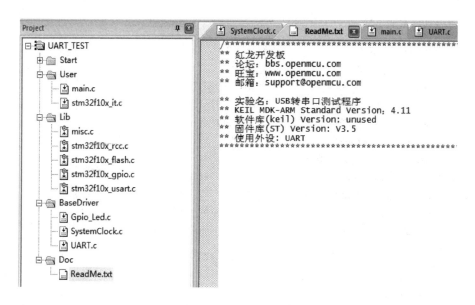

图 28-4 工程组详情

2. 例程源码分析

① User 组的 main.c 文件。

```
# include "stm32f10x.h"
# include <stdio.h>
# include "SystemClock.h"
# include "UART.H"
int main(void)
{
    RCC_Configuration();                                    //系统时钟配置函数
        UART_Init();                                        //串口初始化程序
UART_Send("\r\n 红龙 USB 转串测试程序",sizeof("\r\n 红龙 USB 转串测试程序"));
    while(1)
    {}
}
```

② 自定义的.h 文件。

➢ SystemClock. h 文件：

```
#ifndef _SYSTEM_CLOCK_H_
#define _SYSTEM_CLOCK_H_
/系统时钟配置函数声明/
void RCC_Configuration(void);
#endif
```

➢ UART. h 文件：

```
#ifndef _UART_H_
#define _UART_H_
#define UART                        USART2
#define UART_APB2Periph             RCC_APB1Periph_USART2
#define UART_RX_APB2Periph          RCC_APB2Periph_GPIOA
#define UART_RX_GPIO                GPIOA
#define UART_RX_GPIO_Pin            GPIO_Pin_3
#define UART_TX_APB2Periph          RCC_APB2Periph_GPIOA
#define UART_TX_GPIO                GPIOA
#define UART_TX_GPIO_Pin            GPIO_Pin_2
void UART_Init(void);
void UART_Send(u8 * ptr, u16 len);
#endif
```

③ 用户编写的. c 文件。

➢ SystemClock. c 文件：

```
include "stm32f10x.h"
#include <stdio.h>
#include "SystemClock.h"
/*****************************************************
* 函数名称:void RCC_Configuration(void)
* 入口参数:无
* 出口参数:无
* 功能说明:系统时钟初始化配置
*****************/
void RCC_Configuration(void)
{
    和前面章节配置相同,这里不再列出。
}
```

➢ UART. c 文件：

```
#include "stm32f10x.h"
#include "UART.H"
```

```
/*********************************************
 * 函数名称:static void UART_GPIO_Init(void)
 * 入口参数:无
 * 出口参数:无
 * 功能说明:UATR 串口 I/O 口初始化
 *********************************************/
static void UART_GPIO_Init(void)
{
    GPIO_InitTypeDef GPIO_InitStructure;
    RCC_APB2PeriphClockCmd(UART_RX_APB2Periph | UART_TX_APB2Periph , ENABLE);
    /* 作为输入浮动配置 USART Rx */
    GPIO_InitStructure.GPIO_Pin = UART_RX_GPIO_Pin;
    GPIO_InitStructure.GPIO_Mode = GPIO_Mode_IN_FLOATING;
    GPIO_Init(UART_RX_GPIO, &GPIO_InitStructure);
    /* 配置 USART Tx 为复用推挽输出 */
    GPIO_InitStructure.GPIO_Pin = UART_TX_GPIO_Pin;
    GPIO_InitStructure.GPIO_Speed = GPIO_Speed_50 MHz;
    GPIO_InitStructure.GPIO_Mode = GPIO_Mode_AF_PP;
    GPIO_Init(UART_TX_GPIO, &GPIO_InitStructure);
}
/*********************************************
 * 函数名称:void UART_Init(void)
 * 功能说明:UATR 串口初始化
 *********************************************/
void UART_Init(void)
{
    USART_InitTypeDef USART_InitStructure;
    /* 使能 USART 时钟 */
    if(UART == USART1)
        RCC_APB2PeriphClockCmd(UART_APB2Periph , ENABLE);
    else
        RCC_APB1PeriphClockCmd(UART_APB2Periph , ENABLE);
    /* 配置 GPIO 端口 */
    UART_GPIO_Init();
    /* / * USART 配置 - - - * /
    /* USART 配置如下:
        - 波特率 = 115200 波特率
        - 单词长度 = 8 位
        - 一个停止位
        - 无奇偶校验
        - 硬件流控制被禁用（RTS 和 CTS 信号）
        - 接收和传输已启用
    */
    USART_InitStructure.USART_BaudRate = 115200;
```

```
    USART_InitStructure.USART_WordLength = USART_WordLength_8b;
    USART_InitStructure.USART_StopBits = USART_StopBits_1;
    USART_InitStructure.USART_Parity = USART_Parity_No;
    USART_InitStructure.USART_HardwareFlowControl = USART_HardwareFlowControl_None;
    USART_InitStructure.USART_Mode = USART_Mode_Tx;// | USART_Mode_Rx;
    /* Configure USART */
    USART_Init(UART, &USART_InitStructure);
    USART_Cmd(UART, ENABLE);
}
/ ************************************************************
* 函数名称:void UART_Send(u8 * ptr, u16 len)
* 入口参数:u8 * ptr:指针指向要发送的数据
*          u16 len:要发送的长度
* 出口参数:无
* 功能说明:UATR 串口初始化
************************************************************/
void UART_Send(u8 * ptr, u16 len)
{
    while(len -- )
    {
        USART_SendData(UART, * ptr + + );
        while(USART_GetFlagStatus(UART, USART_FLAG_TXE) = = RESET);
    }
}
```

3. 实验现象

编译完成后,将程序载入实验板,打开 PC 机的串口调试软件,调好波特率等参数后,按下复位键,PC 机打印"红龙 USB 转串口测试程序"字样,说明通信成功。

第 **29** 章

USB 通信

本章主要介绍 STM32 USB 通信的特性及原理,通过基于 ST 公司 USB 摇杆鼠标的例程讲解 USB 的工作方式。

29.1 USB 通信原理

1. USB 概述

USB 是 Universal Serial BUS(通用串行总线)的缩写,而其中文简称为"通串线",是一个外部总线标准,用于规范计算机与外部设备的连接和通信,是应用在 PC 领域的接口技术。USB 接口支持设备的即插即用和热插拔功能。USB 是在 1994 年底由英特尔、康柏、IBM、Microsoft 等多家公司联合提出的。

标准 USB 共 4 根线组成,除 VCC/GND 外,另外为 D+、D−;这两根数据线采用的是差分电压的方式进行数据传输的。在 USB 主机上,D−和 D+都是接了 15 kΩ 的电阻到地的,所以在没有设备接入的时候,D+、D−均是低电平。而在 USB 设备中,如果是高速设备,则会在 D+上接一个 1.5 kΩ 的电阻到 VCC,而如果是低速设备,则会在 D−上接一个 1.5 kΩ 的电阻到 VCC。这样当设备接入主机的时候,主机就可以判断是否有设备接入,并能判断设备是高速设备还是低速设备。

2. STM32 的 USB

STM32F103 的 MCU 自带 USB 从控制器,符合 USB 规范的通信连接;PC 主机和微控制器之间的数据传输是通过共享一专用的数据缓冲区来完成的,该数据缓冲区能被 USB 外设直接访问。这块专用数据缓冲区的大小由所使用的端点数目和每个端点最大的数据分组大小所决定,每个端点最大可使用 512 字节缓冲区(专用的 512 字节,和 CAN 共用),最多可用于 16 个单向或 8 个双向端点。USB 模块同 PC 主机通信,根据 USB 规范实现令牌分组的检测,数据发送/接收的处理和握手分组的处理。整个传输的格式由硬件完成,其中包括 CRC 的生成和校验。

每个端点都有一个缓冲区描述块,描述该端点使用的缓冲区地址、大小和需要传输的字节数。当 USB 模块识别出一个有效的功能/端点的令牌分组时,(如果需要传输数据并且端点已配置)随之发生相关的数据传输。USB 模块通过一个内部的 16 位寄存器实现端口与专用缓冲区的数据交换。在所有的数据传输完成后,如果需要,则根据传输的方向,发送或接收适当的握手分组。在数据传输结束时,USB 模块将触发与端点相关的中断,通过读状态寄存器和/或者利用不同的中断来处理。

3. STM32 USB 通信

当 USB 设备接入到主机时,主机开始枚举 USB 设备,并向 USB 设备发出指令,要求 USB 设备的相关描述信息,其中包括设备描述(device descriptor)、配置描述(configuration descriptor)、接口描述(interface descriptor)、端点描述(endpoint descriptor)等。这些信息是通过端点 0(endpoint 0)传送到主机的。获取各种描述信息后,操作系统会为其配置相应的资源。这样主机就可以与设备之间进行通信了。

USB 通信有 4 种通信方式控制(control)、中断(interrupt)、批量(bulk)和同步(synchronous)。USB 通信是通过管道(pipe)实现的。管道是一个抽象的概念,指的是主机与设备之间通信的虚拟链路。比如说一个 USB 通信主机 A 和设备 B,其中有 bulk in(批量输入)、bulk out(批量输出)、control out(控制输出)3 种通信方式,那么 A 与 B 之间的通信管道就有 3 个。(这里明确一个概念,在 USB 通信中数据流向都是相对设备来说的,in 表示设备向主机传送数据,out 表示表示主机箱设备传输数据。)在设备一端,每个管道对应一个端点,端点配置相关的寄存器和缓冲区。在通信之前须对端点进行相关设置,在通信中,只须向缓冲写或读数据,并置位相关比特位即可。

4. USB 主要特征

- 符合 USB2.0 全速设备的技术规范。
- 可配置 1~8 个 USB 端点。
- CRC(循环冗余校验)生成/校验,反向不归零(NRZI)编码/解码和位填充。
- 支持同步传输。
- 支持批量/同步端点的双缓冲区机制。
- 支持 USB 挂起/恢复操作。

USB 和 CAN 共用一个专用的 512 字节的 SRAM 存储器用于数据的发送和接收,因此不能同时使用 USB 和 CAN(共享的 SRAM 被 USB 和 CAN 模块互斥地访问)。USB 和 CAN 可以同时用于一个应用中但不能在同一个时间使用。

图 29-1 是 USB 外设的方框图。

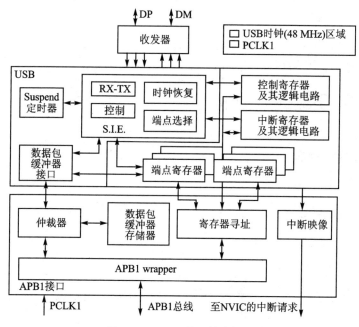

图 29 - 1　USB 外设的方框图

29.2　STM32 的 USB 电路设计

1. 基于红龙开发板的硬件电路设计

基于红龙开发板的硬件电路设计如图 29 - 2 所例。

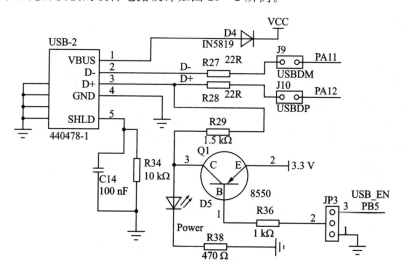

图 29 - 2　硬件电路设计

2. 硬件连接

硬件连接说明：J9、J10 插上跳线帽 JP9 插上 1－2USB HID Demonstrator(V1.0.2)检测到设备同时设备管理器出现重启开发板按下复位键。

29.3　例程源代码分析

1. 工程组详情

工程组详情如图 29－3 所示。

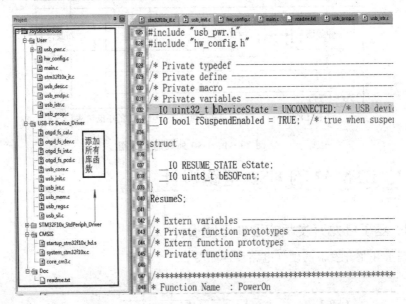

图 29－3　工程组详情

注：此程序的模板来自于 ST 公司官方提供的例程，该例程源码可在 X：\Keil4.22\ARM\Examples\ST\STM32F10xUSBLib\Demos 文件夹下(X 为 KEIL MDK 的安装盘)查到，本节将针对主函数以及部分被主函数调用的子函数进行分析。相关资料可以查阅 STM32_USB－FS－Device_Lib 库。

2. 例程源码分析

User 组的 main.c 文件。

```
/* ------------------头文件--------------------*/
# ifdef STM32L1XX_MD
# include "stm32l1xx.h"
#else
# include "stm32f10x.h"
```

```
# endif / * STM32L1XX_MD * /
# include "usb_lib. h"
# include "hw_config. h"
# include "usb_pwr. h"
__IO uint8_t PrevXferComplete = 1;
/ * * * * * * * * * * * * * * * * * * * * * * * * * * * * * * * * * * * * * * * * *
 *  函数名    : main.
 *  描述      : 主函数
 *  输入参数 : 无.
 *  输出      : 无.
 *  返回值    : 无.
 * * * * * * * * * * * * * * * * * * * * * * * * * * * * * * * * * * * * * * * * * /
int main(void)
{
    Set_System();                                          //系统初始化设置
    USB_Interrupts_Config();                               //配置 USB 中断函数
    Set_USBClock();                                        //设置 USB 时钟
    USB_Init();                                            //初始化 USB
    while (1)
    {
        if (bDeviceState == CONFIGURED)
        {
            if ((JoyState() != 0) && (PrevXferComplete))
            {
                Joystick_Send(JoyState());
            }} }}
# ifdef   USE_FULL_ASSERT
/ * * * * * * * * * * * * * * * * * * * * * * * * * * * * * * * * * * * * * * * * * /
void assert_failed(uint8_t * file, uint32_t line)
{
  while (1)
  {}
}
# endif
```

★ 程序源码分析:

① 进入主函数首先调用"Set_System();",该函数的功能是对系统时钟的初始化,以及电源的配置,进入这个函数。

```
/ * * * * * * * * * * * * * * * * * * * * * * * * * * * * * * * * * * * * * * * * *
 *  函数名 : 系统初始化设置
 *  描述      : 配置系统时钟和电源
```

```
 *  输入参数：无.
 *  返回值  ：无.
 *******************************************************/
void Set_System(void)
{
    LED_Configuration();                                        //LED 配置,该函数为空
    BUTTON_Configuration();                                       //按键配置
    EXTI_Configuration();                                        //配置中断函数
}
```

该函数位于 hw_config.c 文件中,在这个函数里,程序调用了 3 个子函数,它们的原型分别为:

```
void LED_Configuration(void)
{
}
void BUTTON_Configuration(void)
{
  GPIO_InitTypeDef GPIO_InitStructure;
  RCC_APB2PeriphClockCmd(RCC_APB2Periph_GPIOF|RCC_APB2Periph_GPIOG|RCC_APB2Periph_
                  AFIO, ENABLE);                                //开启时钟
    /*  上,下,左,右键 */
GPIO_InitStructure.GPIO_Pin = GPIO_Pin_11|GPIO_Pin_13|GPIO_Pin_14|GPIO_Pin_15;
    GPIO_InitStructure.GPIO_Speed = GPIO_Speed_50 MHz;
    GPIO_InitStructure.GPIO_Mode = GPIO_Mode_IPU;                 //上拉输入模式
    GPIO_Init(GPIOG, &GPIO_InitStructure);
}
void EXTI_Configuration(void)
{
    /* EXTI 线 18 接 USB 唤醒事件,上升沿触发方式 */
    EXTI_ClearITPendingBit(EXTI_Line18);
    EXTI_InitStructure.EXTI_Line = EXTI_Line18;
    EXTI_InitStructure.EXTI_Trigger = EXTI_Trigger_Rising;
    EXTI_InitStructure.EXTI_LineCmd = ENABLE;
    EXTI_Init(&EXTI_InitStructure);
}
```

② 在对系统的初始化配置之后,调用 USB_Interrupts_Config()函数,该函数同样位于 hw_config.c 文件中,所实现的功能是定义 USB 相关的中断进行配置,跳入该函数:

```
/ *****************************************************
 *  函数名  : USB_Interrupts_Config.
```

```
*   描述     : 配置 USB 的中断向量.
*   输入参数        : 无.
*   输出           : 无.
*   返回值         : 无.
**********************************************************/
void USB_Interrupts_Config(void)
{
    NVIC_InitTypeDef NVIC_InitStructure;
    / * 选择优先级分组 2 * /
    NVIC_PriorityGroupConfig(NVIC_PriorityGroup_2);
    / * 使能 USB 低优先级中断 * /
    NVIC_InitStructure.NVIC_IRQChannel = USB_LP_CAN1_RX0_IRQn;
    NVIC_InitStructure.NVIC_IRQChannelPreemptionPriority = 2;        //先占优先级
    NVIC_InitStructure.NVIC_IRQChannelSubPriority = 0;              //响应优先级
    NVIC_InitStructure.NVIC_IRQChannelCmd = ENABLE;                //开启中断通道
    NVIC_Init(&NVIC_InitStructure);
    / * 使能 USB 唤醒中断 * /
    NVIC_InitStructure.NVIC_IRQChannel = USBWakeUp_IRQn;
    NVIC_InitStructure.NVIC_IRQChannelPreemptionPriority = 1;
    NVIC_Init(&NVIC_InitStructure);
}
```

可见,在这个函数里主要配置了 USB 的低优先级中断,以及 USB 唤醒中断。

③ 配置完中断嵌套管理函数之后,便进入 Set_USBClock(),该函数同样位于 hw_config.c 文件函数源码如下:

```
void Set_USBClock(void)
{
  / *  选择 USB 时钟为 PLL 的 5 分频 * /
  RCC_USBCLKConfig(RCC_USBCLKSource_PLLCLK_1Div5);
  / *  使能 USB 时钟 * /
  RCC_APB1PeriphClockCmd(RCC_APB1Periph_USB, ENABLE);
}
```

至于 USB 的始终来源,如图 29 - 4 所示。

④ 第 4 个被调用的函数便是 USB_Init(),这个函数位于 usb_init.c 文件之中,该文件源码如下:

```
/ * 头文件 ---------------------------- * /
#include "usb_lib.h"
/ *  当前的端点的数目,这将是用于指定一个端点 * /
uint8_t   EPindex;
/ *  当前的移动设备的数量,它是一个索引 Device_Table * /
```

嵌入式系统开发与实践——基于 STM32F10x 系列(第2版)

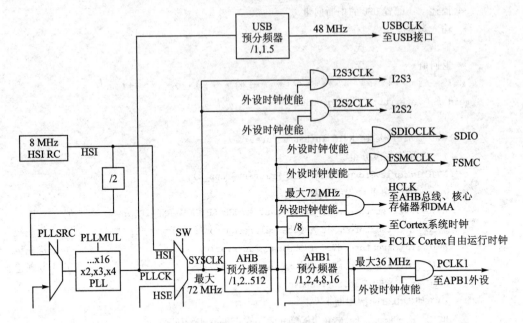

图 29-4 USB 的时钟来源

```
/* uint8_t    Device_no; */
/*  该寄存器的目的是加快执行 */
DEVICE_INFO * pInformation;
/*  该寄存器的目的是加快执行 */
DEVICE_PROP * pProperty;
uint16_t  wInterrupt_Mask;
DEVICE_INFO    Device_Info;
USER_STANDARD_REQUESTS  * pUser_Standard_Requests;
/***************************************************
* 函数名   : USB_Init
* 描述     : USB 系统初始化
* 输入参数 :无.
* 输出     : 无.
* 返回值   : 无.
***************************************************/
void USB_Init(void)
{
    pInformation = &Device_Info;
    pInformation->ControlState = 2;
    pProperty = &Device_Property;
    pUser_Standard_Requests = &User_Standard_Requests;
    /* Initialize devices one by one */
    pProperty->Init();
```

•410•

）

在这个文件里初始化了 3 个全局指针,指向 DEVICE_INFO,ER_STANDARD
_REQUESTS 和 DEVICE_PROP 结构体。后面两个是函数指针结构体,里面都是
USB 请求实现、功能实现的函数指针。

⑤ 设备初始化所做的工作完成之后,进入了主循环,首先判断 USB 的状态。之
后被调用的函数有两个,JoyState()用来获取按键的状态其函数原型如下:

```
uint8_t JoyState(void)
{
    /* 右键被按下 */
    if (! GPIO_ReadInputDataBit(GPIOG, GPIO_Pin_14))
    {
        return JOY_RIGHT;
    }
    /* 左键被按下 */
    if (! GPIO_ReadInputDataBit(GPIOG, GPIO_Pin_13))
    {
        return JOY_LEFT;
    }
    /* 上键被按下 */
    if (! GPIO_ReadInputDataBit(GPIOG, GPIO_Pin_11))
    {
        return JOY_UP;
    }
    /* 上下键被按下 */
    if (! GPIO_ReadInputDataBit(GPIOG, GPIO_Pin_15))
    {
        return JOY_DOWN;
    }
    /* 没有按键 */
    else
    {
        return 0;
    }
}
```

Joystick_Send(JoyState())用来把按键状态发到主机。当然这里真正的发送工
作并不是由该代码完成的。它的工作只是将数据写入 IN 端点缓冲区,主机的 IN 令
牌包来的时候,SIE 负责把它返回给主机,函数的源代码如下:

```
/******************************************************
 * 函数名        : Joystick_Send.
```

```
*  描述              :准备缓冲要发送含有操纵杆事件的信息.
*  输入参数          :Keys:从终端收到的"钥匙".
*  输出             :无.
*  返回值            :无.
***********************************************************/
void Joystick_Send(uint8_t Keys)
{
  uint8_t Mouse_Buffer[4] = {0, 0, 0, 0};
  int8_t X = 0, Y = 0;
  switch (Keys)
  {
    case JOY_LEFT:
      X - = CURSOR_STEP;
      break;
    case JOY_RIGHT:
      X + = CURSOR_STEP;
      break;
    case JOY_UP:
      Y - = CURSOR_STEP;
      break;
    case JOY_DOWN:
      Y + = CURSOR_STEP;
      break;
    default:
      return;
  }
```

⑥ 下面将用的中断服务函数列出:

```
/***********************************************************
*  函数名    :USB_LP_CAN1_RX0_IRQHandler
*  描述      :这个函数处理 USB 低优先级或 CAN RX0 中断请求
*  输入      :无
*  输出      :无
*  返回值    :无
***********************************************************/
void USB_LP_CAN1_RX0_IRQHandler(void)
{
  USB_Istr();
}
/***********************************************************
*  函数名    :OTG_FS_WKUP_IRQHandler
*  描述      :这个函数处理 OTG 唤醒中断请求.
```

```
*  输入     : 无
*  输出     : 无
*  返回     : 无
******************************************************/
void OTG_FS_WKUP_IRQHandler(void)
{
    Resume(RESUME_EXTERNAL);
    EXTI_ClearITPendingBit(EXTI_Line18);
}


/*****************************************************
*  函数名     : USBWakeUp_IRQHandler
*  描述       :这个函数处理 USB 唤醒中断请求。
*  输入       : None
*  输出       : None
*  返回值     : None
******************************************************/
void USBWakeUp_IRQHandler(void)
{
    EXTI_ClearITPendingBit(EXTI_Line18);
}
```

3. 实验现象

编译完成后,将程序载入实验板,将 USB 接入计算机,计算机识别设备,拨动 5 项按键,发现计算机鼠标移动。

第 **30** 章

PS2 接口

本章主要介绍旺宝-红龙开发板上的 PS2 接口的相关知识,并利用实验演示 STM32 是如何利用 PS2 接口驱动 PS 设备的。

30.1　概　述

PS2 即 PlayStation 2 的简称,PS2 接口作为计算机的标准输入接口,用于鼠标键盘等设备。PS2 只需要一个简单的接口(两个 IO 口),就可以外扩鼠标、键盘等,是单片机理想的输入外扩方式。

很多品牌机上采用 PS2 口来连接鼠标和键盘。PS2 接口与传统的键盘接口虽然在接口外型、引脚有所不同外,但在数据传送格式上是相同的。现在很多主板用 PS2接口插座连接键盘,传统接口的键盘可以通过 PS2 接口转换器连接主板 PS2 接口插座。

30.2　PS2 协议

物理上的 PS2 端口可有两种,一种是 5 脚的,一种是 6 脚的。下面给出这两种 PS2 接口的引脚定义如图 30 - 1 所示。

PS2 鼠标接口采用一种双向同步串行协议。即每在时钟线上发一个脉冲,就在数据线上发送一位数据。在相互传输中,主机拥有总线控制权,即它可以在任何时候抑制鼠标的发送。方法是把时钟线一直拉低,鼠标就不能产生时钟信号和发送数据。在两个方向的传输中,时钟信号都是由鼠标产生,即主机不产生通信时钟信号。

如果主机要发送数据,它必须控制鼠标产生时钟信号。方法如下:主机首先下拉时钟线至少 100 μs 抑制通信,然后再下拉数据线,最后释放时钟线。通过这一时序控制鼠标产生时钟信号。当鼠标检测到这个时序状态,会在 10 ms 内产生时钟信号。主机和鼠标之间,传输数据帧的时序如图 30 - 2、图 30 - 3 所示。数据包结构在主机程序中,利用每个数据位的时钟脉冲触发中断,在中断例程中实现数据位的判断和接收。在实验过程中,通过合适的编程,能够正确控制并接收鼠标数

Male 公的	Female 母的	5-pin DIN(AT/XT)	5脚DIN(AT/XT)
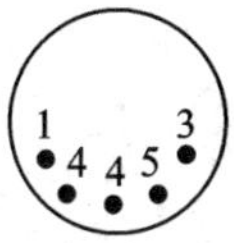		1-Clock	1—时钟
		2-Data	2—数据
		3-Not Implemented	3—未实现，保留
		4-Ground	4—电源地
(Plug)插头	(Socket)插座	5-+5 V	5—电源+5 V

Male 公的	Female 母的	6-pin Mini-DIN(PS/2)	6脚Mini-DIN(PS/2)
		1-Data	1—数据
		2-Not Implemented	2—未实现，保留
		3-Ground	3—电源地
		4-+5 V	4—电源+5 V
(Plug)插头	(Socket)插座	5-Clock	5—时钟
		6-Not Implemented	6—未实现，保留

图 30-1　PS2 接口的引脚定义图

据。但该方案有一点不足,由于每个 CLOCK 都要产生一次中断,中断频繁,需要耗用大量的主机资源。

（1）设备到主机

设备到主机的通信时序如图 30-2 所示。

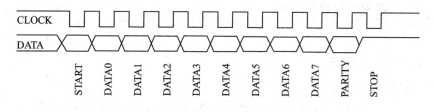

图 30-2　设备到主机的通信时序

（2）主机到设备

主机到设备的通信时序如图 30-3 所示。

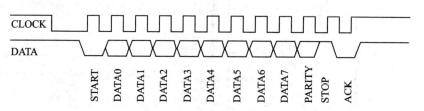

图 30-3　主机到设备的通信时序

30.3 典型硬件电路设计

1. 实验设计思路

因为 PS2 鼠标接口采用双向同步串行协议,时钟脉冲信号(以下皆称 CLOCK)总是由鼠标产生的。因此,可以考虑这种方案:鼠标的 CLOCK 接主机的一外中断线,数据线接主机的某 I/O 口线。

2. 实验预期效果

编译完成后,将程序载入实验板,按下 PS2 接口设备按键,TFT 彩屏显示相应码值。

3. 典型硬件电路设计

典型硬件电路设计如图 30 - 4 所示。

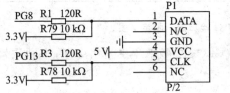

图 30 - 4 硬件电路设计

30.4 例程源码分析

1. 工程组详情

工程组详情如图 30 - 5 所示。

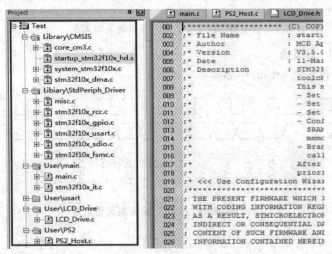

图 30 - 5 工程组详情

2. 例程源码分析

① User 组的 main.c 文件。

```
#include "usart.h"
#include "stm32f10x.h"
#include <stdio.h>
#include "LCD_Drive.h"
#include "PS2_Host.h"
//LED 定义
#define    LED1(x)    GPIOF->BSRR = (x)? (1<<6):(1<<22)
#define    LED2(x)    GPIOF->BSRR = (x)? (1<<7):(1<<23)
#define    LED3(x)    GPIOF->BSRR = (x)? (1<<8):(1<<24)
/******************************************
** 函数名:      delay
** 描述:        普通延时
** 输入参数:      i:可输入 0 - 2…~3 之间的数
** 输出参数      无
** 返回值:      无
******************************************/
void delay(unsigned int i)
{
    unsigned j;
    for(i = i;i>0;i--)
        for(j = 0;j<0x1000;j++);
}
/******************************************
函数名:        LED_Init
** 描述:        初始化 LED 的 IO
******************************************/
void LED_Init(void)
{
    GPIO_InitTypeDef GPIO_InitStructure;               //定义一个 GPIO 结构体变量

    RCC_APB2PeriphClockCmd(RCC_APB2Periph_GPIOF,ENABLE);         //开启时钟

    GPIO_InitStructure.GPIO_Pin = (GPIO_Pin_6|GPIO_Pin_7|GPIO_Pin_8);
                                              //配置 LED 端口挂接到 PF6、PF7、PF8
    GPIO_InitStructure.GPIO_Mode = GPIO_Mode_Out_PP;        //通用输出推挽
    GPIO_InitStructure.GPIO_Speed = GPIO_Speed_2MHz;        //配置端口速度为 2M
    GPIO_Init(GPIOF, &GPIO_InitStructure);        //将端口 GPIOD 进行初始化配置
}
```

```
/ ****主函数 ****/
int main(void)
{
    uint8_t cha;
    uint16_t x = 0,y = 0;
    LED_Init();
    / * 初始化 LCD * /
    LCD_Init();
    LCD_Clear(WHITE);
    Init_Usart();
    printf("文件名\r\n");
RCC_APB2PeriphClockCmd(RCC_APB2Periph_GPIOG
| RCC_APB2Periph_GPIOC,ENABLE);                              //开启时钟
    while(1)
    {
        cha = PS2_Receive();
        if(cha == 0x1d){          / * w * /
            LCD_ShowChar(x,y,' ',0,0xffff);
            y - = 21;
            LED1(0);
            delay(10);
        }
        else if(cha == 0x1b){    / * s * /
            LCD_ShowChar(x,y,' ',0,0xffff);
            y + = 21;
            LED1(0);
            delay(10);
        }
        else if(cha == 0x1c){    / * a * /
            LCD_ShowChar(x,y,' ',0,0xffff);
            x - = 21;
            LED3(0);
            delay(10);
        }
        else if(cha == 0x23){    / * d * /
            LCD_ShowChar(x,y,' ',0,0xffff);
            x + = 21;
            LED3(0);
            delay(10);
        }
        if(x > 480)    {                         / * 判断 X 坐标是否超出 * /
            x = 0;
```

```
        }
        if( y > 272){                          /* 判断 Y 坐标是否超出 */
            y = 0;
        }
        if(cha != 0 && (cha != 0xf0)){
            LCD_ShowChar(x,y,'*',0,0xffff);
        }

//          printf("data = 0x%x,\r\n",cha);
        LED1(1);
        LED3(1);
    }
}
```

② 用户自定义的头文件。

➤ LCD_Drive. h：

```
# ifndef LCD_DRIVE_H
# define LCD_DRIVE_H
//头文件调用
# include "stm32f10x. h"
# define    HDP    479
# define    HT     531
# define    HPS    43
# define    LPS    8
# define    HPW    10
# define    VDP    271
# define    VT     288
# define    VPS    12
# define    FPS    4
# define    VPW    10
/***************************************************
设置颜色宏定义
***************************************************/
# define    BLACK    0x0000              //黑色：0, 0, 0
# define    NAVY     0x000F              //深蓝色：0, 0, 128
# define    DGREEN   0x03E0              //深绿色：0, 128, 0
# define    DCYAN    0x03EF              //深青色：0, 128, 128
# define    MAROON   0x7800              //深红色：128, 0, 0
# define    PURPLE   0x780F              //紫色：128, 0, 128
# define    OLIVE    0x7BE0              //橄榄绿：128, 128, 0
# define    LGRAY    0xC618              //灰白色：192, 192, 192
# define    DGRAY    0x7BEF              //深灰色：128, 128, 128
# define    BLUE     0x001F              //蓝色：0, 0, 255
```

```
#define    GREEN        0x07E0                    //绿色：0，255，0
#define    CYAN         0x07FF                    //青色：0，255，255
#define    RED          0xF800                    //红色：255，0，0
#define    MAGENTA      0xF81F                    //品红：255，0，255
#define    YELLOW       0xFFE0                    //黄色：255，255，0
#define    WHITE        0xFFFF                    //白色：255，255，255
/ *****************************************************
设置字符串显示的行号
*****************************************************/
#define Line0          0
#define Line1          16
#define Line2          32
#define Line3          48
#define Line4          64
#define Line5          80
#define Line6          96
#define Line7          112
#define Line8          128
#define Line9          144
#define Line10         160
#define Line11         176
#define Line12         192
#define Line13         208
#define Line14         224
/ **********宏定义 ************/
/ * Private typedef ------------------------*/
typedef struct
{
   vu16 LCD_REG;
   vu16 LCD_RAM;
} LCD_TypeDef;
#define LCD_BASE     ((u32)(0x60000000 | 0x0C000000))
#define LCD          ((LCD_TypeDef * ) LCD_BASE)
//#define LCD_REG ( * (volatile unsigned int * )(0x6c000000))
//#define LCD_RAM ( * (volatile unsigned int * )(0x6c000002))
//写命令
#define LCD_WriteCom(LCD_Reg) LCD->LCD_REG = (LCD_Reg)
//写数据
#define LCD_WriteRAM(RGB_Code) LCD->LCD_RAM = (RGB_Code)
//函数申明
void LCD_Clear(u16 Color);
void LCD_Init(void);
void LCD_ShowChar(u16 x,u16 y,u8 c,u16 charColor,u16 bkColor);
void LCD_SetPoint(u16 x,u16 y,u16 point);
void LCD_DisplayStringLine(u8 Line, u8 * ptr, u32 charColor, u32 bkColor);
```

#endif

➤ PS2_Host. h：

```
#ifndef __PS2_HOST__
#define __PS2_HOST__
//PS2  接口定义
#define PS2_CLK_IN          ((GPIOC->IDR>>13)&1)
#define PS2_CLK_OUT(x)      (x)? (GPIOC->BSRR = 1<<13):(GPIOC->BRR = 1<<13)
#define PS2_DATA_IN         ((GPIOG->IDR>>8)&1)
#define PS2_DATA_OUT(x)     (x)? (GPIOG->BSRR = 1<<8):(GPIOG->BRR = 1<<8)
uint8_t PS2_Receive(void);
#endif
```

③ 用户编写的 PS2_Host. c 文件。

```
#include "stm32f10x.h"
#include "usart.h"
#include "LCD_Drive.h"
#include "PS2_Host.h"
/ ************************************************
* 函数名   : PS2_Receive
*  描述    : 接收 PS2 设备传输过来的数据
*  输入            : None
*  输出            : None
*  返回值          : 接收到的数据
************************************************/
uint8_t PS2_Receive(void)
{
    uint16_t receive_data;
    uint8_t flag;                                    //是否有数据要接收
    uint16_t i;
    GPIO_InitTypeDef GPIO_InitStructure;
    i = 0;
    receive_data = 0;
    /ᐟ先配置引脚为输入状态ᐟ/
    GPIO_InitStructure.GPIO_Mode = GPIO_Mode_IPU;    //上拉输入
    GPIO_InitStructure.GPIO_Pin = GPIO_Pin_13;
    GPIO_Init(GPIOC, &GPIO_InitStructure);
    GPIO_InitStructure.GPIO_Pin = GPIO_Pin_8;
    GPIO_Init(GPIOG, &GPIO_InitStructure);
    GPIO_SetBits(GPIOG,GPIO_Pin_8);                  //置 1
    GPIO_SetBits(GPIOC,GPIO_Pin_13);                 //置 1
    /ᐟ是否检测到起始位标志ᐟ/
    flag = 1;
    /ᐟ等待起始位ᐟ/
    while(PS2_CLK_IN&&(++i!=0x2fff));
    if(i>=0x7fff){/ᐟ起始时钟ᐟ/
        flag = 0;
```

```
        }
        i = 0;
        while(PS2_DATA_IN&&( + + i!= 0x2fff));
        if(i> = 0x2fff){/ * 数据起始位 * /
            flag = 0;
        }
        i = 0;
        while(! PS2_CLK_IN&&( + + i!= 0x2fff));
        if(i> = 0x2fff){/ * 等待起始位结束 * /
            flag = 0;
        }
        if(flag == 1){/ * 开始接收数据 * /
            for(i = 0;i<8;i + +){/ * 只接收数据 * /
                while(PS2_CLK_IN);
                receive_data = receive_data|(PS2_DATA_IN<<i);
                while(! PS2_CLK_IN);
            }
            while(PS2_CLK_IN);
            while(! PS2_CLK_IN);                                  //奇偶校验
            while(PS2_CLK_IN);
            while(! PS2_CLK_IN);                        //停止位必须是 1,否则出错
            i = PS2_DATA_IN;
            if(i<1)
            {
                receive_data = 0;
            }
        }
        Else
{
            receive_data = 0;
        }
        / * 配置为输入禁止接收数据 * /
        GPIO_InitStructure.GPIO_Mode = GPIO_Mode_Out_PP;//推挽输出
        GPIO_InitStructure.GPIO_Speed = GPIO_Speed_10MHz;               //输出频率 50M
        GPIO_InitStructure.GPIO_Pin = GPIO_Pin_13;
        GPIO_Init(GPIOC, &GPIO_InitStructure);
        GPIO_InitStructure.GPIO_Pin = GPIO_Pin_8;
        GPIO_Init(GPIOG, &GPIO_InitStructure);
        GPIO_ResetBits(GPIOG,GPIO_Pin_8);
        GPIO_ResetBits(GPIOC,GPIO_Pin_13);
        return receive_data;
}
```

3. 实验现象

编译完成后,将程序载入实验板,连接 PS2 器件,按下按键(本程序使用的是 w, a,s,d),TFT 彩屏上显示相应的码值。

第**31**章

NRF24L01 无线通信

本章主要介绍 NRF24L01 无线通信的工作原理,并介绍了如何利用旺宝-红龙开发板实现 NRF24L01 无线通信的实验。

31.1 概 述

NRF24L01 是一款工作在 2.4～2.5 GHz 世界通用 ISM 频段的单片无线收发器芯片无线收发器,包括频率发生器增强型 SchockBurst TM 模式控制器、功率放大器、晶体振荡器调制器解调器。输出功率频道选择和协议的设置可以通过 SPI 接口实现。

31.2 NRF24L01 模块的结构特性

1. NRF24L01 主要特性

➢ 2.4 GHz 全球开放 ISM 频段免许可证使用。

➢ 最高工作速率 2 Mbps,高效 GFSK 调制,抗干扰能力强,特别适合工业控制场合。

➢ 126 频道,满足多点通信和跳频通信需要。

➢ 内置硬件 CRC 检错和点对多点通信地址控制。

➢ 低功耗 1.9～3.6 V 工作,待机模式下状态为 22 μA,掉电模式下为 900 nA。

➢ 内置 2.4 GHz 天线,体积小巧 15 mm×29 mm。

➢ 内置专门稳压电路,使用各种电源包括 DC/DC 开关电源均有很好的通信效果。

➢ 标准 DIP 间距接口,便于嵌入式应用。

2. NRF24L01 模块的结构图

NRF24L01 模块的结构图如图 31－1 所示。

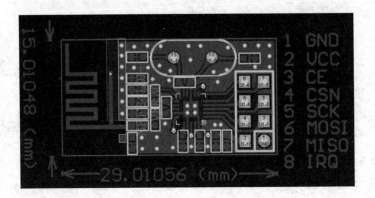

图 31 - 1　NRF24L01 模块的结构图

31.3　典型硬件电路设计

1. 实验设计思路

本实验需要两块开发板完成无线信号的发送与接收:

如果下载发送程序,♯define　　SEND_TEST　　　　　　　　　　　//发送测试

如果下载接收程序,♯define　　REC_TEST　　　　　　　　　　　//接收测试

实验通过串口打印接收的数据。

2. 实验预期效果

编译完成后,将程序载入实验板,计算机串口打印 NRF24L01 收到的数据。

3. 典型硬件电路设计

典型硬件电路设计如图 31 - 2 所示。

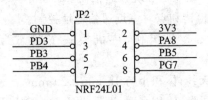

图 31 - 2　硬件电路设计

31.4　例程源码分析

1. 工程组详情

工程组详情如图 37 - 3 所示。

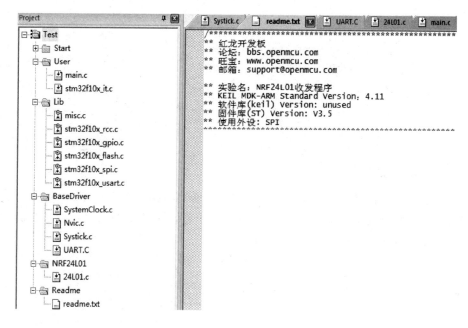

图 31-3 工程组详情

2. 例程源码分析

限于篇幅,这里只讲解 User 组的 main. c 文件:

```c
#include "stm32f10x.h"
#include <stdio.h>
#include "SystemClock.h"
#include "Nvic.h"
#include "24L01.h"
#include "UART.H"
#define    REC_TEST                              //接收测试
//#define    SEND_TEST                           //发送测试
int main(void)
{
    uchar Buff[5] = {'a','b','0','d','e'};
    RCC_Configuration();                         //系统时钟配置
    NVIC_Configuration();                        //中断嵌套向量配置
    UART_Init();                                 //串口初始化
    Init_24L01();                                //NRF24L01 模块初始化
    init_io();
    Set_RF_RX_Mode(4);
    while (1)
    {
```

```
    # ifdef REC_TEST                                          //接收测试
    REC();
    # endif
    # ifdef SEND_TEST                                         //发送测试
    send(Buff,4);
    # endif
    }
}
```

3. 实验现象

编译完成后,将发送程序载入第一块实验板,将接收程序载入第二块实验板;同时,第二块实验板通过串口与计算机连接,打开超级终端,调好波特率等参数后,按复位键,串口打印从 NRF24L01 收到的数据。

第32章

红外遥控实验

本章主要讲解红外遥控的工作原理,其实现的功能是对红外遥控器编码信号进行解码,并将解码后的键值显示在 TFT 彩屏上面。

32.1　红外遥控简介

红外遥控是一种无线、非接触控制技术,具有抗干扰能力强、信息传输可靠、功耗低、成本低、易实现等显著优点,被诸多电子设备特别是家用电器广泛采用,并越来越多的应用到计算机系统中。

红外遥控系统一般由红外发射装置和红外接收设备两大部分组成。红外发射装置又可由键盘电路、红外编码芯片、电源和红外发射电路组成。红外接收设备可由红外接收电路、红外解码芯片、电源和应用电路组成。通常为了使信号能更好地被传输发送端将基带二进制信号调制为脉冲串信号,通过红外发射管发射。常用的有通过脉冲宽度来实现信号调制的脉宽调制(PWM)和通过脉冲串之间的时间间隔来实现信号调制的脉时调制(PPM)两种方法。

32.2　红外遥控的工作原理

1. 红外遥控工作原理

红外遥控的发射电路是采用红外发光二极管来发出经过调制的红外光波;红外接收电路由红外接收二极管、三极管或硅光电池组成,它们将红外发射器发射的红外光转换为相应的电信号,再送后置放大器,如图 32 - 1 所示。

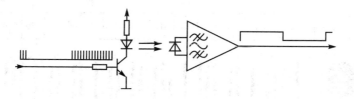

图 32 - 1　红外遥控工作原理示意图

目前,有两种红外遥控方式:PWM(脉冲宽度调制)和 PPM(脉冲位置调制)。这两种格式分别是 NEC 和 PHILIPS 的 RC - 5。以常见的 NEC PWM 编码为例,其遥控码具有以下特征:

① 使用 38 kHz 载波频率。

② 引导码间隔是:9 ms + 4.5 ms 。

③ 以脉宽为 0.565 ms、间隔 0.56 ms、周期为 1.125 ms 的组合表示二进制的"0"。

④ 以脉宽为 0.565 ms、间隔 1.685 ms、周期为 2.25 ms 的组合表示二进制的"1"。

NEC 码的位定义:一个脉冲对应 560 μs 的连续载波,一个逻辑 1 传输需要 2.25 ms(560 μs 脉冲+1 680 μs 低电平),一个逻辑 0 的传输需要 1.125 ms(560 μs 脉冲 +560 μs 低电平)。而遥控接收头在收到脉冲的时候为低电平,在没有脉冲的时候为高电平,这样,我们在接收头端收到的信号为:逻辑 1 应该是 560 μs 低+1 680 μs 高,逻辑 0 应该是 560 μs 低+560 μs 高,如图 32 - 2 所示。

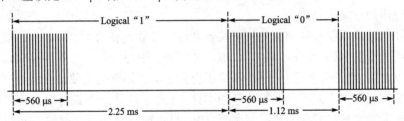

图 32 - 2　NEC 码定义示意

2. 数据格式

一个完整的红外遥控信号代码一般由引导码、系统码、系统码的反码、数据码、数据码的反码等几个部分组成。

引导码是一个代码的起始部分,由时间相对较长的一段发送时间(9 ms)与一段停发时间(4.5 ms)构成。系统码是通过遥控器的遥控编码芯片的引脚不同接法设定的,用以区分不同型号的遥控系统。数据码则是遥控器功能按键的编码,不同的功能按键其代码不相同。系统码的反码和数据码的反码是用来纠错的,如图 32 -3 所示。

引导码		用户码	用户码	数据码	数据反码
4.5 ms	4.5 ms	C0 C1 C2 C3 C4 C5 C6 C7	C0 C1 C2 C3 C4 C5 C6 C7	C0 D1 D2 D3 D4 D5 D6 D7	D̄0 D̄1 D̄2 D̄3 D̄4 D̄5 D̄6 D̄7

图 32 - 3　系统的反码和数据码的反码纠错图

32.3 典型硬件电路设计

1. 实验设计思路

本实验先是对系统时钟、TFT 彩屏的初始化操作,然后等待红外触发信号并进行解码,将按键码值显示在 TFT 彩屏上。

2. 实验预期效果

编译完成后载入实验板,按下遥控按键,则 TFT 彩屏显示对应的按键值。

3. 典型硬件电路设计

典型硬件电路设计如图 32 - 4 所示。红外遥控器按键如图 32 - 5 所示,用户码 00ff。

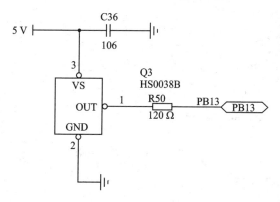

图 32 - 4 硬件电路设计

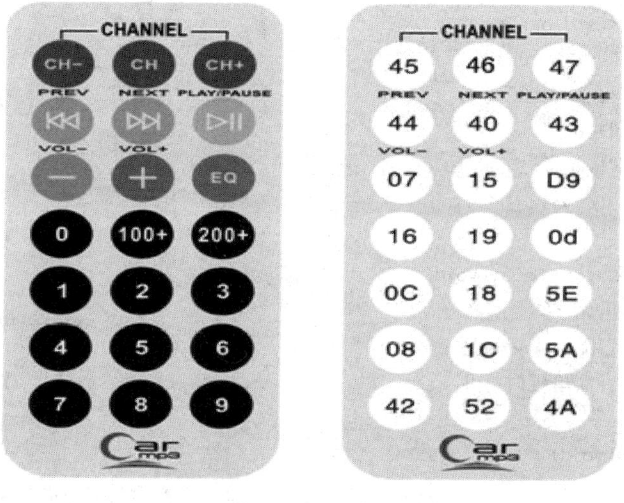

图 32 - 5 红外遥控器按键

32.4 例程源码分析

1. 工程组详情

工程组详情如图 32 - 6 所示。

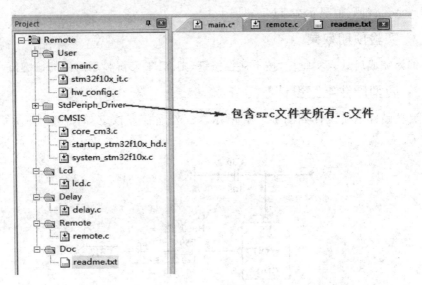

图 32 - 6 工程组详情

2. 例程源码分析

① User 组的 main. c 文件。

```
# include <stdio. h>
# include "stm32f10x. h"
# include "remote. h"
# include "lcd. h"
# include "hw_config. h"
 uint16_t ADC_Value;
/ * *
    * 名称:void Delay(void)
    * 参数:无
    * 返回:无
    * 功能:简单延时
 * * /
void Delay(void)
{
    int x,y;
```

```
        for(x = 1000;x>0;x- -)
            for(y = 1000;y>0;y- -);


}
void REMOTE_Init()
{
    GPIO_InitTypeDef GPIO_InitStructure;
    RCC_APB2PeriphClockCmd(RCC_APB2Periph_GPIOB, ENABLE);
    GPIO_InitStructure.GPIO_Pin = GPIO_Pin_13;          //选择引脚
    GPIO_InitStructure.GPIO_Mode = GPIO_Mode_IPU;      //上拉输入模式
    GPIO_InitStructure.GPIO_Speed = GPIO_Speed_50 MHz;   //输出频率
    GPIO_Init(GPIOB, &GPIO_InitStructure);              //载入配置

    /* GPIOB13  外部中断触发 */
    GPIO_EXTILineConfig(GPIO_PortSourceGPIOB, GPIO_PinSource13);
}
/* * * 主函数 * * /
int main(void)
{
    u8 key;
    u8 ttt;
    SystemInit();                                      / * 系统初始化 * /
    LED_Configuration();                               / * LED 的配置函数 * /
    USART_Configuration();                             / * 串口配置函数 * /
    NVIC_Configuration();                              / * 中断嵌套向量配置 * /
    EXTI_Configuration();                              / * 外部中断配置 * /
    Delay_Init();                                 / * 使用 SysTick 实现精确延时 * /

    LCD_Init();                                      / * TFT 彩屏初始化函数 * /
    REMOTE_Init();                                 / * 红外遥控模块初始化函数 * /
    LCD_ShowString(60, 18, " * * * * 旺宝电子 * * * *", BLUE, BLACK);
    LCD_ShowString(60, 34, "    红龙开发板    ", RED, BLACK);
    LCD_DrawRectangle(60, 76, 200, 100);
    LCD_ShowString(62, 80, "  红外线测试 ", RED, BLACK);
    LCD_ShowString(50, 130, "The Key value:", RED, BLACK);
    LCD_ShowString(50, 160, "The Key num   :", RED, BLACK);
    LCD_ShowString(50, 190, "You Press is :", RED, BLACK);
    while (1)
    {
        if(Remote_Rdy)
        {
            key = Remote_Process();
```

```
LCD_ShowNum(180, 130, key,  3, RED, BLACK);     /* 显示键值 */
LCD_ShowNum(180, 160, Remote_Cnt, 3, RED, BLACK); /* 显示按键次数 */
switch(key)
{
    case 0:
        LCD_ShowString(180,190, "ERROR ", GREEN, BLACK);
        break;
    case 162:
        LCD_ShowString(180,190, "PREV   ", GREEN, BLACK);
        break;
    case 98:
        LCD_ShowString(180,190, "NEXT   ", GREEN, BLACK);
        break;
    case 34:
        LCD_ShowString(180,190, "VOL-   ", GREEN, BLACK);
        break;
    case 226:
        LCD_ShowString(180,190, "PLAY   ", GREEN, BLACK);
        break;
    case 194:
        LCD_ShowString(180,190, ">>||   ", GREEN, BLACK);
        break;
    case 2:
        LCD_ShowString(180,190, "VOL+   ", GREEN, BLACK);
        break;
    case 56:
        LCD_ShowString(180,190, "5      ", GREEN, BLACK);
        break;
    case 224:
        LCD_ShowString(180,190, "-      ", GREEN, BLACK);
        break;
    case 168:
        LCD_ShowString(180,190, "+      ", GREEN, BLACK);
        break;
    case 144:
        LCD_ShowString(180,190, "EQ     ", GREEN, BLACK);
        break;
    case 152:
        LCD_ShowString(180,190, "100+   ", GREEN, BLACK);
        break;
    case 176:
        LCD_ShowString(180,190, "200+   ", GREEN, BLACK);
```

```
                    break；
            case 104：
                LCD_ShowString(180,190,"0        ", GREEN, BLACK);
                    break；
            case 48：
                LCD_ShowString(180,190,"1        ", GREEN, BLACK);
                    break；
            case 24：
                LCD_ShowString(180,190,"2        ", GREEN, BLACK);
                    break；
            case 122：
                LCD_ShowString(180,190,"3        ", GREEN, BLACK);
                    break；
            case 16：
                LCD_ShowString(180,190,"4        ", GREEN, BLACK);
                    break；
            case 90：
                LCD_ShowString(180,190,"6        ", GREEN, BLACK);
                    break；
            case 66：
                LCD_ShowString(180,190,"7        ", GREEN, BLACK);
                    break；
            case 74：
                LCD_ShowString(180,190,"8        ", GREEN, BLACK);
                    break；
            case 82：
                LCD_ShowString(180,190,"9        ", GREEN, BLACK);
                    break；
            }
        }
    Else                                                        //LED1 闪烁
    {
        Delay()；
        LED1_ON()；
        Delay()；
        LED1_OFF()；
    }
    }
}
```

② 用户自定义的头文件。

★ 注：有关系统时钟、中断嵌套和 TFT 彩屏的操作前面章节已经介绍过，这里仅讲解 remote. h 及其对应的 remote. c 文件。

```
remote. h:
#ifndef __REMOTE_H
#define __REMOTE_H
#include "stm32f10x_conf. h"
#define RDATA GPIO_ReadInputDataBit(GPIOB, GPIO_Pin_13)
```

/ * * 红外遥控识别码(ID),每款遥控器的该值基本都不一样,但也有一样的,我们选用的遥控器识别码为 0 * * /

```
#define REMOTE_ID 0
extern u8 Remote_Cnt;                              / * 按键次数,此次按下键的次数 * /
extern u8 Remote_Rdy;                                    / * 红外接收到数据 * /
extern u32 Remote_Odr;                                      / * 命令暂存处 * /
void Remote_Init(void);                          / * 红外传感器接收头引脚初始化 * /
u8 Remote_Process(void);                             / * 红外接收到数据处理 * /
u8 Pulse_Width_Check(void);                                   / * 检查脉宽 * /
void delay_init(u8 SYSCLK);
#endif
```

③ 用户编写的的 remote. c 文件。

```
#include "remote. h"
#include "delay. h"
#include "stm32f10x_conf. h"
#include "hw_config. h"
u32 Remote_Odr = 0;                                            / * 命令暂存处 * /
u8   Remote_Cnt = 0;                            / * 按键次数,此次按下键的次数 * /
u8   Remote_Rdy = 0;                                        / * 红外接收到数据 * /
/ * *
    * 名称:Pulse_Width_Check(void)
    * 参数:无
    * 返回:x,代表脉宽为 x * 20μs(x = 1~250)
    * 功能:检测脉冲宽度
    * 备注:最长脉宽为 5 ms
* * /
u8 Pulse_Width_Check(void)
{
    u8 t = 0;
    while(RDATA)
    {
        t + + ;Delay_us(20);
        if(t = = 250)return t;                                     / * 超时溢出 * /
    }
```

```
    return t;
}
/ * *
    * 名称:
    * 参数:无
    * 返回:无
    * 功能:红外接收触发
    * 备注:
* * /
void EXTI15_10_IRQHandler(void)
{
    u16 i,j;
    u8 res = 0;
    u8 OK = 0;
    u8 RODATA = 0;
    if(EXTI_GetITStatus(EXTI_Line13))
    {
        LED1_ON();
        for(i = 100;i>0;i - -) for(j = 100;j>0;j - -);
        LED1_OFF();
        while(1)
        {
            if(RDATA)                                    / * 有高脉冲出现 * /
            {
                res = Pulse_Width_Check();                / * 获得此次高脉冲宽度 * /
                if(res = = 250)break;                     / * 非有用信号 * /
                if(res> = 200&&res<250)OK = 1;            / * 获得前导位(4.5ms) * /
                else if(res> = 85&&res<200)               / * 按键次数加一(2ms) * /
                {
                    Remote_Rdy = 1;                       / * 接收到数据 * /
                    Remote_Cnt + + ;                      / * 按键次数增加 * /
                    break;
                }
                else if(res> = 50&&res<85)RODATA = 1;     / * 1.5 ms * /
                else if(res> = 10&&res<50)RODATA = 0;     / * 500 μs * /
                if(OK)
                {
                    Remote_Odr<< = 1;
                    Remote_Odr + = RODATA;
                    Remote_Cnt = 0;                       / * 按键次数清零 * /
                }
            }
        }
        EXTI_ClearITPendingBit(EXTI_Line13);             / * 清除 EXTI 线路挂起位 * /
    }
```

```
}
/* *
    名称:u8 Remote_Process(void)
    参数:无
    返回:返回键值
    功能:处理红外键盘
* */
u8 Remote_Process(void)
{
    u8 t1,t2;
    t1 = Remote_Odr>>24;                              /* 得到地址码 */
    t2 = (Remote_Odr>>16)&0xff;                       /* 得到地址反码 */
    Remote_Rdy = 0;                                   /* 清除标记 */
    if(t1 == (u8)~t2&&t1 == REMOTE_ID)                /* 检验遥控识别码(ID)及地址 */
    {
        t1 = Remote_Odr>>8;
        t2 = Remote_Odr;
        if(t1 == (u8)~t2)return t1;                   /* 处理键值 */
    }
    return 0;
}
```

3. 实验现象

编译完成后将程序载入实验板,则 LCD 彩屏上显示出"旺宝电子,红龙开发板,红外线测试字样"。按下遥控按键,则 TFT 彩屏上显示相应的键值。图 32－7 是按下遥控按键 5 时,TFT 彩屏上的现象。

图 32－7　实验现象截图

参考文献

[1] 范书瑞,李琦,赵燕飞. ARM Cortex‑M3 嵌入式处理器原理与应用[M].北京：电子工业出版社,2011.

[2] 李宁.基于 MDK 的 STM32 处理器开发与应用[M].北京：北京航空航天大学出版社,2008.

[3] Joseph Yiu. ARM Cortex‑M3 权威指南[M].宋岩,译.北京：北京航空航天大学出版社,2009.

[4] 陈瑶,李佳,宋宝华. ARM Cortex‑M3 ＋ μC/OS‑Ⅱ嵌入式系统开发入门与应用[M].北京：人民邮电出版社,2010.